Oldenbourg Lehrbücher für Ingenieure

Herausgegeben von
Prof. Dr.-Ing. Helmut Geupel

Die fachliche und didaktische Qualität der Ingenieurausbildung wird zunehmend an internationalen Maßstäben gemessen. Dieser Herausforderung hat sich ein Autorenteam zusammen mit dem Oldenbourg Wissenschaftsverlag gestellt und die Buchreihe „Oldenbourg Lehrbücher für Ingenieure" geschaffen. Zentrales Anliegen dabei ist, dem Studenten mit anschaulich geschriebenen Texten für das jeweilige Fach ein grundlegendes Verständnis zu vermitteln.

Der Praxiseinsatz der ersten Bücher dieser Reihe hat gezeigt, dass es in der Tat den Studenten damit leichter fällt, sich in das neue Stoffgebiet einzufinden, dass sogar Teile davon selbständig angeeignet werden können. Nicht zuletzt wird dadurch die Eigeninitiative der Studenten trainiert – eine Fähigkeit, die Voraussetzung für die ständige Weiterbildung im Berufsleben ist – und mehr Raum für das Verarbeiten des Lehrstoffes im Unterricht gewonnen.

Maschinenelemente 1

von
Hubert Hinzen

Oldenbourg Verlag München Wien

Die Deutsche Bibliothek - CIP-Einheitsaufnahme

Hinzen, Hubert:
Maschinenelemente / von Hubert Hinzen. – München ; Wien : Oldenbourg
  (Oldenbourg-Lehrbücher für Ingenieure)

1. – (2000)
  ISBN 3-486-25346-8

© 2000 Oldenbourg Wissenschaftsverlag GmbH
Rosenheimer Straße 145, D-81671 München
Telefon: (089) 45051-0
www.oldenbourg-verlag.de

Lektorat: Martin Reck
Herstellung: Rainer Hartl
Umschlagkonzeption: Kraxenberger Kommunikationshaus, München
Gedruckt auf säure- und chlorfreiem Papier
Gesamtherstellung: Grafik + Druck, München

Inhalt

Vorwort

Das Fach Maschinenelemente ...

hat eine lange Tradition: Bevor sich der Student im Hauptstudium mit der Komplexität einer vollständigen Maschine beschäftigt, macht er sich im Grundstudium mit deren Komponenten vertraut. Dabei wird die Maschine in ihre Elemente aufgegliedert, die für sich leicht überschaubare Einheiten darstellen, die in abgewandelter Form immer wieder Verwendung finden und damit das Basisrepertoire für den Maschinenbauer und zukünftigen Ingenieur ausmachen. Das Fach Maschinenelemente wird auf diese Weise zum entscheidenden Wegbereiter für eine ganze Reihe von Fächern des Hauptstudiums und ist damit auch ein wichtiger Meilenstein auf dem Weg ins Berufsleben.

Wie kaum ein anderes Fach des Maschinenbaustudiums treten die Maschinenelemente in vielfältiger Weise mit anderen Lehrfächern in Kontakt, deren Inhalte einem ständigen Wandel unterworfen sind. Die folgende Skizze versucht eine grobe Orientierung:

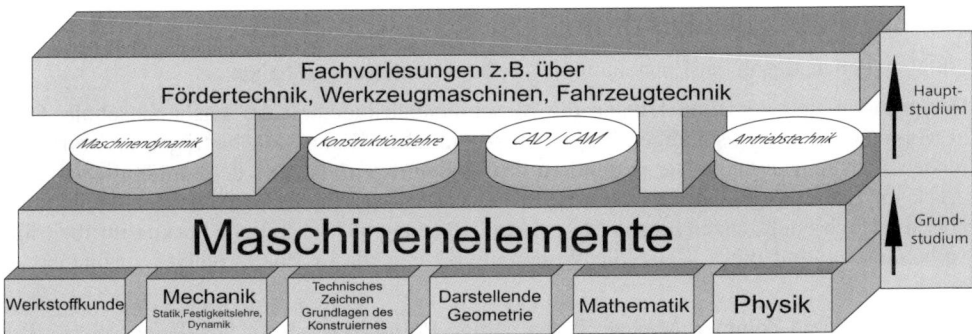

Diese Darstellung der Fächer als Bausteine soll auch die fachliche und didaktische Abhängigkeit der Fächer untereinander deutlich machen: Das Grundstudium des Maschinenbaus ist dann effizient organisiert, wenn die Bauklötze in geeigneter Weise und in optimaler Reihenfolge aufeinander geschichtet werden.

„Probieren geht über studieren"

So pauschal diese Volksweisheit auch formuliert sein mag, sie bringt einen wichtigen Sachverhalt auf den Punkt: Erst durch selbständiges Bearbeiten von Problemstellungen wird Wissen in Können überführt. Optimal ist der ständige Wechsel von Vorlesung (Stoffvermittlung) und Übung (Stoffverarbeitung). Aus diesem Grund ist jedem Kapitel ein Aufgabenteil angehängt, der sich genau auf diesen Lehrstoff bezieht und in ähnlicher Weise gegliedert ist. Im Vorlesungsteil sind auch entsprechende Hinweise angebracht, an welcher Stelle welche Aufgabe eingeschoben werden kann. Diese Aufgaben sind eher knapp und prägnant im Stil von Prüfungsaufgaben gehalten. Sie können jedoch leicht unter Zuhilfenahme des Normenwerkes zu kleinen Konstruktionsübungen erweitert werden.

Aus diesem Grunde ist am Ende eines jeden Kapitels ein ausführliches Verzeichnis an Fachliteratur und Normen angefügt. Normen werden nur dort wiedergegeben, wo sie für die Vermittlung des Lehrstoffs unverzichtbar sind und für das Bearbeiten von Beispielaufgaben benötigt werden. Auf die weitläufige Wiedergabe weiterer Normen wird an dieser Stelle verzichtet. Ähnlich wie in der Praxis muß der Student und spätere Anwender hier selbständig weitere Unterlagen beschaffen.

Die Lösungen zu den Aufgaben werden auf der Internetseite des Buches in der Titeldatenbank des Verlages bereitgestellt. Der Web-Server hat die Adresse

www.oldenbourg-verlag.de

Die entsprechende Seite des Buches läßt sich über die Funktion „Titelsuche" finden.

Ein herzliches Dankeschön ...

gilt allen denen, die an der Entstehung dieses Buches mitgewirkt haben:

Dabei haben sich vor allen Dingen die Maschinenbaustudenten der Fachhochschule Trier hervorgetan: Mit ihren ständigen Fragen, unermüdlichen Diskussionsbeiträgen und fortwährenden Anregungen haben sie wesentlich dazu beigetragen, daß aus dem anfänglichen Umdruck im Laufe der Semester dieses Buch geworden ist. Mit der vorliegenden Publikation über die Hochschulgrenzen hinaus ist auch die Hoffnung auf zusätzliche Diskussionsbeiträge verbunden, um auf diese Weise die Weiterentwicklung dieses Buchprojektes zu intensivieren.

Die Herren Timo Zemmer, Michael Eiden, Bruno Prüm, Franz-Josef Schaffrath, Mario Sieberath und Volker Grünhäuser haben sich um die Erstellung der Abbildungen verdient gemacht und dabei nicht selten eigene Vorstellungen in die Darstellungen eingebracht. Eine Reihe weiterer Abbildungen steht in Zusammenhang mit der eigenen Studentenzeit und Assistententätigkeit am Institut für Maschinenelemente und Maschinengestaltung der RWTH Aachen (Institutsleiter seinerzeit Prof. Dr.-Ing. H. Peeken, jetzt Prof. Dr.-Ing P.W. Gold), auf dessen Bilderfundus hier großzügigerweise zurückgegriffen werden konnte. Weiterhin sei den Firmen gedankt, die ihr reichhaltiges Bildmaterial zur Verwendung in diesem Lehrbuch zur Verfügung gestellt haben.

Einleitung

Welche Maschinenelemente und in welcher Reihenfolge?

Die Anzahl der Maschinenelemente ist im Laufe der Zeit so vielfältig geworden, daß im Rahmen dieses Grundlagenfachs eine Konzentration auf das wesentliche vorgenommen werden muß. Die dadurch bedingte Auswahl orientiert sich sinnvollerweise an den folgenden Aspekten:

- Es kann nicht darum gehen, möglichst viele Maschinenelemente zu präsentieren, die dann nur oberflächlich angegangen werden können. Vielmehr sollten einige repräsentative Maschinenelemente intensiv erarbeitet werden.

- Man sollte sich vorrangig mit denjenigen Maschinenelementen beschäftigen, die für die „Methoden des Fachs" besonders wichtig sind. Die spezielle Kenntnis eines einzelnen Maschinenelementes steht dabei weniger im Vordergrund als vielmehr das Bestreben, zentrale, allgemeingültige Aussage zu erarbeiten, die sich mit gewissen Modifikationen auch auf andere Maschinenelemente übertragen lassen oder zumindest bei deren Erfassung behilflich sind. Damit wird der Student gezielt darauf vorbereitet, sich ohne fremde Hilfe mit weiteren Maschinenelementen vertraut zu machen, auf die hier nicht gesondert eingegangen werden kann.

- Ein Lehrbuch über Maschinenelemente muß in erster Linie auf die Befähigung hinwirken, mit weiterführender Fachliteratur umzugehen. Aus Zeit- und Platzmangel kann es aber nicht Ziel des Grundstudiums sein, die vertiefende Fachliteratur vorwegzunehmen.

Im Sinne einer möglichst effizienten Ausbildung wird im vorliegenden Lehrbuch die Reihenfolge der Maschinenelemente so geordnet, daß zunächst von möglichst einfachen, für den Studienanfänger überschaubaren Zusammenhängen ausgegangen wird und dann bei jedem weiteren Schritt neue Sachverhalte in gezielter Dosierung hinzukommen. Zuviel neues auf einmal ist schwer verdaulich und zuviel Redundanz ist langweilig bis einschläfernd. Die oben zitierte „Baukastendarstellung" läßt sich auch für das Zusammenspiel der einzelnen Maschinenelemente untereinander anwenden und führt zu folgender Übersicht:

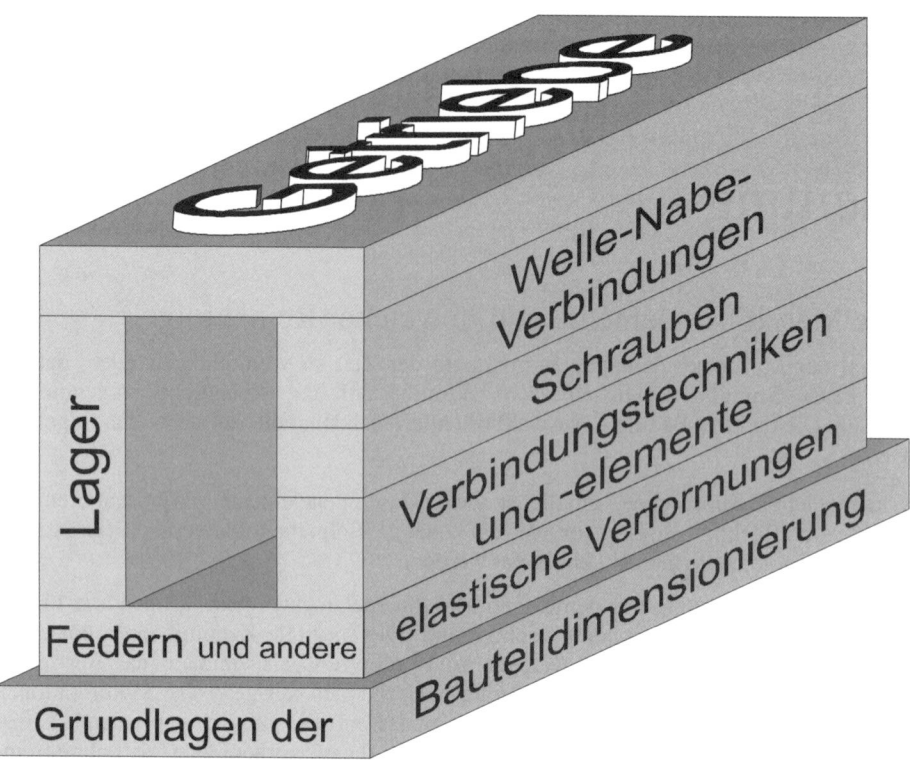

Im Kapitel 1 (Grundlagen der Bauteildimensionierung) wird noch einmal ein knapper, anschaulicher Exkurs in die Festigkeitslehre unternommen, der besonders auf den Umstand Rücksicht nimmt, daß an manchen Hochschulen die Fächer Festigkeitslehre als Bestandteil der Mechanik einerseits und Maschinenelemente andererseits weitgehend zeitgleich gelehrt werden und deshalb die Festigkeitslehre nicht unbedingt vorausgesetzt werden kann.

Wird man in einem weiteren Kapitel 2 mit den elastischen Verformungen vertraut gemacht, so wird nicht nur das Maschinenelement Feder verständlich, sondern der dabei eingeführte Begriff der Steifigkeit ist darüber hinaus sehr nützlich beispielsweise bei der Beschreibung von Problemen der Lastverteilung. Dies wird besonders deutlich beim Verständnis der Lastübertragung von Verbindungselementen und Verbindungstechniken (Kapitel 3). Das Kapitel Schrauben profitiert ebenfalls von der Kenntnis der elastischen Verformungen, denn nur so läßt sich problemlos in das Verspannungsschaubild einführen. Lager (Kapitel 5) lassen sich dann wirkungsvoll verstehen, wenn Grundkenntnisse sowohl der Bauteildimensionierung als auch der elastischen Verformung bekannt sind. Welle-Nabe-Verbindungen (Kapitel 6) sollten als Spezialfall von Verbindungselementen und -techniken erst nach diesen aufgegriffen werden. Andererseits ist die Kenntnis von Schrauben für die Welle-Nabe-Verbindung alleine schon deshalb sinnvoll, weil einige Welle-Nabe-Verbindungen vorzugsweise mit Schrauben bestückt werden (Kegelpreßverband, Klemmverbindungen). Die Kenntnis von Lagerungen einerseits und Welle-Nabe-Verbindungen andererseits ist sinnvollerweise abzuklären, bevor beide Komponenten zu einem Getriebe zusammengefügt werden.

Die unter diesen Aspekten optimierte Reihenfolge der Kapitel läßt sich nicht so ohne weiteres abändern, da andernfalls das Verständnis des Gesamtzusammenhangs unnötig erschwert wird.

Mit Hilfe des oben vorgestellten Bauklotz-Diagramms lassen sich aber auch die Inhalte der einzelnen Kapitel strukturieren. Aus diesem Grunde ist jedem Kapitel ein weiteres solches Diagramm vorangestellt, welches auf ähnliche Weise die einzelnen Abschnitte eines Kapitels in didaktisch und logisch klar überschaubarer Weise zusammenfügt und dabei die Systematik des Kapitels transparenter macht. Für den Studenten sind diese Diagramme zunächst nicht so ohne weiteres verständlich, können aber bei der fortschreitender Bearbeitung eines Kapitels als wichtige Orientierungshilfe dienen.

Der ingenieurmäßig sinnvolle Ansatz

Das vorliegende Buch widmet sich besonders dem Problem, ingenieurmäßig sinnvolle Ansätze zu formulieren. In der Mathematik, aber auch in der klassischen Physik und der Mechanik hat es der Student mit klaren, kaum anzweifelbaren Aussagen zu tun. Im Gegensatz dazu müssen im Fach Maschinenelemente zunehmend unschärfere Ansätze formuliert werden, was häufig zu einer Gratwanderung führt:

- Einerseits soll eine übertriebene „Verwissenschaftlichung" vermieden werden, weil damit zuweilen sehr komplexe Ansätze und aufwendige Berechnungen verbunden sind, die für ingenieurmäßiges Arbeiten häufig untauglich sind.

- Andererseits sind Dimensionierungsangaben, die auf „bewährten Größengleichungen" beruhen und in der betrieblichen Praxis noch weit verbreitet sind, ebenfalls unbrauchbar. Solche „Erfahrungsformeln" sind häufig in ihrem Anwendungsbereich stark eingeschränkt, verleiten zum bloßen „Formelmanagement" und gaukeln vielfach eine sehr zweifelhafte Sicherheit vor. Sie sind deshalb für eine allgemeingültige Lehre kaum geeignet.

Problematisch wird diese Gratwanderung bei komplexen Maschinenelementen (beispielsweise Wälzlager, Gleitlager oder Zahnräder). In diesen Fällen wird das Problem in seiner Vielschichtigkeit zwar grundsätzlich diskutiert, für die weitere Behandlung des Sachverhaltes wird jedoch unter Verzicht auf allzu aufwendige rechnerische Beschreibungen eine ingenieurmäßig sinnvolle Vereinfachung gesucht („Der Ingenieur muß nicht alles wissen, aber er muß sich zu helfen wissen"). Der Aufwand muß schließlich immer im vernünftigen Verhältnis zum Nutzen stehen. Der Ingenieur strebt stets eine Maschine mit bestmöglichen „Wirkungsgrad" (= Nutzen / Aufwand) an, dieses Streben muß aber schließlich auch seinen eigenen Arbeitsstil betreffen.

Die moderne Datenverarbeitung gibt dem Studenten ein überaus präzises Rechenwerkzeug an die Hand, dessen numerisch akkurate Ergebnisse aber nicht selten für Mißverständnisse sorgen: Tatsächlich sind die Eingangsgrößen für eine Berechnung (beispielsweise die Annahme oder die Messung der angreifenden Kraft) schon so ungenau, daß die rechnerisch mögliche Präzision bei der Darstellung des Ergebnisses häufig trügerisch ist. Das Fach Maschinenelemente eignet sich besonders dazu, den Umgang mit diesen Unschärfen zu erlernen, die für den weiteren Verlauf des Studiums und erst recht für die berufliche Praxis typisch sind.

Anmerkungen für den Dozenten

Bei aller Diskussion über Maschinenelemente im konkreten Fall ist der Überblick über Zu-
sammenhänge besonders wichtig. Insofern ist es angebracht, Einzelaussagen nicht isoliert im
Raum stehen zu lassen, sondern zur zentralen, strukturierten Aussage zu verallgemeinern.
Dies soll an folgendem Beispiel erläutert werden:

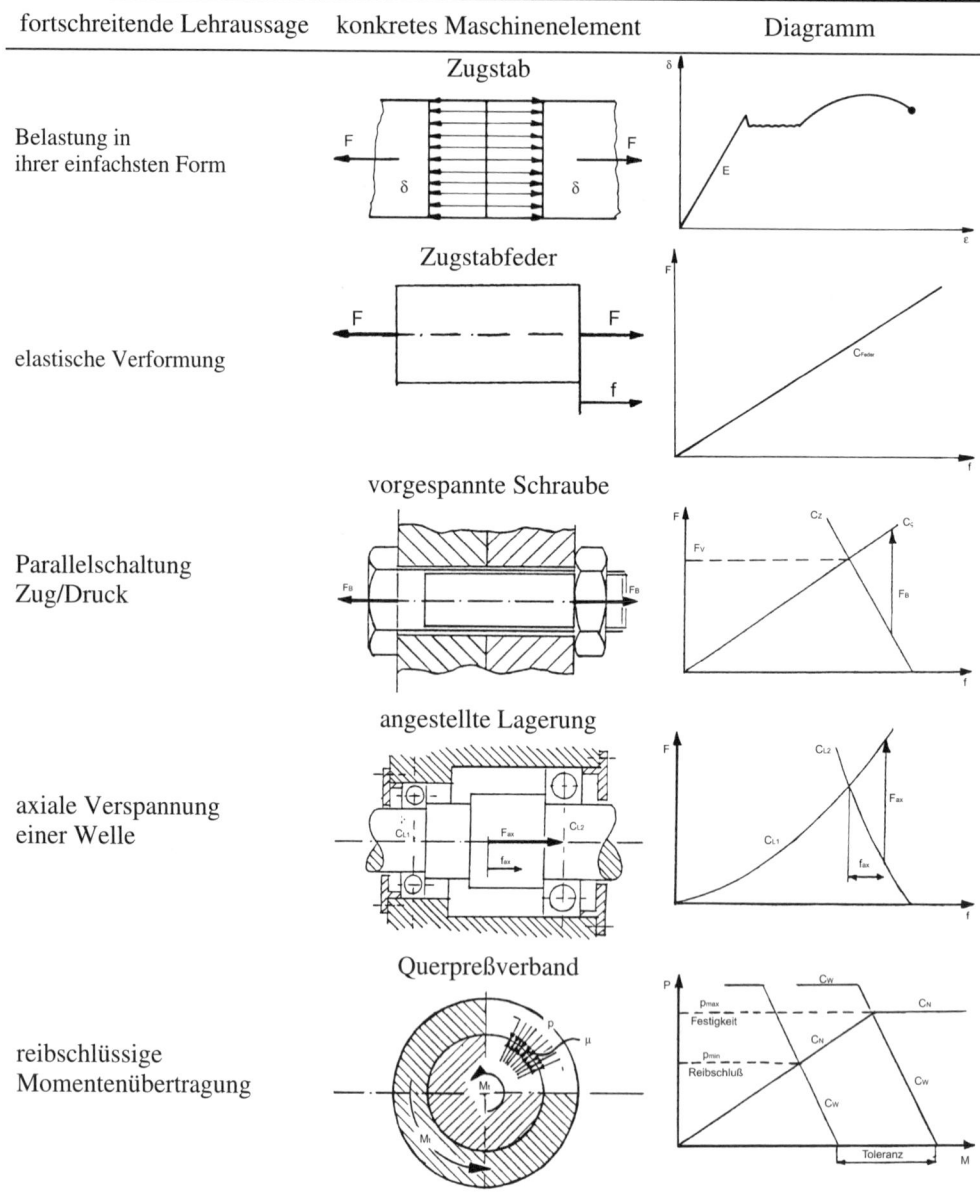

In Kapitel 1 (Grundlagen der Dimensionierung metallischer Bauteile) wird das σ-ε-Diagramm aus der Werkstoffkunde übernommen. Für ein konkret dimensioniertes Bauteil kann davon das Federdiagramm abgeleitet werden, auch wenn es sich bei diesem Bauteil gar nicht um eine Feder handelt (Kapitel 2). Das Federdiagramm in Doppelanordnung wird für eine Parallelschaltung von Schraube und Zwischenlage zum Verspannungsdiagramm erweitert (Kapitel 4). Die Anstellung zweier Axiallager läßt sich ebenfalls im Verspannungsdiagramm darstellen, im allgemeinen sind die Federkennlinien jedoch nicht linear. Die radiale Verspannung eines Radiallagers läßt sich wegen der Zweidimensionalität des Problems nicht im Verspannungsdiagramm darstellen, man benötigt die Vektorrechnung. Die vorherige Beschäftigung mit dem Verspannungsschaubild erleichtert diesen Übergang aber ganz wesentlich. Der Verspannungszustand eines Querpreßverbandes läßt sich ebenfalls im Verspannungsdiagramm darstellen, allerdings wird hier die Belastung nicht in Form einer Kraft, sondern einer Flächenpressung aufgetragen. Da die Paßtoleranz ebenfalls im Diagramm sichtbar gemacht werden kann, kann die Variation aller entscheidenden Parameter auf die Momentenübertragbarkeit des Querpreßverbandes leicht überschaut werden, was bei alleiniger Betrachtung der Dimensionierungsgleichungen kaum möglich ist. In den weiterführenden Lehrveranstaltungen wie beispielsweise Werkzeugmaschinen und FE-Methode läßt sich mancher Sachverhalt mit Hilfe des Verspannungsdiagramm zumindest verdeutlichen.

Das Verspannungsschaubild ist damit eine wesentliche kapitelübergreifende, zentrale Aussage des Fachs Maschinenelemente. Diese Vorgehensweise der „zentralen Aussage" läßt sich in modifizierter Form immer wieder anwenden. Beispielsweise ist die für den Riementrieb benötigte Eytelweinsche Gleichung eben nicht nur für den Riementrieb, sondern auch für den Schnurtrieb (Tonbandgerät, Plattenspieler, Papiervorschub Drucker), für den Bandschleifer, für den Gurtförderer (Förderband) und für die Treibscheiben (Fördertechnik) nutzbar. Und schließlich braucht die Stunde nicht vorgerückt zu sein, um den Korken im Flaschenhals als Querpreßverband zu betrachten, dessen Reibschluß beim Öffnen der Flasche mit Axialkraft oder Torsionsmoment gezielt überwunden werden muß, während er bei der Welle-Nabe-Verbindung stets unterschritten werden soll.

Auch wenn das konkrete Maschinenelement im Vordergrund steht, wird eine Isolierung auf das einzelne Element vermieden. Der Übergang zu den weiterführenden Lehrveranstaltungen gelingt dann am besten, wenn das einzelne Element so frühzeitig wie möglich im Zusammenspiel mit seinen Nachbarelementen bzw. seiner konstruktiven Umgebung betrachtet wird. Wenn beispielsweise eine Schraubverbindung erörtert wird, so sollte der Student erkennen, wo die Belastung herkommt. Eine Angaben wie „... die Schraube wird mit soundso viel Newton belastet" fördert nicht das Erfassen übergeordnete Zusammenhänge, sondern verharrt in der Isolation der einzelnen Elemente. Im Eingangskapitel (Grundlagen der Bauteildimensionierung) lassen sich Lastannahmen ganz einfach als Gewichts-, Seil- oder Kettenkräfte anbringen. Mit fortschreitendem Stoff können dann mehrere Maschinenelemente miteinander verknüpft werden, beispielsweise ein Kegelpreßverband als Welle-Nabe-Verbindung mit Schraube, ein Riementrieb mit der Dauerfestigkeit der Getriebewelle. Wo immer es möglich und sinnvoll erscheint, wird das Zusammenspiel mit benachbarten Maschinenelementen betrachtet, das einzelne Maschinenelement ist eben nur Bestandteil der Maschine. Besonders die Übungsbeispiele betonen diese Grundsätzlichkeit immer wieder und werden damit zum integralen Bestandteil des vorliegenden Lehrbuchs. Auf diese Weise werden die wesentlichen Grundlagen sowohl für die weiterführenden Fachvorlesungen des Hauptstudiums als auch schließlich auf die spätere berufliche Tätigkeit geschaffen.

1 Grundlagen der Dimensionierung metallischer Bauteile

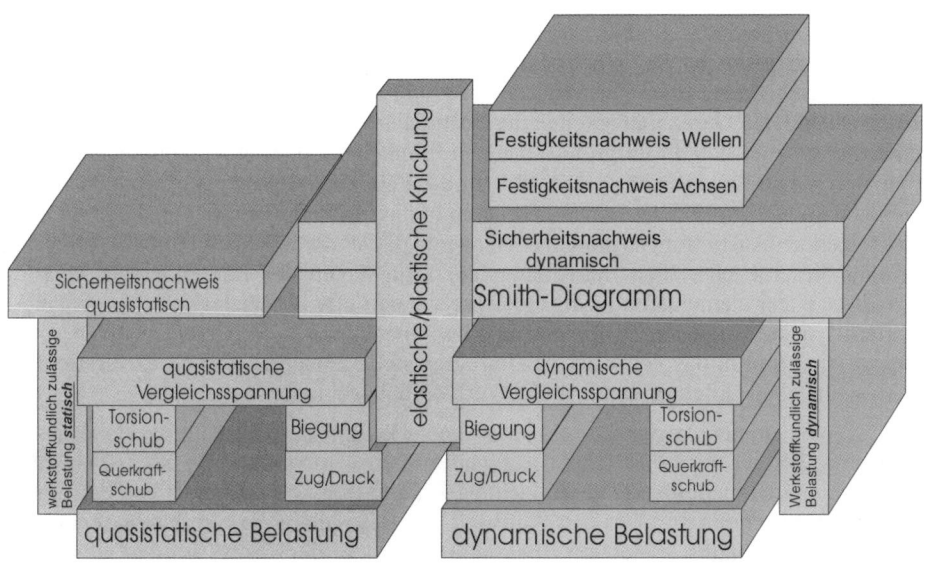

Bild 1.1: Aufbau von Kapitel 1 (siehe Einleitung).

1.1 Das grundsätzliche Problem der Bauteildimensionierung

Die Beschäftigung mit dem Fach Maschinenelementen beginnt in aller Regel mit den Fragen des technischen Zeichnens: Zunächst steht die Frage nach der korrekten Darstellung von einfachen dreidimensionalen Maschinenelementen im Vordergrund. Im weiteren Laufe dieser Betrachtungen werden zunehmend auch die funktions- und fertigungsgerechte Gestaltung dieser Teile berücksichtigt, so daß die Fragen der zeichnerischen Darstellung durch konstruktive Überlegungen ergänzt werden. Die Problematik der Dimensionierung dieser Bauteile bleibt dabei aber zunächst noch offen. Die Funktionstauglichkeit eines einzelnen Bauteils hängt jedoch vor allen Dingen auch davon ab, ob es den Belastungen, denen es ausgesetzt ist, standhält. Eine weitere Betrachtung der Maschinenelemente führt also zwangsläufig auf die Frage, ob ein Bauteil richtig bemessen, also richtig dimensioniert ist. Dabei können zwei Modellfälle unterschieden werden:

- Ist das Bauteil zu klein, zu schlank oder zu dünn ausgelegt, dann wird es der Belastung nicht standhalten und versagen (Unterdimensionierung).

- Ist dieses Bauteil zu groß, zu wuchtig, zu voluminös ausgelegt, dann wird nicht nur unnötig viel von möglicherweise teurem Material eingesetzt, sondern das Bauteil ist auch zu groß, zu schwer oder zu sperrig, was z.B. im Fahrzeugbau oder erst recht in der Luftfahrt nicht akzeptiert werden kann (Überdimensionierung).

Ein optimal dimensioniertes Bauteil ist also genau so bemessen, daß es einerseits den Belastungen mit einer gewissen Sicherheit standhält, ohne dabei zu versagen oder Schaden zu nehmen, andererseits aber auch der Materialeinsatz minimiert wird. Dazu müssen die Bauteile entsprechend den Gesetzmäßigkeiten der Festigkeitslehre ausgelegt werden. Das vorliegende Kapitel widmet sich dieser grundsätzlichen Problematik und bildet damit eine **Ergänzung zu den Grundlagenfächern „Statik" und „Festigkeitslehre"**. Auf eine in diesen Fachgebieten übliche gründliche Darstellung kann in diesem Rahmen also verzichtet werden. Die nachfolgenden Ausführungen sind aber so angelegt, daß notfalls auch ohne die vorherige Bearbeitung dieser Fächer eine Betrachtung der Grundlagen der Bauteildimensionierung möglich ist. Aus der elementaren Festigkeitslehre werden hier die wichtigsten anwendungsorientierten Aspekte aufgegriffen, für die im Maschinenbau erforderlichen praktischen Belange spezifiziert und in das konstruktive Umfeld gestellt. Dabei ist eine Konzentration auf die im Maschinenbau üblichen metallischen Werkstoffe angebracht.

Das reale Bauteil in einer realen Maschine ist einem komplexen Belastungszustand ausgesetzt, der zuweilen nur mit erheblichem Aufwand erfaßt werden kann. Es ist also erforderlich, zunächst einmal modellhafte Vereinfachungen zu treffen, die sich zwar von der praktischen Wirklichkeit entfernen, aber den Aufwand zur Behandlung des Problems reduzieren und damit das Verständnis erleichtern. Im weiteren Verlauf der Diskussion entfallen diese Vereinfachungen dann schrittweise, so daß in zunehmendem Maße ein praxisgerechter Zustand erfaßt werden kann. Eine vollkommene Übereinstimmung des Rechenmodells mit der praktischen Wirklichkeit ist aber meist nicht zu erzielen, da die Formulierung des Ansatzes zu komplex und der Rechenaufwand zu hoch wird. Die Aufgabe des praktisch tätigen Ingenieurs ist es häufig, mit möglichst geringem Aufwand ein möglichst präzises Ergebnis anzustreben.

1.2   Quasistatische Belastung

Die erste wesentliche Vereinfachung betrifft den zeitlichen Verlauf der Belastung: Ändert sich die Belastung im Laufe der Zeit nicht (statische Belastung), so ist sie für das Bauteil leichter zu ertragen als wenn sich dieselbe Belastung zeitlich ständig ändert (dynamische Belastung). Die statische Belastung ist unabhängig vom zeitlichen Verlauf der Belastung und deshalb einfacher zu beschreiben als die dynamische. Im Gegensatz zum Bauingenieurwesen ist diese Randbedingung für den Maschinenbau zwar eher unzutreffend, für eine erste Betrachtung wird jedoch vorausgesetzt, daß die Belastung konstant ist bzw. so langsam aufgebracht wird, daß sie für das Bauteil als konstant angesehen werden kann und als „**quasistatisch**" bezeichnet wird.

1.2.1   Normalspannung

Ausgangspunkt für die folgenden Überlegungen ist ein einfaches Stahlseil. Wenn dieses Stahlseil beispielsweise unter einer gewissen Zugkraft F reißt, dann wird ein dickeres Stahlseil derselben Belastung u.U. widerstehen können. Die Kraft alleine ist also nicht ausschlaggebend für das Versagen oder Standhalten des Seils, sondern **entscheidend** ist die **spezifische Belastung**. Zur Kennzeichnung dieser spezifischen Belastung wird die sog. Spannung σ („Sigma") als Quotient von belastender Kraft und der (metallischen) Querschnittsfläche des Seils A formuliert:

$$\sigma = \frac{F}{A}$$

Die Spannung wird meist in N/mm² angegeben, neuerdings wird auch vielfach die Einheit MPa verwendet, wobei die dabei ermittelten Zahlenwerte völlig identisch sind (1 N/mm² = MPa). Die vorstehende Definition der Spannung ist auch insofern einleuchtend, weil sich nach ihr die spezifische Belastung nicht ändert, wenn man beispielsweise bei doppelter Kraft gleichzeitig die Querschnittsfläche verdoppelt. Die spezifische Belastung und damit die Beanspruchung des Werkstoffs ist in beiden Fällen gleich. Man kann sich diesen Sachverhalt am hier vorliegenden Fall eines Seils auch folgendermaßen modellhaft vorstellen: Die Spannung wird als die Kraft aufgefaßt, die eine einzelne Faser des Seils belastet. Verschieden dicke Seile unterscheiden sich dann nur dadurch, daß sie entsprechend ihrer Dicke mehr oder weniger dieser gleichartigen Fasern enthalten. Durch die Normierung der belastenden Kraft auf die lastübertragende Fläche wird übrigens auch klar, daß die Festigkeit des Bauteils bei dieser ersten Betrachtung unabhängig von der Formgebung dieser Fläche ist, der beim Seil vorliegende Kreisquerschnitt kann also auch durch andere geometrische Muster (z.B. Vielfachanordnung vieler kleiner Kreisquerschnitte oder auch Quadrat oder Rechteck) ersetzt werden, ohne daß sich dabei die Beanspruchung ändert. Für die Formgebung dieser lastübertragenden Fläche sind meistens technologische oder auch konstruktive Erfordernisse maßgebend, so läßt sich beispielsweise ein Seil am einfachsten mit einem Kreisquerschnitt herstellen.

Die hier vorliegende Spannung ist dadurch gekennzeichnet, daß sie als Folge der sie hervorrufenden Kraft **normal** auf der Querschnittsfläche A steht.

1.2.1.1   Festigkeitsnachweis für Zug und Druck

Zug- und Druckspannung

Das Seil ist so beschaffen, daß es nur Zugkräfte als Zugspannung aufnehmen kann. Die Betrachtung an einem festen Körper wie z.B. eine zylindrische Stange erlaubt auch noch eine weitere Belastung: Eine Druckkraft F_D würde nach ähnlicher Definition eine Druckspannung σ_D hervorrufen. Demzufolge kann eine Stange (in der Statik „Stab") sowohl Zugkräfte F_Z als Zugspannung σ_Z als auch Druckkräfte F_D als Druckspannung σ_D aufnehmen. Dieser Zug- und Druckspannungszustand läßt sich sinnbildlich folgendermaßen verdeutlichen:

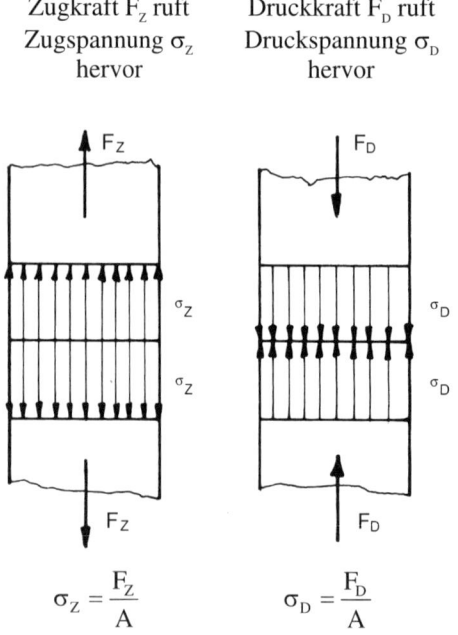

$$\sigma_Z = \frac{F_Z}{A} \qquad\qquad \sigma_D = \frac{F_D}{A}$$

Bild 1.2: Zug- und Druckspannung.

Damit ist also für diesen einfachen Fall der quasistatischen Belastung die entscheidende Lastkenngröße formuliert. Für eine beliebige Schnittebene im Stab lassen sich die dort wirkenden Spannungen nach dem Prinzip „actio = reactio" sowohl in der einen als auch in der anderen Richtung auftragen. Da die Spannung in diesem Fall nur in eine Richtung wirkt, liegt hier ein **einachsiger** Spannungszustand vor, Belastungen in eine andere Richtung treten hier nicht auf.

Wird ein Stab auf Druck belastet, so besteht im allgemeinen Fall auch die Gefahr, da er ausknickt (mehr darüber im Abschnitt 1.8).

Werkstoffverhalten bei Zug und Druck

Die Kenntnis der im Bauteil wirkenden Spannung alleine sagt aber noch nichts darüber aus, ob das Bauteil der Belastung standhält oder nicht. Zur Klärung dieser Frage ist es nötig, seine

Belastungsfähigkeit zu klären. Zu diesem Zweck wird der Werkstoff einer definierten Zugbelastung ausgesetzt und dabei sein Verhalten beobachtet. Dabei bedient man sich sog. Zug-
prüfmaschinen, deren schematischer Aufbau im folgenden Bild wiedergegeben ist:

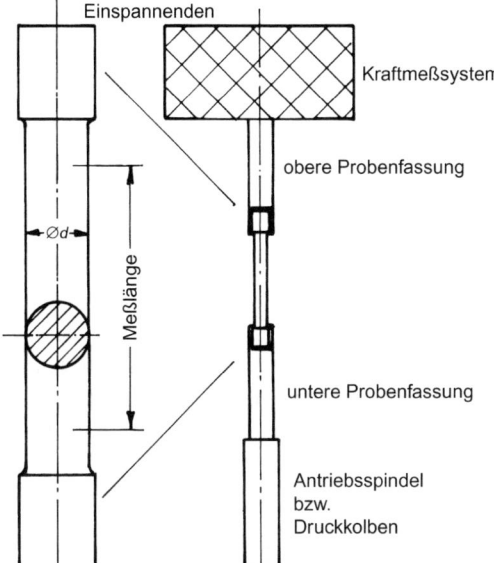

Bild 1.3: Standardisierte Zugprobe und Zer-
reißmaschine schematisch.

Wird die auf den Stab einwirkende Zugspannung zunehmend größer, so wird dieser unter
dem Einfluß der Belastung geringfügig länger werden. Diese Längung verbleibt zunächst im
Promille-Bereich und ist mit dem bloßen Auge nicht wahrnehmbar. Sie ist außerdem rein
elastisch, d.h. bei Zurücknahme der Zugbelastung nimmt der Zugstab wieder seine ursprüngliche Länge an, er federt in seine Ausgangslage zurück. Dieser Sachverhalt läßt sich
anschaulich im sog. Spannungs-Dehnungs-Diagramm darstellen:

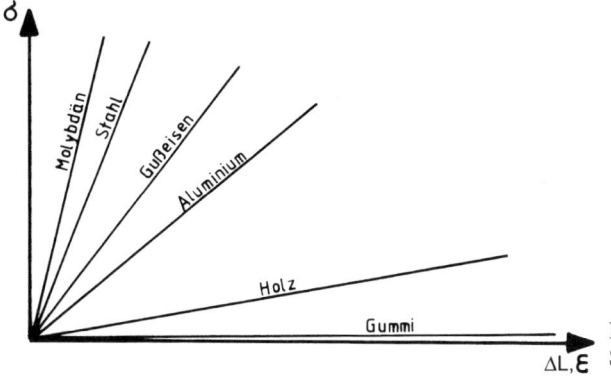

Bild 1.4: Elastischer Bereich des
Spannungs-Dehnungs-Diagramms.

Auf der Abszisse ist die Längung des Zugstabes zunächst als absolute Längenänderung ΔL aufgetragen. Zur Verallgemeinerung dieser Aussage ist es jedoch sinnvoll, auch diese Größe zu normieren: Die Längenänderung ΔL wird auf die Ursprungslänge L bezogen und als „relative Längenänderung ε" bezeichnet:

$$\varepsilon = \frac{\Delta L}{L}$$

Mit der Formulierung der Spannung σ und der relativen Längenänderung ε läßt sich das Verformungsverhalten eines Werkstoffes unabhängig von den speziellen Bauteilabmessungen ausdrücken. Die Steigung der Gerade im Spannungs-Dehnungs-Diagramm läßt sich als Geradengleichung der Form y = m * x auftragen. Mit den hier verwendeten Bezeichnungen für Abszisse und Ordinate ergibt sich die Formulierung

$$\sigma = E * \varepsilon$$

Die Größe E wird dabei zunächst einmal als rein rechnerisches Steigungsmaß der dadurch entstandenen Geraden aufgefaßt, die auch „**Hooke'sche Gerade**" genannt wird. Tatsächlich ist der Zahlenwert von E nur vom Werkstoff abhängig, er ist eine Materialkonstante, die **Elastizitätsmodul** genannt wird. Da ε dimensionslos ist, muß der Elastizitätsmodul E die Dimension einer Spannung, also N/mm² annehmen. Die folgende Tabelle beziffert den Elastizitätsmodul einiger gebräuchlicher Werkstoffe (von der weiter rechts aufgeführten Spalte wird weiter unten noch die Rede sein):

Werkstoff	Elastizitätsmodul in N/mm²	Schubmodul in N/mm²
Gummi	bis ca. 45	
Balsaholz (längs zur Faserrichtung)	ca. 4.000	
Teakholz (längs zur Faserrichtung)	10.400–10.900	
Magnesium	40.000–45.000	
Aluminium	ca. 70.000	
Gußeisen GG 20	105.000	40.000
Gußeisen GG 30	125.000	48.000
Gußeisen GG 40	125.000–155.000	
Gußeisen GGG 38 - GGG 72	175.000–185.000	63.500–71.300
CuZn 37 nach DIN 17628	110.000	
CuSn 6 nach DIN 17628	115.000	
CuNi18Zn20 nach DIN 17663	140.000	
nichtrostende Stähle nach DIN 17224	176.600	
warmgeformte Stähle nach DIN 17221	196.200	
Stahlguß GS	200.000–215.000	81.000
kaltgezogene Drähte nach DIN 17223	206.000	
kaltgewalzte Stahlbänder nach DIN 17222	206.000	
Stahl allgemein	215.000	81.000
Molybdän	338.000	

Da eine grundsätzliche Forderung an Bauteile des Maschinenbaus darin bestehen kann, sich unter Belastung möglichst wenig zu verformen, wird in vielen Fällen eine möglichst steile Gerade im Spannungs-Dehnungs-Diagramm angestrebt. Dies ist aber gleichbedeutend mit der Forderung nach einem möglichst hohen Elastizitätsmodul. Eine diesbezügliche Spitzenstellung nehmen die Stähle ein, was auch ein wesentlicher Grund dafür ist, daß Stähle im Maschinenbau bevorzugt eingesetzt werden. Molybdän weist zwar einen noch deutlich höheren Elastizitätsmodul auf, kann aber wegen seiner hohen Kosten nur in Ausnahmefällen als Konstruktionswerkstoff angewendet werden. Im Gegensatz zum Gußeisen ist der Elastizitätsmodul von Stählen annähernd unabhängig von der Werkstoffestigkeit. Gummi kommt als Konstruktionswerkstoff im Maschinenbau nur dann in Frage, wenn bewußt große Verformungen angestrebt werden, was bei Federn (Kapitel 2) der Fall ist. In diesem Fall ist ein geringer E-Modul vorteilhaft.

Die Aussagekraft des Spannungs-Dehnungs-Diagramms gilt natürlich in beide Richtungen: Einerseits gibt diese Darstellung wieder, daß bei einer gewissen Spannung σ eine entsprechende Werkstoffdeformation ε eintritt, andererseits wird damit aber auch ausgesagt, daß eine dem Bauteil aufgezwungene Verformung ε eine Spannung σ zur Folge hat.

Die im obigen Diagramm skizzierte **Hooke'sche Gerade** gibt nur den **rein elastischen** Bereich des Werkstoffverhaltens wieder: Wird die belastende Spannung wieder zurückgenommen, so federt der Werkstoff wieder in seine Ursprungslänge ($\varepsilon = 0$) zurück. Analog dazu gilt folgende Aussage: Wird eine Werkstoffdeformation ε wieder zurückgenommen, so geht auch die im Werkstoff herrschende Spannung σ wieder zurück.

Die Elastizitätsgerade des Spannungs-Dehnungs-Diagramms setzt sich allerdings nicht beliebig fort. Im folgenden Bild ist der weitere Verlauf dieses Diagramms modellhaft skizziert.

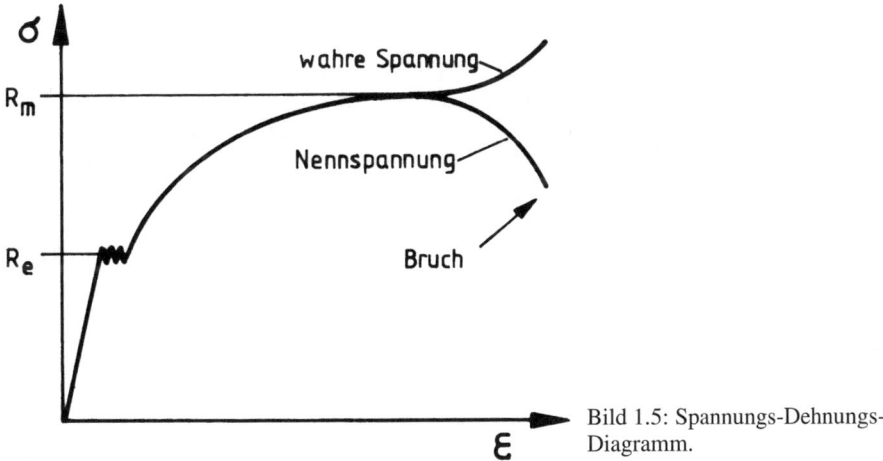

Bild 1.5: Spannungs-Dehnungs-Diagramm.

Zum besseren Verständnis wird die Deformation ε als unabhängige Variable betrachtet. Bei weiter fortschreitender Dehnung weicht das reale Werkstoffverhalten zunehmend von der Hooke'schen Geraden ab. Die Spannung, bei der die Elastizitätsgerade verlassen wird, wird **Streckgrenze** genannt und mit R_e bezeichnet. Dabei wird die Bezeichnung R aus dem angelsächsischen „Resistance" abgeleitet und der Index e deutet auf das rein **e**lastische Verhalten hin. Wird der Zugstab über diese Streckgrenze hinaus gedehnt, dann steigt zunächst je nach Werkstoff die Spannung kaum an bzw. sie fällt sogar etwas ab. Es schließt sich ein Bereich an, in dem sich die Spannung σ nicht wesentlich ändert, während die Dehnung ε zunehmend fortschreitet. Bei weiterhin ansteigender Dehnung erhöht sich die Spannung wieder bis zu einem Maximalwert, den man Zugfestigkeit R_m nennt, wobei der Index m so viel wie „maximum" bedeutet. Nach Erreichen dieses Wertes fällt die auf den Ausgangsquerschnitt bezogene Spannung schließlich wieder ab. Dieser Spannungsabfall geht mit der **Einschnürung** der Werkstoffprobe einher:

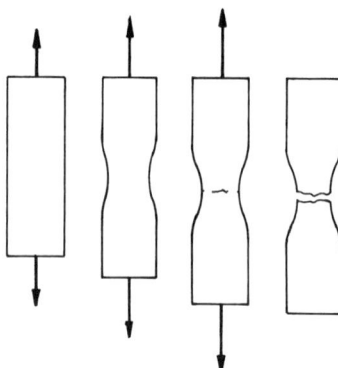

Bild 1.6: Verhalten eines duktilen Werkstoffs
im Zugversuch.

Während der Zugstab über weite Teile seiner Erstreckung seine zylindrische Form und damit seine ursprüngliche Querschnittsfläche nur unwesentlich ändert, kommt es in einem lokal begrenzten Bereich zu einer deutlichen Verjüngung der Probenquerschnittsfläche. Da aber die in der Einschnürung verbleibende Restquerschnittsfläche meßtechnisch nicht so ohne weiteres erfaßt werden kann, beschränkt man sich in der Formulierung der Spannung $\sigma = F / A$ auf den ursprünglich vorhandenen Ausgangsquerschnitt im lastlosen Zustand A. Die so ermittelte „Nenn"-Spannung ist dann zunehmend kleiner als die im Einschnürungsbereich tatsächlich vorliegende „wahre" Spannung, die weiterhin ansteigt. In diesem Bereich ist deshalb auch die Formulierung der Dehnung ε als Qoutient $\Delta L / L$ problematisch. Diese Differenzierung ist an dieser Stelle der Betrachtung jedoch noch gegenstandslos, weil damit ein Bauteilversagen herbeigeführt wird, welches im Rahmen der hier betrachteten Maschinenelemente ohnehin nicht zugelassen werden kann.

Bereits unmittelbar nach dem Überschreiten der Streckgrenze ist die Dehnung ε nicht mehr rein elastisch, sondern teilweise **plastisch**, was sich durch folgenden Versuch nachweisen läßt:

Wird das Bauteil über die Streckgrenze hinaus belastet und anschließend wieder entlastet, so wandert der Belastungspunkt wegen der zwischenzeitlich eingetretenen teilplastischen Verformung nicht etwa auf dem gleichen Kurvenzug zum Ausgangspunkt zurück, sondern er bewegt sich parallel zur Elastizitätsgeraden abwärts, bis daß schließlich bei völliger Entlastung ($\sigma = 0$) eine plastische Dehnung ε zurückbleibt, die nicht mehr zurückfedert. In diesem Fall setzt sich die dadurch bedingte Dehnung ε aus einem elastischen und einem plastischen Anteil zusammen.

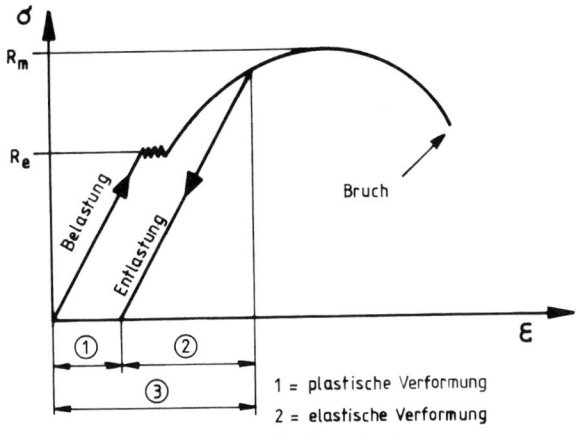

1 = plastische Verformung

2 = elastische Verformung

3 = Gesamtverformung

Bild 1.7: Elastische und plastische Dehnung.

Braucht auf die Verformung des Bauteils keine Rücksicht genommen zu werden, so kann der Werkstoff bei quasistatischer Belastung im Extremfall bis zum Wert R_m belastet werden. Diese für den Werkstoffkundler interessante Fragestellung ist für den Maschinenbauer allerdings nicht von vorrangiger Wichtigkeit. Da man im Maschinenbau meist plastische Dehnungen auszuschließen versucht, ist normalerweise die Streckgrenze der größtmögliche Spannungswert, den man dem Werkstoff unter optimalen Bedingungen (quasistatische, einmalige Belastung) zumuten kann. Für diese Spannung wird meist folgende Indizierung verwendet:

Zulässige Spannung für Zugbelastung: R_e (Streckgrenze)

Zulässige Spannung für Druckbelastung: σ_{dF} (Quetschgrenze)

Der Index „dF" steht für „Druckfließ". Versuchstechnisch sind diese Werte aber nicht immer mit der gewünschten Genauigkeit zu ermitteln, da je nach Werkstoffbeschaffenheit eine ausgeprägte Streckgrenze nicht vorhanden ist. Insofern hat die sog. **0,2-Dehngrenze $R_{p0,2}$** als ein weiterer Werkstoffkennwert eine größere praktische Bedeutung erlangt. Dieser Wert gibt die Spannung an, bei der nach der Entlastung eine bleibende (plastische) Dehnung von 0,2% noch zugelassen wird:

Zulässige Spannung für Zugbelastung: $\sigma_{z\,zul} = R_{p0,2}$

Die folgenden Tabellen nennen für einige im Maschinenbau übliche metallische Werkskstoffe die 0,2-Dehngrenze $R_{p0,2}$:

Gußeisen nach DIN 1693	Werkstoffnummer	R_e bzw. $R_{p0,2}$ in N/mm²
GGG-40	0.7040	250
GGG-60	0.7050	380
GGG-70	0.7070	440

Stahlguß nach DIN 1681	Werkstoffnummer	R_e bzw. $R_{p0,2}$ in N/mm²
GS-38	1.0416	190
GS-45	1.0443	230
GS-52	1.0551	260
GS-60	1.0553	300
GS-62	1.0555	350
GS-70	1.0554	420

Baustähle nach DIN 17100	Werkstoffnummer	R_e bzw. $R_{p0,2}$ in N/mm²
St 33	1.0035	175 - 180
RSt 37-2	1.0038	225 - 235
St 44-3	1.0144	265 - 275
St 50-2	1.0050	285 - 295
St 52-3	1.0570	345 - 355
St 60-2	1.0060	325 - 335
St 70-2	1.0070	355 - 365

Vergütungsstähle nach DIN 17200	Werkstoffnummer	R_e bzw. $R_{p0,2}$ in N/mm²
C35	1.0501	365
C45	1.0503	410
C60	1.0601	490
28Mn6	1.5065	490
34Cr4	1.7033	590
41Cr4	1.7035	665
34CrMo4	1.7220	665
42CrMo4	1.7225	765
34CrNiMo6	1.6582	885
30CrNiMo8	1.6580	1030

Einsatzstähle nach DIN 17210	Werkstoffnummer	R_e bzw. $R_{p0,2}$ in N/mm²
C10	1.0301	295
Ck15	1.1141	355
15Cr3	1.7015	440
16MnCr5	1.7131	590
20MnCr5	1.7147	700
25MoCr4	1.7325	685
15CrNi6	1.5919	635
18CrNi8	1.5920	800
17CrNiMo6	1.6587	785
20MoCrS4	1.7323	590

Die bei GGG, GS und St nachgestellten Zahlenangaben geben die Zugfestigkeit in der histo-
rischen Einheit [kp/mm²] an. Die elastisch ausnutzbare Werkstoffspannung ist natürlich
deutlich geringer.

Aufgabe 1.1 (Seite 82) und Aufgabe 1.2 (Seite 83)

Sicherheitsnachweis

Ein Bauteil hält also einer einachsigen, quasistatischen Normalspannungsbelastung stand,
wenn die vorhandene Zugspannung oder Druckspannung σ_{vorh} kleiner ist als die zulässige,
durch den Werkstoff vorgegebene Spannung σ_{zul}, wobei der Wert für σ_{zul} hier zunächst mit R_e
bzw. $R_{p0,2}$ gleichgesetzt wird:

$$\sigma_{vorh} \leq \sigma_{zul}$$

Meist ist jedoch eine differenziertere Information erwünscht: Es soll angegeben werden, wie
weit der Belastungszustand noch von der Versagensgrenze entfernt ist. Dies führt auf die
Definition der Sicherheit S:

$$S = \frac{\sigma_{zul}}{\sigma_{vorh}}$$

Diese Sicherheit drückt in anschaulicher Weise aus, wie viele „Reserven" das Bauteil gegenüber einer möglichen Überlast hat:

- Sicherheitsfaktoren von S < 1 können nicht angewendet werden, weil in diesem Fall das
  Bauteil planmäßig versagen bzw. plastisch deformiert werden würde.

- Ist S = 1, (d.h. $\sigma_{vorh} = \sigma_{zul}$) so sind die Werkstoffreserven völlig erschöpft, eine auch nur
  geringfügige Überlast oder auch nur eine geringfügige Unsicherheit bei der Ermittlung
  von σ_{vorh} würde zum Versagen bzw. zu einer plastischen Deformation des Bauteils führen.
  Eine Sicherheit von 1 ist deshalb ebenfalls nicht praktikabel.

- Es werden also stets Sicherheiten von über 1 angestrebt. Ist beispielsweise S = 2, so könnte das Bauteil eine doppelte Belastung aufnehmen, bevor es versagt. Da die Belastung in aller Regel nicht genau bestimmt werden kann, strebt man stets eine Sicherheit an, die größer als 1 ist. Andererseits bedeutet ein hoher Sicherheitsfaktor aber auch einen unnötig hohen Materialeinsatz, der mit überflüssigem Gewicht (Fahrzeug- und Flugzeugbau) oder hohen Kosten verbunden ist.

Wie bereits eingangs bemerkt wurde, treffen die vorstehenden Betrachtungen und Festigkeitswerte nur für quasistatische, also weitgehend ruhende Belastung zu. Dieser Belastungszustand ist für den Werkstoff besonders vorteilhaft zu ertragen. Er tritt im Maschinenbau nicht häufig auf und ist eher typisch für den Stahlbau und das Bauingenieurwesen. Im weiteren Verlauf dieser Betrachtungen wird noch erörtert werden, daß eine nicht quasistatische Belastung dazu führt, daß je nach Betriebsbedingungen noch wesentlich geringere als die oben angegebenen zulässigen Spannungen ertragen werden können.

Aufgabe 1.3 (Seite 84)

Spannungs-Dehnungsverhalten von Verbundwerkstoffen
Die bisherigen Betrachtungen beziehen sich auf homogene Werkstoffe. Will man die vorteilhaften Eigenschaften von zwei Werkstoffen miteinander kombinieren, so kann man sie in einem einzigen Bauteil miteinander vereinigen, wodurch die sog. Verbundwerkstoffe (z.B. Stahlbeton, glasfaserverstärkter Kunststoff) entstehen. Bei Belastung wird beiden Einzelwerkstoffen die gleiche Dehnung aufgezwungen. Das Werkstoffverhalten dieser Kombination läßt sich am Spannungs-Dehnungs-Diagramm leicht erklären. Zunächst wird ein Förderband untersucht, welches in dieser ersten Betrachtung lediglich Zugkräfte aufnimmt (weiteres s. Kap. 7, Band II, Abschnitt Riementriebe):

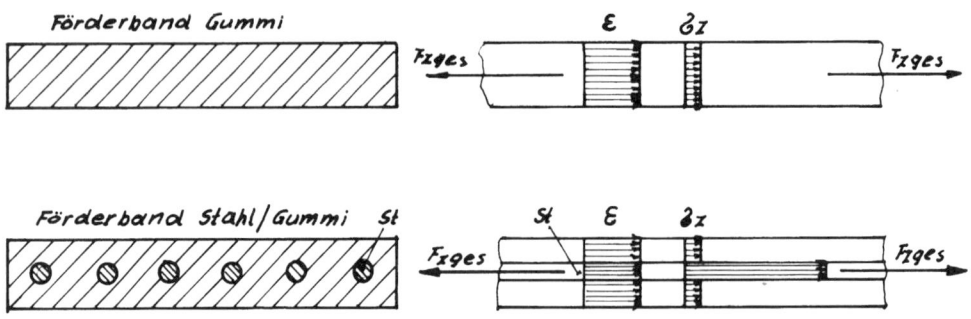

Bild 1.8: Förderband.

Besteht das Förderband ausschließlich aus Gummi (obere Bildhälfte), so stellt sich sowohl eine homogene Deformation als auch eine homogene Zugspannungsverteilung ein, die schließlich die Gesamtzugkraft $F_Z = \sigma_{Gummi} * A_{Gummi}$ ergibt. Werden jedoch Stahlseile in das Förderband eingelegt, so setzt sich die Gesamtkraft aus den Anteilen von Gummi und Stahl zusammen:

$$F_{Zges} = A_{St} * \sigma_{St} + A_{Gummi} * \sigma_{Gummi}$$

Die im Stahl und im Gummi hervorgerufenen Spannungen verhalten sich proportional zur Dehnung:

$$\sigma_{St} = E_{St} * \varepsilon \qquad und \qquad \sigma_{Gummi} = E_{Gummi} * \varepsilon$$

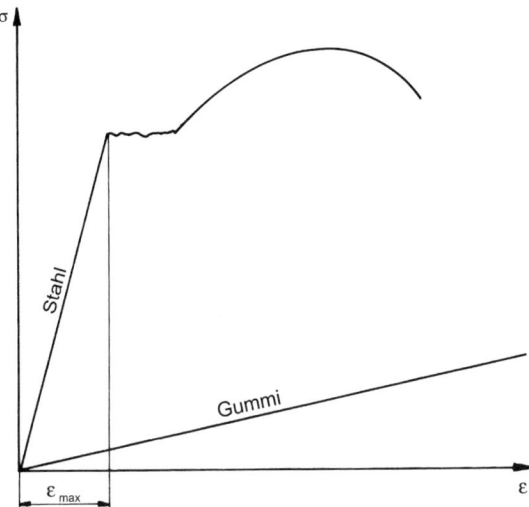

Bild 1.9: Spannungs-Dehnungs-Diagramm Förderband.

Die Dehnung ε ist für Stahl und Gummi gleich, da sich die beiden Werkstoffe nicht voneinander ablösen dürfen. Wegen der deutlich unterschiedlichen E-Moduln ist die Zugspannung im Stahlseil jedoch sehr viel höher als die im Gummi.

$$F_{Zges} = \varepsilon * (A_{St} * E_{St} + A_{Gummi} * E_{Gummi})$$

Die Gesamtbelastbarkeit dieser Werkstoffkombination F_{Zmax} hängt dann von der zulässigen Verformung ε_{max} ab:

$$F_{Zmax} = \varepsilon_{max} * (A_{St} * E_{St} + A_{Gummi} * E_{Gummi})$$

Während der Stahl bei dieser gemeinsamen Verformung bis an seine Elastizitätsgrenze beansprucht wird, hat das Gummi dabei seine maximale Belastbarkeit noch lange nicht erreicht. Eine eventuelle Überlast würde also zunächst einmal die Stahleinlage zerstören.

Aufgabe 1.4 (Seite 84)

1.2.1.2   Festigkeitsnachweis für Biegung

Begriff der Biegespannung
Die vorangegangenen Betrachtungen orientierten sich am denkbar einfachsten Fall der reinen Zug- bzw. Druckbelastung, der in der Praxis eher selten auftritt.

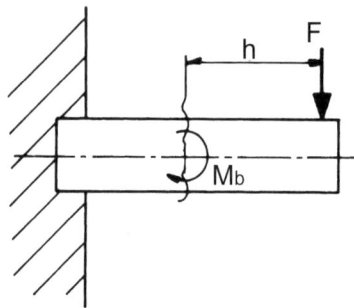

Bild 1.10: Biegebalken.

Wird entsprechend der obenstehenden Abbildung ein „einseitig eingespannter Balken" am freien Ende mit einer senkrecht gerichteten Kraft belastet, so wird der Balken einer Biegebeanspruchung unterworfen. Der Begriff „Balken" ist dabei nicht nur auf den Holzbalken beschränkt, sondern meint im Sinne der Mechanik alle Bauteile, die mit Biegung belastet werden. Die maßgebende Schnittreaktion im Balken ist zunächst das Biegemoment M_b, welches sich als Produkt aus belastender Kraft F und Hebelarm h ergibt:

$$M_b = F * h$$

In einer ersten Betrachtung wird hier ein Balken mit rechteckförmigem Querschnitt angenommen. So wie sich ein Zugstab unter dem Einfluß einer Kraft längt, so wird sich der Balken unter dem Einfluß des belastenden Biegemomentes ebenfalls verformen, was sich in diesem Fall allerdings in einer bogenförmigen Durchbiegung äußert. Die Durchbiegung des Balkens läßt sich an jedem beliebigen Punkt des Balkens durch ein Kreisbogensegment mit dem an dieser Stelle vorliegenden Radius r beschreiben (linkes Drittel des folgenden Bildes). Aus der Durchbiegung des Balkens und den damit verbundenen Verformungen lassen sich zunächst folgende **qualitative** Schlußfolgerungen ableiten:

In der Mitte des Balkens mit rechteckförmigem Querschnitt wird der Werkstoff weder gelängt noch gestaucht werden. Diesen Ort nennt man deshalb die „neutrale Faser" des Balkens.

Auf der Suche nach einem **quantitativen** Zusammenhang lassen sich zunächst einmal der durch die äußere Randfaser gebildete Kreisbogen und der durch die neutrale Faser markierte Kreisbogen zueinander ins Verhältnis setzen:

$$\frac{L_0 + \Delta L}{r + y_{max}} = \frac{L_0}{r}$$

Eine ähnliche Betrachtung kann auch für eine beliebige Faser mit der Länge L angestellt werden, deren Lage durch die Koordinate y gekennzeichnet ist:

$$\frac{L}{r + y} = \frac{L_0}{r} \qquad \Rightarrow \qquad L = L_0 * \frac{r + y}{r}$$

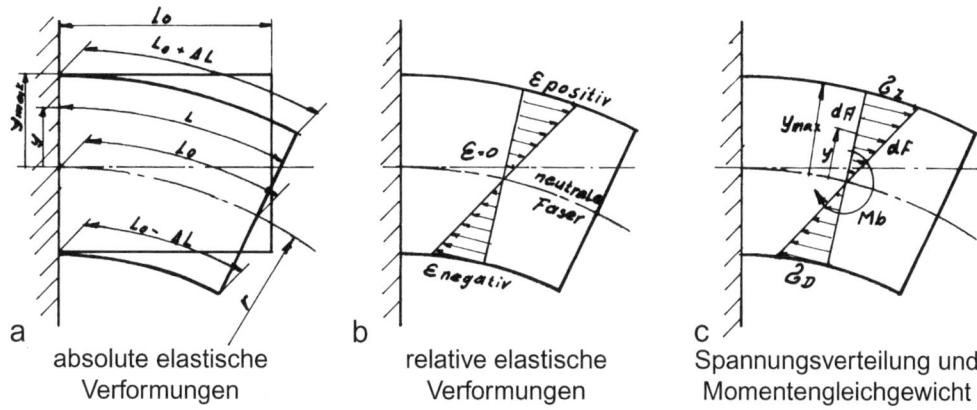

a   absolute elastische
Verformungen

b   relative elastische
Verformungen

c   Spannungsverteilung und
Momentengleichgewicht

Bild 1.11: Verformungen und Spannungen am Biegebalken.

a) An der Oberkante des Balkens wird der Werkstoff gelängt, weil die Ursprungslänge des unbelasteten Balkenelementes L_0 durch die Balkenkrümmung vergrößert worden ist. Die relative Längenänderung des Werkstoffs $\varepsilon = \Delta L / L$ ist positiv. An der Unterkante des Balkens wird der Werkstoff aus ähnlichen Gründen gestaucht. Die relative Längenänderung des Werkstoffs $\varepsilon = \Delta L / L$ ist hier negativ.

b) An allen anderen Stellen des Balkenquerschnitts verhält sich die Verformung proportional: Ausgehend von der neutralen Faser tritt nach oben hin immer mehr Längung auf, bis die maximale Längung an der Balkenoberkante erreicht ist. Unterhalb der neutralen Faser wird der Werkstoff zunehmend gestaucht, bis die maximale Stauchung an der Balkenunterkante erreicht ist. Dadurch ergibt sich die dargestellte dreieckförmige Verformungsverteilung $\varepsilon = f_{(y)}$.

c) Geht man nun davon aus, daß die auf diese Weise in den Werkstoff eingebrachten Verformungen noch im Bereich der elastischen Deformation liegen, so resultiert daraus nach der Gesetzmäßigkeit der elastischen Verformung ($\sigma = E * \varepsilon$) eine ebenfalls dreieckförmige Spannungsverteilung $\sigma = f_{(y)}$. Damit belastet auch die Biegebeanspruchung das Bauteil mit Normalspannung. Insofern läßt sich die Biegebeanspruchung in einfacher Weise mit der zuvor erörterten Zug- und Druckbeanspruchung in Zusammenhang bringen.

Setzt man für diesen Fall die relative Dehnung $\varepsilon = \Delta L / L_0$ an, so ergibt sich:

$$\varepsilon = \frac{L - L_0}{L_0} = \frac{L_0 * \dfrac{r + y}{r} - L_0}{L_0}$$

Durch Kürzen von L_0 wird man von der speziellen Länge des Balkenelementes unabhängig:

$$\varepsilon = \frac{y + r}{r} - 1 = \frac{y + r - r}{r} = \frac{y}{r}$$

Da die Werkstoffbelastung an der Randfaser am größten ist, wird ein Zusammenhang für die dort auftretende Spannung in Form von $\sigma_{max} = f_{(M)}$ gesucht. Zu deren Berechnung kann zunächst einmal in der dreieckförmigen Spannungsverteilung im rechten Bilddrittel der Strahlensatz angesetzt werden:

$$\frac{\sigma_{max}}{\sigma} = \frac{y_{max}}{y} \qquad \text{bzw.} \qquad \sigma = \sigma_{max} * \frac{y}{y_{max}}$$

Die auftretenden Spannungen werden letztlich durch das den Balken belastende Biegemoment M_b eingeleitet, welches in Balkenmitte (neutrale Faser) angreift und sich an den einzelnen Spannungsanteilen mit dem dazugehörenden Hebelarm y abstützt:

$$M_b = \int_{-y_{max}}^{y_{max}} dF * y \quad \text{bzw.} \quad M_b = \int_{-y_{max}}^{y_{max}} \sigma * dA * y$$

da die Kraft dF als $dF = \sigma * dA$ ausgedrückt werden kann. Führt man nun den oben nach dem „Strahlensatz" ermittelten Ausdruck für σ ein, so erhält man:

$$M_b = \int_{-y_{max}}^{y_{max}} \sigma_{max} * \frac{y}{y_{max}} * dA * y = \frac{\sigma_{max}}{y_{max}} * \int_{-y_{max}}^{y_{max}} y^2 * dA$$

Sowohl σ_{max} als auch y_{max} sind von der Integration nicht betroffen. Mit dieser Gleichung läßt sich nun sehr einfach die Frage nach der maximal im Balken auftretenden Spannung σ_{max} beantworten:

$$\sigma_{max} = \frac{M_b}{\dfrac{\displaystyle\int_{-y_{max}}^{y_{max}} y^2 * dA}{y_{max}}}$$

Der Nennerausdruck hängt nur von der Geometrie des Balkenquerschnitts ab und wird als das axiale oder äquatoriale Widerstandsmoment W_{ax} bezeichnet. Damit gewinnt man einen sehr übersichtlichen Ausdruck für die im Balken wirkende Biegespannung:

$$\sigma_{b\,max} = \frac{M_b}{W_{ax}} \qquad \text{mit} \qquad W_{ax} = \frac{\displaystyle\int_{-y_{max}}^{y_{max}} y^2 * dA}{y_{max}}$$

So wie bei der Berechnung von Zug- und Druckspannungen die Querschnittsfläche A im Nenner steht, so muß bei der Berechnung der Biegespannung durch das „axiale Widerstandsmoment" W_{ax} dividiert werden. Im Gegensatz zur Zug- und Druckbelastung ist aber bei der Biegung nicht nur die Größe der Querschnittsfläche maßgebend, sondern auch ihre geometrische Anordnung. Die dadurch hervorgerufene Normalspannung σ wird dann auch nicht mehr als Zugspannung σ_z an der Balkenoberseite bzw. Druckspannung σ_D an der Balkenunterseite, sondern einfach als Biegespannung σ_b bezeichnet.

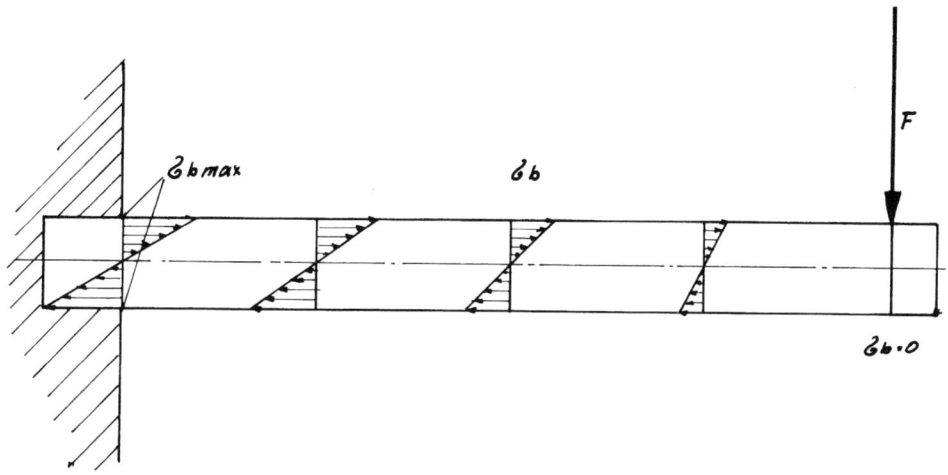

Bild 1.12: Biegespannungsverteilung entlang eines einseitig eingespannten Balkens.

Aus dieser Betrachtung wird auch ersichtlich, daß die Biegebelastung entlang des Balkens mit zunehmendem Hebelarm linear ansteigt. Für den einseitig eingespannten Biegebalken ergibt sich damit die obenstehende Spannungsverteilung: Die größte Spannung tritt in der Randfaser an der Einspannstelle auf. In Anlehnung an die bereits bei Zug- und Druckbelastung diskutierte Festigkeitsabschätzung läßt sich nun hier formulieren:

$$\sigma_b = \frac{M_b}{W_{ax}} \leq \sigma_{zul}$$

Während die vorgenannte Ungleichung nur das Standhalten oder das Versagen des Bauteils angibt, kann auch hier die Sicherheit S in einer differenzierteren Betrachtung als Abstand zum kritischen Versagensfall formuliert werden:

$$S = \frac{\sigma_{zul}}{\sigma_b}$$

Axiales Widerstandsmoment W_{ax}
Nach der obigen Gleichung läßt sich das axiale Widerstandsmoment W_{ax} für jeden beliebigen Balkenquerschnitt berechnen. Die Festigkeitslehre als Bestandteil des Lehrgebietes Mechanik geht dieser Fragestellung weiter nach.

Rechteck: An dieser Stelle soll lediglich das einfache Beispiel des rechteckförmigen Balkenquerschnitts aufgegriffen werden:

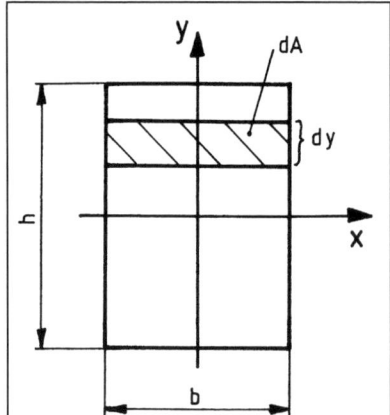

Da die Balkenbreite b konstant ist, läßt sich die Fläche dA einfach als Rechteckfläche ausdrücken:

$$dA = dy * b$$

Der maximale Randfaserabstand entspricht dabei wegen der Querschnittssymmetrie genau der halben Balkenhöhe:

$$y_{max} = \frac{h}{2}$$

Bild 1.13: Widerstandsmoment eines rechteckförmigen Balkenquerschnitts.

Damit ist das Integral des Widerstandsmomentes einfach aufzulösen:

$$W_{ax} = \frac{\int_{-y_{max}}^{y_{max}} y^2 * dA}{y_{max}} = \frac{\int_{-\frac{h}{2}}^{\frac{h}{2}} y^2 * b * dy}{\frac{h}{2}} = \frac{2 * b}{h} * \int_{-\frac{h}{2}}^{\frac{h}{2}} y^2 * dy = \frac{2 * b}{3 * h} * \left[y^3 \right]_{-\frac{h}{2}}^{\frac{h}{2}}$$

$$W_{ax} = \frac{2 * b}{3 * h} * \left[2 * \frac{h^3}{8} \right] = \frac{4}{24} * b * h^2 = \frac{b * h^2}{6}$$

An diesem Ausdruck wird auch klar, daß ein auf Biegung belasteter Balken mit rechteckförmigem Querschnitt vorteilhafterweise „hochkant" angeordnet werden sollte. Dann nämlich geht die Rechteckhöhe (größere Rechteckseite) quadratisch in das Widerstandsmoment ein, die kleinere Rechteckbreite nur linear. Würde man das Rechteck nicht hochkant anordnen, sondern rechtwinklig dazu belasten, so würde die relativ geringe Breite zwar quadratisch eingehen, die sehr viel größere Bretthöhe aber nur linear, es würde sich ein sehr viel geringeres Widerstandsmoment ergeben, der Balken wäre viel weniger belastungsfähig.

Weitere Grundformen: Grundsätzlich kann jeder beliebige Balkenquerschnitt in seinem Widerstandsmoment berechnet werden. Ist der Balken nicht rechteckig, so muß die Breite der Fläche dA in Funktion der Koordinate y formuliert werden, was die Auflösung des Integrals erschwert.

So wie man die für die Zug- und Druckbelastung notwendige Berechnung der Querschnittsfläche meist auf eine Aufsummierung einiger bekannter Grundmuster (Rechteck, Dreieck, Kreis....) zurückführt, so reicht es für die Berechnung von Widerstandsmomenten aus, mit den in der folgenden Tabelle aufgeführten Grundmustern zu operieren, wobei zunächst einmal nur die Spalte für W_{ax} von Interesse ist:

Querschnitt	I_{ax}	W_{ax}
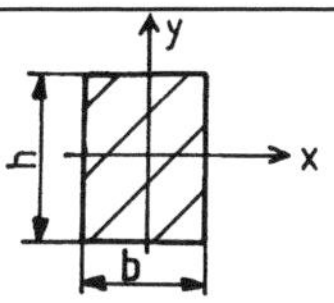	$I_x = \dfrac{b*h^3}{12}$ $I_y = \dfrac{h*b^3}{12}$	$W_x = \dfrac{b*h^2}{6}$ $W_y = \dfrac{b^2*h}{6}$
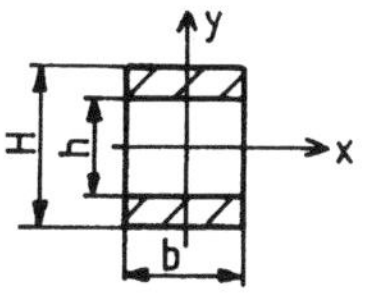	$I_x = \dfrac{b*(H^3-h^3)}{12}$ $I_y = \dfrac{(H-h)*b^3}{12}$	$W_x = \dfrac{(H^3-h^3)*b}{6*H}$ $W_y = \dfrac{(H-h)*b^2}{6}$
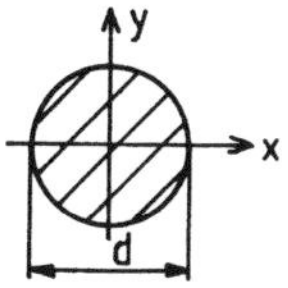	$I_x = I_y = \dfrac{\pi*d^4}{64}$	$W_x = W_y = \dfrac{\pi}{32}*d^3$
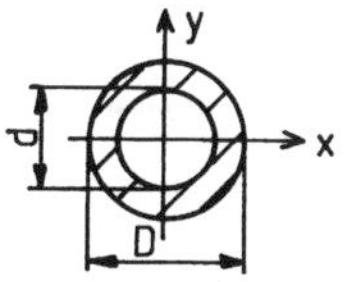	$I_x = I_y =$ $\dfrac{\pi}{64}*\left(D^4-d^4\right)$	$W_x = W_y =$ $\dfrac{\pi}{32}*\dfrac{D^4-d^4}{D}$

Bild 1.14: Grundmuster axialer Flächen- und Widerstandsmomente.

Für die in der linken Spalte skizzierten einfachen Modellfälle lassen sich die entsprechenden Widerstandsmomente W_{ax} direkt ablesen. Dabei ist zu beachten, daß bei Biegung um die x-Achse (also wenn die momentenerzeugende Kraft in y-Richtung angreift) W_{ax} als W_x anzusetzen ist. Wird hingegen die Momentenbelastung um die y-Achse eingeleitet (also wenn die momentenerzeugende Kraft in x-Richtung angreift), ist dementsprechend das Widerstandsmoment W_{ax} als W_y anzusetzen. Diese Unterscheidung ist bei kreisförmigen Querschnitten wegen der Rotationssymmetrie gegenstandslos. Die weitere Spalte für I_{ax} aus der obigen Tabelle wird weiter unten noch aufgegriffen werden.

Wenn ein auf Biegung beanspruchter Kreisquerschnitt zu dimensionieren ist, so läßt sich einerseits aus dem anliegenden Moment M_b die Biegespannung σ_b berechnen:

$$\sigma_b = \frac{M_b}{W_{ax}} = \frac{32*M_b}{\pi*d^3} \qquad \text{mit} \qquad W_{ax} = \frac{\pi}{32}*d^3$$

Andererseits kann auch danach gefragt werden, wie groß der Wellendurchmesser d sein muß, damit er bei einer vorgegebenen zulässigen Spannung σ_{zul} der Biegebelastung M_b noch standhält. In diesem Falle werden ebenfalls die obigen Gleichungen angesetzt, allerdings so um-

gestellt, daß sich der minimal erforderliche Wellendurchmesser d_{min} als Funktion des Biegemomentes M_b und der zulässigen Spannung σ_{bzul} ergibt:

$$\sigma_{bzul} = \frac{32 * M_b}{\pi * d_{min}^3} \qquad \Rightarrow \qquad d_{min} = \sqrt[3]{\frac{32 * M_b}{\pi * \sigma_{bzul}}}$$

Widerstandsmomente genormter Profile: Die Berechnung des axialen Widerstandsmomentes W_{ax} erübrigt sich, wenn genormte Walzprofile verwendet werden, da diese tabelliert
sind:

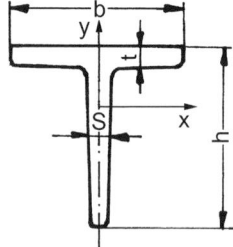

Bild 1.15: Rundkantiger, hochstegiger T-Stahl nach DIN 1024.

Kurzzeichen	$h = b$ mm	$s = t$ mm	A mm²	I_x mm⁴	W_x mm³	i_x mm	I_y mm⁴	W_y mm³	i_y mm
T20	20	3	112	3800	270	5,8	2000	200	4,2
T25	25	3,5	164	8700	490	7,3	4300	340	5,1
T30	30	4	226	17200	800	8,7	8700	580	6,2
T35	35	4,5	297	31000	1230	10,4	15700	900	7,3
T40	40	5	377	52800	1840	11,8	25800	1290	8,3
T45	45	5,5	467	81300	2510	13,2	40100	1780	9,3
T50	50	6	566	12100	3360	14,6	60600	2420	10,3
T60	60	7	794	23800	5480	17,3	12200	4070	12,4
T70	70	8	1060	44500	8790	20,5	22100	6320	14,4
T80	80	9	1360	73700	1200	23,3	37000	9250	16,5

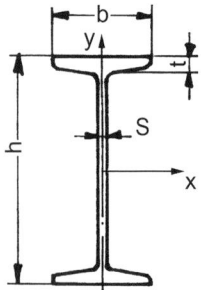

Bild 1.16: Warmgewalzte I-Träger nach DIN 1025 T1.

Kurzzeichen	h mm	b mm	t mm	A mm²	I_x [10^3] mm⁴	W_x [10^3] mm³	i_x mm	I_y [10^3] mm⁴	W_y [10^3] mm³	i_y mm
I 80	80	42	5,9	757	778	19,5	32,0	62,9	3,00	9,1
I 100	100	50	6,8	1060	1710	34,2	40,1	122	4,88	10,7
I 120	120	58	7,7	1420	3280	54,7	48,1	215	7,41	12,3
I 140	140	66	8,6	1820	5730	81,9	56,1	352	10,7	14,0
I 160	160	74	9,5	2280	9350	117	64,0	547	14,8	15,5
I 180	180	82	10,4	2790	14500	161	72,0	813	19,8	17,1
I 200	200	90	11,3	3340	21400	214	80,0	1170	26,0	18,0
I 220	220	98	12,2	3950	30600	278	88,0	1620	33,1	20,2
I 240	240	106	13,1	4610	42500	354	95,9	2210	41,7	22,0
I 260	260	113	14,1	5330	57400	442	104	2880	51,0	23,2
I 280	280	119	15,2	6100	75900	542	110	3640	61,2	24,5
I 300	300	125	16,2	6900	98000	653	119	4510	72,2	25,6

für $h \leq 240$ mm: $s = 0,03\, h + 1,5$ mm; für $h \geq 260$ mm: $s = 0,036\, h$

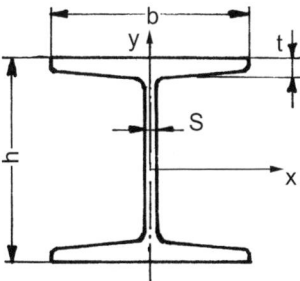

Bild 1.17: Warmgewalzte I-Träger (breite T-Träger) nach DIN 1025 T2.

Kurzzeichen	$h = b$ mm	s mm	t mm	A mm²	I_x [10^3] mm⁴	W_x [10^3] mm³	i_x mm	I_y [10^3] mm⁴	W_y [10^3] mm³	i_y mm
IPB 100	100	6	10	2600	4500	89,9	41,6	1670	33,5	25,3
IPB 120	120	6,5	11	3400	8640	144	50,4	3180	52,9	30,6
IPB 140	140	7	12	4300	15100	216	59,3	5500	78,5	35,8
IPB 160	160	8	13	5430	24900	311	67,8	8890	111	40,5
IPB 180	180	8,5	14	6530	38300	426	76,6	13600	151	45,7
IPB 200	200	9	15	7810	57000	570	85,4	20000	200	50,7
IPB 220	220	9,5	16	9100	80900	736	94,3	28400	258	55,9
IPB 240	240	10	17	10600	11260	938	103	39200	327	60,8
IPB 260	260	10	17,5	11800	14920	1150	112	51300	359	65,8
IPB 280	280	10,5	18	13100	19270	1380	121	65900	471	70,9
IPB 300	300	11	19	14900	25170	1680	130	85600	571	75,8

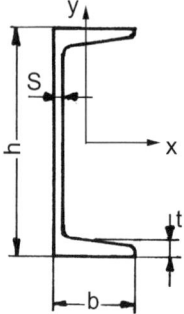

Bild 1.18: Warmgewalzter rundkantiger U-Stahl nach DIN 1026.

Kurz-zeichen	h mm	b mm	s mm	t mm	A mm²	I_x [10^3] mm⁴	W_x [10^3] mm³	i_x mm	I_y [10^3] mm⁴	W_y [10^3] mm³	i_y mm	e_y mm
U30x15	30	15	4	4,5	221	25,3	1,69	10,7	3,8	0,39	4,2	5,2
U30	30	33	5	7	544	63,9	4,26	10,8	53,3	2,68	9,9	13,1
U40x20	40	20	5	5,5	366	75,8	3,79	14,4	11,4	0,86	5,6	6,7
U40	40	35	5	7	621	141	7,05	15,0	66,8	3,08	10,4	13,3
U50x25	50	25	5	6	492	168	6,73	18,5	24,9	1,48	7,1	8,1
U50	50	38	5	7	712	264	10,6	19,2	91,2	3,75	11,3	13,7
U60	60	30	6	6	646	318	10,5	22,1	45,1	2,16	8,4	9,1
U65	65	42	5,5	7,5	903	575	17,7	25,2	141	5,07	12,5	14,2
U80	80	45	6	8	1100	1060	26,5	31,0	194	6,36	13,3	14,5
U100	100	50	6	8,5	1350	2060	41,2	39,1	293	8,49	14,7	15,5
U120	120	55	7	9	1700	3640	60,7	46,2	432	11,1	15,9	16,0
U140	140	60	7	10	2040	6050	86,4	54,5	627	14,8	17,5	17,5
U160	160	65	7,5	10,5	2400	9250	116	62,1	853	18,3	18,9	18,4
U180	180	70	8	11	2800	13500	150	69,5	1140	22,4	20,2	19,2
U200	200	75	8,5	11,5	3220	19100	191	77,0	1480	27,0	21,4	20,1

Weitere Halbzeugprofile sind in den Normblättern aufgeführt.

Aufgabe 1.5 (Seite 85) und Aufgabe 1.6 (Seite 85)

Zusammensetzung einzelner Widerstandsmomente: Das Widerstandsmoment eines beliebigen Querschnitts setzt sich aus seinen einzelnen Bestandteilen zusammen, allerdings dürfen die einzelnen Widerstandsmomente i.a. **nicht** einfach zusammenaddiert werden. Dazu sei noch einmal die Definition des Widerstandsmomentes betrachtet:

$$W_{ax} = \frac{\int_{-y_{max}}^{y_{max}} y^2 * dA}{y_{max}}$$

Eine Addition oder auch Subtraktion verschiedener Widerstandsmomente ist nur dann möglich, wenn die einzelnen Widerstandsmomente den gleichen maximalen Randfaserabstand y_{max} aufweisen. Dies ist beispielsweise in den folgenden Anordnungen der Fall, wobei es unerheblich ist, ob die Querschnitte untereinander gleich (links) oder verschieden (rechts) sind:

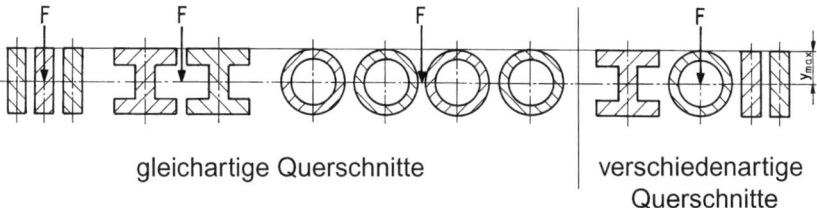

gleichartige Querschnitte | verschiedenartige Querschnitte

Bild 1.19: Addition von Widerstandsmomenten mit gleichem Randfaserabstand.

Sind die Randfaserabstände der einzelnen Querschnitte jedoch unterschiedlich, so muß die Integration $\int y^2\,dA$ über jedem einzelnen Querschnitt ausgeführt werden und erst nach der Aufsummierung der einzelnen Integrale kann zur Ermittlung des gemeinsamen Widerstandsmomentes W_{axges} durch den größten gemeinsamen Randfaserabstand y_{max} dividiert werden. Zu diesem Zweck wird die Definition des Zählenausdrucks als „axiales Flächenmoment I_{ax}" angesetzt:

$$I_{ax} = \int_{-y_{max}}^{y_{max}} y^2\,dA$$

Dieses axiale Flächenmoment hat weiterhin noch eine entscheidende Bedeutung bei der Deformation von Bauteilen (s. Kap. 2 „Federn und weitere Bauteilverformungen"). In der oben aufgeführten Tabelle sind die Flächenmomente für die jeweiligen Grundmuster an Querschnittsgeometrien aufgeführt. Das axiale Widerstandsmoment I_{ax} ergibt sich dann einfach zu

$$W_{ax} = \frac{I_{ax}}{y_{max}} \qquad \text{bzw.} \qquad W_{ax} = \frac{\Sigma I_{ax}}{y_{max}}$$

Soll nun zur Ermittlung der Biegespannung σ_b ein gemeinsames Widerstandsmoment W_{axges} berechnet werden, so werden zunächst die axialen Flächenmomente addiert. Die einzelnen Anteile I_{ax} werden entsprechend den in der oben aufgeführten Tabelle angegebenen Gleichungen getrennt angesetzt. Bei der anschließenden Berechnung des Widerstandsmomentes muß dann für y_{max} der größte Randfaserabstand angesetzt werden, der im gesamten Querschnitt auftritt. Die folgende Skizze gibt einige Beispiele an, bei denen diese Vorgehensweise angebracht ist:

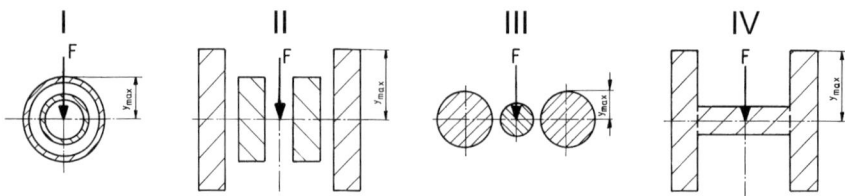

Bild 1.20: Gesamtwiderstandsmoment bei ungleichen Randfaserabständen.

Bei allen Beispielen wird vorausgesetzt, daß die einzelnen Biegebalken sowohl an der Einspannstelle als auch an der Krafteinleitungsstelle so miteinander verbunden sind, daß sich bei
der Belastung auch tatsächlich eine gemeinsame Biegelinie einstellen kann. Im Beispiel IV
ist dies dadurch gewährleistet, daß alle Anteile nur zur rechnerischen Behandlung als einzelne Bestandteile aufgefaßt werden, konstruktiv aber aus einem Stück bestehen.

Auf die gleiche Art und Weise können übrigens auch Subtraktionen ausgeführt werden.
Beispielsweise läßt sich das Widerstandsmoment eines Rohres über die Subtraktion eines
Rundstabes und des Hohlraumes als „negativer Rundstab" berechnen.

Bei allen oben aufgeführten Beispielen liegen die Schwerpunkte der einzelnen Anteile auf
der gemeinsamen neutralen Faser. Greift jedoch die Kraft senkrecht zu der oben angegebenen Richtung an, so ist diese Voraussetzung möglicherweise nicht mehr gegeben, wie die
Betrachtung von Beispiel IV zeigt:

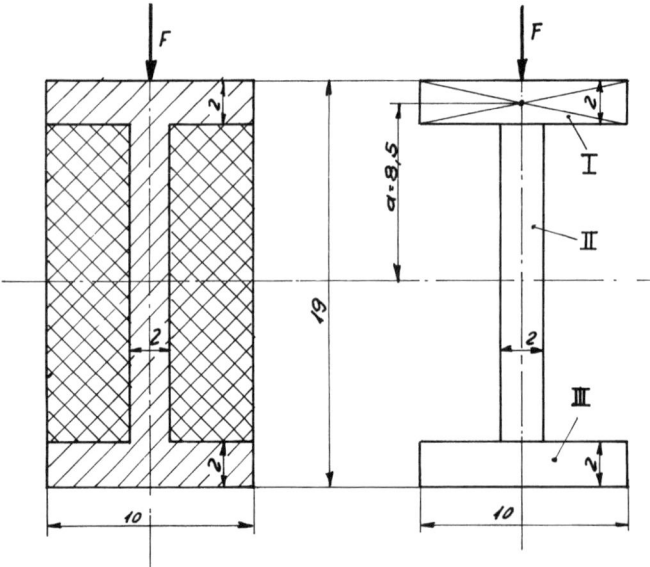

Bild 1.21: I-Träger hoch-
kant belastet.

In diesem Fall läßt sich das gesamte Flächenmoment I_{ges} nach der links skizzierten Vorgehensweise als Differenz des außen umschriebenen Rechtecks abzüglich der kreuzweise
schraffierten Aussparungen formulieren. Dieser Ansatz ist in diesem speziellen Beispiel
möglich, weil sich beide Anteile auf eine gemeinsame neutrale Faser beziehen.

$$I_{axges} = \frac{b*h^3}{12} = \frac{10*19^3}{12} \, mm^4 - \frac{(10-2)*(19-2*2)^3}{12} \, mm^4 = 3.465,8 mm^4$$

Eine weitere, allgemeingültige Möglichkeit berechnet das Gesamtflächenmoment als Summe der einzelnen Flächenträgheitsmomente (rechte Skizze), wozu zunächst formal angesetzt wird:

$$I_{ges} = I_I + I_{II} + I_{III}$$

Im vorliegenden Fall können die Flächenmomente der Einzelanteile nicht so ohne weiteres ermittelt werden. Lediglich der Mittelsteg 2 erfüllt die Bedingung, daß dessen neutrale Faser mit der neutralen Faser des Gesamtquerschnitts übereinstimmt. Die Flächenmomente der Anteile I und III ließen sich sehr einfach um die eigene Symmetrieachse bestimmen. Diesen Anteil nennt man den „**Eigenanteil**" I_e. Da aber die eigene Symmetrieachse um den Abstand a von der gemeinsamen neutralen Faser entfernt ist, muß die Fläche von I und III zusätzlich noch mit dem Quadrat dieses Abstandes a multipliziert werden. Diesen Anteil nennt man „**Steineranteil**" I_s. Das Flächenmoment bezüglich der neutralen Faser setzt sich aus dem Eigenanteil und dem Steineranteil zusammen:

$$I = I_e + I_s \qquad \text{wobei} \qquad I_s = A*a^2$$

Unter Ausnutzung der Gleichheit der Anteile 1 und 3 läßt sich zusammenfassen:

$$I_{ges} = 2*I_I + I_{II} = 2*(I_{Ie} + I_{Is}) + I_{II}$$

Die folgende Aufstellung soll dies am vorangegangenen Zahlenbeispiel verdeutlichen:

	Eigenanteil I_e	Steineranteil I_s
$I_I = I_{III}$	$\frac{b*h^3}{12} = \frac{10*2^3}{12} \, mm^4 = 6,667 mm^4$	$A*a^2 = bh*a^2 =$ $10*2*8,5^2 \, mm^4 = 1445,000 \, mm^4$
I_{II}	$\frac{b*h^3}{12} = \frac{2*15^3}{12} \, mm^4 = 562,500 mm^4$	0 weil a = 0
	$I_{ges} = 2*I_I + I_{II} = 2*(6,667+1445) \, mm^4 + 562,5 \, mm^4 = 3.465,8 \, mm^4$	

Vergleicht man die Größenordnung der Einzelanteile, so fällt auf, daß der Steineranteil häufig viel größer ist als der Eigenanteil. Daraus ist ersichtlich, daß die weiter außen liegenden Flächenanteile die Biegung viel wirksamer abstützen als die inneren. Insofern ist der oben angeführte Doppel-T-Träger in der skizzierten Einbaulage (hochkant) sehr gut geeignet, Biegung aufzunehmen. Das gesamte Widerstandsmoment errechnet sich schließlich zu:

$$W_{axges} = \frac{I_{axges}}{y_{max}} = \frac{3.465,8 mm^4}{9,5 mm} = 364,8 mm^3$$

Aufgabe 1.7 (Seite 86)

Lage der neutralen Faser: Im oben skizzierten Beispiel ist die Lage der neutralen Faser als Symmetrielinie des Gesamtsystems ohne weiteres zu erkennen. Die Berechnung von **Wider-standsmomenten nicht symmetrischer Querschnitte** erfordert jedoch zunächst einmal die Suche nach dieser neutralen Faser. Ein einfacher T-Träger ist ein solcher Fall. Zur Verdeutlichung einiger Analogien liegt es deshalb nahe, den bereits oben diskutierten Doppel-T-Träger in einen einfachen T-Träger mit ähnlichen Abmessungen zu überführen:

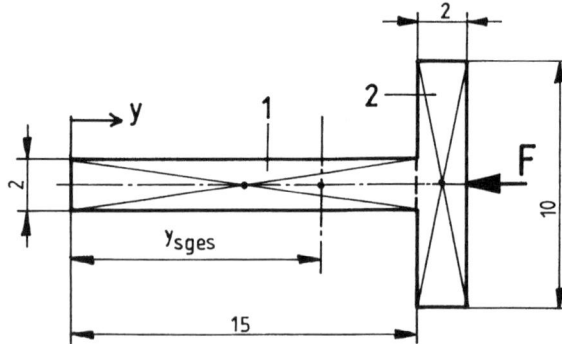

Bild 1.22: Lage der neutralen Faser.

Es ist offensichtlich, daß die Lage der neutralen Faser durch den Flächenschwerpunkt verlaufen muß. Die Lage des Flächenschwerpunktes des Gesamtsystems läßt sich allerdings aus den Einzelkomponenten relativ leicht errechnen. Zu diesem Zweck wird die Schwerpunkts-koordinate y_s eingeführt, deren Ursprung zwar beliebig ist, die aber zur Vereinfachung der Rechnung auf eine geometrisch fixierte Kante bezogen wird. Die Lage der Schwerpunkte der Einzelanteile 1 und 2 ist wegen der Rechteckform bekannt, sie liegen im Schnittpunkt der angedeuteten Diagonalkreuze. Die Lage des Gesamtschwerpunktes y_{sges} errechnet sich zu

$$y_{sges} = \frac{\sum A * y_s}{\sum A} = \frac{A_1 * y_{s1} + A_2 * y_{s2}}{A_1 + A_2}$$

In dem hier vorliegenden Beispiel sind folgende Zahlenwerte einzusetzen:

$$y_{sges} = \frac{2*15*7,5 + 2*10*16}{2*15 + 2*10} mm = 10,9 mm$$

An dieser Stelle liegt die neutrale Faser, von der aus jetzt alle weiteren Berechnungen bezüglich Flächenmoment und Widerstandsmoment durchgeführt werden.

Aufgabe 1.8 (Seite 87) bis Aufgabe 1.15 (Seite 93)

1.2.1.3   Balken gleicher Biegefestigkeit

Die Festigkeit eines Biegeträgers orientiert sich meist an der Stelle der größten Biegebeanspruchung. Reduziert man diese Überlegung auf einem einseitig eingespannten Balken mit kreisförmigem Querschnitt, so ergibt sich folgende Anordnung:

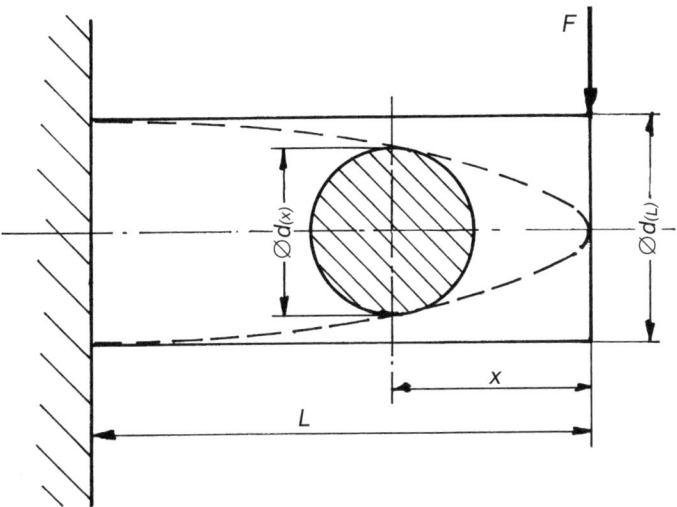

Bild 1.23: Balken gleicher Biegefestigkeit mit kreisförmigem Querschnitt.

Weist dieser Balken aber entlang seiner axialen Erstreckung einen gleichbleibenden Durchmesser auf, so muß sein Durchmesser d so dimensioniert werden, daß er an seiner Einspannstelle nicht überlastet wird. In diesem Fall ist der Balken jedoch außerhalb des Ortes der größten Biegebeanspruchung überdimensioniert. Aus Gründen der Werkstoff- und Gewichtsersparnis kann es sinnvoll sein, den Durchmesser $d_{(x)}$ an jedem beliebigen Ort entlang der Balkenlänge x so zu dimensionieren, daß stets eine gleichbleibende Werkstoffbeanspruchung vorliegt. Zu dieser Optimierung wird das Biegemoment an beliebigem Ort des Balkens formuliert zu

$$\sigma_b = \frac{M_{b(x)}}{W_{ax(x)}} = \frac{F * x}{\frac{\pi * d_{(x)}^{3}}{32}} = const$$

Wird diese Gleichung nach $d_{(x)}$ aufgelöst, so ergibt sich:

$$d_{(x)} = \sqrt[3]{\frac{32 * M_b}{\pi * \sigma_b}} = \sqrt[3]{\frac{32 * F * x}{\pi * \sigma_b}}$$

Der diesbezüglich optimierte Balken nimmt also die Form einer rotationssysmmetrischen kubischen Parabel an. In vielen Fällen folgt man aus konstruktiven und fertigungstechnischen Gründen nicht exakt dieser Kontur, sondern nähert sie nur abschnittsweise an. Dabei muß aber sichergestellt werden, daß die Idealkontur des Körpers gleicher Biegefestigkeit an keiner Stelle unterschritten wird.

Aufgabe 1.16 (Seite 94) und Aufgabe 1.17 (Seite 94)

1.2.2   Tangentialspannung

Nach Abschnitt 1.2.1 ist die Normalspannung dadurch gekennzeichnet, daß sie in Folge der sie erzeugenden Kraft normal auf der Querschnittsfläche A steht. Wie aus der elementaren Festigkeitslehre bekannt ist, kann aber die Schnittfläche relativ zur belastenden Kraft grundsätzlich einen beliebigen Winkel einnehmen, so daß als zweiter Modellfall die Spannung tangential zur Querschnittsfläche A betrachtet werden muß.

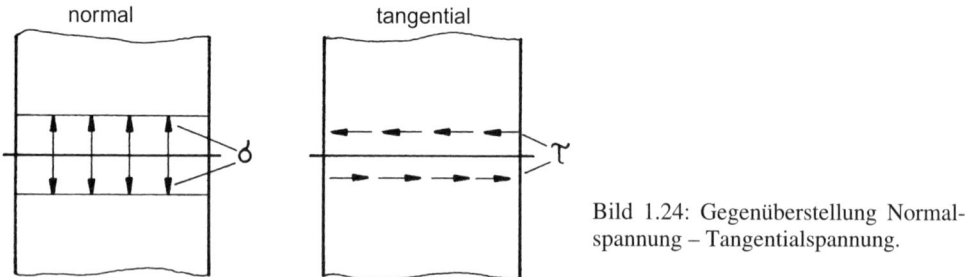

Bild 1.24: Gegenüberstellung Normalspannung – Tangentialspannung.

Analog zur Normalspannung σ wird die Tangentialspannung τ („Tau") formuliert zu

$$\tau = \frac{F}{A}$$

Im Gegensatz zur Normalspannung σ, die ja nach Zugspannung σ_z und Druckspannung σ_D unterscheidet, ist hier eine Differenzierung nach Vorzeichen zunächst nicht angebracht. Weiterhin lassen sich je nach betrachteter Lage der Schnittebene Normalspannung σ und Tangentialspannung τ ineinander überführen. Dieser Sachverhalt soll jedoch der Lehrveranstaltung „Festigkeitslehre" vorbehalten bleiben.

1.2.2.1   Festigkeitsnachweis für Schub

Querkraftschub

Der einfachste Fall der Tangentialspannung liegt dann vor, wenn ein Bauteil mit einer Querkraft belastet wird:

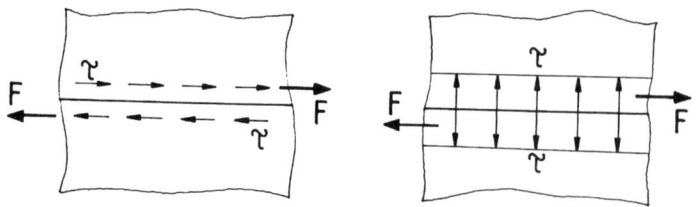

Bild 1.25: Darstellung der Tangentialspannung.

Die linke Darstellung ist sachlich zutreffender, da sie die Richtung der Schubspannung korrekt dargestellt. Daneben existiert auch noch die rechts skizzierte Darstellung, bei der die Tangentialspannungsvektoren eigentlich wirklichkeitswidrig senkrecht zur Querschnittsfläche eingezeichnet sind. Auf diese Weise hat man aber die Möglichkeit, auch den Betrag der Tangentialspannung quantitativ korrekt wiederzugeben. Im oben angedeuteten Fall wird die Tangentialspannung durch eine Querkraft Q hervorgerufen, das Bauteil wird mit „Querkraftschub" belastet.

Diese Querkraftschubspannung in reiner Form ohne weitere Belastungsanteile tritt allerdings sehr selten auf, da in diesem Fall die Kraft genau in der betrachteten Schnittebene angreifen und genau in dieser Ebene auch als Reaktion wieder abgeleitet werden müßte. Genau diesen Fall strebt man bei der Schere an:

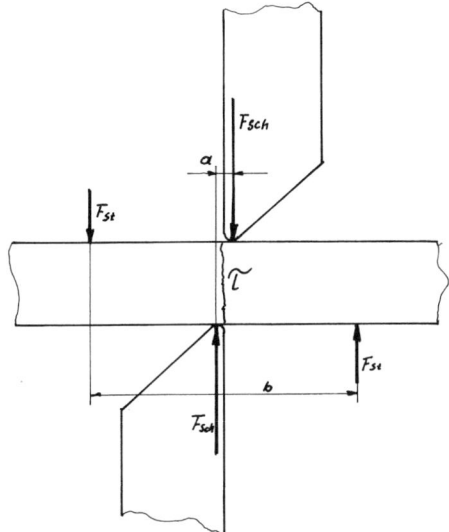

Bild 1.26: Querkraftschub an der Schere.

Damit der Werkstoff möglichst gezielt durch Abscheren (also durch bewußtes Überschreiten einer zulässigen Schubspannung) getrennt werden kann, muß die Schneidkraft der beiden Schneiden F_{Sch} als „actio" auf der einen Seite und als „reactio" auf der anderen Seite möglichst in der gleichen Ebene eingeleitet werden. Um dieser Bedingung weitgehend zu entsprechen, muß eine Schere „scharf" sein. Diese Forderung läßt sich jedoch nie ganz erfüllen, da das Kräftepaar F_{Sch} stets einen gewissen Abstand a zueinander aufweist, der als Hebelarm wirkt. Dadurch wird ein Moment wirksam, welches zusätzlich als Stützkraft F_{St} über den Hebelarm b abgeleitet werden muß.

$$F_{Sch} * a = F_{St} * b$$

Werkstoffverhalten bei Schub

Das Werkstoffverhalten bei Schubbeanspruchung läßt sich ähnlich wie im Falle der Normalspannungsbelastung durch ein Spannungs-Dehnungs-Diagramm beschreiben:

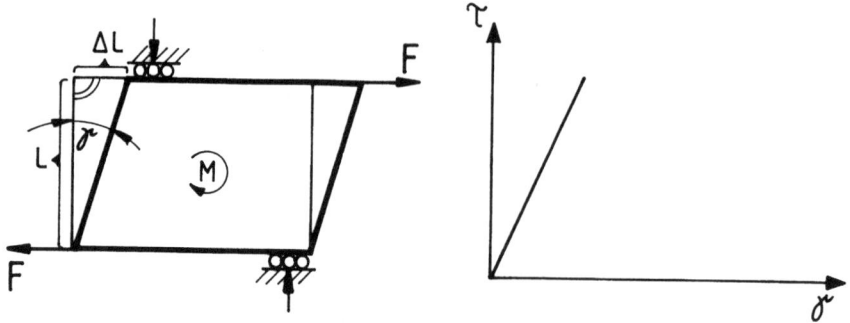

Bild 1.27: Werkstoffverhalten bei Querkraftschub.

Ähnlich wie jeder reale Körper unter Einfluß einer Normalkraft eine Verformung erfährt, so verformt er sich auch unter Einfluß einer Tangentialkraft. Um in diesem Fall eine elastische Verformung zu ermöglichen, muß das Kräftepaar einen gewissen Abstand zueinander auf-weisen. Das dadurch entstehende Moment muß durch Kräfte abgestützt werden, die senk-recht zur Schubspannung wirken und deshalb auf die Schubspannungsbetrachtung selber keinen Einfluß haben. Die Werkstoffverformung tritt in diesem Fall als Winkel γ auf:

$$\tan \gamma \approx \gamma = \frac{\Delta L}{L}$$

Während die Verformung bei Zugspannungsbelastung noch als $\varepsilon = \Delta L / L$ normiert werden mußte, liegt hier die Verformung bereits als Winkel γ, also als normierte Größe vor. Die Proportionalitätskonstante zwischen der Tangentialspannung τ und der Verformung γ wird hier als der Schub- oder Gleitmodul G bezeichnet:

$$\tau = G * \gamma$$

Der Zahlenwert von G ist für einige Werkstoffe unter Kap. 1.2.1.1 (S. 4) aufgeführt bzw. kann aus den einschlägigen Tabellenwerken entnommen werden. Wegen der erforderlichen Abstützung ist der Schubmodul G versuchstechnisch allerdings schwieriger zu ermitteln als der Elastizitätsmodul E. In den weitaus meisten Fällen reicht es allerdings völlig aus, für die hier verwendeten metallischen Werkstoffe eine Näherungsbeziehung zwischen Elastizitäts- und Schubmodul auszunutzen (näheres s. Werkstoffkunde):

$$G = \frac{E}{2 * (1 + \nu)} \qquad \nu: \text{Querkontraktionszahl}$$

Für metallische Werkstoffe kann die Querkontraktionszahl mit $\nu = 0{,}3$ angesetzt werden, so daß sich näherungsweise ergibt:

$$G \approx 0{,}385 * E$$

Ähnlich wie es für Zug- und Druckspannungen zulässige Werte gibt, so sind auch Werkstoffkenndaten für die zulässige Schubspannung tabelliert, so daß für das Standhalten eines Bauteils das Kriterium formuliert werden kann

$$\tau_{vorh} \leq \tau_{zul}$$

Auch für diesen Belastungsfall ist eine differenziertere Betrachtung möglich, die auf die Formulierung einer Sicherheit hinausläuft, die die zulässige Spannung τ_{zul} mit der tatsächlich auftretenden Spannung τ_{vorh} ins Verhältnis setzt:

$$S = \frac{\tau_{zul}}{\tau_{tats}}$$

Aufgabe 1.18 (Seite 96)

1.2.2.2   Festigkeitsnachweis für Torsion

Torsionsschubspannung

In Abschnitt 1.2.1.2 dieses Kapitels wurde demonstriert, daß die Momentenbelastung eines Balkens in Form von *Biegung* eine *Zug- und Druck*spannung in der Querschnittsfläche hervorruft. In vergleichbarer Weise ist es auch möglich, die Momentenbelastung eines Bauteils in Form von *Torsion* auf eine *Schub*spannung in der Querschnittsfläche zurückzuführen. Der folgende Erklärungsversuch möge diesen Zusammenhang verdeutlichen. Dazu sei zunächst einmal ein Rohr betrachtet, welches mit einem Torsionsmoment belastet wird.

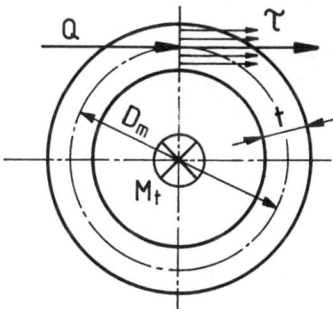

Bild 1.28: Torsionsspannung dünnwandiges Rohr.

Die Wandstärke des Rohres t sei gegenüber seinem mittleren Durchmesser D_m sehr klein. Unter dieser Annahme kann eine fiktive Querkraft Q formuliert werden, die sich aus dem Moment M_t und dem halben mittleren Rohrdurchmesser $D_m / 2$ als Hebelarm ergibt:

$$M_t = Q * \frac{D_m}{2} \quad \Rightarrow \quad Q = M_t * \frac{2}{D_m}$$

Die Querkraft Q wird ihrerseits in der Querschnittsfläche der Rohrwandung A in Umfangsrichtung als Schubspannung τ wirksam:

$$\tau_t = \frac{Q}{A} = \frac{2 * M_t}{D_m * A}$$

Da t ≪ D_m angenommen worden ist, läßt sich die Kreisringfläche als Rechteck aus dem
Umfang D * π und der Wandstärke t formulieren. Mit A = D * π * t erhält man:

$$\tau_t = \frac{2 * M_t}{D_m{}^2 * \pi * t}$$

Diese einfache Formulierung wird nur möglich, weil aufgrund der dünnen Wandstärke des
Rohres t eine konstante Schubspannungsverteilung angenommen werden kann. Der Torsionsschub tritt hier ohne weitere Belastungsanteile auf, eine Abstützung wie beim Querkraftschub entfällt also.

Betrachtet man analog dazu einen Rundstab unter Torsionbelastung, so tritt auch in diesem
Fall eine Schubspannung auf, die allerdings nicht konstant ist:

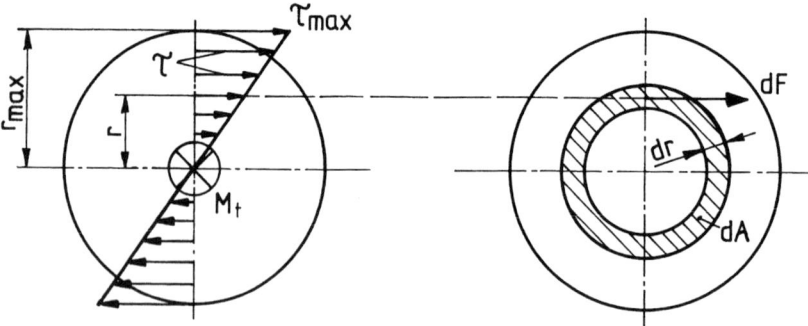

Bild 1.29: Schubspannungsverteilung Rundstab.

Die Schubspannungsverteilung ergibt sich vielmehr als Folge der dem Bauteil durch die
Belastung aufgezwungenen Verformung:

- Die Schubspannung τ ist am Außenrand des Rundstabes maximal, weil dort aufgrund der
  Verdrehung dem Rundstab eine maximale Verformung aufgezwungen wird.

- In der Mitte des Rundstabes liegt keinerlei Verformung (Drehzentrum) vor, es ensteht
  also auch keine Schubspannung.

- Da von innen nach außen die Verdrehverformung linear ansteigt, wird sich auch die dadurch hervorgerufene Schubspannung linear verhalten, wenn vorausgesetzt werden kann,
  daß die Verformungen im elastischen Bereich verbleiben.

Die oben angedeutete Schubspannungsverteilung ist hier für die Punkte auf der senkrechten Symmetrieachse skizziert. Die gleiche Schubspannungsverteilung findet sich jedoch rotationssymmetrisch dazu in jedem anderen Radialschnitt wieder. Aus dieser Überlegung kann geschlossen werden, daß die Werkstoffbelastung des Rundstabes an der Randfaser am größten ist. Bei einem Versagen des Bauteils wegen Überlastung wird dessen Zerstörung also von dort ausgehen.

Das in Rundstabmitte angreifende Torsionsmoment M_t stützt sich auf die einzelnen Querkraftanteile dF mit dem jeweils dazugehörenden Hebelarm r ab:

$$M_t = \int_0^{r_{max}} dF_{(r)} * r$$

Dabei ist dF die Kraft, die auf der dünnwandigen Kreisringfläche dA wirksam wird:

$$dF_{(r)} = \tau_{(r)} * dA \quad \Rightarrow \quad M_t = \int_0^{r_{max}} \tau_{(r)} * dA * r$$

Für die festigkeitsmäßige Dimensionierung des Rundstabes ist die Größe der am Außenrand auftretenden maximalen Schubspannung τ_{max} von besonderer Bedeutung. Zu deren Berechnung kann zunächst einmal in der dreieckförmigen Spannungsverteilung der Strahlensatz angesetzt werden:

$$\frac{\tau_{max}}{\tau_{(r)}} = \frac{r_{max}}{r} \quad \Rightarrow \quad \tau_{(r)} = \tau_{max} * \frac{r}{r_{max}}$$

Führt man diesen Ausdruck für τ in das obige Integral ein, so ergibt sich:

$$M_t = \int_0^{r_{max}} \tau_{max} * \frac{r}{r_{max}} * dA * r = \frac{\tau_{max}}{r_{max}} * \int_0^{r_{max}} r^2 * dA$$

wobei sowohl τ_{max} als auch r_{max} nicht von der Integration betroffen sind. Mit dieser Gleichung läßt sich nun sehr einfach die Frage nach der maximal im Torsionsquerschnitt auftretenden Spannung τ_{max} beantworten:

$$\tau_{max} = \frac{M_t}{\dfrac{\int_0^{r_{max}} r^2 * dA}{r_{max}}}$$

Der Nennerausdruck hängt nur von der Geometrie des Rundstabquerschnitts ab und wird als das „polare Widerstandsmoment" W_{pol} bezeichnet:

$$\tau_{max} = \frac{M_t}{W_{pol}} \qquad \text{mit} \qquad W_{pol} = \frac{\int_0^{r_{max}} r^2 * dA}{r_{max}}$$

Das polare Widerstandsmoment W_{pol} läßt sich grundsätzlich für jeden beliebigen Torsionsquerschnitt ermitteln.

Polares Widerstandsmoment W_{pol}

Die obige Formulierung für das polare Widerstandsmoment ist aber für rotationssymmetrische Querschnitte geeignet, die sich wie im vorliegenden Fall einfach in Polarkoordinatenweise darstellen lassen. An dieser Stelle soll lediglich das einfache Beispiel des kreisförmigen Querschnitts fortgeführt werden:

$$dA = 2 * \pi * r * dr$$

Damit läßt sich das Integral des polaren Widerstandsmomentes einfach auflösen:

$$W_{pol} = \frac{\int_0^{r_{max}} r^2 * 2 * \pi * r * dr}{r_{max}} = \frac{2 * \pi * \int_0^{r_{max}} r^3 * dr}{r_{max}}$$

$$W_{pol} = \frac{2 * \pi}{4 * r_{max}} * \left[r^4 \right]_0^{r_{max}} = \frac{\pi}{2} * r_{max}^3 = \frac{\pi}{2} * \left(\frac{d}{2} \right)^3 = \frac{\pi}{16} * d^3$$

Soweit dieses spezielle Beispiel. Die Beschreibung nicht kreisförmiger Querschnitte ist etwas umständlicher und bleibt der Lehrveranstaltung Festigkeitslehre vorbehalten. Ähnlich wie im Falle des axialen Widerstandsmomentes (Abschnitt 1.2.1.2) lassen sich auch hier einige Grundmuster tabellieren (Bild 1.30).

Die Faktoren K_y und K_w sind vom Breiten/Höhenverhältnis des Rechtecks abhängig und lassen sich der folgenden Tabelle entnehmen:

$\frac{h}{b}$	1	1,5	2	3	4	6	8	10	∞
K_y	0,209	0,230	0,247	0,269	0,284	0,299	0,307	0,312	0,333
K_w	0,141	0,196	0,229	0,263	0,281	0,298	0.307	0,312	0,333

Während jedoch bei Biegebelastung die Belastungs**richtung** genau beachtet werden muß und demnach das entsprechende axiale Widerstandsmoment angesetzt werden muß, entfällt eine solche Unterscheidung im Falle der Torsionsbelastung. Auch das polare Widerstandsmoment kann durch ein polares Flächenmoment ausgedrückt werden:

$$W_{pol} = \frac{I_{pol}}{r_{max}}$$

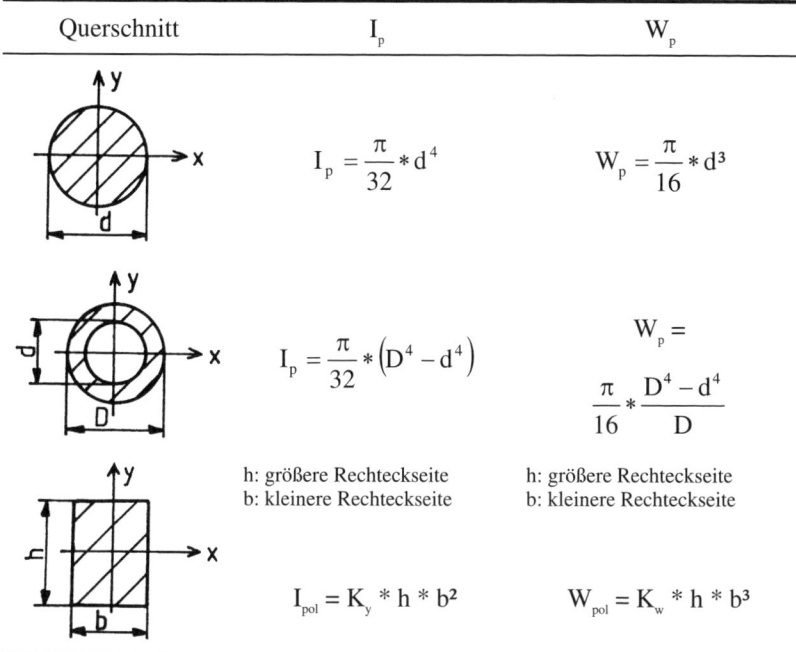

Querschnitt	I_p	W_p
	$I_p = \dfrac{\pi}{32} * d^4$	$W_p = \dfrac{\pi}{16} * d^3$
	$I_p = \dfrac{\pi}{32} * \left(D^4 - d^4\right)$	$W_p = \dfrac{\pi}{16} * \dfrac{D^4 - d^4}{D}$
	h: größere Rechteckseite b: kleinere Rechteckseite $I_{pol} = K_y * h * b^2$	h: größere Rechteckseite b: kleinere Rechteckseite $W_{pol} = K_w * h * b^3$

Bild 1.30: Polare Flächen- und Widerstandsmomente.

Ein in der Praxis häufig auftretender Fall ist die Torsionsbelastung einer Welle, deren Querschnitt als Kreis bezüglich seines Widerstandsmomentes einfach zu beschreiben ist:

$$\tau_t = \frac{M_t}{W_{pol}} = \frac{16 * M_t}{\pi * d^3} \leq \tau_{zul}$$

Mit dieser Gleichung läßt sich einerseits bei bekanntem Torsionsmoment und vorgegebenem Wellendurchmesser die Torsionsspannung ermitteln. Andererseits stellt sich bei der Dimensionierung einer Welle aber auch häufig die Frage, wie groß der Wellendurchmesser d sein muß, damit bei vorgegebenem Torsionsmoment M_t die zulässige Schubspannung τ_{zul} nicht überschritten wird. Dazu wird die obige Gleichung nach dem Wellendurchmesser d aufgelöst, der dann mit d_{min} (erforderlicher Wellendurchmesser) indiziert wird:

$$d_{min} = \sqrt[3]{\frac{16 * M_t}{\pi * \tau_{zul}}}$$

Aufgabe 1.19 (Seite 97)

1.3   Zusammengesetzte Spannungen

In der Praxis ist es eher selten, daß die oben angeführten Spannungszustände in der dort aufgeführten reinen Form auftreten. Im allgemeinen Fall liegen mehrere Belastungen und damit auch mehrere Spannungen gleichzeitig vor und es stellt sich die Frage, wie diese Überlagerung von Belastungen bei der Festigkeitsberechnung zu berücksichtigen ist.

1.3.1   Überlagerung einachsiger Spannungszustände

Die Ermittlung einer Gesamtspannung ist dann besonders einfach zu übersehen, wenn es sich entweder um die Zusammensetzung mehrerer Normalspannungen oder aber um eine Zusammensetzung mehrerer Tangentialspannungen handelt, da in beiden Fällen eine Überlagerung von einachsigen Spannungszuständen vorliegt. Wie die folgenden Beispiele zeigen, können in diesen Fällen die einzelnen Spannungsanteile einfach unter Berücksichtigung ihres Vorzeichens addiert werden.

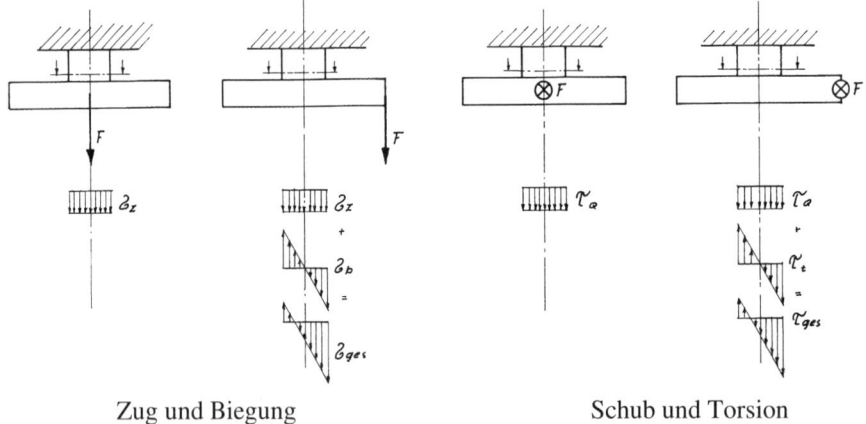

Zug und Biegung   Schub und Torsion

Bild 1.31: Überlagerung einachsiger Spannungszustände.

Im linken Beispiel wird ein in der Decke fest eingespannter Balken am unteren Ende mit einem Querbalken verbunden. Wird das Gebilde rein zentrisch auf Zug belastet, so hat der Querbalken überhaupt keine Bedeutung, im senkrechten Balken stellt sich die darunter skizzierte reine Zugspanung σ_z ein. Wirkt die Kraft F jedoch nicht zentrisch, sondern wird sie am Querbalken als Hebelarm eingeleitet, so entsteht zusätzlich ein Biegemoment, welches im senkrechten Balken eine zusätzliche Biegespannung hervorruft. Die Gesamtbelastung ergibt sich dann als Superposition von Zugspannung σ_z und Biegespannung σ_b:

$$\sigma_{ges} = \sigma_b + \sigma_z \leq \sigma_{zul} \quad \text{bzw.} \quad S = \frac{\sigma_b + \sigma_z}{\sigma_{zul}}$$

Aus dieser Überlegung wird auch unmittelbar klar, daß auf der rechten Seite des senkrechten Balkens die höchste Beanspruchung vorliegt. Ein mögliches Bauteilversagen würde also von dieser Stelle seinen Ausgang nehmen.

Die gleiche Vorgehensweise läßt sich auch dann anwenden, wenn die Kraft F in die Zeichenebene hinein wirkt: Greift sie zentrisch an (links), so resultiert daraus eine über dem Querschnitt konstante Schubspannung τ_Q.

Wenn die Kraft F am Querbalken eingeleitet wird, so wird ein zusätzliches Torsionsmoment hervorgerufen, welches sich im senkrechten Torsionsstab als Torsionsspannung τ_t abstützt. Die Gesamtbelastung läßt sich dann als Superposition von τ_t und τ_Q formulieren:

$$\tau_{ges} = \tau_t + \tau_Q \leq \tau_{zul} \quad \text{bzw.} \quad S = \frac{\tau_t + \tau_Q}{\tau_{zul}}$$

Auch in diesem Fall liegt die höchste Belastung auf der rechten Seite vor. Mit der Annahme eines sehr kurzen Torsionsstabes soll modellhaft sichergestellt werden, daß durch die belastende Kraft F bezüglich der Einspannung keine Biegebelastung auftritt. Die dadurch entstehende Normalspannung könnte mit den voranstehenden Überlegungen nicht in Einklang gebracht werden.

Die zuvor aufgeführten Beispiele beschränken sich darauf, daß entweder nur Normalspannungen oder nur Tangentialspannungen vorliegen. Wenn wie in diesen Fällen jeweils nur eine Spannung in einer einzigen Richtung vorliegt, so spricht man von einem „**einachsigen Spannungszustand**".

Aufgabe 1.20 (Seite 97) bis Aufgabe 1.22 (Seite 99)

1.3.2 Zweiachsiger, ebener Spannungszustand

Der allgemeine Fall besteht aber darin, daß das Bauteil gleichermaßen mit Normalspannungen und Tangentialspannungen in mehreren Komponenten belastet wird. In diesem Fall liegt ein „**mehrachsiger Spannungszustand**" vor. Für die hier vorliegenden Festigkeitsberechnungen genügt es allerdings, sich auf den **zweiachsigen** oder **ebenen Spannungszustand** zu beschränken. Die dabei auftretenden einzelnen Spannungen lassen sich aber **nicht** so ohne weiteres addieren.

Wird ein Bauteil einem mehrachsigen Spannungszustand ausgesetzt, so stellt sich die Frage, mit welcher Spannung ein Festigkeitsnachweis geführt werden soll. In der Festigkeitslehre und in der Werkstoffkunde hat es deshalb immer wieder Versuche gegeben, aus den einzelnen Spannunganteilen σ und τ nach gewissen Ansätzen eine sog. „**Vergleichsspannung**" zu formulieren. Diese Modellvorstellungen sind so angelegt, daß die so errechnete Vergleichsspannung σ_v für die Werkstoffbeanspruchung gleichbedeutend ist mit einem einachsiger Spannungszustand. Die Vergleichsspannung wird dabei ebenfalls mit σ bezeichnet, obwohl diese Spannung keine Normalspannung ist. Grundlage für diese Kennzeichnung ist vielmehr der Umstand, daß in den allermeisten Fällen die Normalspannung den grösseren Belastungsanteil einbringt.

Zu diesem Zweck wurden eine Reihe von Festigkeitshypothesen entwickelt. Auf dieses werkstoffkundliche Problem soll jedoch an dieser Stelle nicht vertiefend eingegangen werden. Für die im weiteren Verlauf noch zu diskutierenden Anwendungsfälle hat sich vor allen Dingen die sog. „**Gestaltänderungsenergiehypothese**" bewährt. Diese Hypothese mündet für die im Maschinenbau verwendeten Stahlwerkstoffe in der relativ einfachen Formulierung:

$$\sigma_V = \sqrt{\sigma_{ges}^2 + 3 * \tau_{ges}^2} \leq \sigma_{zul} \qquad \text{(Stahl)}$$

Dabei setzen sich die Einzelkomponenten σ_{ges} und τ_{ges} jeweils aus den einachsigen Überlagerungen nach der vorstehenden Überlegung zusammen:

$$\sigma_{ges} = \sigma_b + \sigma_{ZD} \qquad \text{und} \qquad \tau_{ges} = \tau_t + \tau_Q$$

Die nach dieser Hypothese errechnete Vergleichsspannung läßt sich in anschaulicher, aber nicht ganz wissenschaftlicher Weise interpretieren als Hypotenuse in einem Dreieck, in dem die Normalspannung σ_{ges} und die Tangentialspannung τ_{ges} senkrecht auf einander stehen. Da aber normale Stahlwerkstoffe gegenüber Schub weniger belastbar sind, muß die Tangentialspannung mit dem oben aufgeführten „Gewichtungsfaktor" (in diesem Falle 3) versehen werden.

Für Schweißwerkstoffe hingegen gilt eine ähnliche Formulierung, die berücksichtigt, daß dieses Material gegenüber Schubbelastung weniger empfindlicher ist:

$$\sigma_v = \sqrt{\sigma_{ges}^2 + \alpha_0 * \tau_{ges}^2} \qquad \text{(Schweißwerkstoff)}$$

Der „Gewichtungsfaktor" α_0 wird für statische Last mit 1 und für dynamische Belastung mit 2 angenommen. Weitere Aspekte der Festigkeit von Schweißverbindungen werden im Kapitel 3 (Verbindungselemente und Verbindungstechniken) aufgegriffen werden.

Weitergehende Erörterungen zur Formulierung der Vergleichsspannung sollen der Werkstoffkunde und der Festigkeitslehre vorbehalten bleiben.

Aufgabe 1.23 (Seite 99) bis Aufgabe 1.26 (Seite 102)

1.4   Zeitlich veränderliche Belastung

Alle bisherigen Betrachtungen bezogen sich auf den „quasistatischen Belastungszustand": Die Belastung (Kraft, Moment) und die daraus resultierenden Spannungen (σ und τ) ändern sich nicht bzw. so langsam, daß dies für die Bauteilbelastung ohne Bedeutung ist. Der zeitliche Verlauf dieser Belastung läßt sich grafisch als Gerade verdeutlichen:

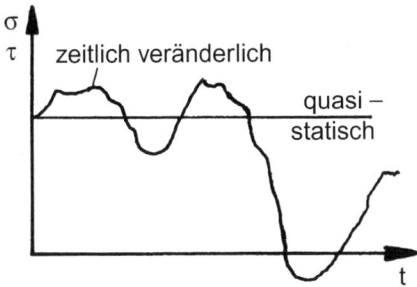

Bild 1.32: Quasistatischer und zeitlicher veränderlicher Belastungsverlauf.

Sowohl die Kräfte und Momente als auch die Spannungen zeigen dabei qualitativ den gleichen konstanten Verlauf. Der Fall der quasistatischen Belastung tritt im praktischen Maschinenbau allerdings eher selten auf, denn schließlich ist die Bewegung ja das kennzeichnende Merkmal einer Maschine. Die die Maschine und deren Komponenten belastenden Kräfte und Momente werden vielmehr im allgemeinen Fall zeitlich nicht konstante Spannungszustände hervorrufen. Aber selbst bei zeitlich veränderlicher Belastung behalten alle bisherigen Betrachtungen und Berechnungen für die Normalspannungen σ aufgrund von Längskräften und Biegemomenten und für die Schubspannungen τ aufgrund von Querkräften und Torsionsmomenten weiterhin ihre Gültigkeit. Es muß allerdings in einer erweiterten Betrachtung die zeitliche Veränderung der Belastung berücksichtigt werden.

1.4.1   Modellfälle zeitlich veränderlicher Beanspruchung

Der in obigem Bild dargestellte zeitlich veränderliche Belastungsverlauf ist rechnerisch nicht so ohne weiteres zu beschreiben, so daß man auch hier zunächst nach modellhaften Vereinfachungen sucht. Es läßt sich eine Kennzahl κ formulieren, die als Quotient aus der unteren und der oberen Belastung definiert ist:

$$\kappa = \frac{F_u}{F_o} = \frac{M_{bu}}{M_{bo}} = \frac{M_{tu}}{M_{to}} = \frac{\sigma_u}{\sigma_o} = \frac{\tau_u}{\tau_o}$$

Dabei bezeichnet der Index „u" jeweils den unteren und der Index „o" den oberen Belastungswert. Für den Fall der rein statischen Belastung ist $\kappa = 1$. Bei der weiteren Schematisierung der dynamischen Belastung lassen sich die folgenden **Modellfälle** unterscheiden (Bild1.33).

In dieser Zusammenstellung wird κ als Verhältnismäßigkeit der Normalspannung σ betrachtet, grundsätzlich läßt sich der Wert von κ aber auch als Quotient der Schubspannung τ, der Kraft F oder des Momentes M ausdrücken. Werkstoffkundliche Beobachtungen zeigen, daß zumindest für die im Maschinenbau verwendeten Metalle eine einheitliche Betrachtung der Belastungsfunktion als modellhafte dynamische Sinusfunktion mit einem überlagerten statischen Anteil völlig ausreicht und in seinem zeitlichen Verlauf nicht weiter differenziert werden braucht, auch wenn der tatsächlich auftretende Belastungsverlauf nicht sinusförmig ist, sondern komplexere Anteile enthält. Weiterhin sind die dabei auftretenden Frequenzen von untergeordneter Bedeutung.

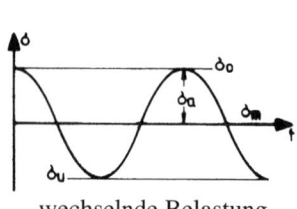 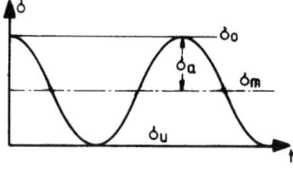 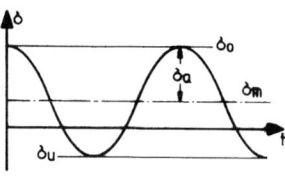

wechselnde Belastung	schwellende Belastung	allgemein veränderliche Belastung

Die wechselnde Belastung entspricht in ihrem modellhaften Verlauf einer Sinusfunktion, die mit der Angabe einer Auschlagspannung σ_a als Amplitude eindeutig beschrieben werden kann. In diesem speziellen Fall ist die Mittelspannung σ_m Null:

$$\sigma_m = 0$$

Wahlweise kann dieser Sachverhalt auch durch die Angabe der Oberspannung σ_o und der Unterspannung σ_u beschrieben werden, die hier jedoch genau so groß sind wie die Ausschlagsspannung σ_a:

$$\sigma_o = \sigma_a$$
$$\sigma_u = -\sigma_a$$

In diesem Fall ist

$$\kappa = \frac{\sigma_u}{\sigma_o} = -1$$

Die schwellende Belastung pendelt zwischen einem Maximalwert σ_o und einem Minimalwert $\sigma_u = 0$. Daraus ergibt sich eine Sinusfunktion mit dem Mittelwert σ_m:

$$\sigma_m = \frac{\sigma_o}{2} \quad und \quad \sigma_a = \sigma_m$$
$$\sigma_o = 2 * \sigma_m$$

Dieser Fall wird als „Zugschwellbelastung" bezeichnet. In diesem Fall ist

$$\kappa = \frac{\sigma_u}{\sigma_o} = 0$$

Die schwellende Belastung kann auch ausschließlich als Druckspannung vorliegen. In diesem Fall ist

$$\sigma_o = 0$$
$$\sigma_m = -\sigma_a$$
$$\sigma_u = -2 * \sigma_a$$

Der etwas allgemeinere Fall stellt sich als Sinusfunktion dar, deren Mittelwert σ_m eine beliebige Lage einnimmt und von der Ausschlagspannung σ_a überlagert wird. Dieser Belastungsverlauf läßt sich dann kennzeichnen entweder durch:

$$\sigma_o = \sigma_m + \sigma_a$$
und
$$\sigma_u = \sigma_m - \sigma_a$$
oder wahlweise durch:

$$\sigma_m = \frac{\sigma_o + \sigma_u}{2}$$
und
$$\sigma_a = \frac{\sigma_o - \sigma_u}{2}$$

Dabei nimmt κ einen Wert zwischen -1 und 1 an:

$$-1 \leq \kappa = \frac{\sigma_u}{\sigma_o} \leq 1$$

Bild 1.33: Modellfälle zeitlich veränderlicher Belastungen.

1.4.2 Darstellung des Belastungszustandes im Smith-Diagramm

Die Dynamik eines jeden Belastungsverlaufs läßt sich in Diagrammform eindeutig darstellen, in dem die zeitlich veränderliche Spannung σ über der zeitlich *un*veränderlichen Spannung σ_m aufgetragen wird:

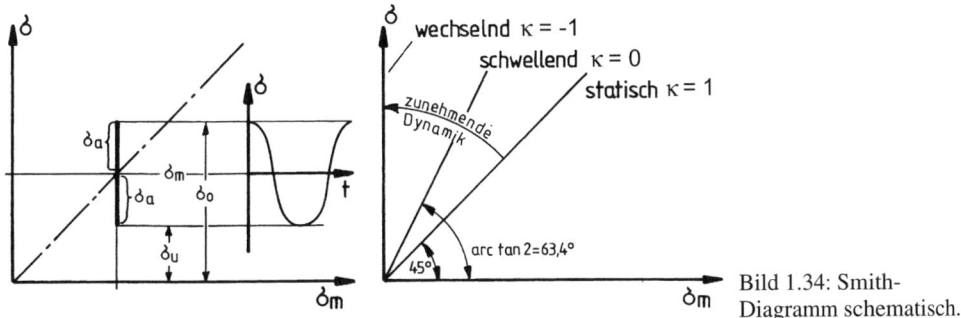

Bild 1.34: Smith-Diagramm schematisch.

Die statische Belastung als einfachster Belastungsfall findet sich dann auf der Winkelhalbierenden des Diagramms wieder ($\sigma = \sigma_o = \sigma_m = \sigma_u$; $\sigma_a = 0$). Je größer die statische Belastung wird, desto mehr bewegt sich der Lastpunkt auf der Winkelhalbierenden aufwärts. Bei zeitlich veränderlicher Belastung kann eine Mittelspannung σ_m als zeitlich konstanter Wert formuliert werden, der sich auch hier auf der Winkelhalbierenden wiederfindet. Die aktuelle Spannung σ pendelt aber um diesen Mittelwert herum auf der Senkrechten zwischen σ_o und σ_u, der Lastzustand stellt sich als Strecke zwischen σ_o und σ_u dar. Da jedoch sowohl σ_o als auch σ_u zur σ_m-Achse den gleichen Abstand aufweisen, kann der Lastzustand auch durch die bloße Lage des Punktes σ_o eindeutig beschrieben werden. Diese Darstellung des dynamischen Lastverlaufs wird Smith-Diagramm genannt.

In diesem Diagramm lassen sich natürlich auch die bereits diskutierten Modellfälle darstellen (rechte Bildhälfte, Bild 1.33):

- Jeder statische Lastzustand liegt auf der Winkelhalbierenden, weil kein σ_a-Anteil vorhanden ist: $\sigma = \sigma_m$. In diesem Fall ist $\kappa = \sigma_u / \sigma_o = 1$.
- Wechselnde Belastungen finden sich auf der σ-Achse wieder, weil ein σ_m-Anteil nicht vorhanden ist. In diesem Fall ist $\kappa = \sigma_u / \sigma_o = -1$.
- Schwellende Belastungen finden sich auf einer Geraden wieder, die die Steigung 2 aufweist (Steigungswinkel = arctan 2 = 63,4°). In diesem Fall ist $\kappa = \sigma_u / \sigma_o = 0$.

Grundsätzlich gilt, daß die Dynamik des Betriebszustandes mit zunehmender Steigung der κ-Geraden ansteigt und daß die Belastung mit der Entfernung vom Koordinatenursprung zunimmt. Das Smith-Diagramm ist für alle weiteren Betrachtungen von überragender Bedeutung, weil sich damit nicht nur die Bauteilbelastungen, sondern auch die werkstoffkundlich zulässigen Beanspruchungen in besonders anschaulicher Weise darstellen lassen.

1.5   Belastung von Wellen und Achsen

Kennzeichnendes Merkmal einer Maschine ist die Bewegung, die in vielen Fällen als Rotation von Achsen und Wellen auftritt. Deren Dimensionierung ist also ein besonders wichtiges und häufiges Problem des Maschinenbaus. Zwischen diesen beiden Begriffen besteht der folgende definitionsgemäße Unterschied:

- **Wellen** übertragen ein Torsionsmoment und drehen sich dabei (Beispiele: Motor treibt Pumpe oder Getriebe an).

- **Achsen** übertragen im Gegensatz zu Wellen kein Torsionsmoment, wobei es unerheblich ist, ob sich die Achse dreht oder nicht (Beispiel: Wagenachse ohne eigenen Antrieb).

Achsen und Wellen müssen gelagert werden. Lager sind zwar erst Gegenstand von Kapitel 5, Band II, für die Abstützung der Kräfte von Achsen und Wellen müssen jedoch an dieser Stelle bereits einige grundsätzliche Betrachtungen bezüglich des Lastübertragungsverhaltens von Lagern angestellt werden.

1.5.1   Lagerung von Achsen

Die folgende Gegenüberstellung führt in die Fragestellung der Belastung von Achsen ein. Dabei wird beispielhaft von der Lagerung einer einfachen Seilumlenkrolle ausgegangen. Die dabei eingeleitete Belastung rührt nur vom umzulenkenden Seil her, die resultierende Kraft wirkt rein radial.

Wird die Lagerung zwischen Achse und Seilrolle angebracht, so dreht sich die Achse nicht. Wird die Achse einseitig an die Umgebung angebunden (oben rechts), so liegt eine sog. „fliegende Lagerung" vor. Wird die Achse hingegen auch auf der rechten Seite herausgeführt und an beiden Ende an das Gestell angekoppelt, so ergibt sich die sog. „beidseitige Lagerung". Bezüglich ihrer Dimensionierung kann die Achse in beiden Fällen als Biegebalken betrachtet werden, der mit dem hier skizzierten Biegemomentenverlauf M_b belastet wird. Die Belastung ist zwar bei beidseitiger Lagerung erheblich geringer (die graphische Auftragung des Biegemomentes ist maßstäblich), aber die fliegende Lagerung bietet den Vorteil der vereinfachten Montage und Austauschbarkeit der Seilrolle.

Die beidseitige Lagerung kann auch so modifiziert werden, daß die Seilrolle fest auf der Achse angebracht wird, wobei die Drehbewegung dann zwischen der Achse und dem Gestell stattfindet (Teilskizze unten links). Die Größe des Biegemomentes ändert sich gegenüber dem darüber skizzierten Fall nicht.

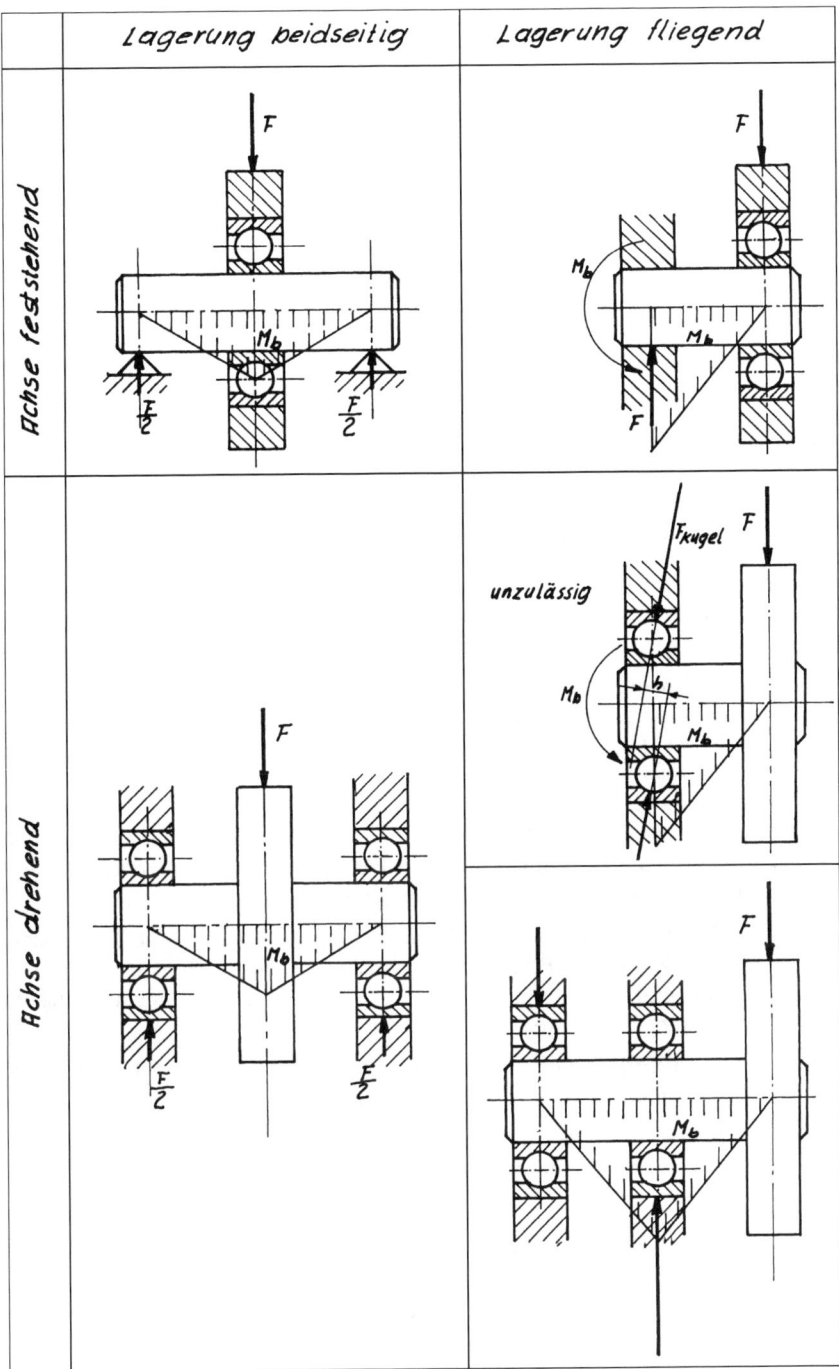

Bild 1.35: Lagerung von Achsen.

Bei dem Versuch, die fliegende Lagerung in ähnlicher Weise mit einer drehenden Achse auszuführen (mittlere Detailskizze rechts), treten jedoch Probleme auf: Würde man versuchen, die Lagerung mit nur einem einzigen Lager auszustatten, so müßte der „drehbare Biegebalken" im Sinne der Mechanik mit einer „festen Einspannung" im Lager abgestützt werden, wobei das Lager aber trotzdem eine Drehung zulassen müßte. Durch elastische Deformation in der Kugelkontaktzone entsteht nur ein kurzer, hier übertrieben groß dargestellter Hebelarm h, auf dem sich das Biegemoment M_b abstützen kann. Dadurch wäre die auf die Kugel wirkende Kraft unzulässig groß. Die Lagerung darf also nur dann mit einem einzigen Lager bestückt werden, wenn sichergestellt ist, daß kein nennenswertes Biegemoment im Lager übertragen wird.

Dieses Problem kann nur durch die paarweise Anordnung von zwei Lagern gelöst werden (Detailskizze unten rechts). Das durch die fliegende Lagerung in die Welle eingeleitete Biegemoment wird auf die Radialkraft zweier Lager, die einen gewissen axialen Abstand zueinander aufweisen, aufgestützt. Dabei wird jedoch sowohl das die Achse belastende Biegemoment als auch die Radialkraft auf das Lager größer als bei der beidseitigen Lagerung.

1.5.2   Lagerung von Wellen

Bei der Betrachtung der Belastung von Wellen können die zuvor angestellten Überlegungen in ähnlicher Form übernommen werden. Da die Welle jedoch darüber hinaus mit einem Torsionsmoment belastet wird, werden einige zusätzliche Überlegungen notwendig:

Wird das Torsionsmoment sowohl querkraftbehaftet ein- als auch abgeleitet, so sind neben der hier skizzierten doppelten fliegenden Lagerung auch weitere Kombinationen von fliegender und beidseitiger Lagerung möglich. Zusätzliche Varianten ergeben sich, wenn die Welle über mehr als zwei Momenteneinleitungs- bzw. -ableitungsstellen verfügt. Eine differenzierte Analyse dieser Bedingungen ist also sowohl für die Dimensionierung der Lager als auch für die Festigkeitsberechnung der Welle unbedingt erforderlich. Daraus ergibt sich, daß sowohl für Achsen als auch für Wellen in vielen Fällen die Biegebeanspruchung die für die Festigkeitsberechnung vorherrschende Belastungsart ist.

Entsprechend der differenziert auszuführenden Belastungsanalyse muß die Welle oder Achse dimensioniert werden: Kann eine Biegemomentenbelastung ausgeschlossen werden, so wird die Lösung besonders einfach (Abschnitt 1.5.2.1). Liegt eine Biegemomentenbelastung vor, so muß mehr Aufwand betrieben werden (Abschnitt 1.5.2.2).

Diese einfache Modellüberlegung kann in dieser Form aber noch nicht technische Realität werden, denn es treten noch zwei wesentliche Probleme auf:

- Auch wenn keine Axialkräfte auftreten, so muß die Welle relativ zum Gehäuse axial geführt werden. Dies bringt fertigungs- bzw. montagetechnische Probleme mit sich, da zwar axial festgelegt werden muß, die einzelnen Lager aber untereinander nicht axial verklemmt werden dürfen. Dieses Problem wird noch dadurch verschärft, daß Welle und Gehäuse i.a. Fall unterschiedliche Wärmeausdehnungen erfahren.

- Bei Auftreten von Axialkräften soll das System nicht stastisch überbestimmt sein. Es muß vielmehr durch konstruktive Maßnahmen festgelegt werden, welches der beiden Lager die Axialkraft aufnimmt.

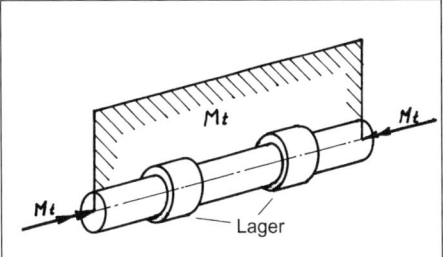

Wird das durch die Welle übertragene Torsionsmoment sowohl querkraftfrei eingeleitet als auch wieder querkraftfrei abgeleitet, so wird zwar die Welle auf ihrer gesamten Länge durch das Torsionsmoment belastet, es treten aber keine weiteren Belastungen auf. Die Lager dienen in diesem Falle nur zur Führung der Welle, nehmen keine Kraft auf und können ggf. weggelassen werden (beispielsweise Mittelteil einer Gelenkwelle).

Bild 1.36: Welle Momenteneinleitung querkraftfrei – querkraftfrei.

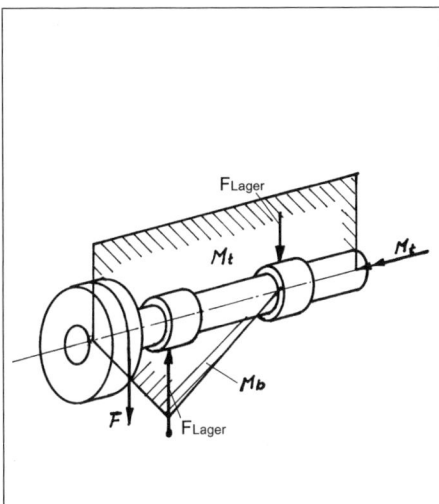

Torsionsmomente werden durch Elemente der Antriebstechnik (Zahnräder, Riemenscheiben, Kupplungen usw.) in die Welle eingeleitet, wodurch neben der Torsion noch weitere Belastungen in die Welle eingebracht werden. Vor allen Dingen wird das Torsionsmoment als Produkt aus Kraft und Hebelarm eingeleitet. Um den Sachverhalt in diesem einleitenden Kapitel nicht unnötig zu erschweren, werden hier nur klar überschaubare Antriebselemente vorgestellt. Werden die Kräfte beispielsweise über einen Kettentrieb eingeleitet, so kann sie nur in Richtung dieses Zugorgans wirken. Diese Querkräfte müssen durch Lager abgestützt werden und belasten die Welle zusätzlich mit einem Biegemoment wie im zuvor betrachteten Fall der drehbaren, fliegend gelagerten Achse.

Bild 1.37: Welle Momenteneinleitung querkraftbehaftet – querkraftfrei.

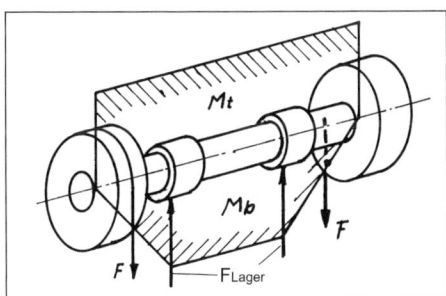

Dies trifft erst recht zu, wenn das Torsionsmoment sowohl querkraftbehaftet eingeleitet als auch querkraftbehaftet abgeleitet wird. Nach der Betrachtungsweise der Welle als „drehbarer Balken" ergibt sich die hier dargestellte Biegemomentenbelastung. Da hier vereinfachend eine symmetrische Anordnung angenommen wurde, ergibt sich auch eine symmetrische Biegemomentenverteilung.

Bild 1.38: Welle Momenteneinleitung querkraftbehaftet – querkraftbehaftet.

Zur weiteren Diskussion dieses Sachverhaltes ist es angebracht, neben dem zuvor aufgeführten radialen Rillenkugellager noch einige weitere einfache Wälzlagerbauformen zu betrachten:

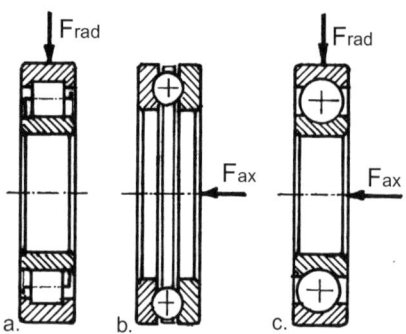

Bild 1.39: Kraftübertragung durch Wälzlager.
a. Zylinderrollenlager Bauform NU überträgt nur Radialkraft;
b. Axialkugellager überträgt nur Axialkraft;
c. Kugellager überträgt sowohl Radial- als auch Axialkraft.

Es gibt zwar noch eine ganze Reihe weiterer Bauformen von Wälzlagern und neben diesen Wälzlagern auch noch weitere Lagerungsarten, die grundsätzliche Unterscheidung nach Radiallager, Axiallager und kombiniertem Radial-/Axiallager bleibt jedoch stets erhalten.

1.5.2.1   Lagerung mit einem einzigen Lager

Ein einzelnes Lager kann nur dann für sich alleine als funktionsfähige Lagerung verwendet werden, wenn eine Biegemomentenbelastung ausgeschlossen ist. Dies trifft bei Rillenkugellagern dann zu, wenn sichergestellt ist, daß die belastende Kraft nur in der durch die Kugeln aufgespannten Ebene wirkt. Dieser Fall liegt beispielsweise bei der Lagerung einer Riemenspannrolle vor:

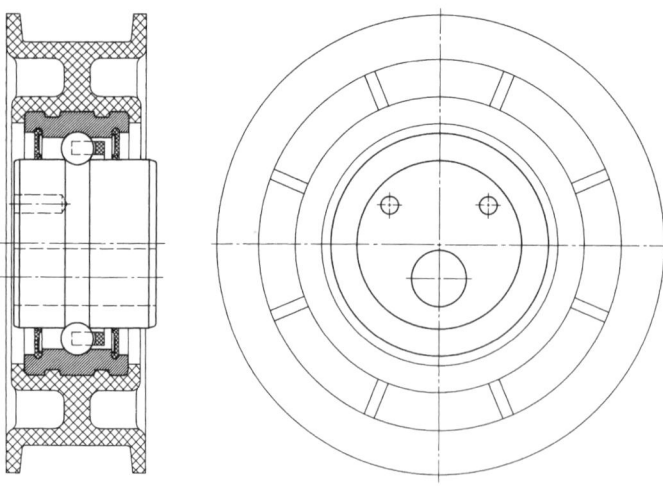

Bild 1.40:
Riemenspannrolle.

Diese Spannrolle besteht aus einem Zapfen mit eingearbeiteten Laufbahnen, dem Kugelkranz und dem Außenring mit aufgespritzer Riemenscheibe aus Kunststoff. Die Bohrung für die Schraube zur Befestigung der Achse am Maschinengestell ist exzentrisch angeordnet, so daß sich durch Drehen des Zapfens um seine Schraubbefestigung die Riemenspannung variieren läßt.

Weiterhin können viele Seilrollen aus der Fördertechnik ähnlich gelagert werden: Durch die Lage des Seils ist die Wirkungslinie der auf die Lagerung wirkenden Kraft bekannt. Das einzelne Lager muß nur noch genau in dieser Krafteinleitungsebene angeordnet werden, womit dann sichergestellt ist, daß das Lager nicht mit einem Biegemoment belastet wird.

1.5.2.2 Fest-Los-Lagerung

Die klassische Bauform einer Wälzlagerung mit zwei Wälzlagern zur Aufnahme von Kräften und eines zusätzlichen Biegemomentes ist die sog. Fest-Los-Lagerung. Die folgenden Abbildungen zeigen diese Lageranordnung in modellhaft einfacher Version:

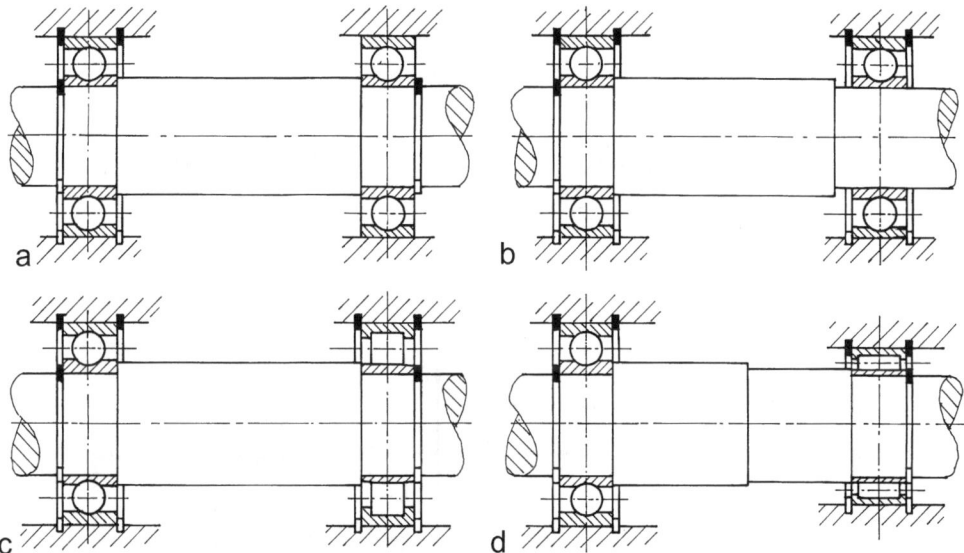

Bild 1.41: Fest-Los-Lagerungen.

In allen aufgeführten Konstruktionsbeispielen nehmen beide Lager entsprechend der konstruktiv vorgegebenen Abstände und der damit verbundenen Hebelarme Radialkräfte auf. Im Fall a wird die in die Welle eingeleitete Axialkraft ausschließlich vom linken Festlager aufgenommen, weil der Lagerinnenring fest mit der Welle und der Lageraußenring fest mit dem Gehäuse verbunden ist. Das rechts angeordnete Loslager ist zwar ebenfalls fest mit der Welle verbunden, aber aufgrund des Schiebesitzes im Gehäuse weicht es jeglicher Axialbelastung aus und überbrückt Montage- und Fertigungsfehler. Im Fall b ist der aus den gleichen Gründen angestrebte Schiebesitz zwischen Innenring und Welle angeordnet. Bei den Fällen c und d ist das rechte Lager ebenfalls Loslager, weil die hier verwendeten Rollen- bzw. Nadellager aufgrund ihrer Konstruktion jeglicher Axialkraft ausweichen, obwohl der Innenring fest mit der Welle und der Außenring fest mit dem Gehäuse verbunden ist. Die axiale Festlegung der Lagerringe wird hier einheitlich mit Wellenabsätzen und Federringen ausgeführt. Weitere Konstruktionsvarianten werden im Kapitel Lagerungen (Band II) erläutert.

1.5.3   Umlaufbiegung

Durch die Drehung ändert sich die relative Lage von Welle oder Achse bezüglich der Umgebungkonstruktion und damit auch die Richtung der auf sie wirkenden Belastungen in Form von Querkraft und Biegung. Zur Klärung der dabei entstehenden Belastungsverhältnisse wird die folgende Fallunterscheidung näher analysiert:

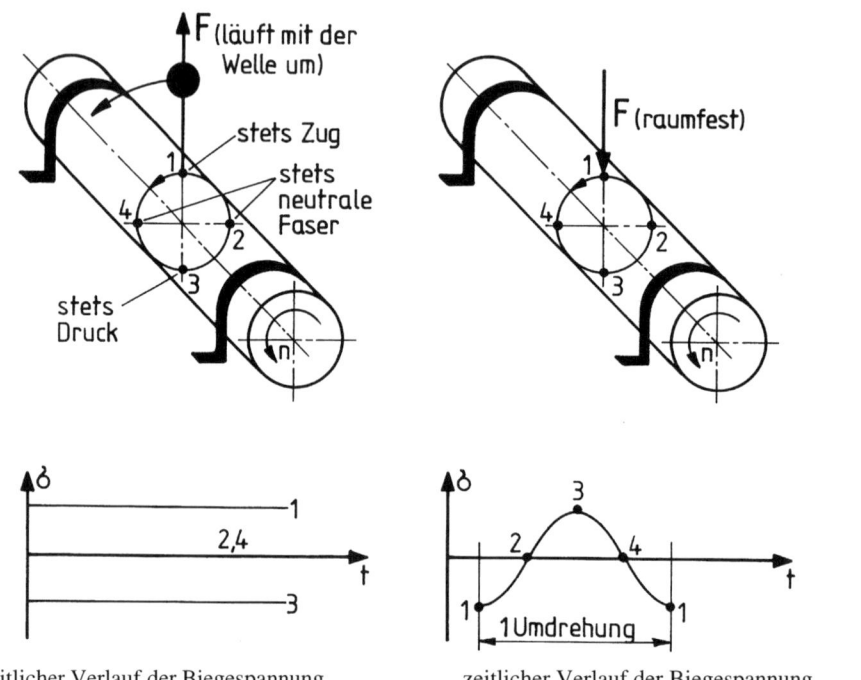

zeitlicher Verlauf der Biegespannung	zeitlicher Verlauf der Biegespannung

Im hier dargestellten Fall der mit der Achse oder Welle verbundenen Unwucht läuft die belastende Kraft und damit die Biegemomentenbelastung mit der Welle oder Achse um. Da sich dabei die relative Lage von Belastung und Welle zueinander nicht ändert, ergibt sich für die Festigkeitsbetrachtung der Achse oder Welle ein Biegemoment, welches eine statische Biegespannung hervorruft.

Ist die Belastung hingegen raumfest, während die Welle oder Achse rotiert (Beispiel Kettenrieb, Zahnrad, Riementrieb), so ergibt sich dadurch für die Festigkeitsbetrachtung der Welle ein Biegemoment, welches eine dynamische Biegespannung hervorruft, weil sich die relative Lage von Belastung und Welle zueinander durch die Drehung der Welle ständig ändert. Ein Lastspiel entspricht dabei einer Umdrehung der Welle.

Bild 1.42: Welle oder Achse bei Biegung und Umlaufbiegung.

Eine ähnliche Differenzierung ist auch bei der Querkraftbelastung angebracht. Diese Gegenüberstellung kann jedoch zunächst nur als modellhaft gelten. Im praktischen Anwendungsfall müssen in der Regel noch weitere Differenzierungen getroffen werden.

Aufgabe 1.27 (S. 103) bis 1.28 (S. 104)

1.5.4   Achsen und Wellen gleicher Biegefestigkeit

Bereits im Abschnitt 1.2.1.3 wurde der Balken gleicher Biegefestigkeit betrachtet. Auch Wellen und Achsen lassen sich als „drehbare Balken gleicher Biegefestigkeit" ausführen.

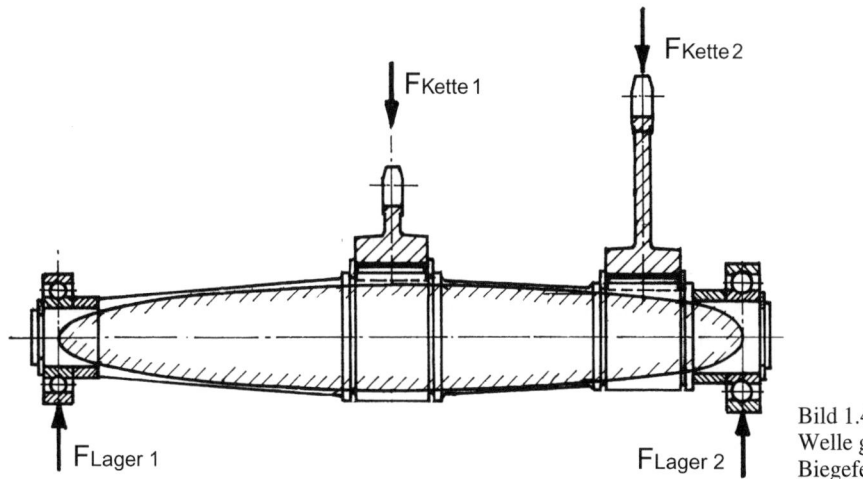

Bild 1.43:
Welle gleicher
Biegefestigkeit.

An den beiden Kettenrädern werden Querkräfte eingeleitet. Gemeinsam mit den in den Lagern hervorgerufenen Reaktionskräften ergibt sich entlang der Welle eine entsprechende Biegemomentenverteilung. Ermittelt man daraus den jeweils minimal erforderlichen Wellendurchmesser $d_{(x)}$, so ergibt sich der dargestellte zigarrenförmige Rotationskörper, der ein festigkeitsmäßiges Optimum darstellt, bei dem jeder beliebige Querschnitt mit der gleichen Biegespannung belastet wird. Die ausgeführte Welle kann jedoch dieser Kontur aus fertigungstechnischen und konstruktiven Gründen nicht exakt folgen, sondern wird meist stufenförmig mit zylindrischen Abschnitten ausgeführt. In diesem Fall muß allerdings sichergestellt sein, daß durch die ausgeführte Konstruktion die Form des Idealkörpers an keiner Stelle unterschritten wird.

Die obige Betrachtung geht von der Biegebelastung als dominantem Belastungsanteil aus. Im allgemeinen Fall kommen jedoch noch weitere Belastungen hinzu, die ggf. in einer endgültigen Dimensionierung zu berücksichtigen sind.

Aufgabe 1.29 (Seite 105) bis Aufgabe 1.34 (Seite 109)

1.6 Werkstoffkundlich zulässige Belastung bei zeitlich veränderlicher Beanspruchung

Wird ein Bauteil dynamisch belastet, so stellt sich ebenso wie bei quasistatischer Belastung die entscheidende Frage, ob das Bauteil dieser Belastung standhält oder nicht. Bei dynamischer Belastung ist der Festigkeitsnachweis jedoch komplexer als bei quasistatischer Belastung, weil der Parameter Zeit bzw. Lastwechselzahl bei der Festlegung der zulässigen Werkstoffbeanspruchung mit berücksichtigt werden muß. Auch unterhalb der Streckgrenze liegende Belastungen führen zu Schäden durch Anrißbildung, Rißfortschritt und schließlich zum Versagen des Bauteils. Diese Beobachtung macht deutlich, daß auch in diesem Bereich im Werkstoff mikroplastische Vorgänge ablaufen, die schließlich durch Anhäufung der schädigenden Wirkung eines jeden Lastspiels das Versagen des Bauteils durch Werkstoffermüdung herbeiführen. Die Anzahl der ertragbaren Lastwechsel und damit die Lebensdauer eines Bauteils bei dynamischer Beanspruchung ist also von der Spannungsamplitude abhängig.

1.6.1 Unterscheidung Zeitfestigkeit-Dauerfestigkeit

Zunächst einmal ist die folgende qualitative werkstoffkundliche Beobachtung bei der dynamischen Bauteilbelastung wichtig:

- Liegt ein hohes Lastniveau (Kraft, Moment, Spannung) vor, so versagt das Bauteil nach einer relativ geringen Lastwechselzahl. Wird das Lastniveau abgesenkt, so wird die Lastwechselzahl bis zum Versagen des Bauteils immer höher.
- Wird das Lastniveau unter einen gewissen Wert abgesenkt, so versagt das Bauteil nicht mehr, es „hält ewig".
- Versuchstechnisch läßt sich beobachten, daß das Versagen des Bauteils nicht eine Funktion der Betriebsdauer ist, sondern vielmehr von der Anzahl der aufgebrachten Lastwechsel abhängt.

Diese Beobachtungen lassen sich im sog. „**Wöhlerdiagramm**" anschaulich zusammenfassen:

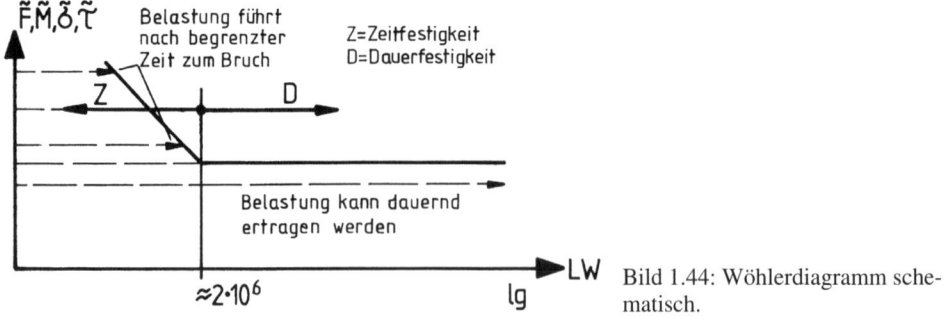

Bild 1.44: Wöhlerdiagramm schematisch.

Das Versagen des Bauteils ist bei hohem Lastniveau nur eine Frage der Zeit. Trägt man die Lastwechselzahl LW logrithmisch auf, so bildet sich der linke Bereich als abfallende Gerade ab. Dieser funktionale Zusammenhang zwischen Last und Lastwechselzahl wird „**Zeitfestigkeitsbereich**" genannt. Im rechten Bereich der Kurve hält das Bauteil dauernd der Belastung stand, deshalb nennt man ihn „**Dauerfestigkeitsbereich**". Die Versuchsbeobachtungen zeigen weiterhin, daß bei Stahlwerkstoffen ungeachtet seiner Festigkeitswerte der Übergang von der Zeitfestigkeit zur Dauerfestigkeit bei etwa $2*10^6$ ... 10^7 Lastwechseln liegt. Bei Nichteisenmetallen und deren Legierungen sowie bei austenitischen Stählen kann eine Dauerfestigkeit nicht beobachtet werden, so daß auch bei Lastwechselzahlen von 10^7 noch mit einem Bauteilversagen zu rechnen ist.

Wöhlerlinien können sowohl für Normalspannung als auch für Schubspannung und für jede beliebige Zusammensetzung von statischer und dynamischer Belastung versuchstechnisch erstellt werden. In der Praxis genügt es jedoch, das Wöhlerdiagramm für die schwellende und die wechselnde Belastung zu ermitteln. Die statische Belastung als weiterer Modellfall ist ja ohnehin von der Lastwechselzahl unabhängig.

1.6.2 Dauerfestigkeitskennwerte

Da Maschinen in aller Regel eine Lastwechselzahl von $2*10^6$ Lastwechsel überdauern sollen, werden sie und damit deren Bauteile meist dauerfest ausgelegt, so daß vor allen Dingen die zulässigen Werte für den Dauerfestigkeitsbereich interessieren. Zeitfestigkeitswerte werden nur für spezielle Anwendungen benötigt und sind nicht Gegenstand der vorliegenden Betrachtungen. Die Dauerfestigkeitswerte werden versuchstechnisch ermittelt und in Tabellen zusammengestellt. Die für die weiteren Betrachtungen benötigten Materialkennwerte sind:

Lastaufbringung	Zug/Druck	Biegung	(Torsions-)Schub
statisch $\kappa = +1$	Zugstreckgrenze σ_{zS}	Biegestreckgrenze σ_{bS}	Torsionsstreckgrenze τ_{tS}
schwellend $\kappa = 0$	Zugschwellfestigkeit σ_{zSch}	Biegeschwellfestigkeit σ_{bSch}	Torsionsschwellfestigkeit τ_{tSch}
wechselnd $\kappa = -1$	Zugwechselfestigkeit σ_{zW}	Biegewechselfestigkeit σ_{bW}	Torsionswechselfestigkeit τ_{tW}

Natürlich sind die praktisch auftretenden Lastfälle weiter zu differenzieren, da sie ein beliebiges $-1 \leq \kappa \leq 1$ aufweisen. Die weiteren Betrachtungen werden jedoch zeigen, daß sich der allgemeine Praxisfall mit den oben aufgeführten Materialkennwerten eingrenzen läßt.

Aus umfangreichen Versuchen wurden die folgenden Materialkennwerte gewonnen. Alle Werte sind in [N/mm²] bzw. in [MPa] angegeben.

Baustähle nach DIN 17100	Zug/Druck			Biegung			(Torsions-)Schub		
R_m	σ_{zS}	σ_{zSch}	σ_{zW}	σ_{bS}	σ_{bSch}	σ_{bW}	τ_{tS}	τ_{tSch}	τ_{tW}
St34	340-420	220	220	160	300	280	170	130	130	100
St37	370-450	240	240	170	340	320	190	140	140	110
St42	420-500	270	270	190	380	380	220	150	150	130
St50	500-600	320	320	220	450	400	250	180	180	150
St52	520-620	340	340	240	450	400	270	190	190	160
St60	600-720	380	380	260	540	530	320	220	220	180
St70	700-850	450	450	320	620	620	370	260	260	200

Vergütungsstähle nach DIN 17200	Zug/Druck			Biegung			(Torsions-)Schub		
R_m	σ_{zS}	σ_{zSch}	σ_{zW}	σ_{bS}	σ_{bSch}	σ_{bW}	τ_{tS}	τ_{tSch}	τ_{tW}
C22	500-600	300	280	210	410	350	250	170	160	140
C35, Ck35	600-720	350	330	250	450	450	300	190	190	160
C45, Ck45	650-800	390	390	290	530	530	350	210	210	170
C60, Ck60	750-900	450	450	340	600	600	400	260	260	200
24CrMo4	650-800	450	450	320	600	600	350	260	260	200
30Mn5	800-950	450	450	320	630	600	350	260	260	200
40Mn4	800-950	450	450	320	630	600	350	260	260	200
37MnSi3	900-1050	550	550	360	700	680	400	320	320	230
37MnSi5	900-1050	550	550	360	700	680	400	320	320	230
41Cr4, 34Cr4	950-1100	550	550	360	800	690	400	320	320	230
42CrMo4	1000-1200	700	700	400	1000	770	450	400	400	260
34CrNiMo6	1000-1200	800	780	450	1100	880	500	460	460	290
50CrMo4	1250-1300	900	790	450	1260	850	500	470	470	290
30CrNiMo8	1250-1450	900	850	500	1260	960	550	500	500	320

Einsatzstähle nach DIN 17210		Zug/Druck			Biegung			(Torsions-)Schub		
	R_m	σ_{zS}	σ_{zSch}	σ_{zW}	σ_{bS}	σ_{bSch}	σ_{bW}	τ_{tS}	τ_{tSch}	τ_{tW}
C10, Ck10	420-520	250	250	190	350	350	220	150	150	130
C15, Ck15	500-620	300	300	230	420	420	250	180	180	150
15Cr3	600-850	400	400	270		520	300		250	170
16MnCr5	800-1100	600	600	360	840	670	400	350	350	230
20MnCr5	1000-1300	700	700	450	1000	850	500	410	410	300
18CrNi8	1200-1450	800	800	530	1100	1040	600	460	460	350

Federstahl nach DIN 17221 und 17222		Zug/Druck			Biegung			(Torsions-)Schub		
	R_m	σ_{zS}	σ_{zSch}	σ_{zW}	σ_{bS}	σ_{bSch}	σ_{bW}	τ_{tS}	τ_{tSch}	τ_{tW}
55Si7	1300-1500	1100	700	430		1000	560		480	350
50CrV4	1350-1700	1200	750	470		1100	620		530	390
65SiCr5	1500-1700	1350	800	490		1150	640		550	400

Grauguß nach DIN 1691		Zug/Druck			Biegung			(Torsions-) Schub		
	R_m	σ_{zS}	σ_{zSch}	σ_{zW}	σ_{bS}	σ_{bSch}	σ_{bW}	τ_{tS}	τ_{tSch}	τ_{tW}
GG-15	110-150		65	40	240	110	70		90	70
GG-20	150-200		80	50	300	140	90		110	80
GG-25	190-250		100	60	360	175	110		130	90
GG-30	230-300		110	70	420	200	130		150	100
GG-35	280-350		130	80	450	230	150		180	120

Temperguß nach DIN 1692		Zug/Druck			Biegung			(Torsions-) Schub		
	R_m	σ_{zS}	σ_{zSch}	σ_{zW}	σ_{bS}	σ_{bSch}	σ_{bW}	τ_{tS}	τ_{tSch}	τ_{tW}
GTW-35	350		180	100		250	140		130	100
GTW-40	400		200	140	280	330	200	180	280	120
GTS-35	350		150	80	280	220	120	190	180	100
GTS-45	450		220	160	360	370	220	220	210	130

Gußeisen mit Kugelgraphit nach DIN 1693		Zug/Druck			Biegung			(Torsions-)Schub		
	R_m	σ_{zS}	σ_{zSch}	σ_{zW}	σ_{bS}	σ_{bSch}	σ_{bW}	τ_{tS}	τ_{tSch}	τ_{tW}
GGG-38	380-420	250	200	110	300	300	190	200	170	100
GGG-42	420-500	280	230	130	400	350	210	230	200	120
GGG-50	500-600	350	260	150	500	430	250	300	250	150
GGG-60	600-700	420	320	180	600	510	300	350	290	170
GGG-70	700-900	500	380	210	690	600	350	400	340	200

Stahlguß DIN 1681		Zug/Druck			Biegung			(Torsions-) Schub		
	R_m	σ_{zS}	σ_{zSch}	σ_{zW}	σ_{bS}	σ_{bSch}	σ_{bW}	τ_{tS}	τ_{tSch}	τ_{tW}
GS-38	380	180	180	130	260	260	160	110	110	95
GS-45	450	220	220	150	300	300	190	130	130	110
GS-52	520	250	250	180	350	350	220	150	150	130
GS-60	600	360	360	210	500	500	260	210	210	140

1.6.3 Darstellung der zulässigen Bauteilbelastung im Smith-Diagramm

Um die Festigkeit eines Bauteils nachzuweisen, müssen die tatsächlich auftretenden Spannung mit den oben genannten zulässigen Spannungen verglichen werden. Eine einfache Gegenüberstellung $\sigma_{vorh} \leq \sigma_{zul}$ ist hier allerdings nicht möglich, weil i.a. Fall eine Überlagerung von statischer und dynamischer Belastung vorliegt. Da das Smith-Diagramm eine Differenzierung nach statischem und dynamischem Anteil ermöglicht, liegt es nahe, den Sicherheitsnachweis mit Hilfe dieses Diagramms zu führen.

Zunächst einmal muß abgeklärt werden, welcher Werkstoff vorliegt und ob Zug/Druck, Biegung oder Schub als vorwiegend bzw. kritisch zu betrachten ist. Dabei interessieren die drei für die vorherrschende Belastungsart maßgebenden Werkstoffkennwerte Streckgrenze, Schwellfestigkeit und Wechselfestigkeit

Für das folgende Beispiel sei angenommen, daß die Biegebelastung vorherrscht und daß der Werkstoff 42CrMo4 verwendet wird. Damit sind die folgenden drei Werkstoffkennwerte maßgebend:

42CrMo4	$\sigma_{bS} = 1000 \text{ N/mm}^2$	$\sigma_{bSch} = 770 \text{ N/mm}^2$	$\sigma_{bW} = 450 \text{N/mm}^2$

Daraus ergibt sich im Smith-Diagramm folgende grafische Konstruktion:

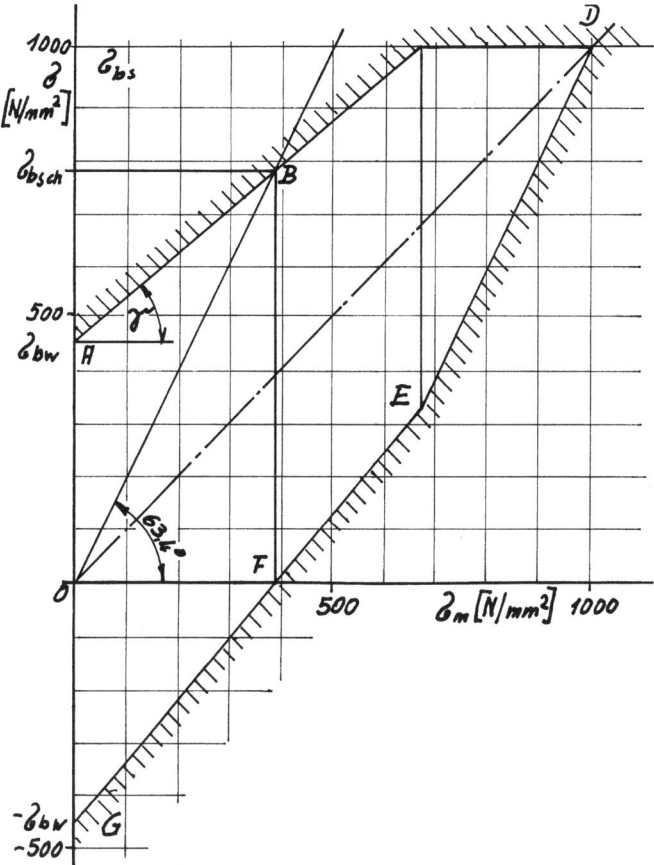

Bild 1.45: Dauerfestig-keitsschaubild Werkstoffpro-be.

- Die **Streckgrenze** (hier σ_{bS} = 1000 N/mm²) wird bei D als Abzissenwert auf der Geraden mit 45° Steigung aufgetragen, weil dort keinerlei Dynamik vorhanden ist.

- Die **Wechselfestigkeit** (hier σ_{bSch} = 450 N/mm²) wird als Abzissenwert dort markiert, wo die Mittelspannung Null ist, also bei σ_m = 0. Die Wechselfestigkeit wird sowohl nach oben (Punkt A des Diagramms) als auch nach unten (Punkt G) aufgetragen, weil eine wechselnde Belastung definitionsgemäß den gleichen positiven Maximalwert wie negativen Minimalwert aufweist.

- Die **Schwellfestigkeit** (hier σ_{bSch} = 770 N/mm²) wird als Ordinatenwert $\overline{BF}$ aufgetragen, wobei der Abzissenwert zwischen $\overline{OF}$ = σ_m = σ_{bSch} / 2 ist. Damit befindet sich der Punkt B auf einer Geraden mit der Steigung arctan 2 = 63,4° (κ = 0).

Während die zuvor genannten und aufgetragenen Werkstoffkennwerte nur die Belastbar-keitsgrenze für rein statischen (Punkt D), rein schwellenden (Punkt B bzw. F) oder rein wechselnden Betrieb (Punkt A bzw. G) angeben, wird durch Verbindung der Punkte A über

B hinaus nach C mit einer waagerechten Verbindung nach D einerseits und von G über F hinaus bis E und dann in direkter Verbindung nach D andererseits im Diagramm graphisch das Gebiet abgegrenzt, in dem sich der Betriebspunkt für ein beliebiges Mischverhältnis von statischer und dynamischer Belastung befinden muß, wenn das betrachtete Bauteil dauerfest sein soll.

Bei der graphischen Konstruktion des Dauerfestigkeitsschaubildes lassen sich noch einige zeichnerische Vereinfachungen praktizieren:

- Der tatsächliche Lastpunkt wandert während eines Lastspiels bei konstantem σ_m (Abzissenwert) auf und ab, wobei der obere Lastpunkt und der untere Lastpunkt gleichweit von der Winkelhalbierenden entfernt sind. Bei einer Überlastung wird also die obere Begrenzungslinie ABCD und die untere Begrenzungslinie GFED des dauerfesten Gebietes gleichzeitig erreicht. Die Aussage „untere Grenzlinie erreicht" und „obere Grenzlinie erreicht" ergeben also gleiche Informationen. Aus diesem Grunde braucht man also nur die obere Grenzlinie zu zeichnen und kann dabei auf die Darstellung des unteren Quadranten ganz verzichten. Bei dieser Vorgehensweise wird also kein ganzes Lastspiel zwischen σ_o und σ_u, sondern nur noch die Oberspannung σ_o betrachtet. Aus diesem Grunde wird die senkrechte Achse nicht mehr mit σ, sondern mit σ_o bezeichnet.

- Der im Diagramm mit γ bezeichnete Winkel weist für die verschiedenen metallischen Werkstoffe sehr große Ähnlichkeit auf. Aus diesem Grund kann das Dauerfestigkeitsschaubild auch ohne Angabe der Schwellfestigkeit (im vorangegangenen Beispiel σ_{bSch} = 770 N/mm²) gezeichnet werden. Man braucht dann lediglich die Gesetzmäßigkeiten zu beachten, daß $\gamma \approx 40°$ ist. Diese Näherungslösung führt jedoch zuweilen zu kleinen Ungenauigkeiten.

Im vorangegangenen Beispiel wurde exemplarisch ein auf Biegung beanspruchtes Bauteil betrachtet. In genau der gleichen Weise lassen sich auch die Modellfälle Zug/Druck bzw. Schub- und Torsionsbelastung unter Berücksichtigung der jeweils gegebenen Materialkennwerte behandeln. Wird eine Vergleichsspannung σ_v gebildet, so ist in aller Regel die Biegung vorherrschend, so daß für diesen Fall das Dauerfestigkeitsschaubild für die zulässigen Biegewerte zu erstellen ist.

Das zuvor gewonnene Dauerfestigkeitsschaubild ist nur vorläufig, da es an idealisierte Bauteileigenschaften gebunden ist. Es wurde vorausgesetzt, daß das Bauteil

- 10 mm im Durchmesser mißt

- eine glatte, polierte Oberfläche hat

- kreisrund ist und eine ebene, gleichmäßige Gestalt ohne Unregelmäßigkeiten aufweist

In den weiteren Abschnitten sind also noch einige Differenzierungen nötig, die noch eine Modifizierung des oben konstruierte Schaubild erforderlich machen. Daraus resultiert eine stufenweise Verkleinerung des zulässigen Gebietes im Dauerfestigkeitsschaubild.

Aufgabe 1.35 (Seite111)

1.6.3.1   Erste Verkleinerung durch Größeneinfluß

Die oben aufgeführten Tabellenwerte für σ_{zul} können jedoch nicht so ohne weiteres übernommen werden. Im praktischen Biegeversuch stellt sich nämlich heraus, daß noch ein weiterer Aspekt berücksichtigt werden muß: Die Tabellenwerte wurden im Versuch für standardisierte Proben ermittelt, die kreisrund sind und 10 mm Durchmesser aufweisen. Obwohl die Bauteilgeometrie durch die Normierung auf die Spannung bereits berücksichtigt wird, stellt man in Werkstoffversuchen fest, daß im Falle der Biegebeanspruchung bei Bauteilen größeren Querschnitts eine geringere, bei Bauteilen kleineren Querschnitts eine höhere Spannung ertragen werden kann. Diesem Sachverhalt, der in der Werkstoffkunde weiter ausgeführt wird, trägt man durch Einführung eines sog. Größenbeiwertes b_G Rechnung. Aus der folgenden Tabelle kann dieser Größenfaktor b_G für kreisrunde Querschnitte mit dem Durchmesser d näherungsweise ermittelt werden:

d [mm]	10	20	30	40	50	60	70	80	100	120	>120
b_G	1,00	0,94	0,88	0,85	0,82	0,78	0,76	0,74	0,73	0,72	0,70

Für andere als kreisrunde Querschnitte kann näherungsweise angenommen werden:

- bei Biegung für Quadrat: Kantenlänge $\cong$ d

- bei Biegung für Rechteck: in Biegeebene (Biegerichtung) liegende Kantenlänge $\cong$ d

- bei Torsion (s.u.) für Quadrat und Rechteck: Flächendiagonale $\cong$ d

Der Größeneinfluß bleibt unberücksichtigt, also der Größenbeiwert $b_G = 1$ zu setzen bei

- einfacher Zug- und Druckbeanspruchung

- gewalzten, geschmiedeten oder gegossenen Bauteilen

Orientiert man sich weiterhin an den genannten Zahlenwerten und nimmt man an, daß das betrachtete Bauteil 20 mm Durchmesser aufweist, so ergibt sich aus der obigen Tabelle ein Größenbeiwert $b_G = 0,94$, um den alle drei Materialkennwerte von 42CrMo4 verkleinert werden müssen. Daraus gewinnt man Werte mit ähnlicher Indizierung, die allerdings mit dem Index „Strich" (') gekennzeichnet sind:

$\sigma_{bS}` = b_G * \sigma_{bS}$ $\qquad = 0,94 * 1000 \text{ N/mm}^2$ $\qquad = 940 \text{ N/mm}^2$

$\sigma_{bSch}` = b_G * \sigma_{bSch}$ $\qquad = 0,94 * 770 \text{ N/mm}^2$ $\qquad = 724 \text{ N/mm}^2$

$\sigma_{bW}` = b_G * \sigma_{bW}$ $\qquad = 0,94 * 450 \text{ N/mm}^2$ $\qquad = 423 \text{ N/mm}^2$

Das in der vorangegangenen geometrischen Konstruktion ermittelte Gebiet wird nun mit diesen Werten verkleinert wiedergegeben. Aus oben genannten Gründen beschränkt sich das folgende Diagramm auf die obere Begrenzungslinie A-B-C-D im oberen Quadranten.

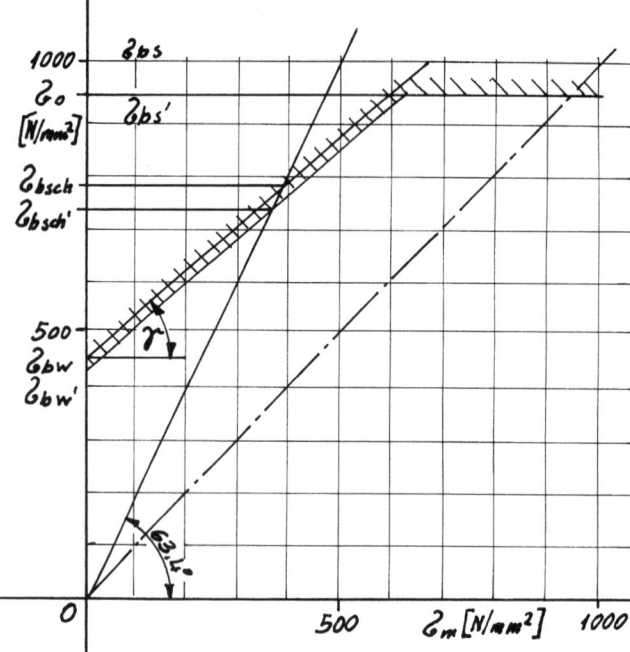

Bild 1.46: Dauerfestig-
keitsschaubild erste Verkleinerung.

1.6.3.2   Zweite Verkleinerung durch Kerbwirkungszahl und Oberflächenbeiwert

Zu den weiteren vereinfachenden Annahmen gehörte auch, daß das untersuchte Bauteil eine polierte und völlig regelmäßige Begrenzungsfläche in Form eines idealen Kreiszylinders aufweist. Auch diese Voraussetzungen sind in der Praxis kaum gegeben und müssen durch weitere Verkleinerungen des zulässigen Gebietes berücksichtigt werden.

Wie aus der Werkstoffkunde bekannt ist, wird die Festigkeit eines Bauteils durch Unregel-mäßigkeiten bezüglich seiner Gestalt z.T. ganz erheblich geschwächt. Diese Abweichungen werden als „Kerbe" bezeichnet. Dabei ist dieser Ausdruck nicht nur im engeren Sinne zu verstehen, also als bewußt oder zufällig eingebrachte Ritze oder Riefe. Vielmehr bezeichnet der werkstoffkundliche Ausdruck **„Kerbe" jede Abweichung der Bauteilgeometrie von einer idealen zylindrischen Probenform**. Bei der idealen Probe mit ebenen Begrenzungs-flächen kann eine homogene Spannungsverteilung angenommen werden. Wird die Begren-zungsfläche uneben, weist sie also „Kerben" auf, so wird diese homogene Spannungsver-teilung z.T. erheblich gestört. Wie die folgende Gegenüberstellung deutlich macht, sind die Auswirkungen einer Kerbe bei statischer und dynamischer Belastung allerdings grundver-schieden:

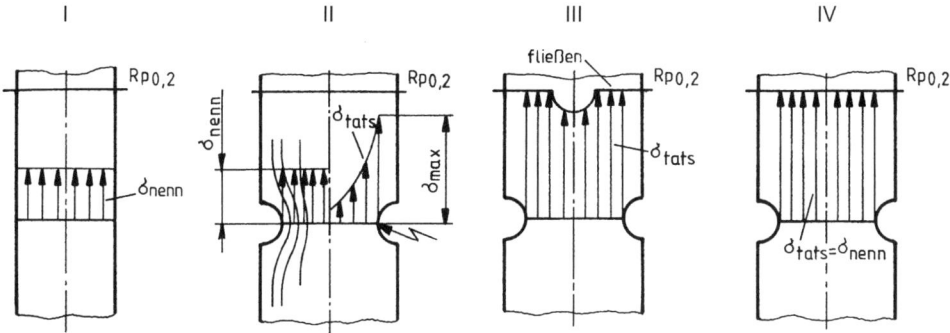

Bild 1.47: Kerbwirkung.

I. Ausgangspunkt für die weiteren Überlegungen sei der bereits zuvor erwähnte Zugstab. Wird der Zugstab belastet, so stellt sich eine homogene Spannungsverteilung ein.

$$\sigma_{nenn} = \frac{F}{A}$$

Die tatsächliche Spannung entspricht unter diesen modellhaften Bedingungen genau der Nennspannung.

II. Wird ein gekerbter Stab betrachtet, der an der dünnsten Stelle die gleiche Querschnittsfläche aufweist wie der ungekerbte, so ergibt sich im Kerbgrund wegen der Mehrachsigkeit des Spannungszustandes eine Spannungsüberhöhung, die im elastischen Bereich mit der sog. Formzahl α_k erfaßt wird:

$$\alpha_k = \frac{\sigma_{max}}{\sigma_{nenn}}$$

Die Größe der Formzahl α_k kann sowohl **versuchstechnisch** (Reißlackverfahren, Dehnungsmeßstreifen, Spannungsoptik) als auch **theoretisch** (rechnerisch mit Hilfe der Finite-Elemente-Methode) bestimmt werden.

III. Bei weiterhin steigender Last wird in den Bereichen größter Spannung die Streckgrenze erreicht. Das Bauteil versagt jedoch noch nicht sofort, weil der Werkstoff bei Überschreiten der Streckgrenze zu fließen beginnt und damit der Spannungsüberhöhung ausweicht. Dabei werden weiter innen liegende Bereiche zunehmend an der Lastübertragung beteiligt, durch das Fließen tritt eine Vergleichmäßigung der Spannungsverteilung ein. Diese modellhafte Betrachtung setzt allerdings voraus, daß der Werkstoff ideal fließfähig ist und auch die Zeit zum Fließen hat.

IV. Bei weiterer Lasterhöhung fließen zunehmend weiter nach innen liegende Bereiche des Zugstabes, bis schließlich die gesamte Querschnittsfläche bis an die Streckgrenze belastet wird. Wird die Last noch weiter gesteigert, so wird das Bauteil versagen. Im Augenblick des Versagens stellt sich also eine Spannungsverteilung wie im ungekerbten Stab ein (Fall I).

Für die Bauteildimensionierung ergeben sich daraus folgende Konsequenzen:

- Bei allmählicher, also **quasistatischer Lastaufbringung** hat die Kerbwirkung keinen Einfluß auf die zulässige Belastung. Die Belastbarkeit des Bauteils ist identisch mit der des ungekerbten Stabes.

- Bei **dynamischer Belastung** stellt sich der gleiche Sachverhalt allerdings völlig anders dar: Der zeitliche Verlauf der Belastung läßt ein Fließen des Werkstoffs nur bedingt zu. Es wird sich also qualitativ eine Spannungsverteilung einstellen, wie sie bei der Erläuterung der Formziffer α_k (Fall II) skizziert worden ist.

Werkstoffkundliche Beobachtungen zeigen jedoch, daß sich im allgemeinen Fall eine Kerbe im Bauteil nicht so verheerend auswirkt wie es die Größe der Formzahl α_k erwarten läßt. Die dann eintretende praktische Spannungserhöhung wird durch die Kerbwirkungszahl β_k beschrieben:

$$\beta_k = \frac{\sigma_{Aglatt}}{\sigma_{Age\,kerbt}}$$

Dabei steht σ_A für die zulässige Ausschlagsspannung, da nur der dynamische Belastungsanteil betroffen ist. Wegen des eingeschränkten Fließverhaltens ist β_K einerseits größer als 1, andereseits muß β_k aber auch immer kleiner als α_k sein:

$$1 \leq \beta_k \leq \alpha_k$$

Im Gegensatz zur Formzahl α_k läßt sich die Kerbwirkungszahl β_k nur versuchstechnisch ermitteln. Die Kerbwirkungszahl β_K ist für die verschiedensten Bauteilgeometrien und Werkstoffe tabelliert, im folgenden sind nur einige Beipiele angegeben. Dabei muß in bestimmten Fällen nach β_{kb} für Biegung und β_{kt} für Torsion unterschieden werden.

A. Kerbwirkunszahl β_k für für Seegerringeinstiche sowie Keil- und Kerbzahnwellen:

Einstiche für Seeger-Ringe bei $R_m = 600$ N/mm² und d = 20 mm: $\beta_k = 1,6$

Einstiche für Seeger-Ringe bei $R_m = 600$ N/mm² und d = 40 mm: $\beta_k = 1,9$

Keilwellen: $\beta_k = 3\text{-}5$

Kerbzahnwellen: $\beta_k = 2\text{-}2,5$

B. Kerbwirkungszahl β_K für Biegung von Wellen mit Absätzen

Form A	Form B	Form C	Form D	Form E	Form F	Form G

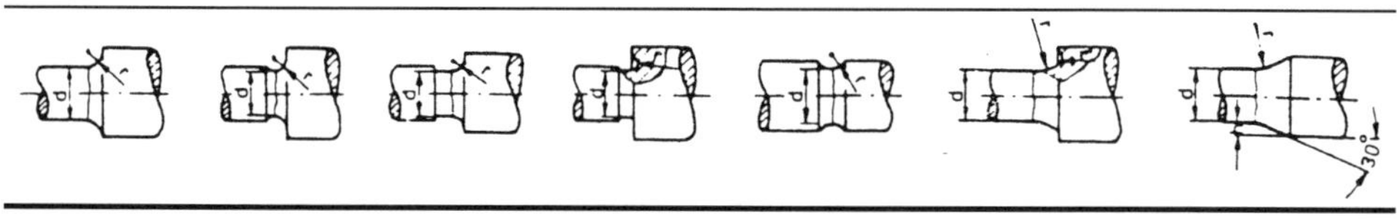

Bild 1.48: Kerbwirkungszahl Wellenabsätze.

Form	r/d	Wellenwerkstoff mit R_m (N/mm²)			
		400-600	800	1000	1200
A-D	0,00	2,2-2,7	3,40	3,50	4,50
	0,05	1,7-1,8	2,10	2,30	2,80
	0,10	1,50	1,70	1,80	2,10
	0,15	1,40	1,50	1,60	1,70
	0,20	1,30	1,35	1,40	1,60
	0,25	1,25	1,30	1,35	1,50
E	0,10	1,36	1,64	1,68	1,72
	0,20	1,22	1,40	1,42	1,45
	0,30	1,18	1,32	1,34	1,36
	0,40	1,13	1,24	1,26	1,27
	0,60	1,10	1,16	1,17	1,18
F,G		1,10	1,20	1,30	1,40

Die Werte für die Formen A-D gelten für ein Durchmesserverhältnis von D/d=2. Für andere Durchmesserverhältnisse muß noch eine Korrektur eingeführt werden:

$$\beta_{kb} = 1 + c_1 * (\beta_{kb(D/d=2)} - 1)$$

wobei der Beiwert c_1 folgender Tabelle zu entnehmen ist:

D/d	2,0	1,8	1,6	1,5	1,4	1,3	1,2	1,0
c_1	1,00	0,95	0,85	0,78	0,70	0,58	0,44	0,00

C. Kerbwirkungszahl β_{kt} für Wellenabsätze bei Torsion:

d: kleiner Wellen⌀; D(großer Wellen⌀)=1,4*d; r: Ausrundungsradius in der Kehle

r/d	0,025	0,050	0,075	0,100	0,150	0,200	0,250	0,300
R_m=600	1,60	1,40	1,27	1,20	1,12	1,08	1,08	1,08
R_m=1000	1,76	1,51	1,35	1,26	1,17	1,13	1,12	1,12

Diese Werte gelten für ein Durchmesserverhältnis von D/d = 1,4. Für andere Durchmesserverhältnisse muß noch eine Korrektur eingeführt werden:

$$\beta_{kt} = 1 + c_2 * (\beta_{kt(D/d=1,4)} - 1)$$

wobei der Beiwert c_2 folgender Tabelle zu entnehmen ist:

D/d	1,40	1,35	1,30	1,25	1,20	1,15	1,10	1,00
c_2	1,00	0,98	0,93	0,90	0,80	0,68	0,50	0,00

D. Kerbwirkungszahl β_{kb} bei Biegung von Wellen mit Querbohrungen:

d: $\varnothing$ der Querbohrung; D: $\varnothing$ der Welle

d/D	$R_m = 400$	$R_m = 500$	$R_m = 1000$
0,1	1,40	1,50	1,55
0,2	1,45	1,60	1,65
0,3	1,40	1,55	1,70
0,4	1,35	1,50	1,65
0,6	1,25	1,35	1,45

E. Kerbwirkungszahl β_k bei Biegung und Torsion von Wellen mit eingefräster Längsnut:

R_m [N/mm²]		300	400	500	600	700	800
β_{kb}	Scheibenfräser	1,40	1,45	1,50	1,55	1,58	1,62
	Fingerfräser	1,60	1,70	1,80	1,90	2,00	2,10
β_{kt}	Scheibenfräser		1,30		1,40		1,60
	Fingerfräser		1,50		1,70		2,00

Die Kerbwirkungszahl β_k steigt mit zunehmender Werkstofffestigkeit an, weil hochfeste Werkstoffe weniger fließfähig sind. Die höhere Grundfestigkeit eines Werkstoffs geht also teilweise wieder durch die höhere Kerbwirkungszahl verloren.

Neben der makroskopischen Kerbe, die die Abweichung der Bauteilgeometrie vom idealen zylindrischen Stab erfaßt, macht sich an der Oberfläche eine Mikrokerbe als Abweichung von der idealen polierten Probe bemerkbar, die durch den Oberflächenbeiwert b_0 beschrieben wird. Insgesamt ergibt sich also für die Berücksichtigung des makroskopischen und des mikroskopischen Kerbeinflusses:

$$\sigma_{azul} = \sigma_A * \frac{b_O}{\beta_k}$$

Da beide Einflüße die zulässige Spannung verkleinern, ist β_k stets größer, b_O stets kleiner als 1. Der Oberflächenbeiwert b_O kann folgender Tabelle entnommen werden:

Oberflächenbeiwert b_O

R_m [N/mm²]	300	400	500	600	700	800	1000
poliert	1,000	1,000	1,000	1,000	1,000	1,000	1,000
fein geschliffen	1,000	0,990	0,985	0,980	0,975	0,972	0,970
geschliffen oder fein geschlichtet	0,970	0,960	0,950	0,940	0,935	0,932	0,930
geschlichtet	0,930	0,920	0,910	0,900	0,890	0,885	0,880
geschruppt	0,910	0,900	0,880	0,860	0,840	0,820	0,780
mit Walzhaut	0,800	0,740	0,670	0,610	0,560	0,510	0,430

Aus dieser Tabelle lassen sich zwei Feststellungen ableiten:

- Die Bauteilschwächung wird um so intensiver, je grober die Bearbeitung und damit die Oberfläche ist.
- Bei höherer Grundfestigkeit weist der Werkstoff eine geringere Fließfähigkeit auf, was zu einer steigenden Beeinträchtigung durch die Mikrokerbe führt.

Das wegen des Größenbeiwertes b_G bereits verkleinerte Dauerfestigkeitsschaubild muß also wegen der beiden Kerbeinflüsse einer **zweiten Reduktion** unterzogen werden. Dabei ist allerdings zu berücksichtigen, daß diese Verkleinerung aus oben genannten Gründen nur den dynamischen Belastungsanteil betrifft.

Mit dieser zweiten Reduktion gewinnt man die sog. Gestaltdauerfestigkeitswerte, die mit einem „G" indiziert werden (Bild 1.49).

- Der Wert für σ_{bw}' wird von der Verkleinerung voll erfaßt, weil an dieser Stelle nur dynamische Beanspruchung vorliegt.

$$\sigma_{GbW} = \frac{b_O}{\beta_k} * \sigma_{bW}'$$

- Der Wert für σ_{bs}' wird von der Verkleinerung überhaupt nicht beeinflußt, da die Belastung rein statisch ist.

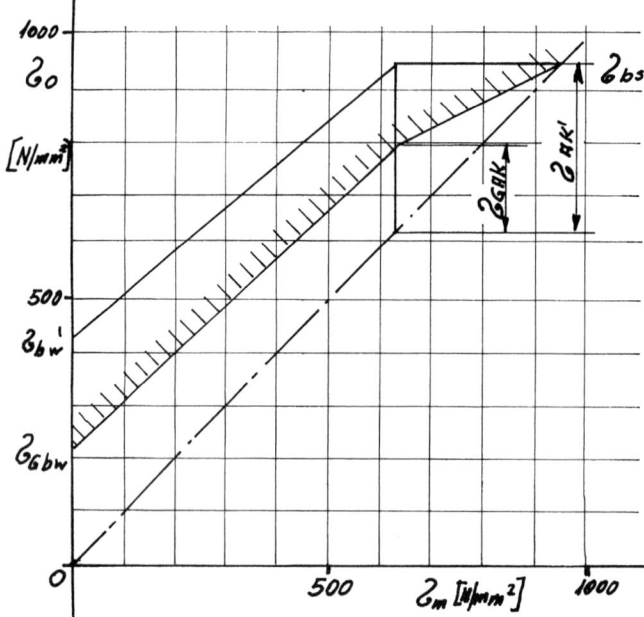

Bild 1.49: Dauerfestigkeitsschaubild zweite Verkleinerung.

- Zur Vervollständigung der zweiten Verkleinerung bietet sich der Punkt an, an dem der Kurvenzug der ersten Verkleinerung einen Knick aufweist. An dieser Stelle wird der dynamische Anteil σ_{AK}' auf σ_{GAK} verkleinert:

$$\sigma_{GAK} = \frac{b_O}{\beta_k} * \sigma_{AK}{}'$$

Der für die Rechnung notwendige Wert σ_{AK}' ist in der bisherigen Berechnung noch nicht aufgetaucht und muß aus der ersten Reduktion des Diagramms abgelesen werden.

Zur weiteren Verfolgung des bereits begonnenen Zahlenbeispiels seien folgende Annahmen getroffen:

$\beta_k = 1,5$ und $b_O = 0,78$ (geschruppt)

Außerdem wird σ_{AK}' aus dem Diagramm mit 320 N/mm² abgelesen. Daraus ergeben sich die folgenden weiteren Zahlenwerte:

$$\sigma_{GbW} = \frac{b_O}{\beta_k} * \sigma_{bW}{}' = \frac{0,78}{1,5} * 423 N/mm^2 = 220 N/mm^2$$

$$\sigma_{GAK} = \frac{b_O}{\beta_k} * \sigma_{AK}{}' = \frac{0,78}{1,5} * 320 N/mm^2 = 166 N/mm^2$$

Das nach der zweiten Reduktion entstandene graphische Gebilde wird als „**Gestaltdauerfe-stigkeitsschaubild**" bezeichnet. Es macht auf anschauliche Weise deutlich, wie stark die zunächst sehr hohe Festigkeit der idealen Probe im realen Fall geschwächt wird.

Aufgabe 1.35 (Seite 111) bis 1.37 (Seite 112)

1.7 Festigkeitsnachweis bei zeitlich veränderlicher Belastung

Stellt man die Aussagen der beiden vorangegangenen Abschnitte zusammen, so läßt sich der Festigkeitsnachweis bei zeitlich veränderlicher Belastung folgendermaßen formulieren: Das Bauteil ist dann dauerfest, wenn der in Abschnitt 1.4.2 ermittelte Belastungspunkt der tatsächlichen Spannung innerhalb des in Abschnitt 1.6 ermittelten Gebietes der zulässigen Spannung liegt. Diese Vorgehensweise läßt sich mit den folgenden beiden Spezialfällen in Zusammenhang bringen:

*   Ist die Belastung rein statisch, so ergibt sich die zulässige Spannung als Zahlenwert, der aus den Werkstofftabellen entnommen wird und ggf. um den Größenbeiwert b_G reduziert wird. Der Festigkeitsnachweis ist als „eindimensionales" Problem ($\sigma_{vorh} \leq \sigma_{zul}$) auf der Winkelhalbierenden des Smith-Diagramms darstellbar. Die Konstruktion des Diagramms erübrigt sich in diesem Fall.

*   Ist die Belastung rein dynamisch (wechselnd), so ergibt sich die zulässige Spannung als Zahlenwert, der aus den Werkstofftabellen entnommen wird und um die Kerbwirkungs-zahl β_K, den Oberflächenbeiwert b_O und ggf. um den Größenbeiwert b_G reduziert wird. Dieser spezielle Festigkeitsnachweis läßt sich ebenfalls als „eindimensionales" Problem ($\sigma_{vorh} \leq \sigma_{zul}$) auf der Ordinaten des Smith-Diagramms ausführen. Die Konstruktion des Diagramms wäre auch in diesem Fall überflüssig.

Bei allgemeiner, zeitlich veränderlicher Belastung ist die Konstruktion des Smith-Diagramms allerdings unerläßlich, da es sich um ein „zweidimensionales" Problem handelt.

Mit der einfachen Feststellung „Bauteil ist dauerfest" oder „nicht dauerfest" gibt man sich in der Regel jedoch nicht zufrieden, sondern man strebt die Formulierung eines Sicherheitsfaktors als Quotient aus zulässiger zu tatsächlicher Spannung an. Zu diesem Zweck wird nochmals das oben hergeleitete Beispiel betrachtet, wobei wegen der Übersichtlichkeit der Darstellung nur die Konstellation nach der zweiten Reduktion eingezeichnet ist (Bild 1.50).

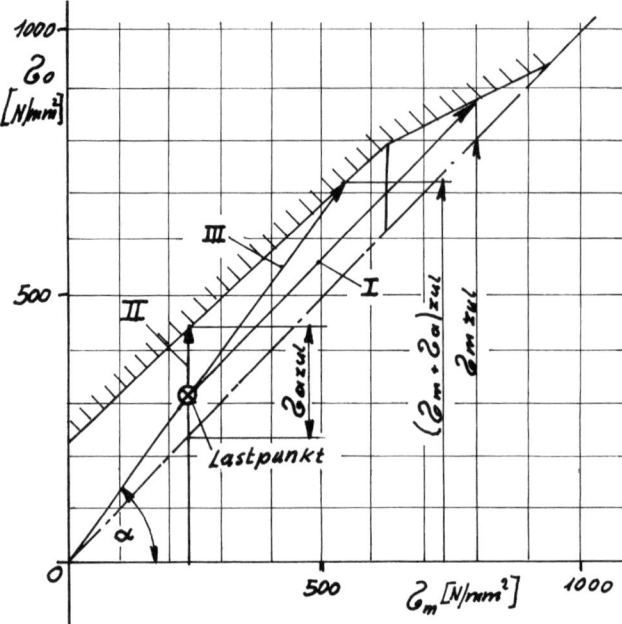

Bild 1.50: Sicherheitsnachweis
im Dauerfestigkeitsschaubild

Zur Formulierung der Sicherheit muß nun die Frage geklärt werden, in welche Richtung die
Überlast den Betriebspunkt verlagert. Dazu muß die von außen auf das Bauteil wirkende
Belastung näher analysiert werden. Es sei beispielhaft folgender Fall angenommen:

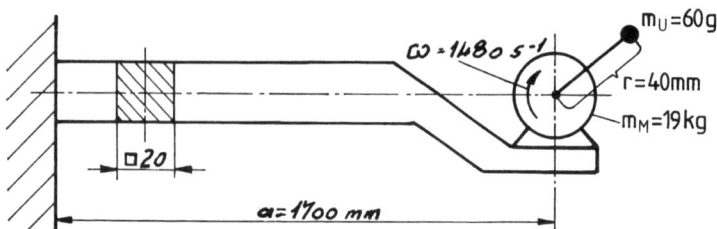

Bild 1.51: Dynamisch
belasteter Biegebalken.

Die Festigkeit dieses Biegebalkens wird wie zuvor an der Einspannstelle überprüft, weil dort
insgesamt die höchste Belastung vorliegt. Die Belastung selber wird am freien Ende des
Biegebalkens durch einen auf dem Biegebalken befestigten Motor eingeleitet, der eine Unwuchtmasse antreibt. Das axiale Widerstandsmoment an der Einspannstelle beträgt

$$W_{ax} = \frac{b * h^2}{6} = \frac{(20mm)^3}{6} = 1333 mm^3$$

Die **statische** Biegespannung an der Einspannstelle wird praktisch ausschließlich durch das
Motorgewicht hervorgerufen, weil die Unwuchtmasse als vernachlässigbar klein betrachtet
werden kann:

$$\sigma_{stat} = \frac{M_{bstat}}{W_{ax}} = \frac{m_M * g * a}{W_{ax}} = \frac{19kg * 9,81\frac{m}{s^2} * 1700mm}{1333mm^3} = 238N/mm^2$$

Die **dynamische** Biegespannung an der Einspannstelle wird durch die Unwuchtmasse hervorgerufen, die mit $\omega = \pi * n / 30 = 155\ s^{-1}$ rotiert:

$$\sigma_{dyn} = \frac{M_{bdyn}}{W_{ax}} = \frac{m_U * r * \omega^2 * a}{W_{ax}} = \frac{0,060kg * 0,04m * \left(155s^{-1}\right)^2 * 1700mm}{1333mm^3} = 74N/mm^2$$

Zur Festlegung der Sicherheit gilt weiterhin die allgemeingültige Formulierung:

$$S = \frac{\sigma_{zul}}{\sigma_{tats}}$$

Für das Erreichen von σ_{zul}, also für die angenommene Überlastung sind verschiedene Modellfälle denkbar, die sich in einer verschiedenartigen Verlagerung des Lastpunktes im Dauerfestigkeitsschaubild ausdrücken:

	Überlast durch	σ_{stat}	σ_{dyn}
I	größere Motormasse m_M	steigt mit m_M (linear)	unverändert
II	größere Unwuchtmasse m_U	unverändert	steigt mit m_U (linear)
	größeren Unwuchtradius r	unverändert	steigt mit r (linear)
	höhere Winkelgeschwindigkeit ω	unverändert	steigt mit ω (quadratisch)
III	größeren Hebelarm a	steigt mit a (linear)	steigt mit a (linear)

Entsprechend der speziellen Überlastannahme bewegt sich der Lastpunkt im Smith-Diagramm in eine ganz bestimmte Richtung und verläßt dabei das „zulässige" Gebiet an einer für den Überlastfall charakteristischen Stelle. Demzufolge ergeben sich für die Berechnung der Sicherheit Zahlenwerte, die von der jeweiligen Überlastannahme abhängen.

I. Der Betriebspunkt wandert auf einer Parallelen zur Winkelhalbierenden (dynamische Belastung bleibt konstant und statische Belastung steigt) nach rechts oben und verläßt in diesem Beispiel bei (abgelesenen) 855 N/mm² das „erlaubte" Gebiet. Die dabei vorliegende zulässige statische Spannung beträgt $\sigma_{statzul}$ = 775 N/mm². Die ohne Überlast vorliegende Mittelspannung σ_{stat} = 238 N/mm² darf also bis $\sigma_{statzul}$ = 775 N/mm² gesteigert werden, erst darüber hinaus ist die Dauerfestigkeit nicht mehr gegeben. Die Sicherheit formuliert sich also zu

$$S_I = \frac{\sigma_{statzul}}{\sigma_{stat}} = \frac{775N/mm^2}{238N/mm^2} = 3,26$$

II. Der Betriebspunkt wandert senkrecht nach oben (statische Belastung konstant, dynami-sche Belastung steigt) und verläßt in diesem Beispiel bei (abgelesenen) 430 N/mm² das „erlaubte" Gebiet. Die dabei vorliegende zulässige dynamische Spannung beträgt σ_{dynzul} = 195 N/mm². Die ohne Überlast vorliegende Mittelspannung σ_{dyn} = 74 N/mm² darf also bis σ_{dynzul} = 195 N/mm² gesteigert werden, erst darüber hinaus ist die Dauerfestigkeit nicht mehr gegeben. Die Sicherheit formuliert sich also zu

$$S_{II} = \frac{\sigma_{dynzul}}{\sigma_{dyn}} = \frac{195\,N/mm^2}{74\,N/mm^2} = 2,64$$

III. Der Betriebspunkt bewegt sich auf einem Leitstrahl, der den Lastpunkt mit dem Koordi-natenursprung verbindet, weiter vom Koordinatenursprung weg (statische und dynami-sche Belastung steigen in gleichem Maße, κ = const.) und verläßt in diesem Beispiel bei (abgelesenen) 672 N/mm² das „zulässige" Gebiet. Die ohne Überlast vorliegende Span-nung σ_{stat} + σ_{dyn} = 238 N/mm² + 74 N/mm² = 312 N/mm² darf also bis (σ_{stat} + σ_{dyn})$_{zul}$ = 672 N/mm² gesteigert werden, erst darüber hinaus ist die Dauerfestigkeit nicht mehr gegeben. Die Sicherheit formuliert sich also zu

$$S_{III} = \frac{(\sigma_{stat} + \sigma_{dyn})_{zul}}{\sigma_{stat} + \sigma_{dyn}} = \frac{672\,N/mm^2}{(238 + 74)\,N/mm^2} = 2,15$$

Der Zahlenwert der Sicherheit hängt besonders in diesem Fall von der Zeichengenauig-keit ab. Aus diesem Grunde ist es meist hilfreich, den Steigungswinkel des Leitstrahls α ganz einfach rechnerisch zu ermitteln:

$$\alpha = \arctan \frac{\sigma_{stat} + \sigma_{dyn}}{\sigma_{stat}} \qquad \text{hier:} \qquad \alpha = \arctan \frac{238\,N/mm^2 + 74\,N/mm^2}{238\,N/mm^2} = 52,7°$$

Soweit dieses einführende Beispiel. Die in der Praxis auftretenden Überlastfälle sind aber normalerweise nicht so leicht zu differenzieren. In vielen Fällen müssen Überlastannahmen genauer analysiert werden (s. Übungsbeispiele).

Aufgabe 1.38 (Seite 112) bis Aufgabe 1.45 (Seite 120)

1.8   Vordimensionierung

Die bisher geschilderte Vorgehensweise hatte zum Ziel, ein Bauteil, welches in seinen Ab-messungen bereits festgelegt ist, auf Festigkeit zu untersuchen. In der Praxis tritt aber auch das Problem auf, daß das Bauteil in Folge von bekannten Belastungen erst dimensioniert werden muß. Die oben angegebenen Gleichungen sind aber bezüglich dieser Problemstellung nicht so ohne weiteres aufzulösen. Dann müßte in einem ersten Schritt die Dimensionierung des Bauteils „erraten" werden, um dann in einem Festigkeitsnachweis zu ermitteln, ob diese Dimensionierung auch ausreicht. Auf diese Weise wären dann mehrere aufeinanderfolgende

Festigkeitsnachweise mit jeweils korrigierten Abmessungen erforderlich, um ein Bauteil endgültig dauerfest auszulegen. Die Bauteildimensionierung wird damit zum iterativen Prozeß, der einen gewissen rechnerischen Aufwand erfordert.

Um diesen Aufwand zu reduzieren, werden die Abmessungen des Bauteils in einem ersten Iterationsschritt unter stark vereinfachenden Annahmen grob berechnet. Diese Berechnung wird mit **Vordimensionierung** bezeichnet und vollzieht sich folgendermaßen:

Die tatsächliche Spannung σ_{vorh} bzw. τ_{vorh} im Bauteil wird bei der Vordimensionierung auf eine einzige, auf die vorherrschende Beanspruchungsart reduziert. Dabei läßt sich entsprechend der zu erwartenden vorherrschenden Belastungsart eine der vier folgenden Gleichungen der elementaren Festigkeitslehre ansetzen:

bei vorherrschender Zug-/Druckbelastung
$$\sigma_{ZD} = \frac{F_{ZD}}{A} \qquad A \geq \frac{F_{ZD}}{\sigma_{ZDzul}}$$

bei vorherrschender Biegebelastung
$$\sigma_b = \frac{M_b}{W_{ax}} \qquad W_{ax} \geq \frac{M_b}{\sigma_{bzul}}$$

bei vorherrschender Querkraftbelastung
$$\tau_Q = \frac{Q}{A} \qquad A \geq \frac{Q}{\tau_{zul}}$$

bei vorherrschender Torsionsbelastung
$$\tau_t = \frac{M_t}{W_{pol}} \qquad W_{pol} \geq \frac{M_t}{\tau_{zul}}$$

Unter Ausnutzung der jeweils letztgenannten Gleichung ergibt sich dann vorläufig entweder eine erforderliche Querschnittsfläche A oder ein erforderliches Widerstandsmoment W_{ax} bzw. W_{pol}. Die Entscheidung, nach welcher der vier o.g. Gleichungen die Vordimensionierung vorzunehmen ist, orientiert sich an artverwandten Dimensionierungsproblemen. Bei Getriebewellen beispielsweise ist die vorherrschende Belastungsart die Biegebelastung.

Die zulässige Spannung σ_{zul} bzw. τ_{zul} hängt ab vom

- verwendeten Werkstoff mit seinen bereits oben aufgeführten Materialkennwerten (z.B. σ_{bS}, σ_{bSch} und σ_{bW} für Biegung).
- der vorherrschenden Belastungsart (Zug/Druck, Biegung oder Torsion)
- dem zeitlichen Belastungsverlauf, wobei nach „vorwiegend wechselnd" ($-1,0 \leq \kappa < -0,5$), „vorwiegend schwellend" ($-0,5 \leq \kappa \leq 0,75$) und „vorwiegend statisch" ($0,75 < \kappa \leq 1$) unterschieden wird.

Die Werkstoffkennwerte werden sowohl für den statischen als auch für den dynamischen Lastverlauf um den Faktor b_G/S verkleinert. Bei dynamischer Belastung wird zusätzlich um den Quotienten b_0/β_k reduziert. Die schwellende Belastung wird in diesem Zusammenhang als Mischfall zwischen statischer und wechselnder Belastung betrachtet. Damit drückt sich die zulässige Spannung aus zu

	vorwiegend wechselnd:	vorwiegend schwellend:	vorwiegend statisch:
	$-1,0 \leq \kappa < -0,5$	$-0,5 \leq \kappa \leq 0,75$	$0,75 < \kappa \leq 1$
vorwiegend Zug/Druck	$\sigma_{zul} = \dfrac{b_G}{S} * \dfrac{b_O}{\beta_k} * \sigma_{ZW}$	$\sigma_{zul} = \dfrac{b_G}{S} * \left(\dfrac{1}{2} + \dfrac{1}{2} * \dfrac{b_O}{\beta_k} \right) * \sigma_{ZSch}$	$\sigma_{zul} = \dfrac{b_G}{S} * \sigma_{ZS}$
vorwiegend Biegung	$\sigma_{zul} = \dfrac{b_G}{S} * \dfrac{b_O}{\beta_k} * \sigma_{bW}$	$\sigma_{zul} = \dfrac{b_G}{S} * \left(\dfrac{1}{2} + \dfrac{1}{2} * \dfrac{b_O}{\beta_k} \right) * \sigma_{bSch}$	$\sigma_{zul} = \dfrac{b_G}{S} * \sigma_{bS}$
vorwiegend Schub	$\tau_{zul} = \dfrac{b_G}{S} * \dfrac{b_O}{\beta_k} * \tau_{tW}$	$\tau_{zul} = \dfrac{b_G}{S} * \left(\dfrac{1}{2} + \dfrac{1}{2} * \dfrac{b_O}{\beta_k} \right) * \tau_{tSch}$	$\tau_{zul} = \dfrac{b_G}{S} * \tau_{tS}$

Mit Hilfe dieser Angaben kann dann leicht eine erste Dimensionierung als Vordimensionierung vorgenommen werden. Die so gewonnenen Maßangaben sind dann Ausgangspunkt für einen vollständigen Dauerfestigkeitsnachweis mit Hilfe des Smith-Diagramms. Unter Umständen ergibt sich daraus die Notwendigkeit, die Dimensionierung nochmals zu korrigieren, so daß ein weiterer Festigkeitsnachweis erforderlich wird.

1.9   Knickung

Im Kapitel 1.2.1.1 wurde sowohl für Zug als auch für Druck die Bauteilbelastung als Normalspannung einheitlich formuliert zu

$$\sigma = \frac{F}{A}$$

Die Gleichgewichtsbedingung zwischen „actio" Kraft F und „reactio" Spannung σ wurde dabei am idealen, völlig geraden Stab angesetzt. Tatsächlich ist der technisch reale Stab jedoch einigen Unzulänglichkeiten ausgesetzt:

• Die Kraft kann aufgrund von konstruktions-, fertigungs- und montagetechnischen Toleranzen nie genau zentrisch in den Stab eingeleitet werden.

• Der Werkstoff des Stabes ist nicht vollkommen homogen.

Die Wirkungslinien der von außen eingeleiteten Kraft einerseits und der sich daraufhin im Stab einstellenden Reaktion andererseits weichen also stets mehr oder weniger voneinander ab. Eine Unterscheidung nach Zug- und Druckspannung zeigt die Grenzen des oben aufgegriffenen Ansatzes auf:

Bei **Zugbelastung** wird der Stab nicht nur elastisch gedehnt, sondern er wird dabei auch „glattgezogen": Er wird so deformiert, daß der oben aufgezeigte Fehler von selbst kleiner wird und deshalb keine entscheidende Rolle spielt. Besonders offensichtlich wird dieser Sachverhalt dann, wenn man ein Seil als Zugstab verwendet. Der oben zitierte Zugspannungsansatz (σ_Z = F_Z/A) trifft dann besonders gut zu.

Bei der **Druckbelastung** von dicken, gedrungenen Stäben wird der Stab zwar elastisch gestaucht, aber die oben aufgezeigten Mißstände machen sich dabei nicht nachteilig bemerkbar. Der einfache Druckspannungsansatz (σ_D = F_D/A) ist also weiterhin gültig. Bei der Belastung eines langen, schlanken Stabes treten jedoch weitere Probleme auf, weil es neben der hier unkritischen elastischen Verkürzung des Stabes auch zu einer seitlichen Auslenkung des Druckstabes kommt.

Dieser letztgenannte Sachverhalt kann zum Ausknicken des Stabes führen.

1.9.1 Elastische Knickung

Zunächst wird nur die sog. „elastische Knickung" betrachtet. Eine meist notwendige Kontrolle, ob die Knickung elastischer und plastischer Natur ist, wird erst in einem weiteren Abschnitt vorgenommen. Zur Diskussion dieser elastischen Knickung sei folgender Modellversuch vorangestellt:

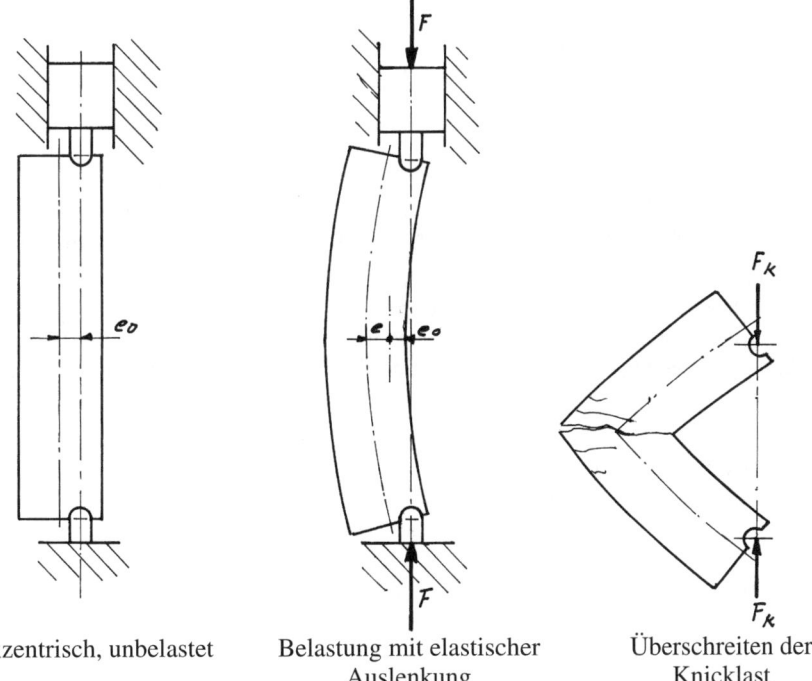

exzentrisch, unbelastet   Belastung mit elastischer   Überschreiten der
                                      Auslenkung   Knicklast

Bild 1.52: Ausknicken eines Stabes.

Wegen der besseren Überschaubarkeit werden die beiden oben genannten Unzulänglichkeiten (Werkstoffinhomogenitäten und unvermeidliche exzentrische Lasteinleitung) bei dieser Betrachtung als exzentrische Lasteinleitung zusammengefaßt: Ein vollkommen gerader, völlig homogener Stab wird zunächst ohne Belastung in der dargestellten Belastungseinrichtung bewußt mit einer geringfügigen Exzentrizität e_0 positioniert (links). Dabei wird sowohl oben als auch unten eine gelenkige Anbindung an die Umgebungskonstruktion vorgesehen.

Wird nun eine axial gerichtete Belastung eingeleitet (mittleres Bilddrittel), so wird sich neben der elastischen Stauchung des Stabes die ursprüngliche Auslenkung e_0 um e auf e_{ges} vergrößern: $e_{ges} = e_0 + e$. In der Schnittebene des Stabes wird sich neben einer Druckbelastung ein entsprechendes Momentengleichgewicht einstellen:

$$M_b = F * e_{ges} = F * (e_0 + e)$$

Eine Steigerung der Druckbelastung F wird eine Vergrößerung der Auslenkung e_{ges} zur Folge haben. Dieser zunächst lineare Zusammenhang läßt sich als Gerade darstellen:

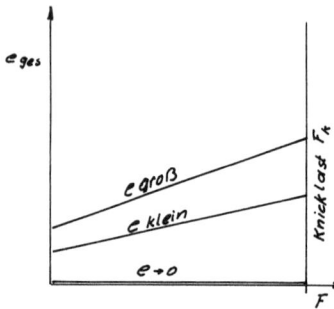

Bild 1.53: Auslenkung des Knickstabes bei elastischer Knickung.

Eine weitere Steigerung der Belastung führt schließlich dazu, daß der Stab durch Ausknicken (rechtes Drittel von Bild 1.52) zerstört wird. Die dafür aufzubringende Last wird mit „Knicklast" F_K bezeichnet, Belastungen größer als F_K kann der Stab nicht aufnehmen.

Wird die ursprünglich bewußt herbeigeführte Exzentrizität e_0 verkleinert, so ergibt sich ebenfalls für kleine Belastungen eine Linearität zwischen F und e_{ges}, die allerdings jetzt flacher verläuft. Bei weiterer Steigerung der Druckbelastung kommt es ebenfalls zum Knicken, man wird allerdings feststellen, daß sich die Knicklast F_K dabei **nicht** ändert, so lange e_0 klein gegenüber e_{ges} ist.

Wird die Ausgangsexzentrizität gänzlich reduziert, so wird sich zunächst überhaupt keine seitliche Auslenkung einstellen. Dieses Gleichgewicht ist jedoch im Sinne der Mechanik „labil": Die geringste, nie zu vermeidende Störung führt dazu, daß auch in diesem Fall die Knicklast F_K nicht überschritten werden kann, der Stab bricht vielmehr ohne vorherige elastische Auslenkung seitlich aus und wird dabei sofort ohne Vorwarnung zerstört. Für die Höhe der maximal ertragbaren Belastung ist also die Höhe der ursprünglich angebrachten Exzentrizität e_0 ohne Bedeutung, so lange sie klein gegenüber der Länge des Knickstabes ist.

Bei dem Versuch, den Betrag der Knicklast F_K zu beziffern, lassen sich folgende Überlegungen anstellen:

- Die seitliche Auslenkung wird um so größer, je verformungswilliger der Werkstoff, also um so geringer sein E-Modul ist. Da die seitliche Auslenkung e_{ges} aber als Momentenbelastung für die Zerstörung des Bauteils verantwortlich ist, kann ein proportionaler Zusammenhang zwischen Knicklast und dem Elastizitätsmodul des Werkstoffs gefolgert werden:

$$F_K \sim E$$

- Die Auslenkung eines Biegebalkens ist proportional zu seinem Flächenträgheitsmoment I_{ax}. Je größer das Flächenmoment ist, desto kleiner wird auch die Auslenkung des Knickstabes und desto größer wird die Kraft F_K, mit der er belastet werden kann:

$$F_K \sim I_{ax\,min}$$

Der durch ein äußeres Moment belastete Biegebalken wird in einer definierten Richtung belastet und deshalb muß auch das Flächenmoment in dieser Richtung angesetzt werden. Die Auslenkungsrichtung des Knickstabes ist aber nicht vorgegeben, sie wird sich vielmehr in Richtung des geringsten Flächenmomentes einstellen. Ein auf Druck belastetes Brett wird nicht etwa „hochkant", sondern senkrecht dazu, also in Richtung des geringsten Flächenmomentes ausknicken. Aus diesem Grunde ist für die Knicklast stets I_{min} maßgebend.

- Wird die Stablänge s verdoppelt, so verdoppelt sich zunächst wegen geometrischer Ähnlichkeit auch die Auslenkung e. Als Folge davon wird aber auch das Lastmoment an der ausgelenkten Stelle die doppelte Größe annehmen, wodurch sich die aus geometrischen Gründen bereits verdoppelte Auslenkung nochmals verdoppelt, also insgesamt vervierfacht. Die kritische Knicklast wird sich also umgekehrt proportional zum Quadrat der Stablänge s verhalten:

$$F_K \sim \frac{1}{s^2}$$

Faßt man diese Beobachtungen zusammen, so ergibt sich die folgende Proportionalität:

$$F_K \sim \frac{E * I_{min}}{s^2}$$

Diese Proportionalität kann nach Euler für die oben zitierte Einspannbedingung (gelenkige Lasteinleitung an beiden Stabenden) zu der Gleichung

$$F_K = \frac{\pi^2 * E * I_{ax\,min}}{s^2}$$

ergänzt werden (Ableitungen s. z.B. [Assmann]). Durch Division beider Gleichungsseiten durch die Querschnittfläche A gewinnt man aus der Knicklast F_K die Knickspannung σ_K:

$$\sigma_K = \frac{F_K}{A} = \frac{\pi^2 * E * I_{ax\,min}}{A * s^2} = \qquad \pi^2 * E * \frac{I_{min}}{A} * \frac{1}{s^2}$$

Dabei sind die einzelnen Terme bereits nach Einflußnahmen geordnet: Der Elastizitätsmodul E gibt den Werkstoffeinfluß wieder, $1 / s^2$ markiert den Einfluß der Stablänge und die Formgebung des Stabquerschnitts wird durch den Quotienten I_{min} / A charakterisiert. Dieser letztgenannte Ausdruck läßt sich formal mit i^2 gleichsetzen:

$$i^2 = \frac{I_{min}}{A} \qquad \Rightarrow \qquad I_{min} = A * i^2$$

Damit liegt die in der folgenden Darstellung skizzierte Deutung von i auf der Hand:

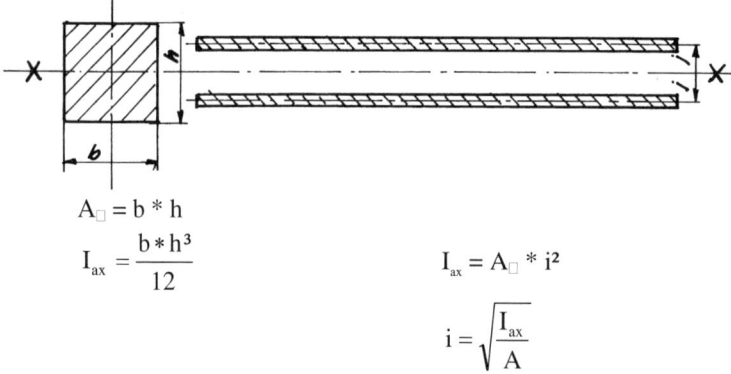

$$A_{\square} = b * h$$
$$I_{ax} = \frac{b * h^3}{12} \qquad\qquad I_{ax} = A_{\square} * i^2$$
$$i = \sqrt{\frac{I_{ax}}{A}}$$

Bild 1.54: Trägheitsradius.

Sowohl der einteilige linke als auch der zweiteilige rechte Stabquerschnitt beinhalten die gleiche Fläche A und weisen um die x-Achse das gleiche Flächenmoment I_{ax} auf. Während der linke quadratische Querschnitt ein Flächenmoment ausschließlich als „Eigenanteil" aufweist, bezieht der rechte Querschnitt das gleiche Flächenmoment fast ausschließlich aus dem Steineranteil, dessen Mittelpunktsabstand der Trägheitsradius i ist. Der Trägheitsradius läßt sich nicht nur für das hier skizzierte Rechteck, sondern auch ganz allgemein für jeden beliebigen Stabquerschnitt formulieren. Die Werte für den Trägheitsradius i sind auch in den Tabellen für die normgerechten Walzprofile (s. auch Tabellen S. 20ff) aufgeführt. Mit dieser Definition läßt sich die Knickspannung ausdrücken zu

$$\sigma_K = \pi^2 * E * \left(\frac{i}{s}\right)^2$$

Dabei repräsentiert E den Werkstoff des Knickstabes und mit $(i/s)^2$ wird seine Geometrie beschrieben.

Um eine möglichst große Knickspannung aufnehmen zu können, sollte der Trägheitsradius also möglichst groß sein. Die Fläche A soll also möglichst weit von der Stabachse entfernt angebracht werden, so daß ein möglichst großes $I_{ax\,min}$ entsteht. Kreisförmige Querschnitte haben den Vorteil, daß das Flächenmoment unabhängig von der Lastrichtung ist, der Stab kennt also keine bevorzugte Knickrichtung. Wird der Kreis zudem noch in einen Kreisring überführt, so wird die vorhandene Fläche möglichst vorteilhaft im Sinne einer möglichst hohen Knickspannung ausgenutzt.

Der Ausdruck s / i ist auch als „Schlankheitsgrad" λ definiert:

$$\lambda = \frac{s}{i} = \frac{s}{\sqrt{\dfrac{I_{ax\,min}}{A}}}$$

Er enthält damit sämtliche geometrische Parameter, die das Knickverhalten des Stabes beeinflussen. Führt man den Schlankheitsgrad λ ein, so gewinnt man den einfachen Ausdruck:

$$\sigma_K = \frac{\pi^2 * E}{\lambda^2}$$

In dieser Gleichung wird der Einfluß des Werkstoffes nur durch seinen Elastizitätsmodul vertreten und seine geometrische Gestaltung wird nur noch durch den Schlankheitsgrad λ beschrieben. Trägt man die Knickspannung über diesen Schlankheitsgrad auf, so ergibt sich eine quadratische Hyperbel:

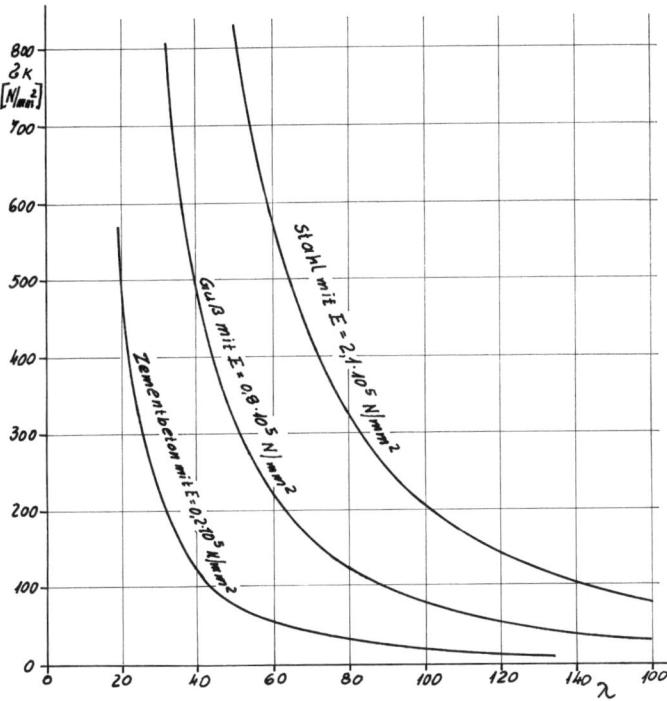

Bild 1.55: Knickspannung bei elastischer Knickung.

Liegt rein elastische Knickung vor, so ist die Knickspannung σ_K **unabhängig** von der Festigkeit des Werkstoffs! Die mit obiger Gleichung formulierte Knickspannung σ_K kann nicht vollständig auf den Stab ausgeübt werden, weil nach wie vor die Druckspannung zu berücksichtigen ist und weil das Erreichen der Knickgrenze aus Sicherheitsgründen auf jeden Fall zu vermeiden ist. Bei der Festlegung der tatsächlich zulässigen Spannung σ_{dzul} muß also noch ein Sicherheitsfaktor ν berücksichtigt werden, der im Bereich von $2 < \nu < 5$ gewählt wird:

$$\sigma_{dzul} = \frac{\sigma_K}{\nu}$$

Die tatsächlich zulässige Kraft, mit der der Knickstab belastet werden darf, ergibt sich schließlich zu

$$F_{dzul} = \frac{\pi^2 * E * I_{ax\,min}}{\nu * s^2}$$

Ist die belastende Kraft F gegeben und wird der Stab daraufhin dimensioniert, so kann diese Gleichung nach $I_{ax\,min}$ umgestellt werden:

$$I_{ax\,min} = \frac{F * s^2 * \nu}{\pi^2 * E}$$

1.9.2   Plastische Knickung

Bei allen voranstehenden Betrachtungen ist aber zu kontrollieren, ob die Voraussetzung der elastischen Knickung auch tatsächlich vorliegt. In vielen Fällen erfährt der Stab eine plastische Deformation, noch bevor die Knicklast überhaupt erreicht ist. Zu diesem Zweck wird Bild 1.53 in erweiterter Form nochmals betrachtet:

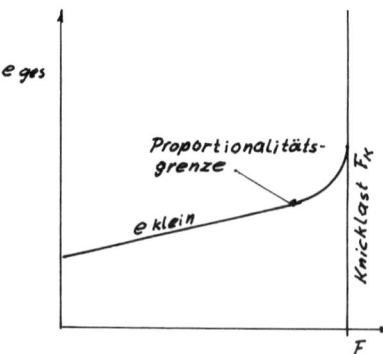

Bild 1.56: Auslenkung des Knickstabes bei plastischer Knickung.

Es ergibt sich qualitativ ein ähnliches Verformungsverhalten, aber bei der Steigerung der Druckbelastung wird die Auslenkung überproportional groß. Bei dieser Belastung muß mit einer plastischen Deformation des Stabes, also mit irreparablen Schäden gerechnet werden, die Knicklast ist also geringer als unter der Annahme der elastischen Knickung.

Die oben aufgeführte Euler'sche Gleichung gilt aber nur für den Fall der rein elastischen Knickung, bei der die Proportionalitätsgrenze nicht in Erscheinung tritt.

$$\sigma_K < \sigma_e \quad \text{wobei} \qquad \sigma_K = \frac{\pi^2 * E}{\lambda^2}$$

Die Gültigkeit der Eulergleichung setzt also einen langen, schlanken Stab voraus, was sich durch die Formulierung eines entsprechenden minimalen Schlankheitsgrades λ beschreiben läßt

$$\lambda \geq \pi * \sqrt{\frac{E}{\sigma_e}} \qquad \text{Bedingung für elastische Knickung}$$

$$\lambda \leq \pi * \sqrt{\frac{E}{\sigma_e}} \qquad \text{Bedingung für \textbf{plastische} Knickung}$$

Alle Stahlsorten weisen annähernd den gleichen Elastizitätsmodul $E = 2,1 * 10^5$ N/mm² auf. Für St37 mit $\sigma_e \approx 190$ N/mm² liegt also für einen Schlankheitsgrad von $\lambda > 104$ elastische Knickung vor, für St60 mit $\sigma_e \approx 270$ N/mm² ist diese Grenze bereits bei einem einen Schlankheitsgrad von $\lambda > 88$ erreicht. Wenn der Schlankheitsgrad kleiner als dieser Grenzwert ist, so liegt plastische Knickung vor. Die folgende Darstellung nach [Assmann] gibt diesen Zusammenhang für St60 wieder:

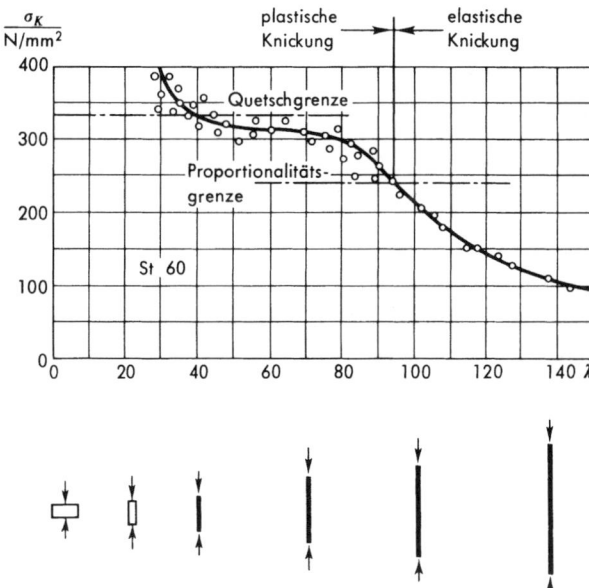

Bild 1.57:
Knickspannung für St60 (aus Assmann 1999, Bd. 2).

Dabei lassen sich grundsätzlich drei Bereiche unterscheiden:

- Bei kurzen, dicken Stäben (kleines λ) besteht keine Knickgefahr, hier ist nur die reine Druckbelastung maßgebend (Quetschgrenze).
- Bei langen, schlanken Stäben tritt der oben beschriebene Fall der „elastischen Knickung" ein, der durch den hyperbelförmigen Verlauf der Knickspannung nach Euler beschrieben wird.
- Dazwischen kann es noch zu einer sog. plastischen Knickung kommen, die nach Tetmajer beschrieben wird.

Da ein analytischer Ansatz für die plastische Knickung kaum möglich ist, behilft man sich mit Versuchen und Messungen, deren Ergebnisse in eine rechnerische Funktion gefaßt werden. Die folgende Tabelle gibt beispielhaft einige im Maschinenbau verwendeten Werkstoffe wieder:

St37: $0 < \lambda < 60$: $\sigma_K = 240\ \text{N/mm}^2$

            $60 < \lambda < 104$: $\sigma_K = 310\ \text{N/mm}^2 - 1{,}14\ \text{N/mm}^2 * \lambda$

            $\lambda > 104$:   elastische Knickung

St60: $0 < \lambda < 88$: $\sigma_K = 335\ \text{N/mm}^2 - 0{,}62\ \text{N/mm}^2 * \lambda$

            $\lambda > 88$:   elastische Knickung

GG18 $0 < \lambda < 80$ $\sigma_K = 776\ \text{N/mm}^2 - 12\ \text{N/mm}^2 * \lambda + 0{,}053\ \text{N/mm}^2 * \lambda^2$

            $\lambda > 80$:   elastische Knickung

In der folgenden Darstellung nach [Assmann] ist die Knickspannung für einige im Maschinenbau üblichen Werkstoffe grafisch gegenübergestellt:

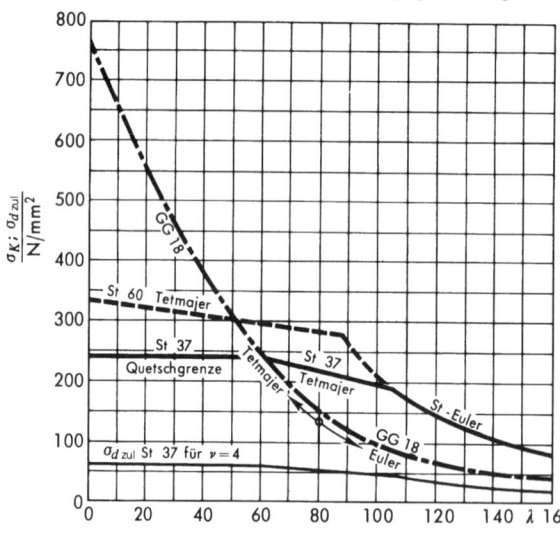

Bild 1.58:
Knickspannung einiger Maschinen-
bauwerkstoffe
(aus Assmann 1999, Bd. 2).

Für GG ergibt sich dabei ein fließender Übergang zwischen elastischem und plastischem Bereich.

1.9.3   Einspannbedingungen

Sämtliche vorangegangenen Betrachtungen gingen von standardisierten Einspannbedingungen aus: An beiden Stabenden wird die Kraft über ein Gelenk eingeleitet bzw. abgestützt (Fall 2 des nachstehenden Schemas). Tatsächlich sind jedoch auch noch weitere Einbaufälle möglich, die sich aber praktisch alle mit den weiteren drei Fällen identifizieren lassen oder zumindest zur sicheren Seite hin abschätzen lassen.

| | Normalfall | | | |
	1	2	3	4
Belastungsfall	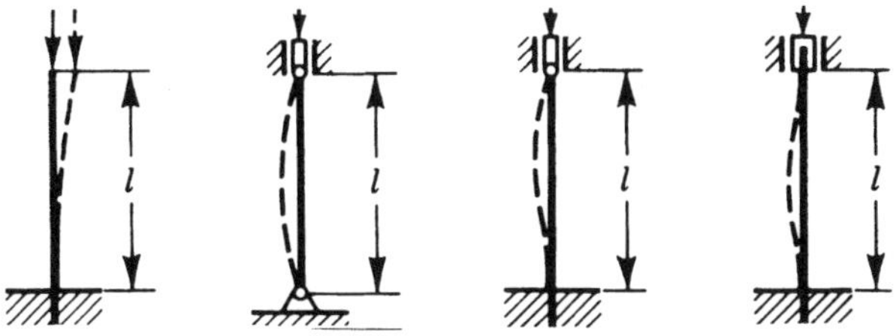			
Freie Knicklänge s	$2l$	l	$0,7l$	$0,50l$
Schlankheitsgrad λ	$\dfrac{2l}{i}$	$\dfrac{l}{i}$	$\dfrac{0,7l}{i}$	$\dfrac{0,50l}{i}$

Bild 1.59: Einspannfälle Knickung (aus Assmann 1999, Bd. 2).

Fall 2 (Grundfall) beschreibt einen Bogen mit in der Mitte senkrechter Tangente. Fall 1 beschreibt ebenfalls einen Bogen, dessen senkrechte Tangente aber am unteren Balkenende durch die feste Einspannung erzwungen wird. Fall 1 läßt sich aus Fall 2 einfach durch Verdopplung der Knicklänge ableiten. Der Schlankheitgrad ist entsprechend zu verdoppeln. Fall 4 ergibt sich in entsprechend umgekehrter Weise und Fall 3 präsentiert sich als Mischfall zwischen den Fällen 2 und 4 mit einer freien Knicklänge, die dem 0,7-fachen der Konstruktionslänge entspricht.

Aufgabe 1.46 (Seite 121) und Aufgabe 1.47 (Seite 123)

1.10   Anhang

1.10.1   Literatur

[1]   Agne, Klaus, Agne, Simon: Technische Mechanik in der Feinwerktechnik; Verlag Vieweg

[2]   Assmann, Bruno: Technische Mechanik, Band 1–3; Verlag Oldenbourg

[3]   Biederbick, K.: Kunststoffe kurz und bündig; Würzburg 1970

[4]   Böge, Alfred: Formeln und Tabellen zur Mechanik und Festigkeitslehre, Band 1 und 2, Verlag Vieweg

[5]   Buxbaum, O.: Betriebsfestigkeit; Stahleisenverlag Düsseldorf 1986

[6]   Dankert, H., Dankert, J.: Technische Mechanik computerunterstützt; Teubner-Verlag Stuttgart; 2. Auflage 1995

[7]   Dietman, H.: Einführung in die Elastizitäts- und Festigkeitslehre; Verlag Kroner, Stuttgart 1992

[8]   DIN-Taschenbuch 69: ; Beuth-Verlag Berlin

[9]   Domke, W.: Werkstoffkunde und Werkstoffprüfung; Essen 1982

[10]   Fink K.; Rohrbach, C.: Handbuch der Spannungs- und Dehnungsmessung; Düsseldorf 1965

[11]   Fronius, S.: Antriebselemente; VEB-Verlag Berlin 1982

[12]   Gross, Hauger, Schnell: Technische Mechanik; Springer-Lehrbuch

[13]   Haibach, E.: Betriebsfestigkeit - Verfahren und Daten zur Bauteilberechnung; VDI-Verlag Düsseldorf 1989

[14]   Hänchen, R.: Neue Festigkeitsberechnung für den Maschinenbau; 3. Auflage München 1967

[15]   Holzmann G.; Meyer H.; Schumpick G.: Technische ; Teubner-Verlag Stuttgart; Band 1: Statik, 8. Auflage 1990; Band 2: Kinematik und Kinetik, 7. Auflage 1991; Band 3 Festigkeitslehre, 7. Auflage 1990

[16]   Hütte: Taschenbuch der Stoffkunde, Berlin

[17]   Issler, L.; Ruoß, H.; Häfele, P.: Festigkeitslehre – Grundlagen; Verlag Springer, Berlin 1995

[18]   Neuber, H.: Kerbspannungslehre, Springer-Verlag Berlin 1988

[19]   NN: Werkstoffhandbuch Stahl und Eisen, Düsseldorf 1974

[20]   NN: Werkstoffhandbuch Nichteisenmetalle, Düsseldorf 1960

[21]   Oberbach: Kunststoffkennwerte für Konstrukteure, München 1974

[22]   Schmidt, F.: Berechnung und Gestaltung von Wellen; Konstruktionsbücher Band 10; 2. Auflage Springer-Verlag Berlin 1967

[23]   Schmitt-Thomas, Karlheinz G.: Metallkunde für das Maschinenwesen; Springer-Verlag

[24]   Schweigerer S.: Festigkeitsberechnung im Dampfkessel-, Behälter- und Rohrleitungsbau, 3. Auflage, Berlin-Heidelberg-New York 1978

[25]   Tauscher, H.: Berechnung der Dauerfestigkeit, 8. Auflage Leipzig 1964

[26]   VDI-Richtlinie 2227: Festigkeit bei wiederholter Beanspruchung; Zeit- und Dauerfestigkeit metallischer Werkstoffe, insbesonder von Stählen

[27]   Zammert, W.U.: Betriebsfestigkeitsberechnung, Vieweg-Verlag Braunschweig 1985

1.10.2 Normen

[28]   DIN 1651: Automatenstähle

[29]   DIN 1681: Stahlguß für allgemeine Verwendungszwecke

[30]   DIN 1691: Gußeisen mit Lamellengraphit (Grauguß)

[31]   DIN 1692: Temperguß; Begriffe; Eigenschaften

[32]   DIN 1693 T1: Gußeisen mit Kugelgraphit; Werkstoffsorten, unlegiert und niedriglegiert

[33]   DIN 1693 T2: Gußeisen mit Kugelgraphit; unlegiert und niedriglegiert; Eigenschaften im ange-
       gossenen Probestück

[34]   DIN 1694: Austenitisches Gußeisen

[35]   DIN 1712: Aluminium

[36]   DIN 1725: Aluminiumlegierungen; Knetlegierungen

[37]   DIN 1729: Magnesiumlegierungen

[38]   DIN 4114: Stahlbau; Stabilitätsfälle (Knickung, Kippung, Beulung), Berechnungsgrundlagen,
       Vorschriften

[39]   DIN 7728: Kunststoffe

[40]   DIN 17006: Eisen und Stahl; Systematische Benennung, Stahlguß, Grauguß, Hartguß, Temper-
       guß

[41]   DIN 17007: Werkstoffnummern

[42]   DIN 17100: Allgemeine Baustähle, Gütenormen

[43]   DIN 17111: Kohlenstoffarme, unlegierte Stähle für Schrauben, Muttern und Niete

[44]   DIN E 17200: Vergütungsstähle

[45]   DIN 17210: Einsatzstähle

[46]   DIN 17221 und 17222: Federstahl

[47]   DIN 17240: Warmfeste und hochwarmfeste Werkstoffe für Schrauben und Muttern

[48]   DIN 17245: Warmfester ferritischer Stahlguß

[49]   DIN 17445: Nichtrostender Stahlguß

[50]   DIN 50100, DIN 50113, DIN 50142: Wöhlerdiagramme, Smithdiagramme

[51]   DIN 50103 T1: Prüfung metallischer Werkstoffe; Härteprüfung nach Rockwell; Verfahren C,
       A, B, F

[52]   DIN 50106: Prüfung metallischer Werkstoffe; Druckversuch

[53]   DIN 50115: Prüfung metallischer Werkstoffe; Kerbschlagbiegeversuch

[54]   DIN 50118: Prüfung metallischer Werkstoffe; Zugstandversuch unter Zugbeanspruchung

[55]   DIN 50133: Prüfung metallischer Werkstoffe; Härteprüfung nach Vickers; Bereich HV 5 bis
       HV 100

[56]   DIN 50141: Prüfung metallischer Werkstoffe; Scherversuch

[57]   DIN 50145: Prüfung metallischer Werkstoffe; Zugversuch

[58]   DIN 50150: Prüfung von Stahl und Stahlguß; Umwertungstabelle für Vickershärte, Brinellhär-
       te, Rockwellhärte und Zugfestigkeit

[59]   DIN 50551: Prüfung metallischer Werkstoffe; Härteprüfung nach Brinell

1.11 Aufgaben: Grundlagen der Dimensionierung metallischer Bauteile

Spannungs-Dehnungs-Diagramm

A.1.1 Verformung und Belastbarkeit

Gegeben ist das nachfolgend modellhaft skizzierte Spannungs-Dehnungs-Diagramm. Der Zugstab hat eine Länge von 200 mm und einen Durchmesser von 10 mm.

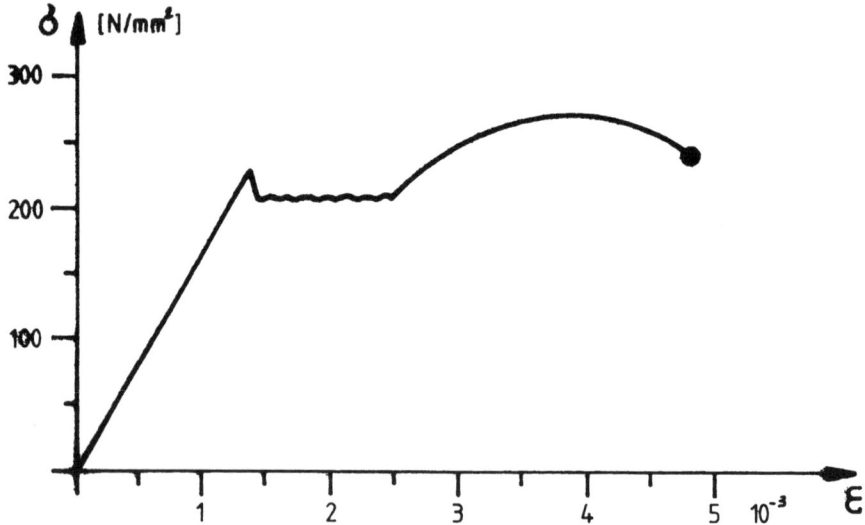

Die Probe wird mit einer Zugkraft von 7 kN, 14 kN und 21 kN belastet. Ermitteln Sie für diese Belastungen maßstäblich aus dem Diagramm die relativen und absoluten, elastischen und plastischen Verformungen:

Zugbelastung [kN]	7	14	21
ε_{elast} [10^{-3}]			
ε_{plast} [10^{-3}]			
ΔL_{elast} [µm]			
ΔL_{plast} [µm]			

Wie groß ist der Elastizitätsmodul dieses Werkstoffs?

E [N/mm²]	

Wie groß ist die maximale Kraft $F_{maxelast}$, die dieser Werkstoffprobe zugemutet werden kann, wenn eine plastische Verformung ausgeschlossen werden soll?

$F_{maxelast}$ [N]	

Wie groß ist die maximale Kraft $F_{maxplast}$, die diese Werkstoffprobe aufnehmen kann, wenn eine plastische Verformung zugelassen wird?

$F_{maxplast}$ [N]	

A.1.2   Werkstoffvergleich

In unten skizziertem Spannungs-Dehnungs-Diagramm sind drei Werkstoffe gegenüber-gestellt. Kreuzen Sie die jeweils richtige Antwort an!

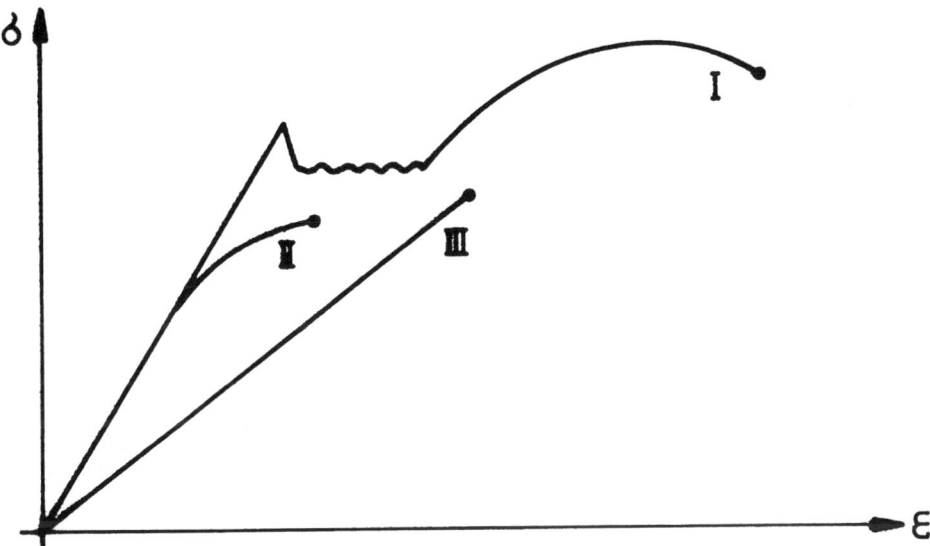

Werkstoff	I	II	III
Welcher Werkstoff weist den geringsten Elastizitätsmodul auf?			
Welcher Werkstoff hat die geringste Steifigkeit?			
Welcher Werkstoff weist die größte Streckgrenze auf?			
Welcher Werkstoff erträgt die geringste Bruchlast?			
Welcher Werkstoff zeigt beim Bruch die geringste plastische Dehnung?			

Einachsiger Spannungszustand

Zugspannung

A.1.3   Zugspannung homogener Werkstoffe

a) Eine runde, stabförmige Probe mit 10mm Durchmesser wird aus St60 gefertigt. Mit welcher Kraft darf sie in Längsrichtung maximal belastet werden, wenn eine plastische Verformung in jedem Fall ausgeschlossen werden soll?

b) Eine quadratische, stabförmige Probe mit 12mm Kantenlänge besteht aus dem Werkstoff 42CrMo4 und wird mit einer Kraft von 60kN in Längsrichtung belastet. Wie groß ist die Sicherheit?

A.1.4   Förderband

Ein Förderband aus Gummi soll zur Verbesserung seiner Zugfestigkeit mit Stahleinlagen versehen werden. In einem ersten Entwurf wird vorgeschlagen, nach untenstehender Skizze 5 Stahleinlagen einzubetten, die aus 10 Litzen mit je 0,5 mm Durchmesser bestehen.

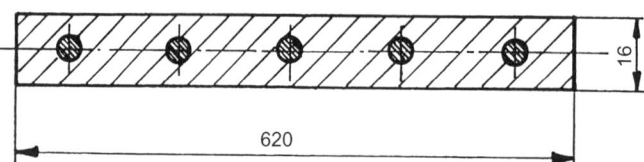

Für die Werkstoffe Stahl und Gummi sind die folgenden Kennwerte gegeben:

	E-Modul [N/mm²]	σ_{zul} [N/mm²]
Stahl	210 000	600
Gummi	45	12

Mit welcher statischen Zugkraft F_{max} kann der Fördergurt maximal belastet werden, wenn weder das Gummi noch die Stahleinlage über die zulässige Spannung hinaus belastet werden dürfen?

F_{max} [N]	

Die Zugfestigkeit dieses ersten Entwurfs ist unbefriedigend. Welche Maßnahmen würden unter Beibehaltung sämtlicher anderen Parameter die Belastbarkeit des Förderbandes steigern?

	ja	nein
Stahleinlage weglassen		
Anzahl der Stahleinlagen verringern		
Anzahl der Stahleinlagen erhöhen		
Querschnittsfläche Gummi erhöhen		
Querschnittsfläche Gummi verringern		
σ_{zul} des Stahls erhöhen		
σ_{zul} des Gummis erhöhen		

Biegespannung

A.1.5   U-Profil nach Norm

Ein warmgewalzter U-Stahl 40x20 nach DIN 1026 wird in der unten dargestellten Weise belastet.

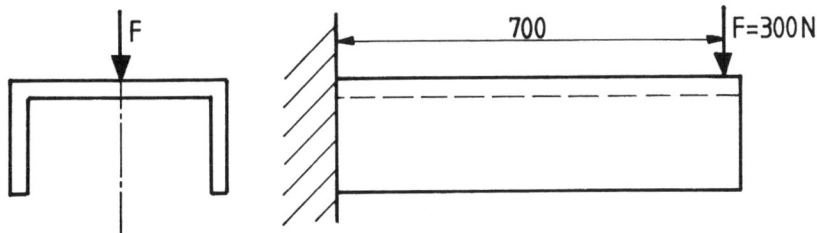

Wie groß ist die größte auftretende Biegespannung? Wie groß ist die Sicherheit bezüglich dieser Biegespannung, wenn das Material St52-3 (Werkstoff-Nr. 1.0570) verwendet wird?

A.1.6   I-Profil

Ein warmgewalzter I-Träger 120 nach DIN 1025 T1 aus dem Material St44-3 (Werkstoff-Nr. 1.0144) wird in der unten dargestellten Weise belastet.

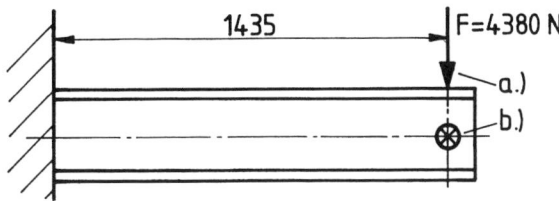

a) Wie groß ist die auftretende Biegespannung? Wie groß ist die Sicherheit bezüglich dieser Biegespannung? Hält das Bauteil dieser Belastung stand?

b) Wie groß ist die Biegespannung, wenn die Kraft senkrecht zu der oben angegebenen Lastrichtung wirkt? Wie groß ist dann die Sicherheit bezüglich Biegung? Hält das Bauteil dieser Belastung stand?

A.1.7   Unwuchtantrieb

Der unten skizzierte Doppel-T-Träger wird senkrecht auf einer Grundebene befestigt. Auf die Kopfplatte wird ein Motor montiert, auf dessen Welle eine Umwuchtmasse von 12 kg in einem Abstand von 30 mm zur Achse rotiert. Weitere Massewirkungen sind zu vernachlässigen. Die Biegespannung im Träger darf einen Wert von 100 N/mm² nicht überschreiten.

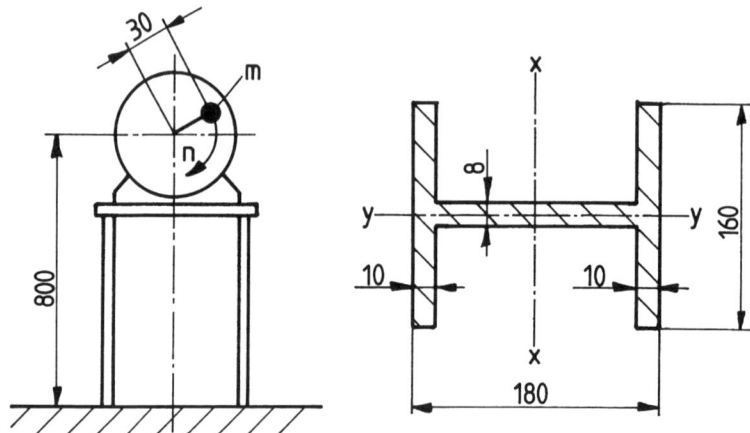

a) Wie hoch darf die Motordrehzahl maximal werden, wenn die Unwuchtwirkung wie dargestellt in y-Richtung wirkt?

b) Wie hoch darf die Motordrehzahl maximal werden, wenn die Unwuchtwirkung in x-Richtung wirkt?

A.1.8 Biegebelastung einseitig eingespannter, nicht genormter U-Träger

Der unten skizzierte U-Träger wird in senkrechter Richtung mit einem Gewicht von 80 kg belastet.

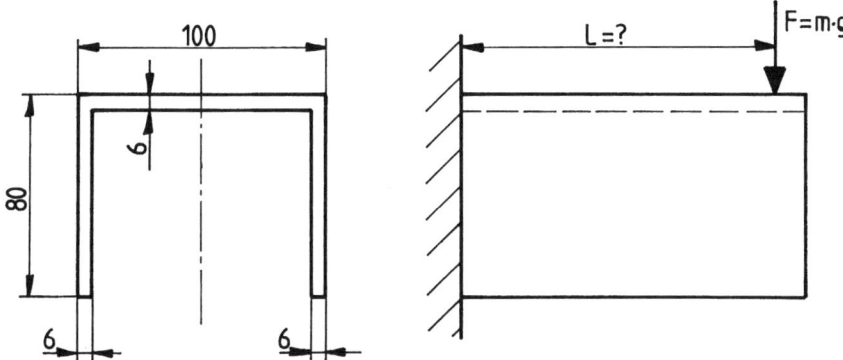

Wie groß darf der Hebelarm L dieser Biegebelastung maximal werden, wenn im Träger eine Spannung von 120 N/mm² zugelassen ist?

A.1.9 Doppelseitig aufgestützter Biegebalken

Gegeben ist ein (nicht genormter) U-Träger mit folgenden Abmessungen:

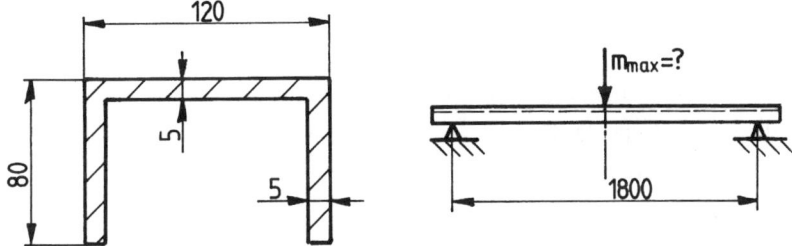

Der Träger wird beidseitig auf einer Spannweite von 1800 mm abgestützt und mittig mit einer Gewichtskraft belastet. Der Werkstoff darf mit einer maximalen Biegespannung von 145 N/mm² belastet werden. Wie groß darf dieses Gewicht maximal sein?

A.1.10 Hubvorrichtung mit starrem Ausleger

Gegeben ist die unten skizzierte Hubvorrichtung mit den angegebenen Abmessungen.

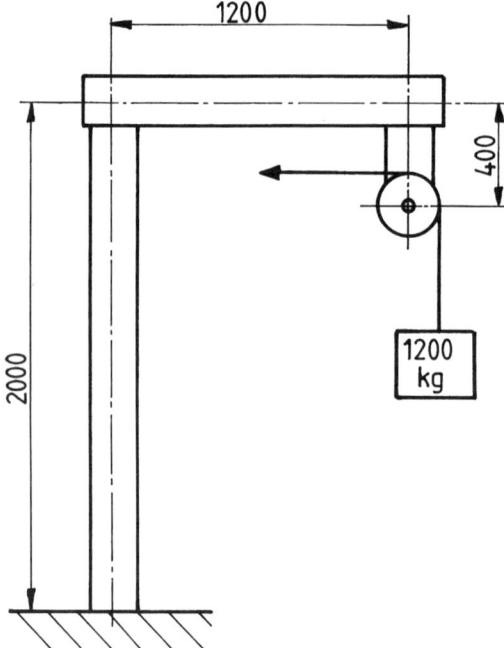

Es soll eine Last von maximal 1200 kg angehoben werden.

a) Ermitteln Sie die Größe und Richtung der resultierenden Kraft!

b) Tragen Sie graphisch die Größe des Biegemomentes über der gesamten Konstruktion auf!

c) An welcher Stelle der Konstruktion tritt das größte Biegemoment auf?

d) Berechnen Sie das größte Biegemoment!

e) Die zulässige Biegespannung beträgt $\sigma_{bzul} = 150$ N/mm², wobei dieser Wert die Sicherheit bereits berücksichtigt. Wählen Sie ein genormtes I-Profil aus, welches das vorliegende Biegemoment aufnehmen kann.

A.1.11 Hubvorrichtung mit höhenverstellbarem Ausleger

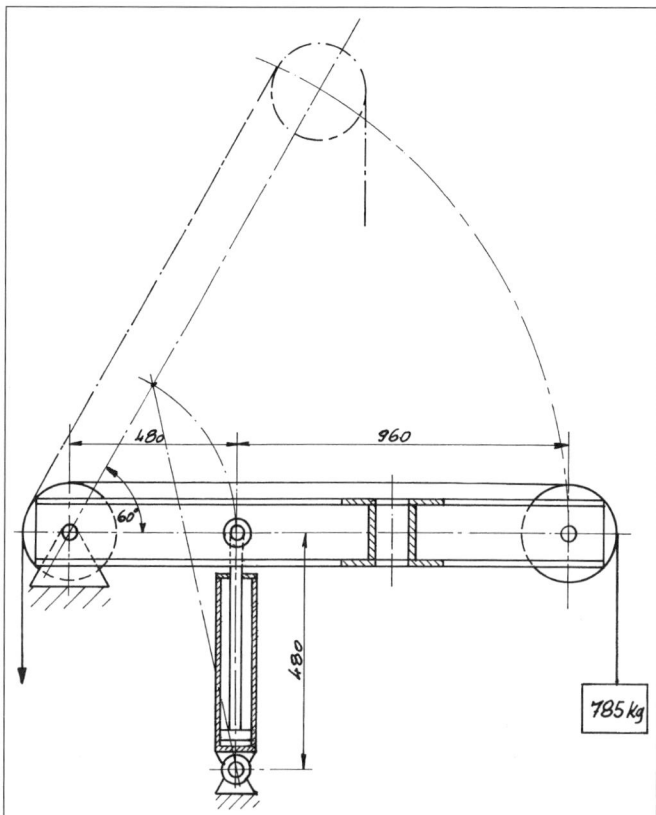

Gegeben ist die unten skizzierte Hubvorrichtung, mit der eine maximale Masse von 785 kg angehoben wird. Der Ausleger ist am linken Ende drehbar angelenkt. Das Hubseil wird über zwei Rollen geführt, wovon die linke auf der gleichen Achse angebracht ist wie die Schwenkbewegung des Auslegers.

Der Ausleger Hubvorrichtung besteht aus zwei warmgewalzten, rundkantigen U-Trägern nach DIN 1026. Der Ausleger kann durch einen Hydraulikzylinder aus der Horizontalen um 60° angehoben werden.

Die Festigkeit des Auslegers soll betrachtet werden. Dabei wird nur auf Biegung dimensioniert, wobei eine Spannung von 60 N/mm² zugelassen werden kann.

a) In welcher Stellung erfährt der Ausleger seine höchste Biegebeanspruchung?

$\varphi[°] =$

b) Wie groß ist in dieser Stellung das größte auf den Ausleger wirkende Biegemoment?

$M_{bmax}[Nm] =$

c) Welches Widerstandsmoment müssen dann beide U-Träger gemeinsam mindestens aufweisen?

$W_{axmin}[mm³] =$

d) Welcher U-Stahl (Kurzzeichen) muß dann verwendet werden?

U

A.1.12   Verfahrbare Hubvorrichtung

Mit der nachstehend dargestellten Hubvorrichtung wird eine Last mit der Gewichtskraft F_L von 10 kN angehoben und senkrecht zur Zeichenebene mittels der Rollen bei A, B und C verfahren. Die linke Skizze ist nach dem am unteren Bildrand angegebenen Maßstab ausgeführt, so daß alle für die Berechnung notwendigen Abmessungen daraus entnommen werden können.

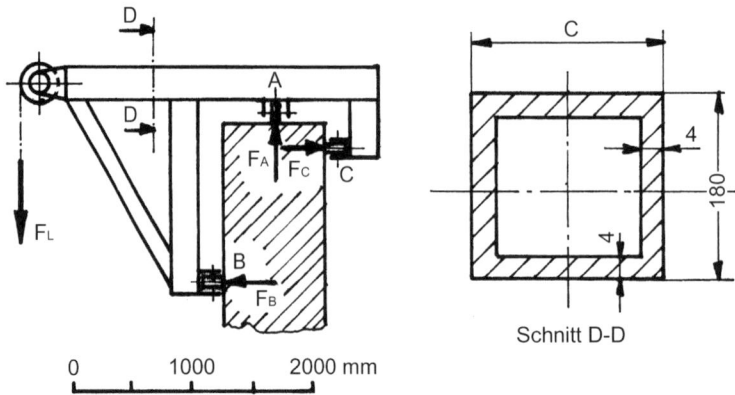

a) Berechnen Sie zunächst die Auflagerreaktionen bei A, B und C!

F_A [kN] =	F_B [kN] =	F_C [kN] =

b) Es wird die Festigkeit des horizontal angeordneten Balkens untersucht, wobei angenommen werden kann, daß lediglich die Biegebelastung dominant ist, während alle anderen Belastungen vernachlässigt werden können. Bezeichnen Sie die Stelle des größten Biegemomentes mit M_{bmax}! Berechnen Sie den Betrag des an dieser Stelle vorliegenden Biegemomentes!

M_{bmax} [Nm] =

c) Wie der in der Skizze rechts wiedergegebene Profilschnitt verdeutlicht, wird die Konstruktion mit einem Rechteckrohr der Höhe 180 mm und mit einer einheitlichen Blechstärke s von 4 mm ausgeführt. Es kann angenommen werden, daß die Blechstärke s sehr klein gegenüber der Außenkantenlänge des Profils ist. Wie groß muß die Außenkantenlänge c des Profils sein, wenn eine Biegespannung von 80 N/mm² zugelassen werden kann?

c_{min} [mm] =

A.1.13 Hallenkran

Diese Aufgabe erfordert Grundkenntnisse der Differentialrechnung!

Gegeben ist der unten skizzierte einfache Hallenkran, mit dem Lasten angehoben und in der Horizontalen verfahren werden können. Bei der folgenden Berechnung sind Eigengewichte zu vernachlässigen.

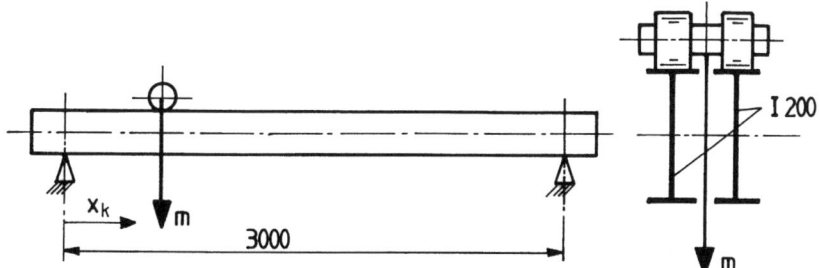

a) Skizzieren Sie für eine beliebige Stellung der Katze qualitativ den Biegemomentenverlauf in der Kranbrücke.

b) Ermitteln Sie rechnerisch die Stellung x_K der Katze, für die das Biegemoment in der Kranbrücke am größten ist.

c) Es werden zwei schmale I-Träger I200 verwendet. Die zulässige Biegespannung des Werkstoffs beträgt $\sigma_{bzul} = 160$ N/mm². Wie groß ist die maximale Last m, die dieser Kran anheben darf?

A.1.14 Brücke

Diese Aufgabe erfordert Grundkenntnisse der Differentialrechnung!

Eine Brücke mit einer Spannweite von 5800 mm wird von einem Fahrzeug mit einem Gesamtgewicht von 720 kg befahren. Das Tragelement dieser Brücke besteht aus mehreren nebeneinander verlegten I-Träger I80 nach DIN 1025 T1, die „hochkant" verlegt sind. Die zulässige Spannung des Trägerwerkstoffs beträgt 120 N/mm² und es wird eine Sicherheit von S = 2 gefordert. Die Gesamtmasse des Fahrzeuges wird im Verhältnis 1:1,2 auf Vorder- und Hinterachse verteilt. Das Fahrzeug hat einen Achsstand von 2300 mm.

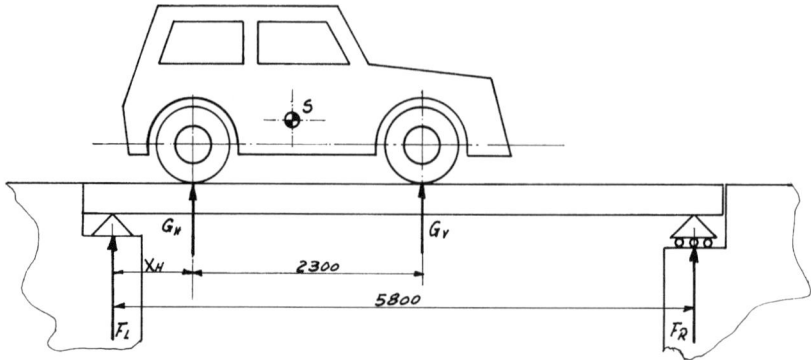

Für die Festigkeitsberechnung können folgende vereinfachende Annahmen getroffen werden:

- Alle Träger werden gleichmäßig belastet.

- Das Eigengewicht der Brücke wird vernachlässigt.

- Für die Festigkeitsbetrachtung ist nur die Biegebelastung maßgebend

Die Festigkeit der Träger ist zu dimensionieren. Gehen Sie dazu folgendermaßen vor:

a) Bestimmen Sie die Achslast hinten G_H und die Achslast vorne G_V!

G_H [N] =	G_V [N] =

b) Ermitteln Sie die Hinterachsstellung x_H, für die die Biegemomentenbelastung im Träger maximal ist.

x_H [mm] =

c) Wie groß ist das maximale Biegemoment M_{bmax}, welches den Träger belasten kann?

M_{bmax} [Nm]=

d) Wie groß ist die Anzahl der Profile n, die mindestens parallel nebeneinander angeordnet werden müssen, damit die Brücke der Belastung standhält?

n =

A.1.15   Rollenlaufbahn

An die unten skizzierten Fördereinrichtung werden Lasten mit der Masse m angehängt und in der Horizontalen verfahren.

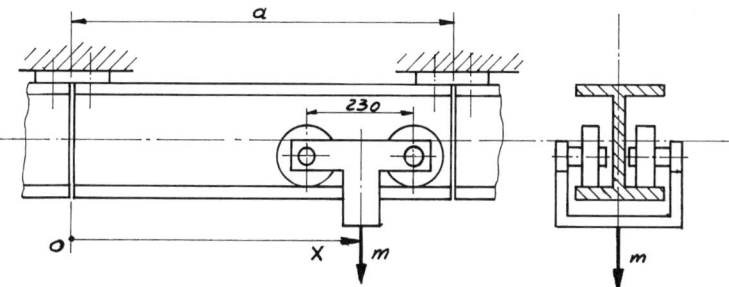

Für die Dimensionierung der Rollenlaufbahn können folgende Annahmen getroffen werden:

- Für die Festigkeit ist nur der Biegeanteil maßgebend.

- Das Eigengewicht des Trägers ist zu vernachlässigen.

- Die Last verteilt sich gleichmäßig auf vier Laufrollen, die auf der Innenseite des Untergurtes des I-Profils abrollen. Die Laufschiene wird als Profil I 180 schmaler Bauart ausgeführt.

- Unter Berücksichtigung einer erforderlichen Sicherheit kann ein Biegespannung von σ_{bzul} = 140 N/mm² zugelassen werden.

- Die Laufschiene wird abschnittsweise mit der Länge a an die Decke montiert, wobei die Befestigung als Gelenk angenommen werden kann.

- Es muß damit gerechnet werden, daß eine ganze Anzahl von Laufkatzen in rascher Folge die Rollenbahn befahren, wobei jedoch sichergestellt ist, daß sich nur jeweils eine einzige Laufkatze auf einem Laufbahnabschnitt befindet.

a)   Welche Stellung der Katze x ist für die Belastung des Trägers kritisch?

$$x = f_{(a)} = $$

b)   Wie lang darf der einzelne Laufbahnabschnitt a_{max} höchstens sein?

$$a_{max} \; [mm] = $$

Balken gleicher Biegefestigkeit

A.1.16   Balken mit rechteckigem Querschnitt

Gegeben ist der unten skizzierte Biegebalken, an dessen auskragendem Ende eine Last von 100 kg angebracht ist.

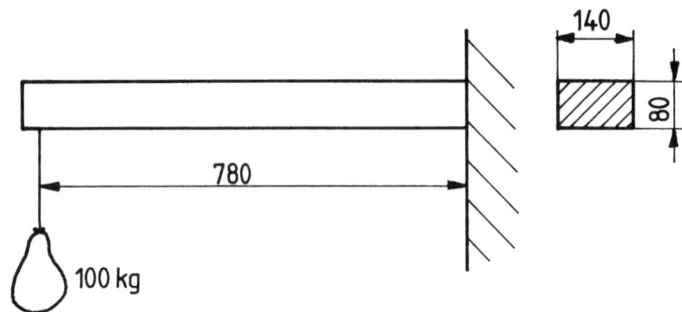

a) Wie groß ist die größte Biegespannung?

b) Wie müßte bei konstanter Balkenhöhe von 80 mm die Balken**breite** über der Kraglänge beschaffen sein, wenn der Balken als „Balken gleicher Biegefestigkeit" dimensioniert werden soll?

c) Wie müßte bei konstanter Balkenbreite von 140 mm die Balken**höhe** über der Kraglänge beschaffen sein, wenn der Balken als „Balken gleicher Biegefestigkeit" dimensioniert werden soll?

A.1.17   Optimierung der Trägerhöhe

Gegeben ist das unten skizzierte Gestell einer Hubvorrichtung: Eine Masse von 3 t wird mit einem Seil angehoben, welches in der dargestellten Weise über eine Rolle geführt wird. Die Rolle ist symmetrisch zwischen zwei Blechen mit 14 mm Wandstärke montiert. Um ein seitliches Ausbeulen zu verhindern, sind diese beiden Seitenwangen durch ein waagerechtes Stegblech miteinander verbunden, welches jedoch im Bereich der Rolle ausgespart ist. Um die Rechnung zu vereinfachen, wird das Stegblech in der Festigkeitsbetrachtung nicht berücksichtigt. Der Werkstoff darf mit einer Biegespannung von 120 N/mm² belastet werden.

Für die Festigkeitsberechnung wird nur die Biegung als dominante Belastung berücksichtigt. Die Höhe der Seitenwangen y ist so zu dimensionieren, daß sich abschnittsweise ein Balken gleicher Biegefestigkeit ergibt. Im Bereich zwischen A und B einerseits und zwischen D und E andererseits wird die Höhe y aus konstruktiven Gründen konstant gehalten.

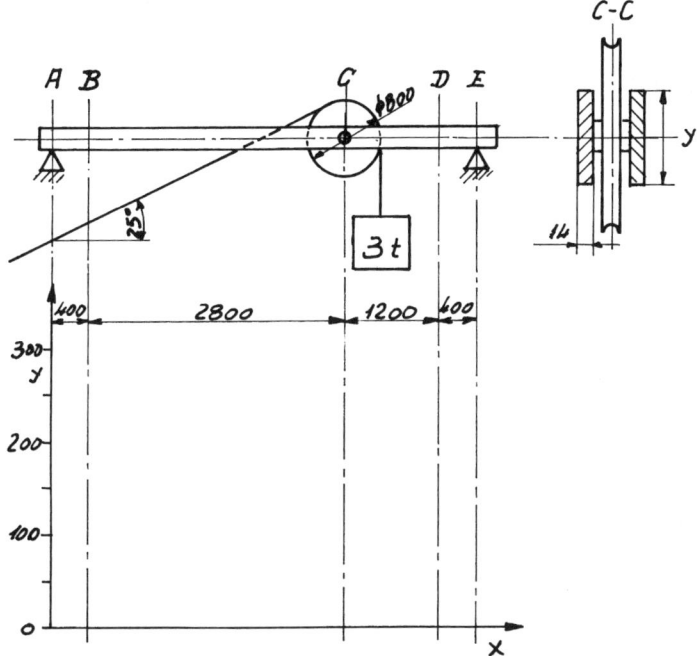

Tragen Sie in das vorbereitete Schema die Balkenhöhe y an den Stellen A-E maßstäblich ein und vervollständigen Sie die Zwischenbereiche qualitativ ohne weitere Berechnung. Die Zwischenergebnisse tragen Sie in die nachstehend vorbereitete Tabelle ein.

	A	B	C	D	E
M_b [Nm]					
W_{ax} [mm³]					
y [mm]					

Schubspannung

A.1.18   Querkraftschub

Aus einem Blechband sollen fortlaufend Blechronden ausgestanzt werden.

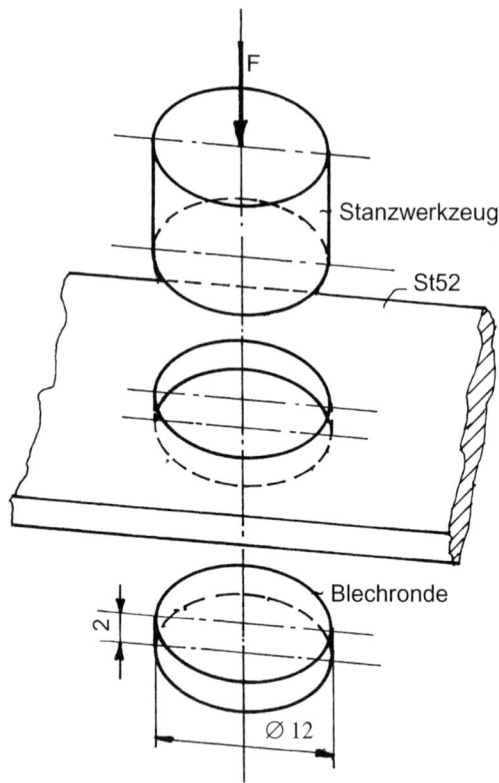

Welche Kraft F ist für diesen Stanzvorgang erforderlich? Dabei wird angenommen, daß das Dreifache der Streckgrenze aufgebracht werden soll, um den Stanzvorgang sicher auszuführen.

A.1.19 Torsionsschub

Das unten dargestellte Rohr wird über einen Hebelarm auf Torsion belastet. Durch die Stützlagerung wird das Rohr von sämtlichen Biege- und Querkrafteinflüssen befreit.

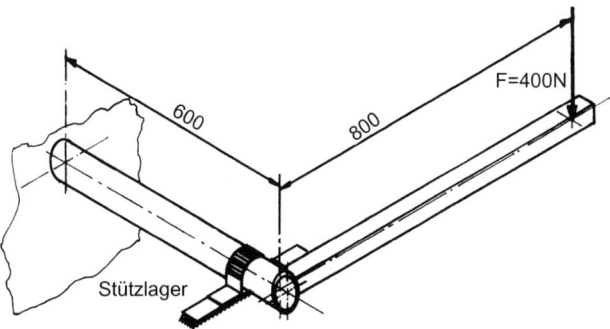

Wie groß ist die Torsionsspannung an der Einspannstelle des Rohres, wenn der Rohraußendurchmesser 36 mm und der Rohrinnendurchmesser 30 mm beträgt?

Zusammengesetzte Spannungen

Überlagerung einachsiger Spannungszustände

A.1.20 Aufhängevorrichtung

Gegeben ist die untenstehende L-förmige Anordnung zweier warmgewalzter I-Träger nach DIN 1025 T3 (breite I-Träger, leichte Ausführung). Die Breite der Träger beträgt 180 mm. Die Konstruktion wird in der dargestellten Weise mit einer Kraft von 50 kN belastet.

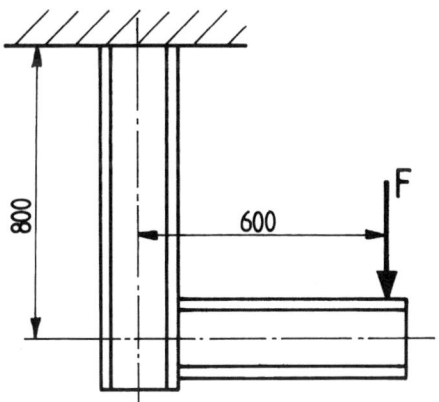

Wie groß ist die Normalspannung im senkrecht angeordneten Profil?

A.1.21   Kragarm mit doppeltem U-Träger

Mit der unten skizzierten Vorrichtung wird eine Last von 760 kg angehoben. Der auskragen-
de Tragarm besteht aus zwei U-Trägern U120 nach DIN 1026. Der Durchmesser der Rolle
beträgt 260 mm.

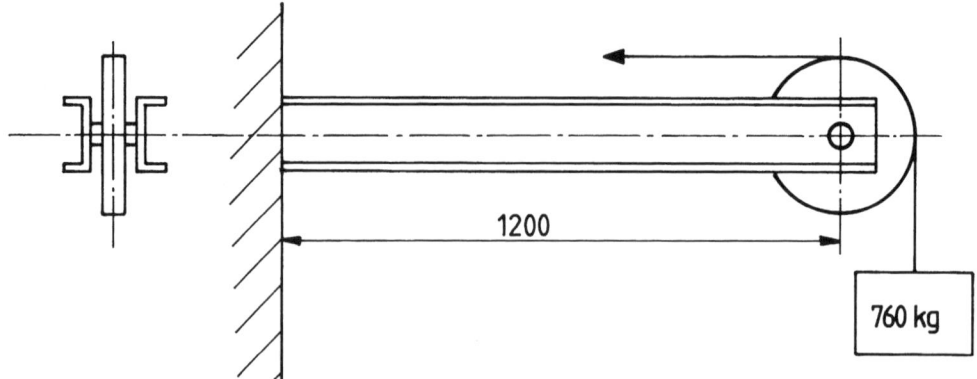

a) Wo tritt die größte Belastung im Kragbalken auf?

b) Berechnen Sie die Zug-/Druckspannung an dieser Stelle!

c) Berechnen Sie die Biegespannung an dieser Stelle!

d) Wie groß ist die größte Normalspannung an dieser Stelle?

A.1.22 Kranhaken

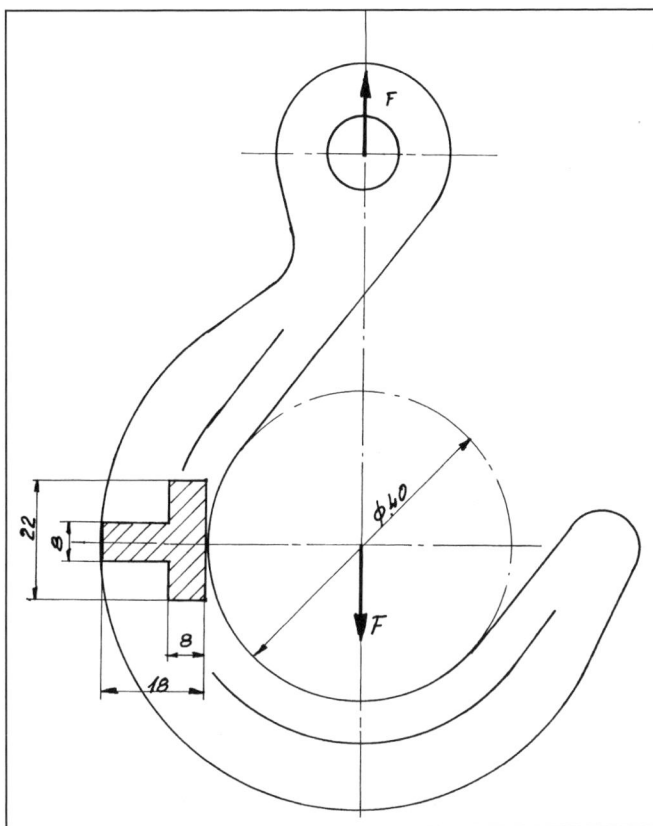

Mit dem nebenstehenden Kranhaken wird eine Last von 500 kg angehoben. Im schraffierten Querschnitt ist die höchste Belastung zu erwarten. Ermitteln Sie zunächst die Querschnittsfläche A und das Widerstandsmoment W_{ax}!

A [mm²] =

W_{ax} [mm³] =

Berechnen Sie die Spannungen im schraffierten Querschnitt!

Zug-/Druckspannung σ_{ZD} [N/mm²]	
Biegespannung σ_b [N/mm²]	
gesamte Normalspannung σ_{ges} [N/mm²]	

Quasistatische Vergleichsspannung

A.1.23 Kran mit I-Trägern

Gegeben ist der unten skizzierte Kran, mit dem Lasten von 8t angehoben werden können. Die Laufrolle am rechten Ende des Kragarmes wird in der dargestellten Weise zwischen **zwei** Trägern I 260 nach DIN 1025 T1 angebracht. Es kann vorausgesetzt werden, daß die Last quasistatisch aufgebracht wird.

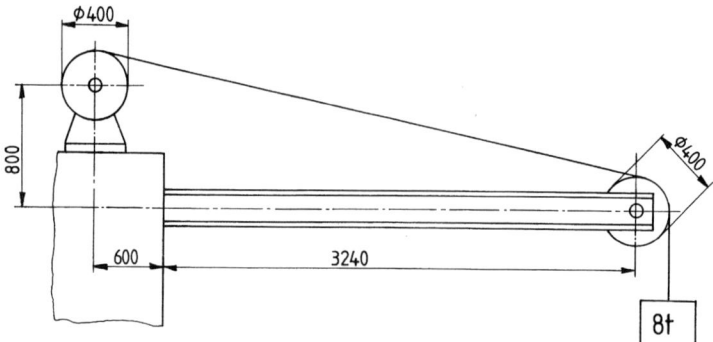

a) Berechnen Sie die an der Einspannstelle vorliegenden Kräfte (Längskraft L und Querkraft Q) sowie das dort vorliegende Biegemoment M_b!

b) Berechnen Sie die jeweils daraus resultierenden Spannungen!

c) Berechnen Sie die an der Einspannstelle vorliegende Vergleichsspannung σ_v!

L [N] =	σ_{ZD} [N/mm²] =
Q [N] =	τ_Q [N/mm²] =
M_b [Nm] =	σ_b [N/mm²] =
	σ_v [N/mm²] =

A.1.24   Rundstab mit Hebel

Der unten dargestellte, in der Wand eingespannte Rundstab wird über einen Hebelarm auf
Torsion belastet.

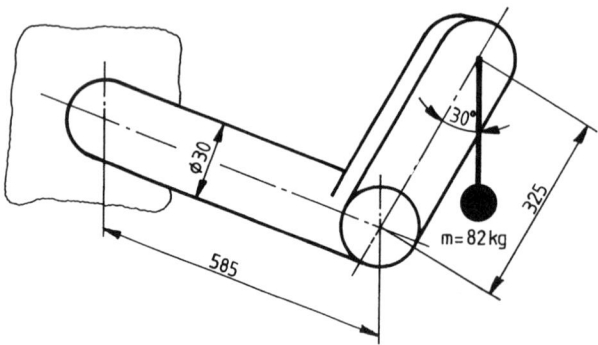

Berechnen Sie die Spannungen im Rundstab sowohl an der Verbindungsstelle zum Hebel als
auch in der Nähe der Einspannstelle. Benutzen Sie zur Lösung der Aufgabenstellung das
untenstehende Schema.

	Verbindungsstelle Hebel - Rundstab	Einspannstelle an der Wand
Querkraftschubspannung τ_Q		
Torsionsschubspannung τ_t		
Biegespannung σ_b		
Vergleichsspannung σ_v		

A.1.25   Kurbel

Gegeben ist unten skizzierter Kurbeltrieb: Durch Drehung der Welle wird eine Masse von 108 kg kreisbogenförmig angehoben und wieder in die Ursprungsstellung abgesenkt. Der Vorgang vollzieht sich so langsam, daß er als quasistatisch angesehen werden kann.

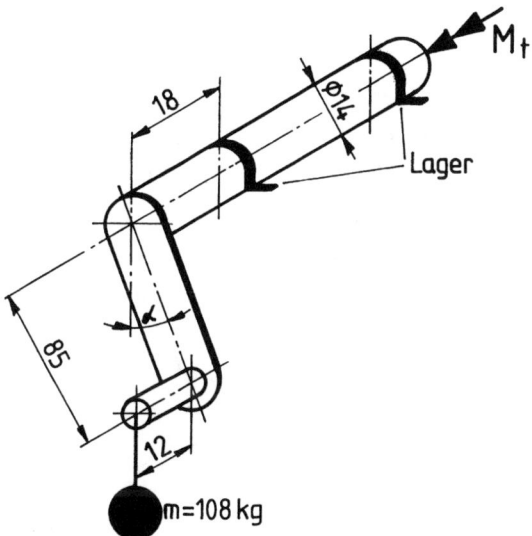

a) An welcher Stelle wird die Welle am höchsten belastet?

b) Um sich einen Überblick über die Belastung der Welle in Funktion des Stellungswinkels α zu verschaffen, sollen sämtliche auftretenden Spannungen nach folgendem Schema zusammengestellt werden. Rechnen Sie die Zahlenwerte für den Torsionsschub τ_t, die Biegespannung σ_b und die Vergleichsspannung σ_v aus und tragen Sie diese in die Tabelle ein:

	$\alpha = 0°$	$\alpha = 90°$	$\alpha = 180°$	$\alpha = 270°$
τ_t [N/mm²]				
σ_b [N/mm²]				
σ_v [N/mm²]				

c) Die Welle besteht aus C45. Welche Sicherheit gegen Überlast liegt hier vor?

A.1.26   Rollenkatze

Die unten dargestellte Rollenkatze dient dazu, die an der Öse hängende Last mit einer Gewichtskraft von F = 30 kN zu verfahren. Die Last verteilt sich gleichmässig auf vier Rollen, die jeweils paarweise in die offenen Seiten eines Doppel-T-Profils eingreifen und auf dem Untergurt dieses Profils reibungsfrei abrollen.

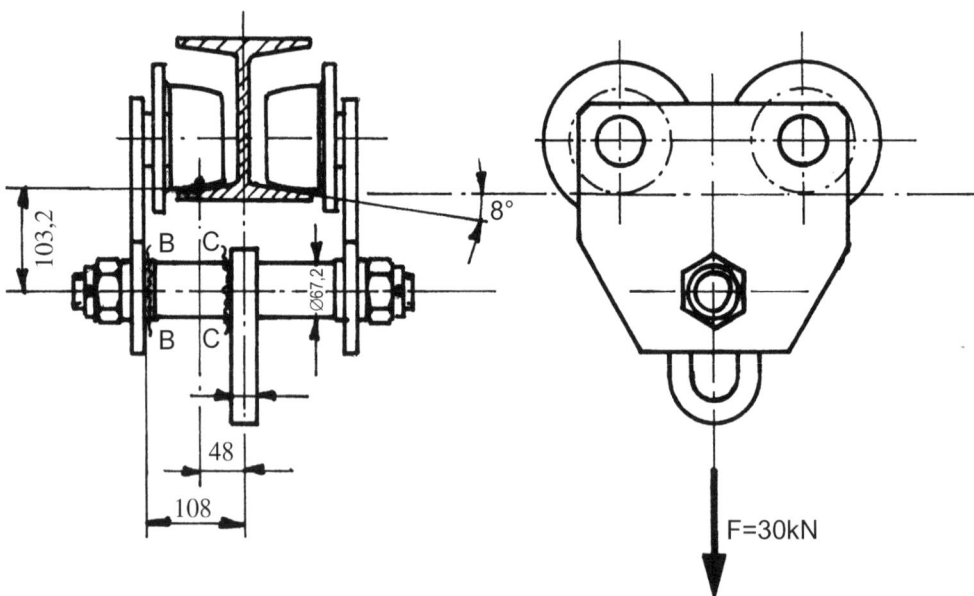

Aus fertigungstechnischen Gründen weist die Laufbahn der Rollen eine Schräge von 8° auf, die bei der Dimensionierung zu berücksichtigen ist. Ermitteln Sie die Bauteilbelastung bei B und C, wobei Sie sich des untenstehenden Schemas bedienen.

Stelle B		Stelle C	
L [N] = Q [N] = M_b [Nm] = M_t [Nm] =	σ_{ZD} [N/mm²] = τ_Q [N/mm²] = σ_b [N/mm²] = τ_t [N/mm²] =	L [N] = Q [N] = M_b [Nm] = M_t [Nm] =	σ_{ZD} [N/mm²] = τ_Q [N/mm²] = σ_b [N/mm²] = τ_t [N/mm²] =
	σ_v [N/mm²] =		σ_v [N/mm²] =

Unterscheidung statische-dynamische Spannung

A.1.27   Achse Hubvorrichtung

Gegeben ist die nachfolgend skizzierte Achse eines Hubwerkes.

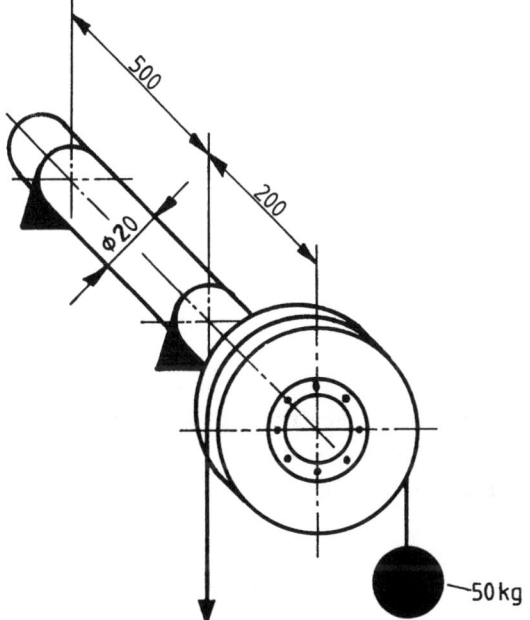

a) An welcher Stelle erfährt die Achse die größte Belastung?

b) Wie groß ist die größte Biegespannung?

c) Die Achse ist an den bezeichneten Stellen mit dem Gestell verbunden, dreht sich selber jedoch nicht. Die Drehung der Seilscheibe wird durch eine Lagerung zwischen Seilschei- be und Achse ermöglicht. Ist die Biegespannung dann statisch oder dynamisch?

d) Die Achse ist an den bezeichneten Stellen im Gestell gelagert und dreht sich mit der Seilscheibe um. Ist die Biegespannung dann statisch oder dynamisch?

A.1.28   Wagenachse

Gegeben ist die untenstehend skizzierte Achse eines Wagens. Der Wagen wiegt 325 kg und es kann angenommen werden, daß sich diese Last auf alle vier Räder gleichmäßig verteilt.

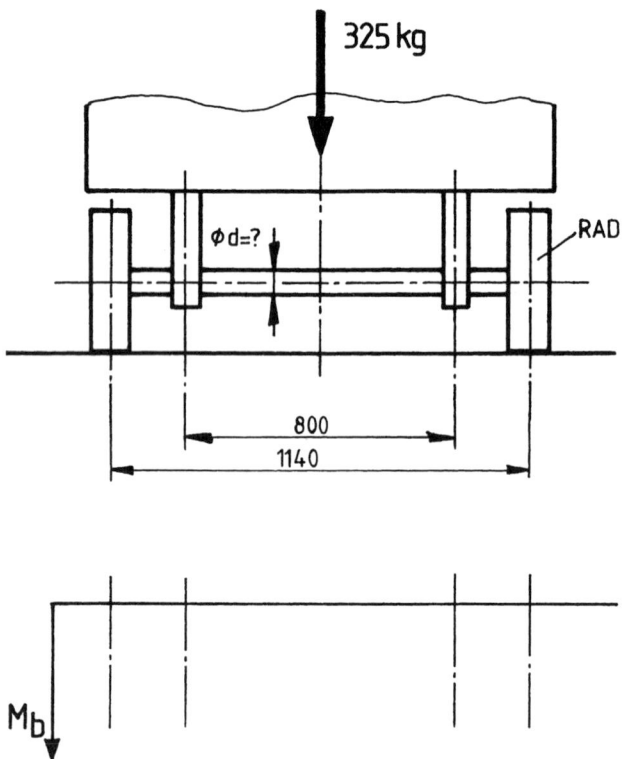

Der Achsenwerkstoff kann mit einer statischen Biegespannung von $\sigma_{zulstat}$ = 120 N/mm² und dynamischen Biegespannung von σ_{zuldyn} = 60 N/mm² belastet werden.

a) Skizzieren Sie in dem Schema unterhalb des Bildes qualitativ die Biegemomentenfläche entlang der Wagenachse.

b) Berechnen Sie das größte Biegemoment in der Achse.

c) Wie groß muß der Achsendurchmesser d mindestens sein, wenn die Achse relativ zum Wagen keine Drehung ausführt und die Räder auf der Achse gelagert sind?

d) Wie groß muß der Achsendurchmesser d mindestens sein, wenn die Achse am Wagen gelagert ist und die Räder mit der Achse umlaufen?

A.1.29 Kettenradwelle gleicher Biegefestigkeit

Gegeben ist die unten skizzierte Kettenradwelle, mit der eine Leistung P = 3,2 kW bei einer Drehzahl von n = 82 min^{-1} übertragen wird.

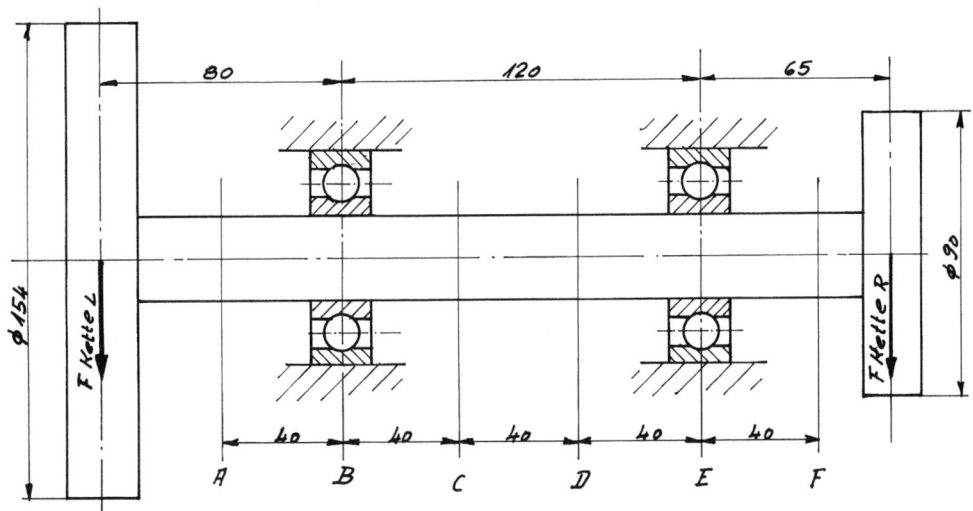

Zur weiteren Dimensionierung und konstruktiven Detaillierung soll die hier zunächst durchgehend zylindrisch skizzierte Welle als Welle gleicher Biegefestigkeit ausgelegt werden, wobei eine Biegespannung von σ_{bzul} = 90 N/mm² zugelassen werden kann. Der Einfachheit halber soll im Rahmen dieser Aufgabe der dazu erforderliche Wellendurchmesser nur an den Stellen A – F ermittelt werden. Tragen Sie Ihre Ergebnisse in das folgende Schema ein:

Stelle	A	B	C	D	E	F
Biegemoment M_b [Nm]						
Wellendurchmesser d [mm]						

A.1.30 Riemengetriebener Unwuchtantrieb

An unten skizzierter Welle ist eine Unwucht mit einer Masse von 1 kg auf einem Unwuchtradius von 0,2 m befestigt. Die Welle rotiert mit 1500 min^{-1}. Der Antrieb der Unwuchtwelle erfolgt über einen Riemen. Da der Riementrieb im Leerlauf betrieben wird, kann angenommen werden, daß Zugtrumkraft und Leertrumkraft gleich groß sind: $S_1 = S_2 = 500$ N.

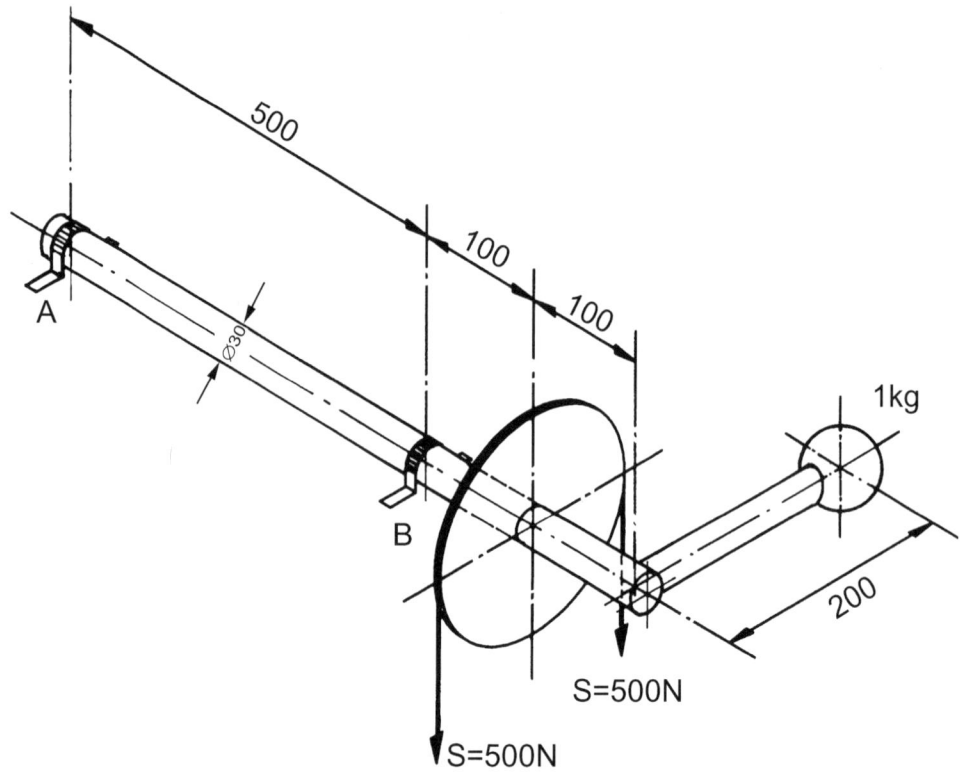

a) An welcher Stelle erfährt die Welle ihr größtes Biegemoment?

b) Berechnen Sie an dieser Stelle die statische Biegespannung!

c) Berechnen Sie an dieser Stelle die dynamische Biegespannung!

d) Stellen Sie diesen Betriebszustand maßstäblich im Smith-Diagramm dar!

A.1.31   Fliegend gelagertes Reibrad

Gegeben ist die unten skizzierte Getriebewelle, die am rechten Ende ein Reibrad trägt. Mit der Getriebewelle wird eine Leistung von 18 kW bei einer Drehzahl von 2960 min^{-1} übertragen. Der Reibwert an der Reibradpaarung beträgt 0,2.

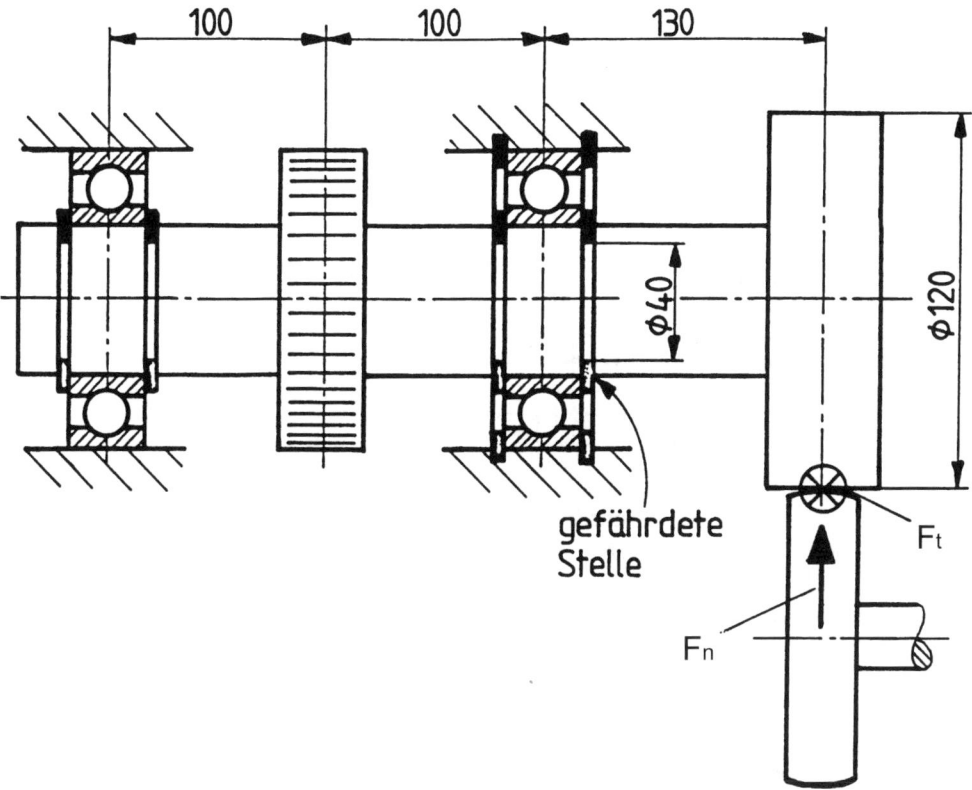

An der gekennzeichneten Stelle ist die statische und dynamische Vergleichsspannung zu ermitteln. Zur Sicherstellung von Zwischenergebnissen füllen Sie bitte die folgende Tabelle aus:

	statisch	dynamisch
L [N] =	σ_{ZDstat} [N/mm²] =	σ_{ZDdyn} [N/mm²] =
Q [N] =	τ_{Qstat} [N/mm²] =	τ_{Qdyn} [N/mm²] =
M_b [Nm] =	σ_{bstat} [N/mm²] =	σ_{bdyn} [N/mm²] =
M_t [Nm] =	τ_{tstat} [N/mm²] =	τ_{tdyn} [N/mm²] =
	σ_{vstat} [N/mm²] =	σ_{vdyn} [N/mm²] =

Wenn es nicht gelingt, die genauen Zahlenwerte zu ermitteln, so sollten Sie zu klären versuchen, ob die jeweilige Belastung auftritt (ja) oder nicht (nein).

A.1.32   Wellenbelastung im Reibradgetriebe

Gegeben ist das unten skizzierte Reibradgetrieb. Das Moment an der Getriebewelle beträgt 80 Nm. Für beide Reibradpaarungen beträgt die Reibzahl $\mu = 0{,}2$.

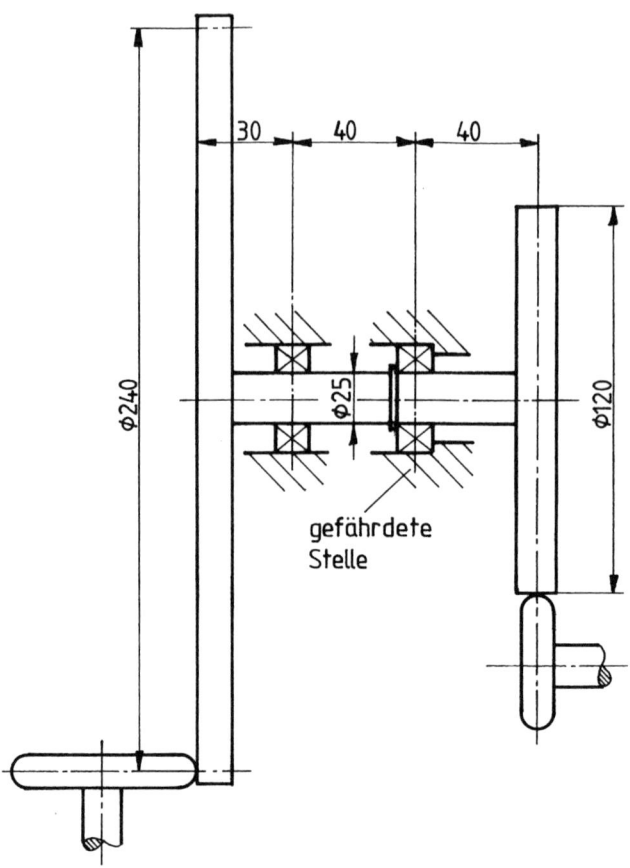

gefährdete
Stelle

An der gekennzeichneten Stelle ist die vorliegende Belastung zu ermitteln. Füllen Sie dazu folgendes Schema aus:

	statisch	dynamisch
L [N] =	σ_{ZDstat} [N/mm²] =	σ_{ZDdyn} [N/mm²] =
Q [N] =	τ_{Qstat} [N/mm²] =	τ_{Qdyn} [N/mm²] =
M_b [Nm] =	σ_{bstat} [N/mm²] =	σ_{bdyn} [N/mm²] =
M_t [Nm] =	τ_{tstat} [N/mm²] =	τ_{tdyn} [N/mm²] =
	σ_{vstat} [N/mm²] =	σ_{vdyn} [N/mm²] =

Wenn es nicht gelingt, die genauen Zahlenwerte zu ermitteln, so sollten Sie zu klären versuchen, ob die jeweilige Belastung auftritt (ja) oder nicht (nein).

A.1.33   Wellenbelastung Hubwerk

Gegeben ist das unten skizzierte Hubwerk (rechts), welches über ein Reibrad (links) ange-
trieben wird. Für die Reibradpaarungen beträgt die Reibzahl $\mu = 0{,}25$. Es wird der stationäre
Hubvorgang ohne Beschleunigungsvorgänge betrachtet.

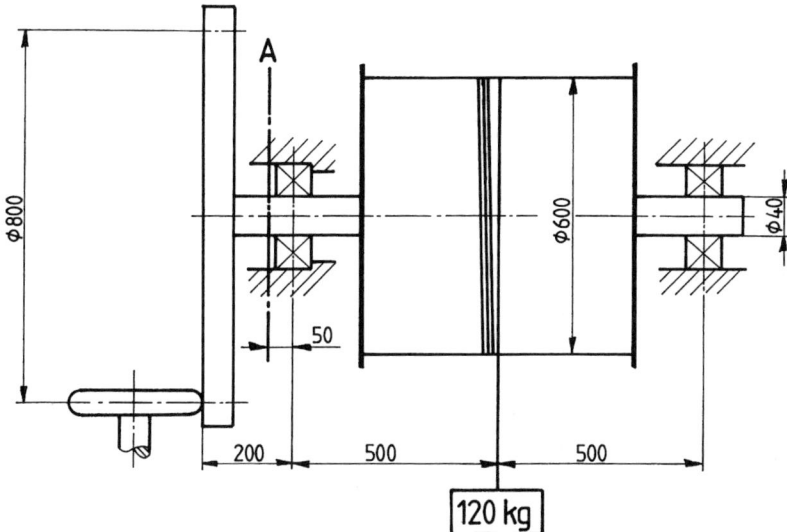

An der gekennzeichneten Stelle ist die vorliegende Belastung zu ermitteln. Füllen Sie dazu
folgendes Schema aus:

	statisch	dynamisch
L [N] =	σ_{ZDstat} [N/mm²] =	σ_{ZDdyn} [N/mm²] =
Q [N] =	τ_{Qstat} [N/mm²] =	τ_{Qdyn} [N/mm²] =
M_b [Nm] =	σ_{bstat} [N/mm²] =	σ_{bdyn} [N/mm²] =
M_t [Nm] =	τ_{tstat} [N/mm²] =	τ_{tdyn} [N/mm²] =
	σ_{vstat} [N/mm²] =	σ_{vdyn} [N/mm²] =

Wenn es nicht gelingt, die genauen Zahlenwerte zu ermitteln, so sollten Sie zu klären versuchen, ob die jeweilige Belastung auftritt (ja) oder nicht (nein).

A.1.34   Welle Kettentrieb

Gegeben ist der unten skizzierte Kettentrieb, mit dem ein Torsionsmoment von 150 Nm
übertragen werden soll. Die Kettenräder selber sind hier nur modellhaft mit ihrem Wirk-
durchmesser angedeutet und es kann angenommen werden, daß nur im Zugtrum der Kette
eine Kraft vorliegt, während der Leertrum ohne Belastung ist.

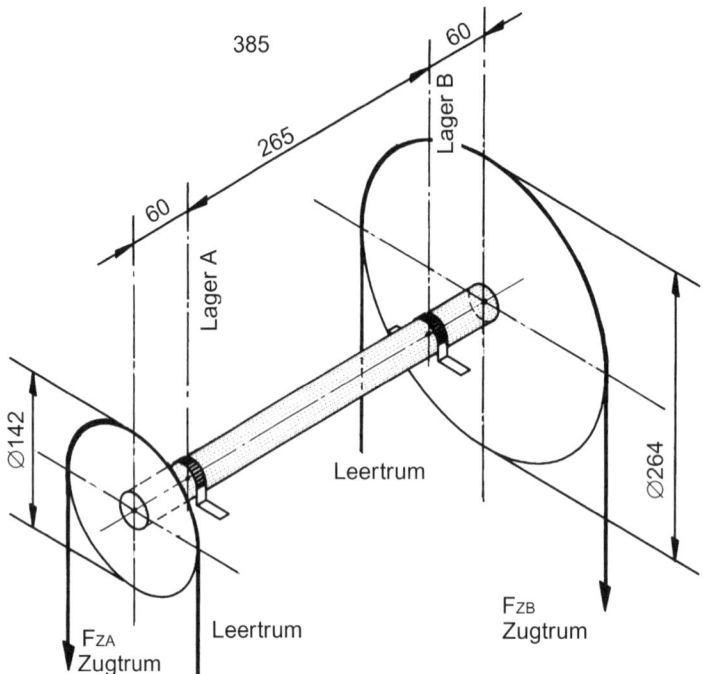

Die Welle hat einen konstanten Durchmesser von 24 mm. Die kritische Belastung ist an einer der beiden Lagerstellen zu erwarten. Versuchen Sie zunächst abzuklären, an welcher der beiden Lagerstellen A oder B die größere Belastung auftritt. Sollte Ihnen dies gelingen, so brauchen Sie nur das Schema für die kritische Stelle auszufüllen, andernfalls sind beide Schemata auszufüllen.

Stelle A	statisch	dynamisch
L [N] =	σ_{ZDstat} [N/mm²] =	σ_{ZDdyn} [N/mm²] =
Q [N] =	τ_{Qstat} [N/mm²] =	τ_{Qdyn} [N/mm²] =
M_b [Nm] =	σ_{bstat} [N/mm²] =	σ_{bdyn} [N/mm²] =
M_t [Nm] =	τ_{tstat} [N/mm²] =	τ_{tdyn} [N/mm²] =
	σ_{vstat} [N/mm²] =	σ_{vdyn} [N/mm²] =

Stelle B	statisch	dynamisch
L [N] =	σ_{ZDstat} [N/mm²] =	σ_{ZDdyn} [N/mm²] =
Q [N] =	τ_{Qstat} [N/mm²] =	τ_{Qdyn} [N/mm²] =
M_b [Nm] =	σ_{bstat} [N/mm²] =	σ_{bdyn} [N/mm²] =
M_t [Nm] =	τ_{tstat} [N/mm²] =	τ_{tdyn} [N/mm²] =
	σ_{vstat} [N/mm²] =	σ_{vdyn} [N/mm²] =

Wenn es nicht gelingt, die genauen Zahlenwerte zu ermitteln, so sollten Sie zu klären versuchen, ob die jeweilige Belastung auftritt (ja) oder nicht (nein).

Zeitfestigkeit – Dauerfestigkeit

A.1.35　　　Zugschwellfestigkeit

Eine Reihe von Probestäben wird auf Zugschwellfestigkeit untersucht.

Die Proben, die mit einer oberen Zugspannung von 500 N/mm² belastet werden, versagen im Mittel nach 2000 Lastwechseln.

Die Proben, die mit einer oberen Zugspannung von 250 N/mm² belastet werden, versagen im Mittel nach 500000 Lastwechseln.

Die Grenzlastspielzahl beträgt $2 * 10^6$.

a)　Stellen Sie diese beiden Versuchsergebnisse **maßstäblich** in einem Wöhlerdiagramm dar!

b)　Ermitteln Sie zeichnerisch die Zugschwelldauerfestigkeit dieser Proben!

A.1.36　　　Zugwechselfestigkeit

Eine Reihe polierter, gekerbter Probestäbe von 10 mm Durchmesser wird auf Zugwechselfestigkeit untersucht.

Die Proben, die mit einer Zugwechselspannung von 600 N/mm² belastet werden, versagen im Mittel nach 900 Lastwechseln.

Weiterhin ist bekannt, daß die Zugwechseldauerfestigkeit dieser Proben 150 N/mm² beträgt (Grenzlastspielzahl $2 * 10^6$).

a)　Stellen Sie diese beiden Sachverhalte **maßstäblich** in einem Wöhlerdiagramm dar!

b)　Nach welcher Lastspielzahl ist mit einem Versagen zu rechnen, wenn die Proben mit 350 N/mm² belastet werden?

c)　Die Zugwechseldauerfestigkeit der ungekerbten Probe beträgt 315 N/mm². Wie groß ist die Kerbwirkungszahl?

A.1.37   Biegewechselfestigkeit

Eine Reihe gekerbter Normproben ($b_G = b_0 = 1$) aus 20MnCr5 wird auf Biegewechselfestigkeit untersucht.

Die Proben, die mit $\sigma_b = 600$ N/mm² belastet werden, versagen im Mittel nach 5 000 Lastwechseln, die Proben, die mit $\sigma_b = 300$ N/mm² belastet werden, fallen im Mittel nach 10^6 Lastwechseln aus.

Die Grenzlastspielzahl beträgt $2 * 10^6$.

a)   Stellen Sie diese beiden Versuchsergebnisse **maßstäblich** in einem Wöhlerdiagramm dar.

b)   Ermitteln Sie zeichnerisch die Biegewechseldauerfestigkeit σ_{bWk} dieser gekerbten Proben.

c)   Wie groß ist die Kerbwirkungszahl β_k dieser Proben?

Dauerfestigkeitsnachweis

A.1.38   Smith-Diagramm

Gegeben ist ein Werkstoff mit $R_m = 1200$ N/mm². Weiterhin sind folgende Werkstoffkennwerte (alle in N/mm²) bekannt:

σ_{zS}	σ_{zSch}	σ_{zW}	σ_{bS}	σ_{bSch}	σ_{bW}	τ_{tS}	τ_{tSch}	τ_{tW}
700	700	400	1000	770	450	400	400	260

a)   Zeichnen Sie für diesen Werkstoff das maßstäbliche Dauerfestigkeitsschaubild für Biegung!

b)   Ist eine standardisierte Werkstoffprobe (⌀10 mm, poliert, ohne Kerbe) für $\sigma_u = 100$ N/mm² und $\kappa = 0,12$ noch dauerfest? Begründen Sie Ihre Antwort mit einer graphischen Konstruktion im Dauerfestigkeitsschaubild!

c)   Ist die gleiche Werkstoffprobe für $\sigma_{stat} = 200$ N/mm² und $\sigma_{dyn} = 100$ N/mm² dauerfest?

d)   Ist die gleiche Werkstoffprobe dauerfest, wenn der Probendurchmesser 20 mm beträgt?

e)   Ist die zuvor untersuchte Werkstoffprobe auch dann noch dauerfest, wenn ein Oberflächenbeiwert von $b_0 = 0,9$ und eine Kerbwirkungszahl von $\beta_k = 2,5$ zu berücksichtigen ist?

A.1.39   **Kettengetriebene Hubtrommel**

Die nachfolgende Skizze zeigt eine Hubtrommel mit Lagerung, deren Antrieb über eine Kette erfolgt.

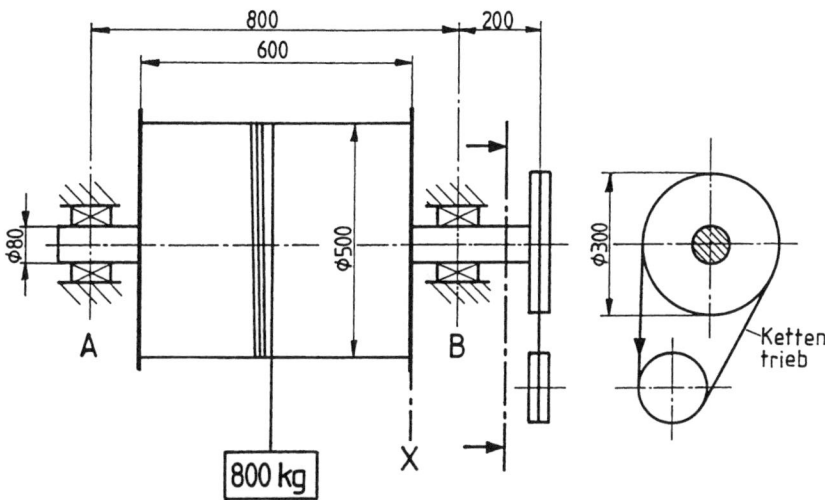

Es kann angenommen werden, daß der in der Seitenansicht wiedergegebene rechte Teil des Kettentriebes keinerlei Zugkräfte aufnimmt (Leertrum), der links angeordnete Zugtrum verläuft parallel zur Zeichenebene. Während eines Hubvorganges kann das Seil im allgemeinen Fall von einer beliebigen Stelle der Hubtrommel ablaufen. Die festigkeitsmäßig kritische Situation liegt jedoch dann vor, wenn sich das lastaufnehmende Seilende auf der rechten Seite der Seiltrommel bei der Stelle X befindet. Beschleunigungsvorgänge können in dieser Betrachtung vernachlässigt werden.

Ermitteln Sie sämtliche an der Stelle X vorliegenden Schnittreaktionen (Kräfte und Momente)! Berechnen Sie die an dieser Stelle vorliegenden Spannungen sowie die statischen und dynamischen Vergleichsspannungen. Bedienen Sie sich zur Dokumentation der Ergebnisse des folgenden Schemas.

	statisch	dynamisch
L [N] =	σ_{ZDstat} [N/mm²] =	σ_{ZDdyn} [N/mm²] =
Q [N] =	τ_{Qstat} [N/mm²] =	τ_{Qdyn} [N/mm²] =
M_b [Nm] =	σ_{bstat} [N/mm²] =	σ_{bdyn} [N/mm²] =
M_t [Nm] =	τ_{tstat} [N/mm²] =	τ_{tdyn} [N/mm²] =
	σ_{vstat} [N/mm²] =	σ_{vdyn} [N/mm²] =

Es wird der Stahl C45 verwendet, an der gefährdeten Stelle X ist die Oberfläche geschlichtet und die Kerbwirkungszahl β_k beträgt 1,8. Zeichnen Sie das dazugehörende Dauerfestigkeitsschaubild!

Wie groß ist die Sicherheit gegen Dauerbruch an dieser Stelle?

A.1.40   Kettenförderer

Gegeben ist die untenstehend skizzierte Antriebswelle eines Kettenförderer, die auf Dauerfestigkeit zu untersuchen ist. Der Kettenförderer besteht aus einer Endlosgliederkette, auf die einzelne becherförmige Behälter montiert sind. Es kann angenommen werden, daß diese Behälter in einem hier nicht dargestellten unteren Umkehrpunkt aufgefüllt und an der hier dargestellten obenliegenden Antriebswelle entleert werden.

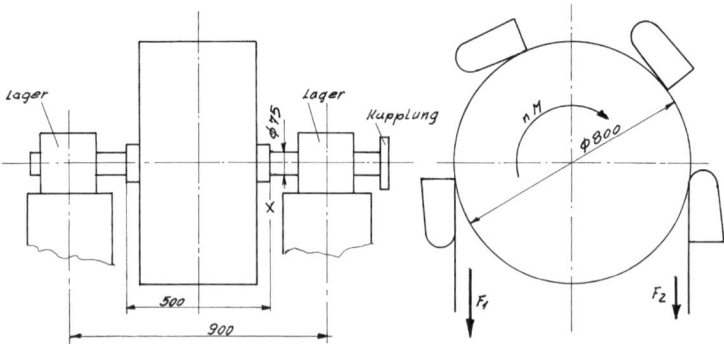

Das Gewicht der Förderkette mitsamt den Behältern beträgt 1,6 t, in die sich aufwärts bewegenden Behältern wird ein Fördergut mit einer Gesamtmasse von 240 kg eingefüllt. Die daraus für die Antriebswelle resultierenden Belastungen können als zeitlich konstant angenommen werden. Die Vorspannung der Förderkette ist ohne Einfluß auf die Festigkeitsbetrachtung. Der Antrieb wird von rechts quer- und längskraftfrei über eine Kupplung eingeleitet.

Der Dauerfestigkeitsnachweis ist an der mit X bezeichneten Stelle zu führen, an der eine Kerbwirkungszahl $\beta = 1,9$ vorliegt. Die Welle besteht aus Stahl 41Cr4 und ist geschlichtet.

Klären Sie zunächst die an dieser Stelle vorliegende Belastung anhand des folgenden Schemas:

	statisch	dynamisch
L [N] =	σ_{ZDstat} [N/mm²] =	σ_{ZDdyn} [N/mm²] =
Q [N] =	τ_{Qstat} [N/mm²] =	τ_{Qdyn} [N/mm²] =
M_b [Nm] =	σ_{bstat} [N/mm²] =	σ_{bdyn} [N/mm²] =
M_t [Nm] =	τ_{tstat} [N/mm²] =	τ_{tdyn} [N/mm²] =
	σ_{vstat} [N/mm²] =	σ_{vdyn} [N/mm²] =

a) Klären Sie anhand eines Dauerfestigkeitsschaubildes, ob die Welle dauerfest ist oder nicht.

b) Wie groß ist die Sicherheit gegen Dauerbruch, wenn angenommen werden kann, daß eine Überlastung durch eine Überfüllung der Transportbehälter herbeigeführt wird?

c) Zur Vermeidung des Überlastfalles wird die Kupplung als Sicherheitskupplung ausgeführt. Bei welchem Moment muß die Kupplung durchrutschen, damit eine Schädigung der Welle ausgeschlossen ist?

A.1.41   Trommelwelle Haushaltswaschmaschine

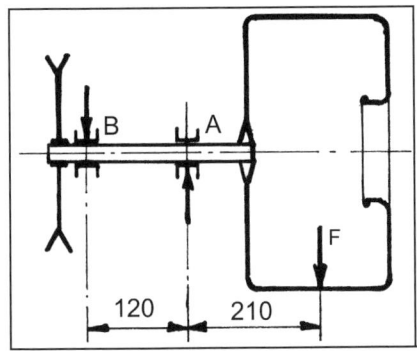

Die Trommel der nebenstehend skizzierten Haushaltswaschmaschine wird von der Frontseite (im Bild rechts) befüllt. Die Trommelwelle ist fliegend in zwei Rillenkugellagern gelagert. Am linken Ende der Trommelwelle ist die Riemenscheibe für den Antrieb befestigt.

Masse der Trommel: 5,5 kg

Masse des Füllgutes (nasse Wäsche): 6,5 kg

Unwuchtradius des Füllgutes: 130 mm

Die Trommelwelle soll bei Lager A auf Festigkeit untersucht werden. Dazu können folgende Annahmen getroffen werden:

- Der von der linken Seite eingeleitete Riemenzug ist vernachlässigbar klein.
- Querkrafteinflüsse brauchen nicht berücksichtigt zu werden.
- Beschleunigungsmomente spielen ebenfalls keine Rolle.
- Die Wirkungslinien der Massewirkungen können bei F angenommen werden.

Die größte Wellenbelastung tritt dann ein, wenn die Maschine mit 600 min^{-1} schleudert.

a) Berechnen Sie die dann vorliegenden Biegemomente, die die Welle statisch und dynamisch belasten.

b) An der kritischen Stelle A weist die Welle einen Durchmesser von 40 mm auf. Berechnen Sie die vorliegende statische und dynamische Spannung! Tragen Sie diesen Lastzustand in ein maßstäbliches Dauerfestigkeitsschaubild ein!

c) Der Wellenwerkstoff sei C45. Die Welle ist geschlichtet, ein Seegerringeinstich verursacht eine Kerbwirkung mit β_{kb} = 1,9. Ergänzen Sie Dauerfestigkeitsschaubild entsprechend!

d) Wie groß ist die Sicherheit gegen Dauerbruch, wenn eine Überlastung durch das Einfüllen einer größeren Wäschemenge herbeigeführt wird?

e) Wie groß ist die Sicherheit gegen Dauerbruch, wenn eine Überlastung durch eine überhöhte Schleuderdrehzahl herbeigeführt wird?

A.1.42   Radsatzlagerung Rangierlokomotive

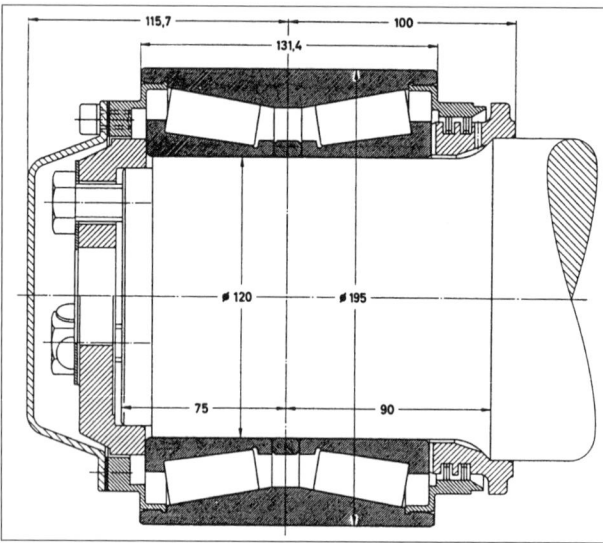

Die nebenstehende Skizze zeigt prinzipiell die „außengelagerte" Radsatzlagerung einer dieselhydraulischen Rangierlokomotive. Das Dienstgewicht der Lokomotive beträgt 45 t, welches sich gleichmäßig auf alle sechs Räder verteilt. Wegen der Fahrdynamik muß jedoch angenommen werden, daß die tatsächliche Belastung 30% über dem so errechneten Nennwert liegt.

Die nebenstehende Zeichnung gibt die wesentlichen konstruktiven Details einer solchen Lagerung wieder. Die Radsatzwelle soll im Bereich der Ausrundung des Wellenzapfens auf Dauerfestigkeit überprüft werden. An der nachzurechnenden Stelle ist die Oberfläche geschruppt und die Kerbwirkungszahl $\beta_k = 1,3$.

a) Prüfen Sie unter diesen vereinfachenden Annahmen nach, welche Sicherheit gegen Dauerbruch vorliegen würde, wenn die Welle aus St37 besteht.

b) Die geforderte Sicherheit beträgt S = 2,5. Suchen Sie aus den Tabellen S. 52-54 einen beliebigen Werkstoff aus, der diese Forderung möglichst knapp erfüllt (Überdimensionierung vermeiden).

A.1.43   Gurtförderer

Die untenstehende Skizze zeigt die Antriebstrommel eines Gurtförderers (Förderbandes):

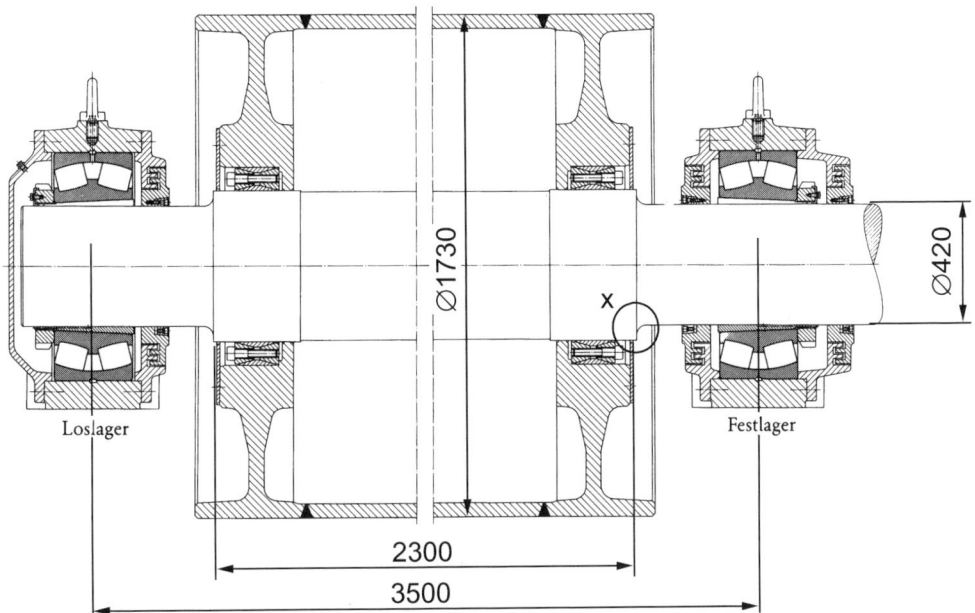

Durch den Zug des Förderbandes (Vorspannung und Betriebskraft) wird auf die Trommel eine zentrische Last von 272 kN ausgeübt. Die am rechten Wellenende eingebrachte Leistung beträgt 430 kW. Das Förderband wird mit einer Geschwindigkeit von 5,2 m/s bewegt.

An der Stelle X ist der Dauerfestigkeitsnachweis zu führen. Zur Sicherstellung von Zwischenergebnissen füllen Sie bitte die folgende Tabelle aus:

	statisch	dynamisch
L [N] =	σ_{ZDstat} [N/mm²] =	σ_{ZDdyn} [N/mm²] =
Q [N] =	τ_{Qstat} [N/mm²] =	τ_{Qdyn} [N/mm²] =
M_b [Nm] =	σ_{bstat} [N/mm²] =	σ_{bdyn} [N/mm²] =
M_t [Nm] =	τ_{tstat} [N/mm²] =	τ_{tdyn} [N/mm²] =
	σ_{vstat} [N/mm²] =	σ_{vdyn} [N/mm²] =

Der Wellenwerkstoff ist St37, die Kerbwirkungszahl beträgt β_{kb} = 1,3, die Oberfläche ist geschruppt.

a)   Ist die Welle dauerfest?

b)   Wie groß ist die Sicherheit gegenüber Dauerfestigkeit, wenn die Überlast dadurch herbeigeführt wird, daß bei konstanter Vorspannung des Fördergurtes dem Antriebsmotor zunehmend mehr Leistung abverlangt wird?

A.1.44   Tretlagerwelle Fahrrad

Die nachstehend skizzierte Tretlagerwelle eines Fahrrades soll an der Stelle X auf Dauerfestigkeit untersucht werden.

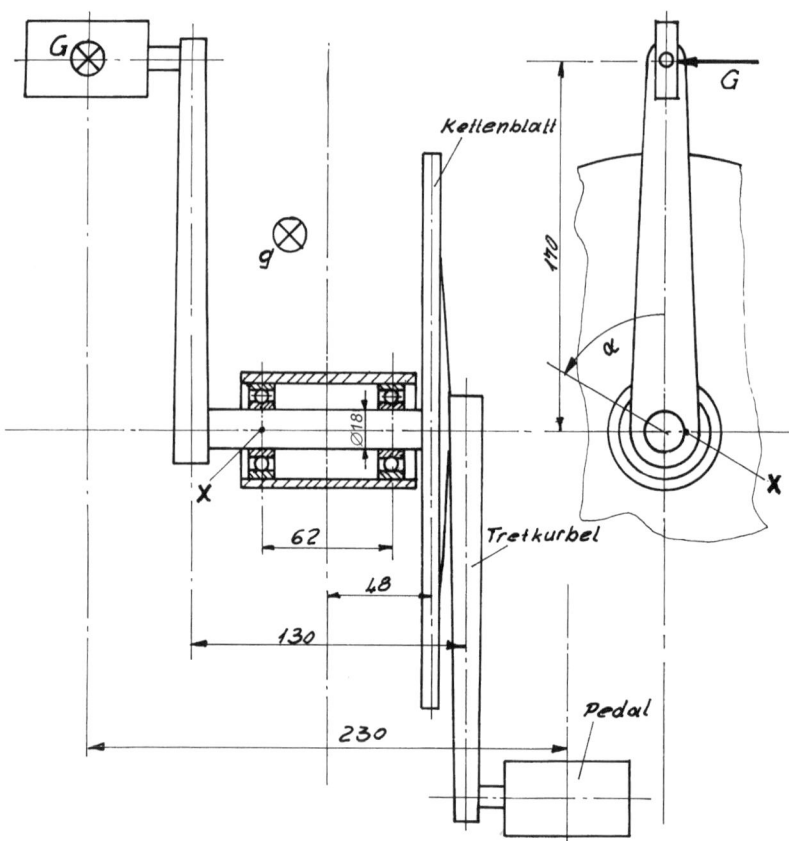

Dabei können folgende Annahmen getroffen werden:

Wellenwerkstoff	C15
Oberflächenbeiwert	$b_o = 0{,}9$
Kerbwirkungszahl	$\beta_{kb} = 1{,}4$

Das Pedal mit den oben angegebenen Hebellängen wird nur während des Heruntertretens mit dem Gewicht des Fahrers (maximal 90 kg) belastet, während der Aufwärtsbewegung jedoch völlig entlastet. Zur Lösung dieser Aufgabe gehen Sie bitte folgendermaßen vor:

Die festigkeitsmäßig gefährdete Stelle X liegt um 90° versetzt zum Kurbelarm, weil dort neben der auf dem gesamten Umfang vorliegenden Torsion die maximale Biegung auftritt. Tragen Sie für diesen Punkt X qualitativ den Verlauf der Torsions- und Biegespannung über dem Stellungswinkel α der Kurbel auf. Benutzen Sie dazu das folgende Diagramm:

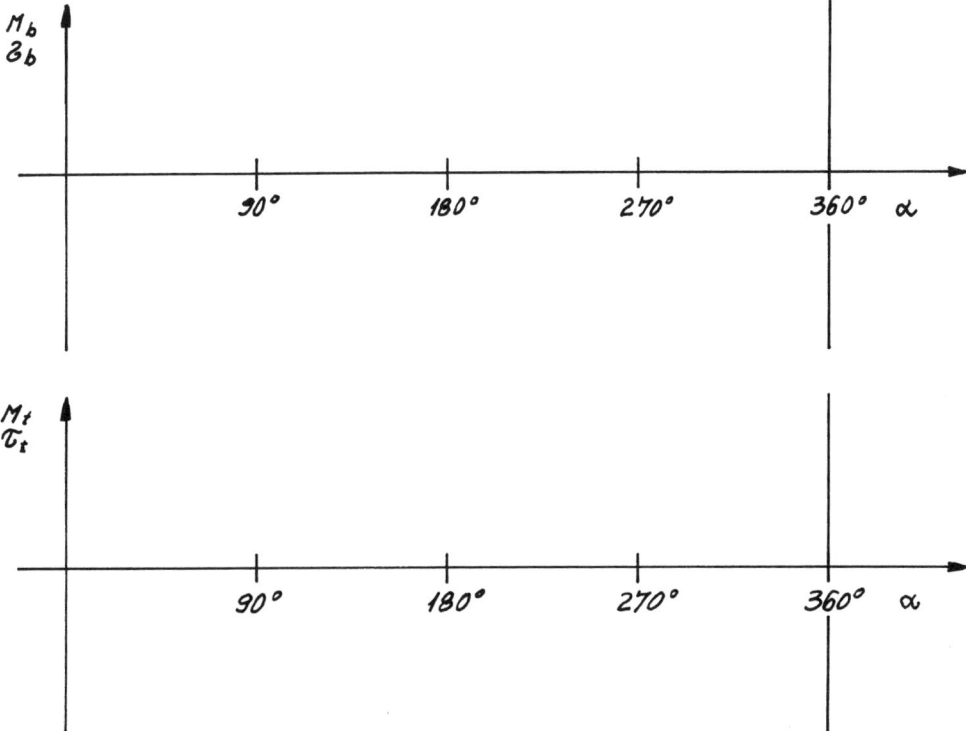

Berechnen Sie den statischen und dynamischen Anteil von Torsions- und Biegespannung (der statische Anteil ist das arithmetische Mittel von Maximal- und Minimalbelastung). Querkrafteinflüsse sind zu vernachlässigen. Ermitteln Sie die statische und dynamische Vergleichsspannungen. Orientieren Sie sich dabei an folgendem Schema:

	statisch	dynamisch
M_b [Nm] = M_t [Nm] =	σ_{bstat} [N/mm²] = τ_{tstat} [N/mm²] = σ_{vstat} [N/mm²] =	σ_{bdyn} [N/mm²] = τ_{tdyn} [N/mm²] = σ_{vdyn} [N/mm²] =

Wie groß ist die Sicherheit gegenüber Dauerbruch?

A.1.45   Triebzapfen Dampflokomotive

Gegeben ist das unten skizzierte Triebwerk einer Dampflokomotive mit den folgenden Daten:

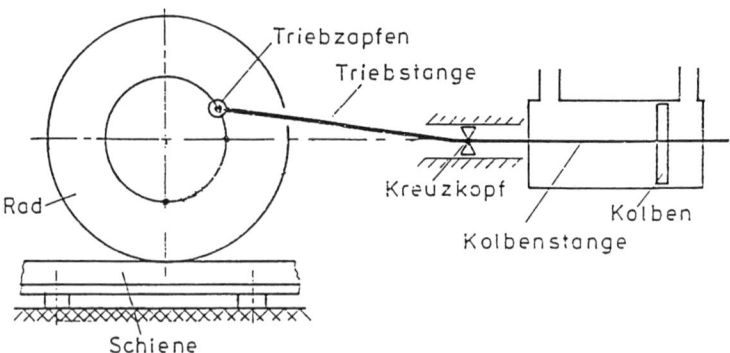

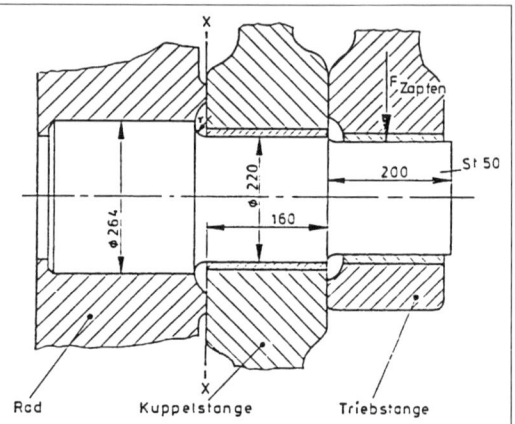

Kolbendurchmesser: D_K =590 mm

Kolbenstangendurchmesser: D_S = 95 mm

Dampfüberdruck: p_{Dampf} = 14 bar

Der Triebzapfen ist entsprechend der nebenstehenden Skizze in das Rad eingepreßt, wobei zu berücksichtigen ist, daß zwischen Triebstange und Rad so viel Platz gelassen werden muß, daß eine sog. Kuppelstange angebracht werden kann, mit der die Antriebswirkung auf weitere Räder übertragen wird.

Für den Dauerfestigkeitsnachweis des Triebzapfens können vereinfachend folgende Annahmen getroffen werden:

- Unmittelbar vor dem rechten bzw. linken Totpunkt wirkt die maximale Triebstangenkraft von der einen und unmittelbar nach dem Totpunkt von der anderen Seite, wobei jeweils der volle Dampfdruck anliegt.

- Die Kraftwirkung der Kuppelstange wird sicherheitshalber vernachlässigt.

- Der Triebzapfen ist feingeschlichtet.

- Die Kerbwirkungszahl an der Einspannstelle kann mit β_{kb} = 1,3 angenommen werden.

An der Stelle X ist der Dauerfestigkeitsnachweis zu führen. Zur Sicherstellung von Zwischenergebnissen füllen Sie bitte die folgende Tabelle aus:

	statisch	dynamisch
L [N] =	σ_{ZDstat} [N/mm²] =	σ_{ZDdyn} [N/mm²] =
Q [N] =	τ_{Qstat} [N/mm²] =	τ_{Qdyn} [N/mm²] =
M_b [Nm] =	σ_{bstat} [N/mm²] =	σ_{bdyn} [N/mm²] =
M_t [Nm] =	τ_{tstat} [N/mm²] =	τ_{tdyn} [N/mm²] =
	σ_{vstat} [N/mm²] =	σ_{vdyn} [N/mm²] =

Wie hoch ist die Sicherheit S gegen Dauerbruch?

Knickung

A.1.46   Dreibeiniger Tisch

Ein dreibeiniges, tischförmiges Gebilde wird zentrisch mit einer Kraft belastet. Die Tischplatte ist in Form eines gleichseitigen Dreiecks ausgeführt. Die drei Tischbeine sollen entweder mit einem Stangenprofil kreisrunden Querschnitts (links) oder mit einem Rohr (rechts) bestückt werden. In dieser vergleichenden Gegenüberstellung sollen beide Querschnitte gleichen Flächeninhalt aufweisen (gleiches Konstruktionsgewicht). Beide Profile sind aus St37 gefertigt. Die Tischbeine sind in der Tischplatte fest eingespannt. Reibkrafteinflüsse zwischen Tischbein und Untergrund werden sicherheitshalber vernachlässigt. Bei den drei unten aufgeführten Tischbeinlängen soll die zulässige Gesamttischbelastung F_{geszul} (jeweils letzte Zeile) ermittelt werden. Zur Dokumentierung Ihrer Ergebnisse bedienen Sie sich zweckmäßigerweise des untenstehenden Schemas.

Tisch-bein-länge 300 mm	freie Knicklänge s [mm] = Flächenmoment I_{ax} [mm^4] = Schlankheitsgrad λ = O elastische oder O plastische Knickung ? Knickspannung σ_K [N/mm²] = zulässige Tischbelastung F_{geszul} [N] =	freie Knicklänge s [mm] = Flächenmoment I_{ax} [mm^4] = Schlankheitsgrad λ = O elastische oder O plastische Knickung ? Knickspannung σ_K [N/mm²] = zulässige Tischbelastung F_{geszul} [N] =
Tisch-beinlänge 800 mm	freie Knicklänge s [mm] = Flächenmoment I_{ax} [mm^4] = Schlankheitsgrad λ = O elastische oder O plastische Knickung ? Knickspannung σ_K [N/mm²] = zulässige Tischbelastung F_{geszul} [N] =	freie Knicklänge s [mm] = Flächenmoment I_{ax} [mm^4] = Schlankheitsgrad λ = O elastische oder O plastische Knickung ? Knickspannung σ_K [N/mm²] = zulässige Tischbelastung F_{geszul} [N] =
Tisch-beinlänge 2000 mm	freie Knicklänge s [mm] = Flächenmoment I_{ax} [mm^4] = Schlankheitsgrad λ = O elastische oder O plastische Knickung ? Knickspannung σ_K [N/mm²] = zulässige Tischbelastung F_{geszul} [N] =	freie Knicklänge s [mm] = Flächenmoment I_{ax} [mm^4] = Schlankheitsgrad λ = O elastische oder O plastische Knickung ? Knickspannung σ_K [N/mm²] = zulässige Tischbelastung F_{geszul} [N] =

A.1.47   Triebwerk Dampflokomotive

Der Dampfdruck einer Güterzugdampflokomotive wird gemäß der untenstehenden Skizze ausgehend vom Kolben auf die Kolbenstange und dann über den Kreuzkopf und die sogenannte Treibstange auf die Antriebsräder übertragen. Massenkräfte bleiben unberücksichtigt.

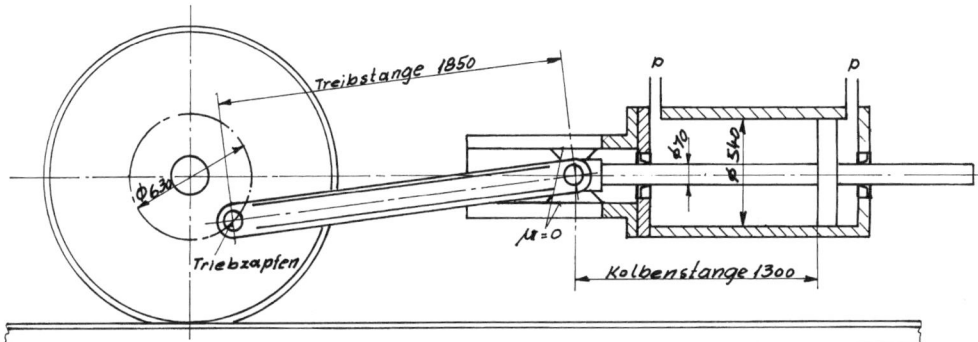

Sowohl die Kolbenstange als auch die Treibstange sind knickgefährdet. Sicherheitshalber wird angenommen, daß ein Dampfdruck von 12 bar in jeder beliebigen Kolbenstellung wirksam werden kann. Unter dieser Voraussetzung ist die Knickunggefährdung dann besonders kritisch, wenn sich die Kolbenstange im linken Totpunkt befindet, weil in dieser Stellung die Knicklänge am größten ist. Die Kolbenstange wird zwar durch den Kolben und die Dichtungen geführt, da diese Abstützung jedoch nicht eindeutig geklärt werden kann, soll sicherheitshalber angenommen werden, daß die Kolbenstange am Kolben gelenkig angebunden ist.

a) Wie groß ist die Längskraft, mit der die beiden Stangen im kritischen Fall auf Knickung beansprucht werden?

Längskraft F_L [kN]	

b) Die folgende Skizze gibt den Querschnitt von Kolbenstange und Treibstange an.

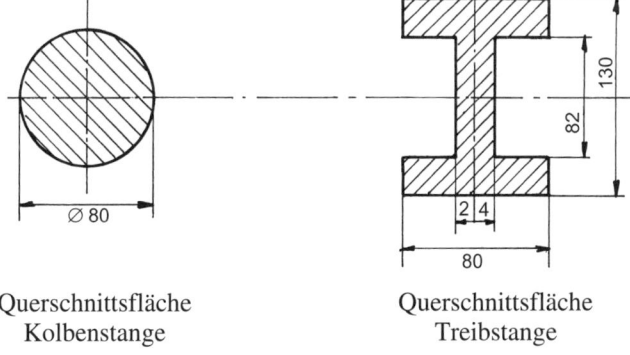

Querschnittsfläche   Querschnittsfläche
Kolbenstange   Treibstange

Berechnen Sie alle weiteren geometrischen Größen zur Beschreibung des Knickverhaltens, wobei Sie sich zweckmäßigerweise der untenstehenden Tabelle bedienen:

	Querschnitt-fläche A [mm²]	min. Flächenträg-heitsmoment I_{ax} [mm^4]	Trägheits-radius i [mm]	Schlankheits-grad λ [-]
Kolbenstange				
Treibstange				

c. Sowohl Kolben- als auch Treibstange bestehen aus St60. Welche Sicherheit gegen Aus-knicken liegt vor? Orientieren Sie sich bei der Berechnung zweckmäßigerweise an unten-stehendem Schema.

	Knickung ela-stisch oder plastisch?	Nennspannung [N/mm²]	Knickspannung [N/mm²]	Knick-sicherheit
Kolbenstange	O elastisch O plastisch			
Treibstange	O elastisch O plastisch			

2 Federn und weitere Bauteilverformungen

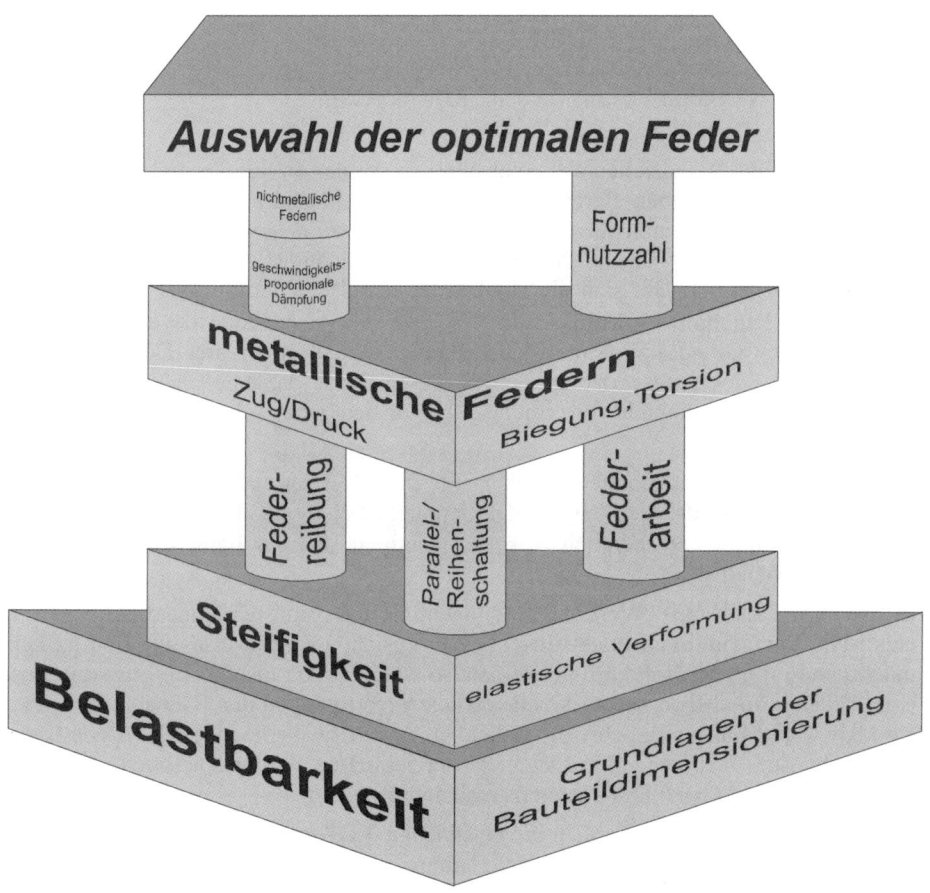

Bild 2.1: Aufbau von Kapitel 2 (s. Einleitung).

Bereits aus der Werkstoffkunde, der Festigkeitslehre und aus den „Grundlagen der Dimensionierung metallischer Bauteile" (Kap. 1) ist das Spannungs-Dehnungs-Diagramm bekannt,

welches die Spannung σ über der relativen Verformung ε = ΔL / L beschreibt (linke Bildhälfte):

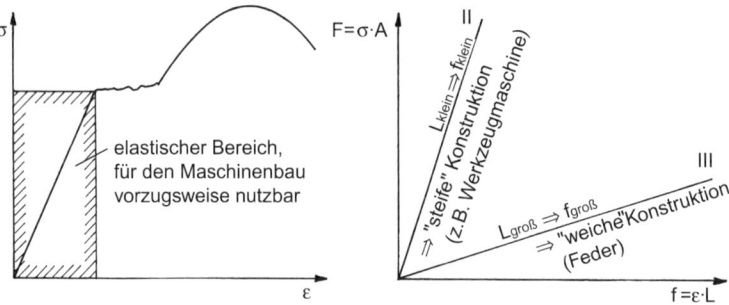

Bild 2.2: Elastische Werkstoffdeformation als Grundlage für Federn.

Wenn man von einigen speziellen Fällen absieht, so werden in der Technik Anwendungen
angestrebt, die im elastischen Bereich verbleiben, weil plastische Verformungen in aller
Regel die Funktion des Bauteils beeinträchtigt und meist zu dessen Zerstörung führt. Während die linke Darstellung das Werkstoffverhalten unabhängig von seinen konstruktiven
Abmessungen wiedergibt, läßt sich die Hookesche Gerade für ein konkret dimensioniertes
Bauteil auch als Funktion der Kraft F = σ * A über der Auslenkung f = ε * L darstellen
(rechte Bildhälfte). Grundsätzlich muß jedes Bauteil als deformierbarer Körper angesehen
werden, dessen Verformungsverhalten sich in dieser Weise darstellen läßt. Bezüglich der
spannungs- bzw. kraftbedingten Verformungen lassen sich ganz grob drei Bereiche differenzieren:

I.   In den im Kapitel 1 betrachteten Fällen spielte die Höhe der **elastischen Verformungen
     keine besondere Rolle,** die Steigung der Geraden ist also ohne Bedeutung für die Funk-
     tion des Bauteils. Es ist lediglich zu berücksichtigen, daß das Bauteil den auftretenden
     Belastungen standhält.

II. In manchen Fällen (z.B. Werkzeugmaschinenbau, Präzisionsmaschinenbau) sind selbst
     elastische Verformungen unerwünscht. Würde sich beispielsweise eine Bohrmaschine
     unter dem Einfluß der Bohrkraft verformen, so wäre das Arbeitsergebnis ungenau. In sol-
     chen Fällen wird also versucht, die elastischen Verformungen durch entsprechende kon-
     struktive Maßnahmen möglichst zu vermeiden, es wird also eine möglichst **steile Gerade**
     angestrebt. Dies läßt sich im vorliegenden modellhaften Fall beispielsweise durch eine
     möglichst geringe Länge L des Bauteils realisieren.

III. In wiederum anderen Fällen sollen die **elastischen Verformungen möglichst groß** sein,
     die **Gerade** soll also **möglichst flach** verlaufen. Dies läßt sich im vorliegenden modell-
     haften Fall beispielsweise durch eine möglichst große Länge L des Bauteils verwirkli-
     chen. Wird dieses Ziel durch diese oder andere konstruktive Maßnahmen besonders ge-
     fördert, so ist das Bauteil eine Feder.

Federn finden in der Technik vielfältige Anwendungen. Die folgende Auflistung versucht
eine Systematisierung und gibt dabei einige Beispiele an:

- Sollen Kräfte gemessen werden, so läßt sich deren Betrag unter Ausnutzung der Federwirkung einfach als Strecke ablesen (z.B. Federwaage).

- Soll andererseits eine definierte Kraft aufgebracht werden, so kann der gleiche Sachverhalt in umgekehrter Weise ausgenutzt werden (z.B. Kupplungseinrückkraft, Ventilkraft, beim Drehmomentenschlüssel wird dieser Sachverhalt rotatorisch ausgenutzt).

- Soll eine Last bei statischer Überbestimmtheit übertragen werden, so läßt sich durch Anbringung federnder Zwischenelemente die Lastverteilung gezielt optimieren. (Beispiel: Ein vierbeiniger Tisch würde auf unebenem Untergrund die Last nur auf drei Beinen abstützen können. Würden die vier Tischbeine jedoch mit sehr nachgiebigen Federn ausgestattet werden, so könnte alle vier Tischbeine zur Lastübertragung herangezogen werden.)

- Wenn es darum geht, zerstörerische Energien „unschädlich" zu machen, so kann die überschüssige Energie von einer Feder aufgenommen werden (z.B. Pufferfeder).

- Weiterhin sind bestimmte Federn auch in der Lage, die in ihnen gespeicherte Energie zu einem anderen Zeitpunkt wieder abzugeben und übernehmen dabei die Funktion eines Energiespeichers (z.B. Uhrfeder, Federmotor eines Spielzeuges, Luftgewehr).

- Durch gezielte Kopplung von Federn und Massen entstehen schwingungsfähige Systeme mit definierten Schwingfrequenzen (z.B. Rüttler, Schwingsiebe, Förderer).

Da grundsätzlich jedes reale Bauteil als deformierbarer Körper betrachtet werden muß, treffen die folgenden Ausführungen also nicht nur für Federn zu, sondern sind in möglicherweise modifizierter Form auch für alle anderen elastischen Verformungsanalysen anwendbar. Beispielsweise muß auch die Schraube (Kap. 4) als (sehr steife) Zugfeder betrachtet werden, wenn die Belastung der Schraube geklärt werden soll.

2.1   Grundbegriffe

2.1.1   Federsteifigkeit

Ungeachtet ihrer speziellen Bauform ist die oben bereits betrachtete Steigung der Hookeschen Geraden die wichtigste Kenngröße der Feder. Sie wird Steifigkeit c genannt und ist in Falle eines linearen Verlaufs definiert als

$$c = \frac{F}{f} \qquad \text{Federsteifigkeit}$$

Die Steifigkeit c gibt also eine einfache Beziehung zwischen der an der Feder angreifenden Kraft F und der dabei auftretenden Verformung f an und lehnt sich in dieser Definition an den aus der Werkstoffkunde bekannten Zusammenhang $E = \sigma / \varepsilon$ an. In älteren Publikationen wird die Steifigkeit c auch als „Federrate R" bezeichnet. Zuweilen ist es vorteilhafter, diesen Zusammenhang als „Nachgiebigkeit" δ auszudrücken, die dem Kehrwert der Steifigkeit entspricht:

$$\delta = \frac{f}{F} \qquad \text{Federnachgiebigkeit}$$

Das Verformungsverhalten und damit die Steifigkeit einer Feder wird von folgenden Parametern beeinflußt:

- Federwerkstoff

- Konstruktive Abmessungen

- Art der Belastung der Feder

Wie die Betrachtung des Spannungs-Dehnungs-Diagramms bereits andeutet, drückt sich der werkstoffspezifische Einfluß durch den Elastizitätsmodul E (bei Normalspannungsbelastung) und durch den Schubmodul G (bei Schubspannungsbelastung) aus. Die folgende Tabelle ordnet diese Materialkonstanten für die wichtigsten Federwerkstoffe nach steigender Verformungswilligkeit, also fallendem Elastizitätsmodul:

Werkstoff	E [N/mm²]	G [N/mm²]
Federstahldraht (patentiert gezogen) DIN 17223 T1	206 000	81 500
Stähle nach DIN 17221	206 000	78 500
Federstahldraht (unlegiert) DIN 17223 T2 (FD und VD)	200 000	79 500
Nichtrostende Stähle DIN 17224 X7CrNiAl177	195 000	73 000
Nichtrostende Stähle DIN 17224 X12CrNi177	185 000	70 000
Nichtrostende Stähle DIN 17224 X5CrNiMo1810	180 000	68 000
Kupfer-Kobalt-Beryllium-Leg. CuCoBe nach DIN 17682	130 000	48 000
Kupfer-Beryllium-Leg. CuBe2 nach DIN 17682	120 000	47 000
Zinnbronze CuSn6F95 nach DIN 17682 federhart gezogen	115 000	42 000
Kupfer-Zink-Leg. CuZn 36 F70 DIN 17682 federhart gezogen	110 000	39 000

2.1.1.1   Steifigkeit einer Modellfeder

Um einen Überblick über die beiden anderen Einflußgrößen zu gewinnen, wird in der folgenden modellhaften Betrachtung ein zylindrischer Körper drei verschiedenen Belastungen ausgesetzt, wobei versucht wird, die dabei auftretende Steifigkeit durch eine Gleichung zu beschreiben:

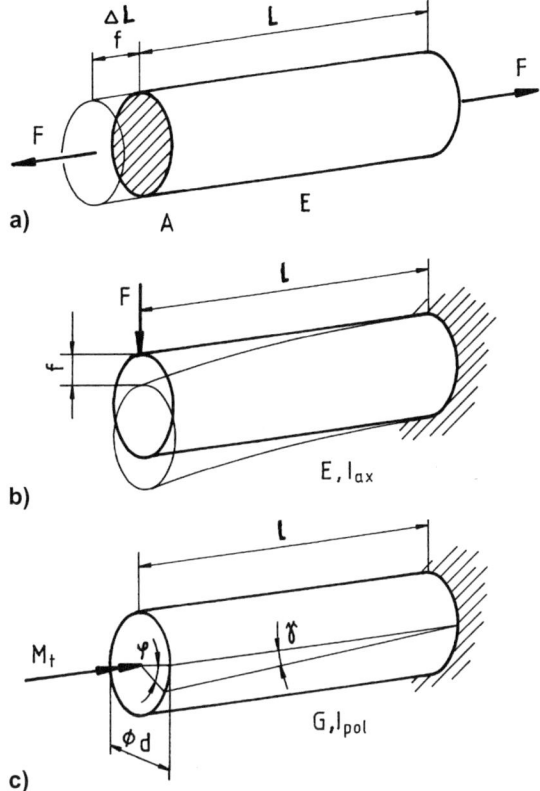

Bild 2.3: Zylinder als **a)** Zug-, **b)** Biege- und **c)** Torsionsfeder.

Zugsteifigkeit

Zunächst wird der bereits eingangs erwähnte Fall betrachtet, daß dieser zylindrische Körper auf Zug beansprucht wird und demzufolge als **Zugfeder** zu dimensionieren ist. Seine diesbezügliche Zugsteifigkeit c_z läßt sich rechnerisch beschreiben, wenn man zunächst $\sigma = E * \varepsilon$ ansetzt. Die Spannung wird durch $\sigma = F / A$ und die Dehnung durch $\varepsilon = \Delta L / L$ ersetzt:

$$\frac{F}{A} = E * \frac{\Delta L}{L}$$

Die Längenänderung ΔL steht hier für den Federweg f. Durch Umstellen der Gleichung gewinnt man

$$\frac{F}{f} = E * \frac{A}{L}$$

Da der auf der linken Gleichungsseite stehende Quotient F/f definitionsgemäß die Steifigkeit c_Z ist, läßt sich durch diese Gleichung die Steifigkeit explizit beschreiben:

$$c_Z = E * \frac{A}{L}$$

Setzt man für E, A und L realistische Zahlenwerte ein, so wird man feststellen, daß eine solche stabförmige Zugfeder sehr hart ist. Die Querschnittsfläche A kann nicht beliebig reduziert werden, da sonst zulässige Spannungen überschritten werden. Die Feder wird also sehr lang und ist deshalb konstruktiv schlecht anzuordnen. Aus diesem Grunde werden häufig modifizierte Bauformen angewendet (s. Bild 2.9, S. 140).

Biegesteifigkeit
In einer zweiten Betrachtung wird der gleiche zylindrische Körper auf **Biegung** belastet. Die Kraft F verursacht in diesem Fall eine Verformung f senkrecht zur Balkenachse. Nach der elementaren Festigkeitslehre läßt sich die Durchbiegung f eines einseitig eingespannten Balkens der Länge L beschreiben durch

$$f = \frac{L^3}{3 * I_{ax} * E} * F$$

Durch Umstellung ergibt sich die Biegesteifigkeit c_B zu

$$c_B = \frac{F}{f} = E * \frac{3 * I_{ax}}{L^3}$$

Torsionssteifigkeit
Der gleiche zylindrische Körper kann auch auf **Torsion** belastet werden. Während die o.g. Beziehungen für „translatorische" Federn verwendet werden (translatorische Kraft ruft translatorische Verformung hervor), liegt hier eine Torsionsfeder vor (die rotatorische Belastung in Form eines Torsionsmomentes M_t ruft eine rotatorische Verformung in Form eines Verdrehwinkels φ hervor). In diesem Fall ist die Federsteifigkeit als Verdrehsteifigkeit c_t definiert zu:

$$c_T = \frac{M_t}{\varphi}$$

Zur rechnerischen Beschreibung der Torsionssteifigkeit mit Werkstoff- und Konstruktionsdaten lassen sich die beiden folgenden Gleichungen der elementaren Festigkeitslehre formulieren und untereinander gleichsetzen:

$$\tau = \frac{M_t}{W_{pol}} \qquad\qquad \tau = G * \gamma \qquad \Rightarrow \qquad \frac{M_t}{W_{pol}} = G * \gamma$$

Weiterhin läßt sich nach der obigen Skizze zwischen dem Verdrehwinkel φ und dem Scher-winkel γ folgende geometrische Beziehung formulieren:

$$\gamma * L = \varphi * \frac{d}{2} \quad \Rightarrow \quad \gamma = \frac{\varphi * d}{2 * L}$$

Durch Einsetzen dieses Ausdrucks in die vorstehende Gleichung erhält man:

$$\frac{M_t}{W_{pol}} = G * \frac{\varphi * d}{2 * L}$$

Durch Umstellen der Gleichung wird die Torsionssteifigkeit c_T explizit ausgedrückt:

$$\frac{M_t}{\varphi} = G * \frac{W_{pol} * d}{2 * L}$$

Setzt man nun noch für $W_{pol} = 2 * I_{pol} / d$ ein, so vereinfacht sich der Ausdruck zu:

$$c_T = \frac{M_t}{\varphi} = G * \frac{I_{pol}}{L}$$

Bei Benutzung dieser Gleichung ist allerdings stets zu berücksichtigen, daß der Winkel φ in Bogenmaß einzusetzen ist. Daraus ergibt sich die Dimension der Torsionssteifigkeit c_T in [Nm].

2.1.1.2   Steifigkeitskennlinie

Die obige Grundsatzbetrachtung ging davon aus, daß zwischen Kraft und Verformung ein linearer Zusammenhang besteht, was für viele technischen, besonders für die metallischen Federn auch tatsächlich zutrifft und eine lineare Steifigkeitskennlinie zur Folge hat. In die-sem Fall läßt sich die Steifigkeit durch einen einzigen Zahlenwert angeben. Der allgemeine Fall liegt jedoch dann vor, wenn der Zusammenhang zwischen Kraft und Verformung nicht linear ist. Man spricht dann von einer „degressiven" oder von einer „progressiven" Kennli-nie.

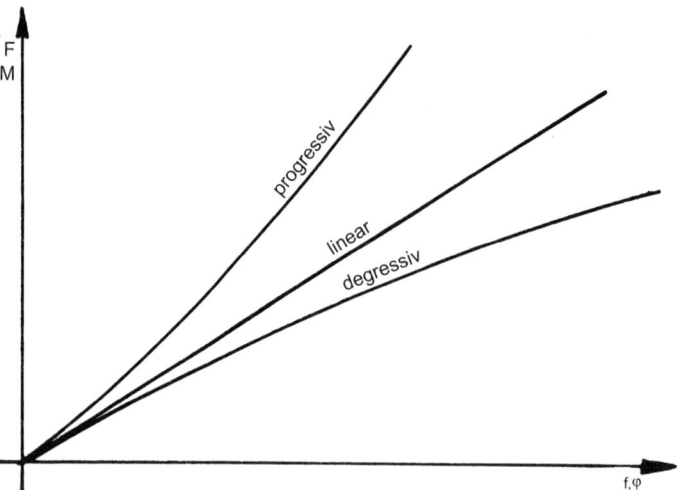

Bild 2.4: Steifigkeitskennlinien.

Im Falle einer nicht-linearen Kennlinie läßt sich die Steifigkeit nicht durch einen einzigen Zahlenwert angeben, sondern hier wird in der Regel die Steifigkeit durch einen entsprechenden Kurvenzug wiedergegeben. Die Formulierung der Steifigkeit muß dann punktweise bzw. differenziell erfolgen:

$$c = \frac{\Delta F}{\Delta f} = \frac{dF}{df}$$

In den meisten Fällen werden solche Federkennlinien durch ein graphisches Diagramm beschrieben. Nur selten gelingt es, die nichtlineare Steifigkeit mit vernünftigem Aufwand in Form einer mathematischen Funktion geschlossen darzustellen.

2.1.1.3   Zusammenschalten mehrerer Federn

In vielen Fällen wird eine Feder nicht einzeln eingesetzt, sondern mit anderen Federn kombiniert. Dabei ist man vor allen Dingen bemüht, das Verformungsverhalten der ganzen Federkombination durch eine Gesamtsteifigkeit c_{ges} auszudrücken. Dabei gibt es grundsätzlich nur zwei verschiedene Anordnungsmöglichkeiten. In den folgenden Darstellungen wird die einzelne Feder symbolisch als Schraubenfeder dargestellt, es kommen allerdings sämtliche Federbauformen in Frage.

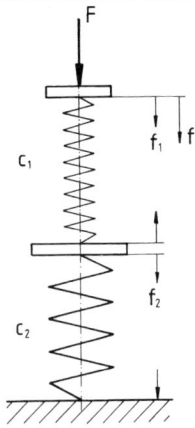

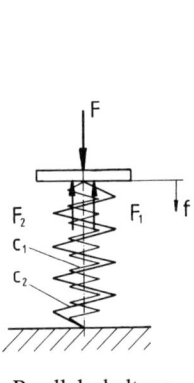

Parallelschaltung

Hintereinanderschaltung

Kennzeichnend für die Parallelschaltung ist der Umstand, daß sich die Gesamtkraft F auf mehrere Federn aufteilt und daß die Federwege gleich sind:

$$F = F_1 + F_2 \quad \text{und} \quad f_1 = f_2 = f$$

Versucht man, für die Kombination dieser beiden Federn c_1 und c_2 eine Gesamtsteifigkeit c_{PS} zu formulieren, so muß angesetzt werden:

$$c_{PS} = \frac{F}{f} = \frac{F_1 + F_2}{f} = \frac{F_1}{f} + \frac{F_2}{f}$$

$$c_{PS} = c_1 + c_2$$

Die Gesamtsteifigkeit ergibt sich also denkbar einfach aus der Summe der Einzelsteifigkeiten. Dieser Zusammenhang gilt natürlich auch dann, wenn die einzelnen Steifigkeiten unterschiedliche Größe haben. Es können auch weitere Federn parallel geschaltet werden, die Gesamtsteifigkeit ergibt sich stets als Summe der Einzelsteifigkeiten von n Federn.

Bei einer Hintereinanderschaltung addieren sich die Federwege, während die Federkräfte gleich groß sind:

$$f_{ges} = f_1 + f_2 \quad \text{und} \quad F = F_1 = F_2$$

Die gesuchte Gesamtsteifigkeit c_{HS} formuliert sich zu:

$$c_{HS} = \frac{F}{f_{ges}} = \frac{F}{f_1 + f_2}$$

Mit $f_1 = F / c_1$ und $f_2 = F / c_2$ wird dann

$$c_{HS} = \frac{F}{\dfrac{F}{c_1} + \dfrac{F}{c_2}} = \frac{1}{\dfrac{1}{c_1} + \dfrac{1}{c_2}} \quad \text{oder} \quad \frac{1}{c_{HS}} = \frac{1}{c_1} + \frac{1}{c_2}$$

Die Gesamtnachgiebigkeit ergibt sich in diesem Fall also aus der Summe der Einzelnachgiebigkeiten. Dieser Zusammenhang gilt natürlich auch dann, wenn die einzelnen Steifigkeiten unterschiedliche Größe haben. Es können auch weitere Federn hintereinander geschaltet werden, die Gesamtnachgiebigkeit ergibt sich stets als Summe der Einzelnachgiebigkeiten von n Federn.

Bild 2.5: Schaltungsarten von Federn.

Zusammenfassend ergibt sich das folgende Schema:

	Parallelschaltung	Hintereinanderschaltung
Federweg Federkraft	gleiche Federwege Aufsummierung der Federkräfte	Aufsummierung der Federwege gleiche Federkräfte
Gesamtfeder	Gesamt**steifigkeit** ergibt sich als die Summe der Einzelsteifigkeiten $$c_{PS} = c_1 + c_2 + c_3 + ... + c_n$$	Gesamt**nachgiebigkeit** ergibt sich als die Summe der Einzelnachgiebigkeiten $$\frac{1}{c_{HS}} = \frac{1}{c_1} + \frac{1}{c_2} + \frac{1}{c_3} + ... + \frac{1}{c_n} \quad \text{bzw.}$$ $$\delta_{HS} = \delta_1 + \delta_2 + \delta_3 + ... + \delta_n$$

Alle anderen denkbaren Kombinationen von Federn und darüber hinaus alle anderen Kombinationen elastisch deformierbarer Körper lassen sich auf eine entsprechende Kombination von möglicherweise vielfältigen Parallel- und Hintereinanderschaltungen zurückführen. Unter Ausnutzung der obigen Zusammenhänge ist es dann möglich, ein beliebige Anordnung von Federn rein rechnerisch als eine einzige Feder mit der Gesamtsteifigkeit c_{ges} zu betrachten.

Die folgenden beiden Beispiele sind so angelegt, daß ausgehend von linearen Einzelsteifigkeiten eine Gesamtsteifigkeit zustande kommt, die zwar auch abschnittsweise linear ist, insgesamt aber einen progressiven (links) bzw. degressiven Verlauf (rechts) aufweist.

Progressive Gesamtsteifigkeit
- Innerhalb des Abschnittes a ist nur die mittlere Feder im Eingriff, die Gesamtsteifigkeit c_{ges} beruht also lediglich auf der Einzelsteifigkeit der mittleren Feder: $c_{ges} = c$
- Nach Überbrückung der Wegstrecke a kommen auch die beiden seitlichen Federn in Eingriff, es liegt also eine Parallelschaltung von drei Federn vor. In diesem Bereich beträgt die Gesamtsteifigkeit $c_{ges} = 3 * c$

Degressive Gesamtsteifigkeit
- An beiden Seiten eines horizontal verschiebbaren Blocks wird je eine Feder angebracht (oben), die aber für die Montage um den Betrag b vorgespannt werden (unten).
- Greift anschließend eine äußere Kraft F an, so sind die beiden Federn parallel geschaltet, weil gleiche Federwege vorliegen. Die Gesamtsteifigkeit ergibt sich als Summe der Einzelsteifigkeiten: $c_{ges} = 2 * c$
- Nach Überbrückung der Wegstrecke b ist die linke Feder völlig entspannt, die dann vorliegende Gesamtsteifigkeit reduziert sich also auf die Steifigkeit einer einzelnen Feder: $c_{ges} = c$

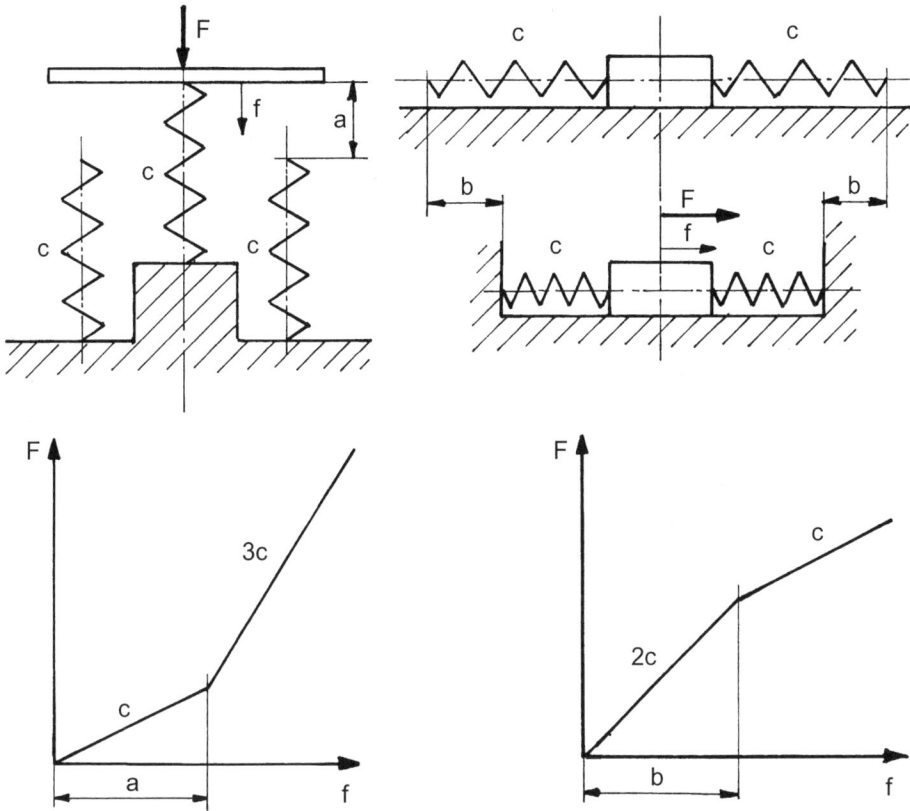

Bild 2.6: Links progressive und rechts degressive Gesamtsteifigkeit aus linearen Einzelsteifigkeiten.

2.1.2   Belastbarkeit von Federn

Die vorangegangenen modellhaften Herleitungen widmeten sich ausschließlich dem Aspekt der Steifigkeit. Da Federn bewußt Verformungen zulassen sollen, wird meist eine eher geringe Steifigkeit angestrebt, sie werden also möglichst „dünn" und „schlank" dimensioniert (geringe Querschnittsfläche A, geringes Flächenmoment I_{pol} und I_{ax}). Wie aber bereits im Bild 2.2 klar wurde, ist die Länge der Hookeschen Geraden begrenzt, es ist also wie bei jedem anderen Bauteil auch der **Aspekt der Belastbarkeit** zu berücksichtigen: Die Feder muß so dimensioniert werden, daß die vorliegenden Beanspruchungen auch tatsächlich ohne Schädigung aufgenommen werden können. Dies führt aber zu der Forderung nach einer eher großzügigen Dimensionierung (große Querschnittsfläche A, hohes Widerstandsmoment W_{pol} und W_{ax}). Eine Überdimensionierung ist dabei aber meist nicht sinnvoll, da dabei die Feder zu hart wird.

Die Forderung nach geringer Steifigkeit einerseits und ausreichender Belastbarkeit andererseits stellen einen Widerspruch dar, dem nur durch Verwendung hochwertiger Werkstoffe begegnet werden kann: Die optimale Feder besteht aus einem hochbelastbaren Werkstoff und ist eher knapp dimensioniert. Die Festigkeitswerte von Federwerkstoffen hängen stark von der verwendeten Federbauform ab, so daß Zahlenwerte erst weiter unten angegeben werden. Prinzipiell sind jedoch auch bei Federn die entsprechenden im Kapitel 1 aufgeführten Festigkeitsansätze zu berücksichtigen.

Aufgaben 2.1 bis 2.3 (Seite 202)

2.1.3   Federungsarbeit

Zu den wesentlichen Aufgaben einer Feder gehört die Speicherung mechanischer Arbeit. Aus den Grundlagen der Mechanik ist die translatorische Arbeit W_{trans} als Produkt aus Kraft F und Weg s bzw. die rotatorische Arbeit W_{rot} aus Moment M und Verdrehwinkel φ bekannt:

$$W_{trans} = F * s \qquad\qquad bzw. \qquad W_{rot} = M * \varphi$$

Diese einfache Formulierung setzt jedoch voraus, daß die Kraft F während des gesamten Weges s bzw. das Moment M während des gesamten Verdrehwinkels φ konstant ist. Bei Federn nimmt die Kraft F und das Moment M allerdings mit zunehmendem Federweg f bzw. zunehmendem Verdrehwinkel φ zu, so daß für die in der Feder gespeicherte Arbeit eine integrale Formulierung angesetzt werden muß:

$$W_{trans} = \int F_{(f)} * df \qquad\qquad bzw. \qquad W_{rot} = \int M_{(\varphi)} * d\varphi$$

Damit läßt sich die in der Feder gespeicherte Arbeit in anschaulicher Weise als Fläche unterhalb der Federkennlinie deuten.

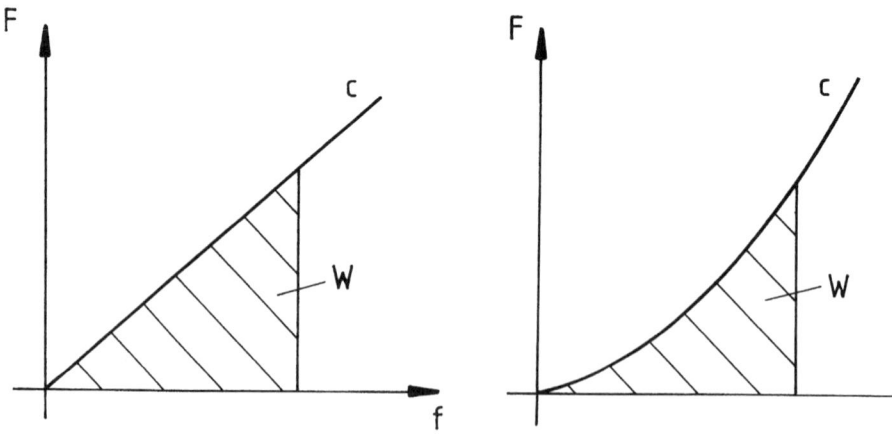

Arbeit bei linearer Federkennlinie   Arbeit bei progressiver Federkennlinie

Bild 2.7: Federungsarbeit.

Da im Falle der linearen Federkennlinie die Kraft im Laufe des Federweges linear mit dem Federweg anwächst, läßt sich die in der Feder gespeicherte Arbeit einfach als Fläche eines rechtwinkligen Dreiecks, also als halbe Rechteckfläche ausdrücken:

$$W_{trans} = \frac{F * f}{2} \quad \text{bzw.} \quad W_{rot} = \frac{M_t * \varphi}{2}$$

Bei Nutzung dieser beiden Gleichungen muß sowohl die Kraft F und der Weg einerseits bzw. Moment M und Verdrehwinkel andererseits bekannt sein. Da diese beiden Größen aber jeweils über die Steifigkeit gekoppelt sind, ist es meist einfacher, mit c = F / f entweder F = f * c oder f = F / c zu formulieren und entsprechend einzusetzen. Dadurch gewinnt man folgende Ausdrücke für die translatorische Federungsarbeit:

$$W_{trans} = \frac{c}{2} * f^2 \quad \text{bzw.} \quad W_{trans} = \frac{F^2}{2 * c}$$

Auf ähnliche Weise ergibt sich für die rotatorische Federarbeit der folgende Ausdruck

$$W_{rot} = \frac{c_T}{2} * \varphi^2 \quad \text{bzw.} \quad W_{rot} = \frac{M_t^2}{2 * c_T}$$

2.1.4   Federreibung

Alle bisherigen Betrachtungen gingen von einer reibungsfreien Feder aus. Tatsächlich treten jedoch bei jeder realen Feder Reibeinflüsse auf, die sich an der folgenden Modellvorstellung diskutieren lassen (Bild 2.8).

Eine reibungsfreie auf Zug und Druck belastbare Schraubenfeder wird waagerecht angeordnet. Während ihr linkes Ende mit dem festen Gestell verbunden ist, wird rechts eine Masse angelenkt, die auf den Untergrund die Normalkraft F_N ausübt. Mit der Kraft F_{ges} wird das System nun so langsam bewegt, daß Massenkräfte nicht berücksichtigt werden müssen. Liegt zwischen Masse und Unterlage keine Reibung vor, so besteht zwischen der Auslenkung f und der in das System einzubringenden Gesamtkraft F_{ges} ein Zusammenhang, der sich durch die Steifigkeit c_{Feder} ausdrücken läßt.

Wird jedoch zwischen Masse und Unterlage Reibung wirksam, so setzt sich die von außen in das Federsystem einzuleitende Kraft F_{ges} stets aus der Summe von Federkraft F_F und der Reibkraft F_R zusammen. Dabei wird angenommen, daß der Einfachheit halber nicht nach Haftreibung und Gleitreibung zu unterschieden werden braucht. Wird das System ausgehend von der ungespannten Lage bei A nach rechts ausgelenkt, so muß erst die Reibkraft F_R überwunden werden, bevor sich die Feder bei B zu verformen beginnt. Da sich die Gesamtkraft bei der weiteren Federdehnung aus (hier konstanter) Reibkraft und Federkraft zusammensetzt, vollzieht sich die Belastung auf einer Geraden, die parallel zur Steifigkeitskennlinie liegt. Wird die Bewegung des Systems bei C gestoppt und die in das System eingeleitete Gesamtkraft wieder reduziert, so bewegt sich das System zunächst nicht, weil es von der Reibung daran gehindert wird. Erst wenn die nun in umgekehrter, der Bewegung entgegengesetzt gerichtete Reibkraft überwunden wird, gerät das System bei D in Bewegung. Wird die von außen eingeleitete Gesamtkraft völlig zurückgenommen, so stoppt die Rückfederung allerdings bei E. Um das System über F wieder in die Ausgangslage A zurück zu befördern, muß die Gesamtkraft nach links angelegt werden.

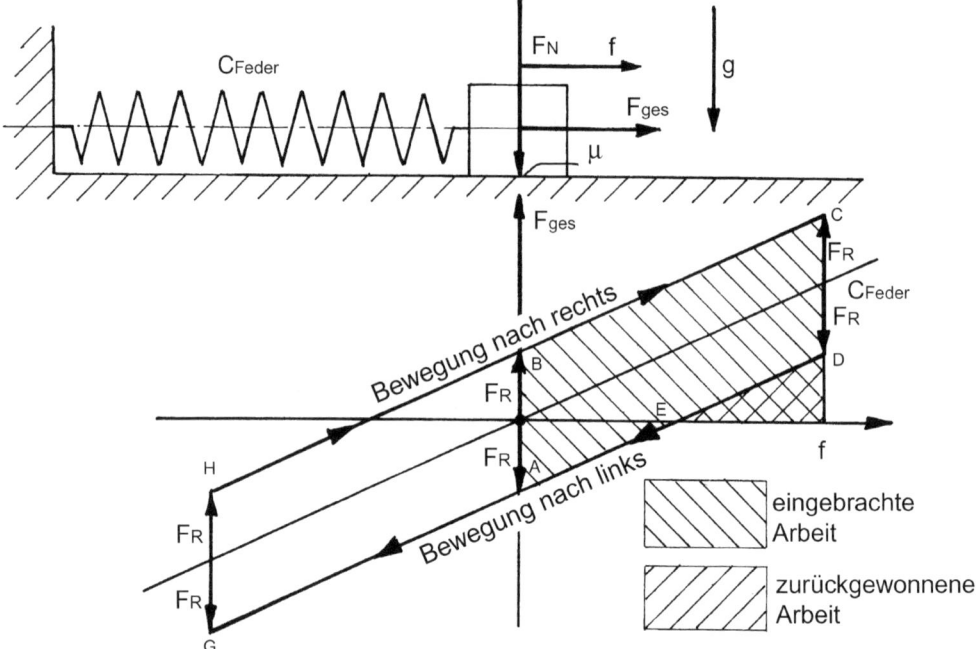

Bild 2.8: Reibungsbehaftete Feder.

Wird die Feder über den Punkt F hinaus zusammengedrückt, so kann diese Stauchung bei G wieder umgekehrt werden. Eine Rückbewegung tritt aber erst dann wieder ein, wenn bei H die nunmehr wieder nach links wirkende Reibkraft überwunden ist. Der Vorgang bleibt bei I wieder stehen, wenn nicht wieder durch Umkehr der Gesamtkraft die Ausgangslage angesteuert wird.

Im Federdiagramm muß also i.a. Fall nach einer Belastungs- und einer Entlastungskennlinie unterschieden werden: Für die **Belastung** der Feder ist der obere, für die **Entlastung** der untere Kurvenzug maßgebend. In diesem Modellfall sind sowohl die Belastungs- als auch die Entlastungskurve bezüglich ihrer Kraft jeweils um den Ordinatenwert F_R von der idealen, reibungsfreien Steifigkeitskennlinie entfernt.

Für die Federungsarbeit ergeben sich daraus beispielhaft für ein Lastspiel über ABCDEFA folgende Konsequenzen:

- Die von der Feder aufgenommene Arbeit erscheint hier als Fläche unter der Belastungskurve.

- Die von der Feder abgegebene Arbeit wird durch die Fläche unter der Entlastungskurve repräsentiert.

- Die als Differenz dazwischenliegende Fläche kann als die Arbeit gedeutet werden, die im Gesamtsystem in Wärme umgesetzt wird.

Diese Umsetzung von mechanischer Arbeit in Wärme wird auch als „**Reibungshysterese**" bezeichnet und läßt sich im Federdiagramm stets als ein geschlossener Kurvenzug darstellen, der die in Wärme umgesetzte Arbeit in einer Rechtsdrehung umfährt.

- Die Federhysterese ist **unerwünscht**, wenn die in der Feder gespeicherte Arbeit später wieder genutzt werden soll (Beispiel Uhrfeder). In diesen Fällen wird bei der Konstruktion der Feder darauf geachtet, sämtliche Hystereseeinflüsse soweit wie möglich zurückzudrängen.

- Die Federhysterese ist jedoch **erwünscht**, wenn die Feder nicht nur Stöße aufnehmen soll, sondern auch die dabei aufgenommene Arbeit dem System entzogen werden soll. In solchen Fällen werden parallel zur Feder reibungsbehaftete Elemente vorgesehen bzw. in das Gesamtsystem integriert (z.B. Eisenbahnpuffer).

In Erweiterung der hier vorgestellten Modellvorstellung ist die Reibkraft nicht immer konstant, sondern kann sich beispielsweise auch proportional zur Federkraft verhalten. Auf die konstruktive Realisierung wird in den folgenden Abschnitten noch näher eingegangen.

2.2   Einige Bauformen metallischer Federn

Die eingangs vorgenommene Verwendung eines zylindrischen Körpers als Zugfeder, Biegefeder und Torsionsfeder ergab jeweils einen Ansatz für die rechnerische Beschreibung dieser Feder. Diese zunächst nur modellhafte Betrachtung soll nun für einige technisch reale Federn erweitert werden.

Das Bild 2.9 nach Pahl skizziert die wichtigsten Federbauformen und nimmt eine systematische Einteilung nach Zug- bzw. Druckbeanspruchung, Biegebeanspruchung und Torsionsbeanspruchung vor. Weiterhin kann unterschieden werden nach reibungsfreien bzw. reibungsarmen Federn ohne Energiewandlung (im Schaubild EW), und reibungsbehafteten Federn mit Energiewandlung.

Bei der weiteren Differenzierung nach Bauformen wird man feststellen, daß es eine fast unüberschaubar große Vielfalt von verschiedenen Konstruktionsvarianten gibt. Im Rahmen der folgenden Zusammenstellung ist eine Konzentration auf einige charakteristische Bauformen angebracht. Dabei wurden vor allen Dingen die Bauformen bevorzugt, die für das grundsätzliche Verständnis des gesamten Sachgebietes besonders förderlich sind.

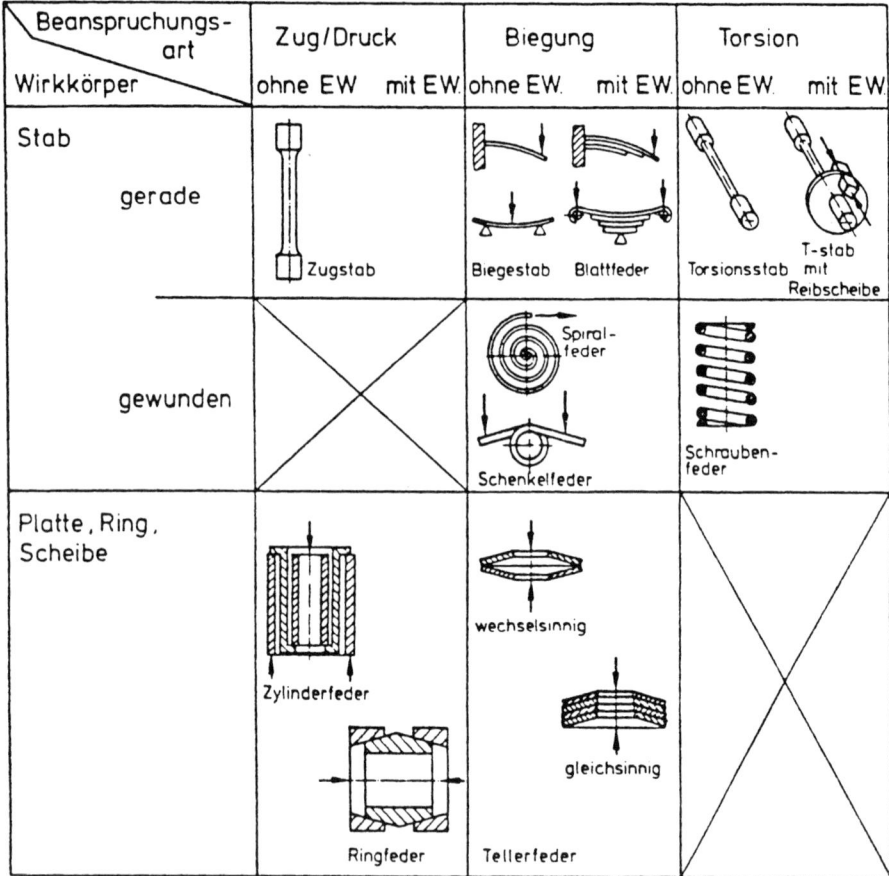

Beanspruchungs-art / Wirkkörper	Zug/Druck ohne EW mit EW.	Biegung ohne EW. mit EW.	Torsion ohne EW. mit EW.
Stab gerade	Zugstab	Biegestab Blattfeder	Torsionsstab T-stab mit Reibscheibe
gewunden		Spiral-feder / Schenkelfeder	Schrauben-feder
Platte, Ring, Scheibe	Zylinderfeder / Ringfeder	wechselsinnig / gleichsinnig / Tellerfeder	

Bild 2.9: Einteilung und Bauformen metallischer Federn nach Pahl.

2.2.1   Biegefeder

Die Biegefeder wurde eingangs modellhaft als einseitig eingespannter Biegebalken betrachtet, wobei zunächst einmal von einem Balken mit kreisförmigen Querschnitt ausgegangen wurde. Im Gegensatz zu der modellhaften Ausbildung des Biegebalkens als Zylinder weist eine technische Biegefeder jedoch meistens einen rechteckigen Querschnitt auf (linker Teil, Bild 2.10):

Neben der eingangs bereits angesprochenen Steifigkeitsbetrachtung muß die Feder auch auf Belastbarkeit überprüft werden:

$$\sigma_b = \frac{M_b}{W_{ax}} \leq \sigma_{zul}$$

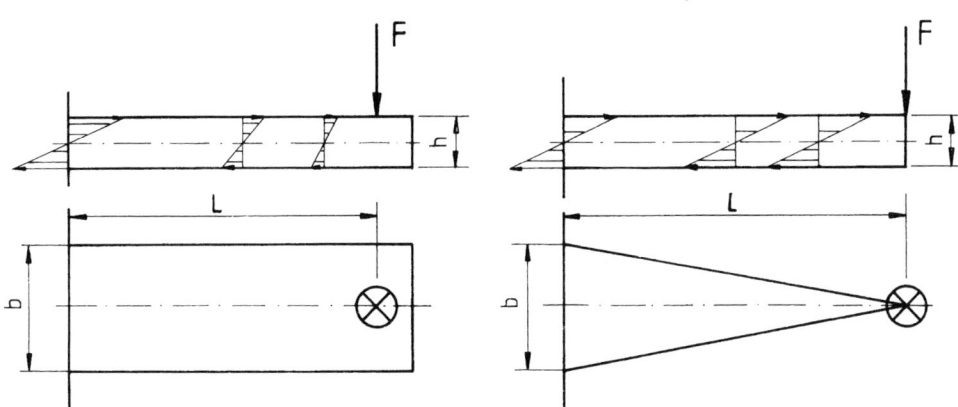

Bild 2.10: Biegefeder als Balken gleicher Biegefestigkeit.

Wird die Höhe der rechteckförmigen Querschnittfläche mit h und die Breite mit b bezeichnet, so ergibt sich:

$$\sigma_b = \frac{F * L}{\dfrac{b * h^2}{6}} \le \sigma_{zul}$$

Demzufolge ergibt sich die Kraft F_{max}, mit der die Feder maximal belastet werden darf, zu

$$F_{max} = \frac{b * h^2}{6 * L} * \sigma_{zul}$$

Diese Formulierung von F_{max} orientiert sich daran, daß der Biegebalken bei Überlastung an der Einspannstelle versagt. Weiter rechts ist der Biegebalken jedoch zunehmend überdimensioniert, was für seine Verformungswilligkeit als elastische Feder hinderlich ist. Eigentlich könnte der Biegebalken weiter rechts wesentlich schlanker ausgebildet werden, ideal wäre die Formgebung als „Balken gleicher Biegefestigkeit": Der Biegebalken wird in seiner Breite b dem vorliegenden Biegemoment angepaßt (rechte Bildhälfte). Während beim linken, gleichbleibend dimensionierten Balken die Biegespannung linear mit dem wachsenden Hebelarm anwächst, liegt im rechten Fall an jeder Stelle des Biegebalkens die gleiche Biegespannungsverteilung vor, für die gleiche Biegebelastung braucht also nur noch die Hälfte des Materials eingesetzt zu werden. Beide Federn haben an der Einspannstelle die gleiche Breite b und die gleiche Höhe h, können also demzufolge mit der gleichen maximalen Kraft F_{max} belastet werden.

Die sich bei Belastung einstellende **Durchbiegung** f ist für beide Fälle unterschiedlich ($f_\square$ für die rechteckförmige und f_Δ für die dreieckförmige Feder) und drückt sich nach den Gesetzmäßigkeiten der Festigkeitslehre folgendermaßen aus:

$$f_{\square max} = 4 * \frac{L^3}{b * h^3 * E} * F_{max} \qquad\qquad f_{\Delta max} = 6 * \frac{L^3}{b * h^3 * E} * F_{max}$$

Wird für F_{max} der oben hergeleitete Ausdruck eingesetzt, so ergibt sich:

$$f_{\square max} = 4 * \frac{L^3}{b * h^3 * E} * \frac{b * h^2}{6 * L} * \sigma_{zul} \qquad f_{\Delta max} = 6 * \frac{L^3}{b * h^3 * E} * \frac{b * h^2}{6 * L} * \sigma_{zul}$$

$$f_{\square max} = \frac{2}{3} * \frac{L^2}{h * E} * \sigma_{zul} \qquad\qquad f_{\Delta max} = \frac{1}{1} * \frac{L^2}{h * E} * \sigma_{zul}$$

Die Steifigkeiten ergeben sich nach der drittletzt genannten Gleichung entsprechend als c = F / f:

$$c_{\square} = F_{max} / f_{\square max} = \frac{1}{4} * \frac{b * h^3 * E}{L^3} \qquad c_{\Delta} = F_{max} / f_{\Delta max} = \frac{1}{6} * \frac{b * h^3 * E}{L^3}$$

Errechnet man die von beiden Federn aufnehmbare Arbeit, so muß auch hier der Ansatz gelten:

$$W_{\square} = \frac{c}{2} * f_{\square}{}^2 \qquad\qquad W_{\Delta} = \frac{c}{2} * f_{\Delta}{}^2$$

Dies drückt sich in den beiden vorliegenden Fällen in folgenden Formulierungen aus:

$$W_{\square} = \frac{1}{2} * \frac{1}{4} * \frac{b * h^3 * E}{L^3} * \left(\frac{2}{3} * \frac{L^2}{h * E} * \sigma_{zul} \right)^2 \qquad W_{\Delta} = \frac{1}{2} * \frac{1}{6} * \frac{b * h^3 * E}{L^3} * \left(\frac{1}{1} * \frac{L^2}{h * E} * \sigma_{zul} \right)^2$$

$$= \frac{1}{18} * \frac{b * h^3 * E * L^4}{L^3 * h^2 * E^2} * \sigma_{zul}{}^2 \qquad\qquad = \frac{1}{12} * \frac{b * h^3 * E * L^4}{L^3 * h^2 * E^2} * \sigma_{zul}{}^2$$

$$= \frac{1}{18} * \frac{b * h * L}{E} * \sigma_{zul}{}^2 \qquad\qquad = \frac{1}{12} * \frac{b * h * L}{E} * \sigma_{zul}{}^2$$

Setzt man die speicherbaren Arbeiten dieser beiden Federn ins Verhältnis, so kann die drei- eckförmige Feder bei gleicher maximaler Werkstoffbelastung 50% mehr Arbeit aufnehmen als die rechteckförmige:

$$W_{\Delta} : W_{\square} = 3 : 2$$

Bezieht man die aufnehmbare Arbeit auf das Gewicht oder das Volumen der Feder, so ist die Verhältnismäßigkeit sogar 3:1, da die Rechteckfeder doppelt soviel Material beansprucht wie die Dreieckfeder:

$$W_{\Delta \text{ pro Federvolumen}} : W_{\square \text{ pro Federvolumen}} = 3 : 1$$

Bei der Dimensionierung von Federn kommt es also auch darauf an, die Feder so zu formen, daß alle ihre Bereiche mit möglichst gleichgroßer, aber immerhin noch zulässiger Spannung belastet werden. Diese Diskussion betrifft nicht nur die Biegefeder und wird im Abschnitt 2.6.1 (Formnutzzahl) allgemeingültig weitergeführt. In der technischen Praxis hat diese Dreieckfeder allerdings kaum Bedeutung. Wie das untenstehende Bild jedoch zeigt, kann die Dreieckfeder in entsprechende Streifen geschnitten und zu einer Blattfeder aufgeschichtet werden:

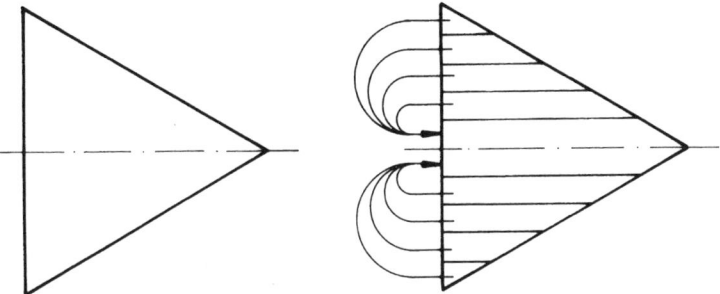

Bild 2.11: Dreieckfeder wird zur Blattfeder.

Der Übergang von Dreieckfeder zur geschichteten Blattfeder ändert zunächst nichts an der rechnerischen Modellbildung, das Verformungsverhalten beider Varianten ist identisch. Allerdings reiben die Federblätter der Blattfeder bei Verformung aneinander, wodurch es zu gezielten Reibungsverlusten und zu einer bewußten Federhysterese kommt. Die Blattfeder setzt also im Gegensatz zur Dreiecksfeder gezielt Bewegungsenergie in Wärme um. In der technischen Realität ist die Dreieckfeder jedoch nicht praktikabel, da am rechten Ende keine Querschnittsfläche zur Übertragung des Querkraftschubes zur Verfügung steht. Wird die Feder so geformt, daß auch an dieser Stelle genügend Querschnittsfläche zur Verfügung steht, so entsteht aus der Dreieckfeder die Trapezfeder.

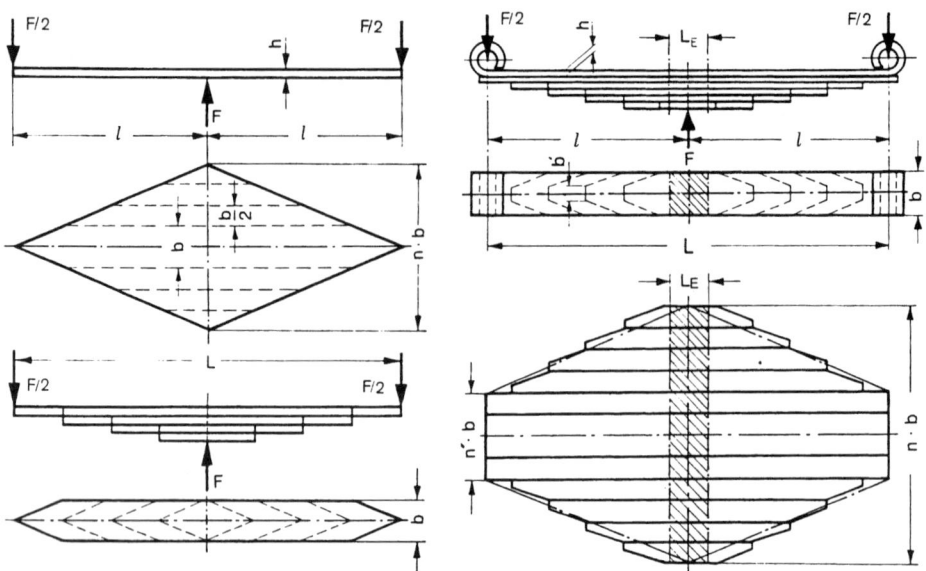

Bild 2.12: Blattfeder und Trapezfeder (nach [3]).

Nach der linken Hälfte des folgenden Bildes ließe sich der „Körper konstanter Biegefestigkeit" auch mit konstanter Breite und entsprechend angepaßter Höhe realisieren. Diese Variante kommt aber wegen der fertigungstechnischen Probleme nur bei der Massenproduktion in Frage.

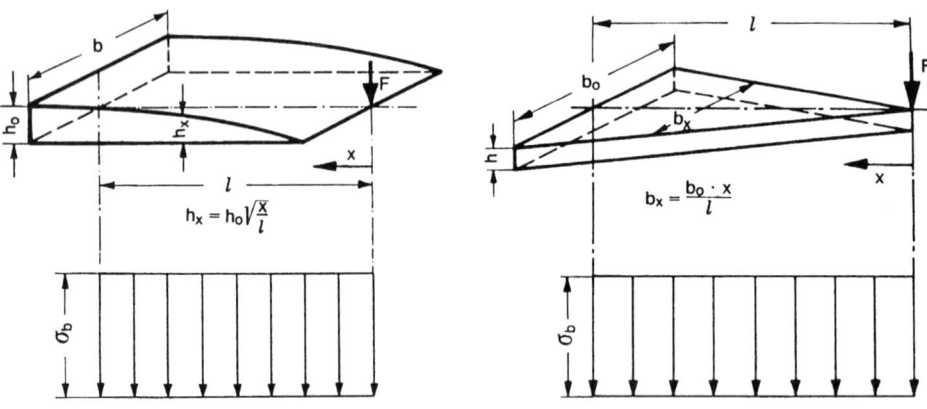

Bild 2.13: Blattfedern als Biegebalken konstanter Biegefestigkeit (nach [3]).

Das folgende Bild gibt beispielhaft einige konstruktive Anordnungen von Blattfedern an. In den unteren Zeilen ist die jeweilige vorliegende Steifigkeit c_{ges}, die Belastbarkeit F_{ges} und die speicherbare Arbeit W_{ges} der Steifigkeit des einseitig eingespannten Biegebalkens c_{BB}, dessen Belastbarkeit F_{BB} und dessen speicherbarer Arbeit W_{BB} gegenübergestellt.

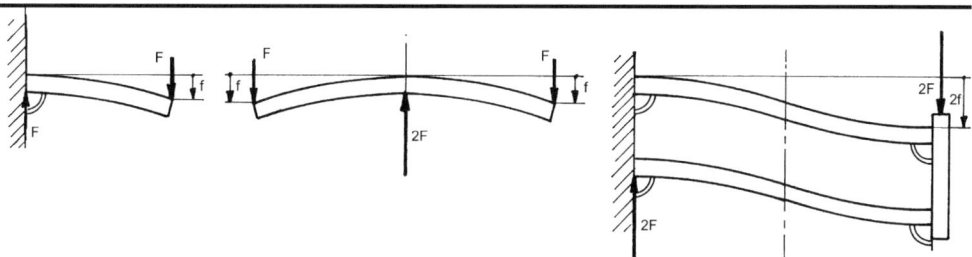

Der als Ausgangsfall dienende einseitig eingespannte Biegebalken als Modellfall der Festigkeitslehre kann in der technischen Realität wegen der „festen Einspannung" einigen Konstruktionsaufwand erfordern.

Wird dieser Biegebalken jedoch mit doppelter Länge ausgeführt, so kann das Gesamtsystem mittig mit der Kraft 2F belastet werden, es entsteht eine Doppelanordnung von zwei parallelgeschalteten, „einseitig eingespannten Biegebalken", ohne daß dabei die feste Einspannung konstruktiv realisiert werden muß.

Der doppelt lange Biegebalken kann auch an beiden Seiten fest eingespannt werden. Die Relativbewegung von rechter und linker Seite zueinander wird konstruktiv erleichtert, wenn diese Anordnung in doppelter Ausführung parallel geschaltet wird. Gegenüber dem einfachen, einseitig eingespannten Balken werden Belastbarkeit und Federweg verdoppelt.

$$c_{BB}$$

$$c_{ges} = 2 * c_{BB}$$

linker – rechter- Balken
in Parallelschaltung

$$c_{ges} = 2\frac{c_{BB}}{2} = c_{BB}$$

linke-rechte Balkenhälfte:
Hintereinanderschaltung

oberer-unterer Balken: Parallelschaltung

$$F_{BB}$$

$$F_{ges} = 2 * F_{BB}$$

$$F_{ges} = 2 * F_{BB}$$

$$W_{BB} = \frac{F_{BB}^2}{2 * c_{BB}}$$

$$W_{ges} = \frac{F_{ges}^2}{2 * c_{ges}} = \frac{(2F_{BB})^2}{2 * 2c_{BB}} = \frac{4F_{BB}^2}{4c_{BB}}$$

$$W_{ges} = 2 * W_{BB}$$

$$W_{ges} = \frac{F_{ges}^2}{2 * c_{ges}} = \frac{(2F_{BB})^2}{2c_{BB}} = \frac{4F_{BB}^2}{2c_{BB}}$$

$$W_{ges} = 4 * W_{BB}$$

Bild 2.14: Zusammenschaltung mehrerer Blattfedern.

Bei dynamischer Beanspruchung zeigt auch die Belastbarkeit von Blattfederwerkstoffen eine ausgeprägte Differenzierung nach Zeitfestigkeit und Dauerfestigkeit, was in folgendem Bild beispielhaft dokumentiert ist:

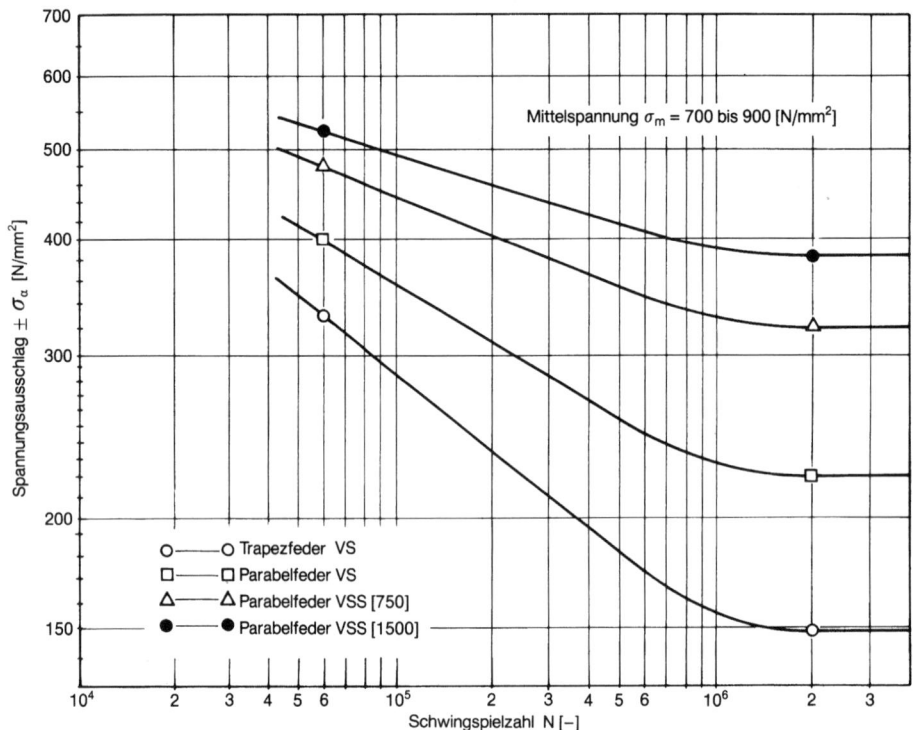

Bild 2.15: Wöhlerkurve für Blattfedern (nach [3]).

Das folgende Bild zeigt die Anwendung einer Blattfeder als Fahrzeugfederung, die noch um Dämpfer (s. Abschnitt 2.4) erweitert ist.

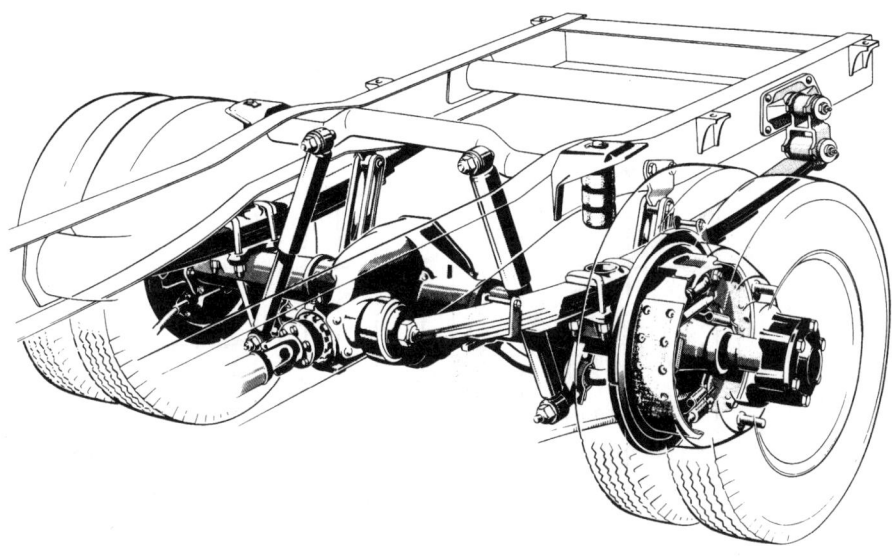

Bild 2.16: Blattfedern zur Federung eines Kraftfahrzeuges (nach [3]).

2.2.2   Drehstabfeder

Die Steifigkeit einer Drehstabfeder wurde bereits eingangs hergeleitet, sie wird beschrieben durch

$$c_T = \frac{M_t}{\varphi} = G * \frac{I_{pol}}{L} \qquad \text{Steifigkeit}$$

Bei dem häufig verwendeten kreisförmigen Querschnitt ist $I_{pol} = \pi d^4/32$. Es sei darauf hingewiesen, daß sich die so ermittelte Steifigkeit auf den Winkel φ als Bogenmaß und nicht etwa auf Grad bezieht. Für die Überprüfung der Belastbarkeit wird angesetzt:

$$M_{tmax} = \tau_{zul} * W_{pol} \qquad \text{Belastbarkeit}$$

Bei den häufig verwendeten kreisförmigen Querschnitten ist $W_{pol} = \pi * d^3/16$. Wichtig ist auch, daß die Belastbarkeit von der Länge der Feder unabhängig ist. Es ist deshalb angebracht, zunächst den Durchmesser der Feder nach dem zu erwartenden Moment zu dimensionieren und anschließend die Steifigkeit mit der Federlänge festzulegen.

Bei der Festigkeitsberechnung von Federn muß aus werkstoffkundlicher Sicht nach statischer und dynamischer Belastung differenziert werden. Das folgende Bild gibt in Form einer Wöhlerlinie beispielhaft die zulässige Ausschlagsspannung an, wenn die Mittelspannung 600 N/mm² beträgt.

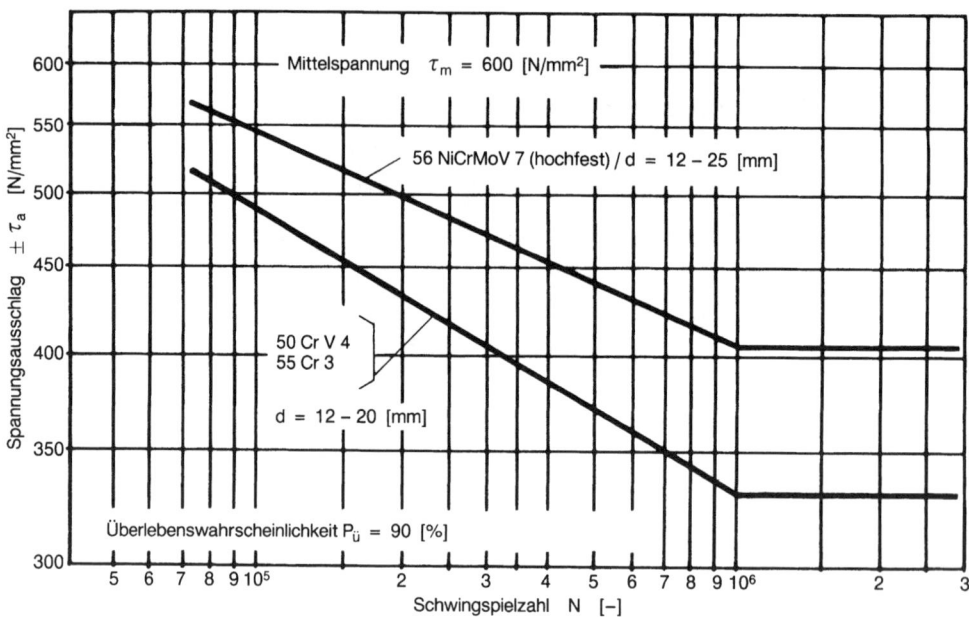

Bild 2.17: Wöhlerlinie Drehstabfeder (nach [3]).

Bei einem Torsionsstab tritt an der Mantelfläche die höchste Schubspannung auf. Aus diesem Grunde wird bei Drehstabfedern die Oberfläche meist besonders behandelt, um einen guten Oberflächenbeiwert zu erzielen. Für den oben angeführten Werkstoff wurde die Oberfläche geschliffen und anschließend kugelgestrahlt: Kleine Hartmetallkugeln werden mit hoher Geschwindigkeit auf die Oberfläche geschleudert, um dort eine Kaltverfestigung des Werkstoffs hervorzurufen. Wenn dann die tatsächliche Torsionsbeanspruchung angelegt wird, so wird diese durch die Überlagerung mit der durch die Kugelstrahlung bedingten Druckeigenspannung stets reduziert, der festigkeitsmäßig kritische Maximalwert wird also erst bei höherer Belastung erreicht. Das vorliegende Diagramm gilt nur für die statische Mittelspannung von 600 N/mm². Liegt ein anderer statischer Belastungsanteil vor, so läßt sich die Dauerfestigkeit auch hier in einem Smith-Diagramm darstellen:

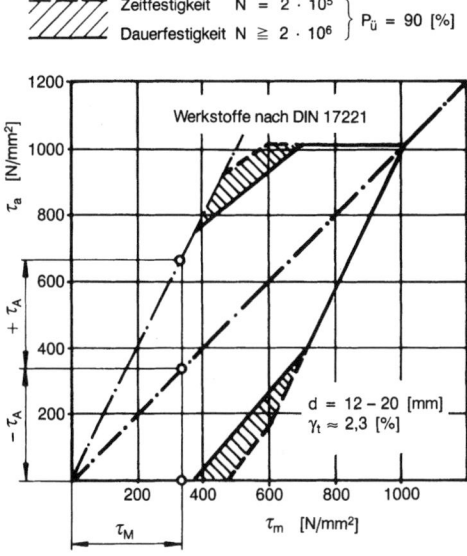

Bild 2.18: Smith-Diagramm nach [3].

Da die Feder wegen der kugelgestrahlten, also kaltverfestigten Oberfläche nur in eine Richtung beansprucht werden darf, enden die Kurvenzüge an der Grenze zur Schwellfestigkeit (κ = 0). Der schraffierte Bereich repräsentiert die Zeitfestigkeit zwischen N = 2* 10^5 und der Dauerfestigkeit von N = 2 * 10^6 für eine Überlebenswahrscheinlichkeit von 90%.

Die folgenden Bilder veranschaulichen den Einfluß der verschiedenen Konstruktions- und Werkstoffparameter auf die Kenndaten der Drehstabfeder:

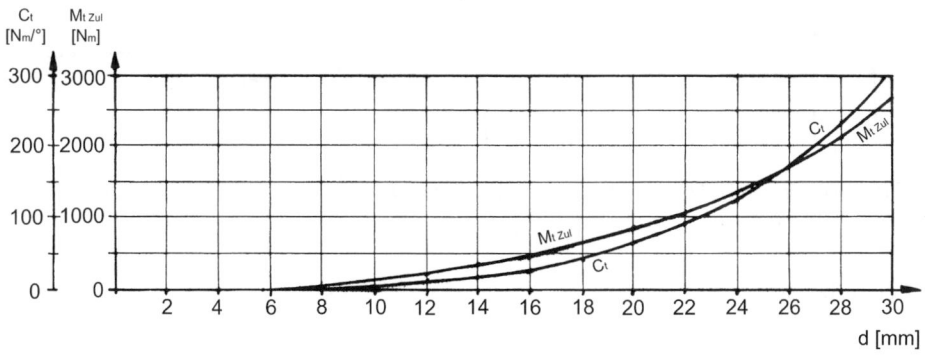

Bild 2.19: Variation des Federstabdurchmesser (L = 320 mm, τ_{zul} = 500 N/mm², G = 70000 N/mm²).

Wird der Federstabdurchmesser vergrößert, so steigt die Steifigkeit in der vierten Potenz und die Belastbarkeit in der dritten Potenz.

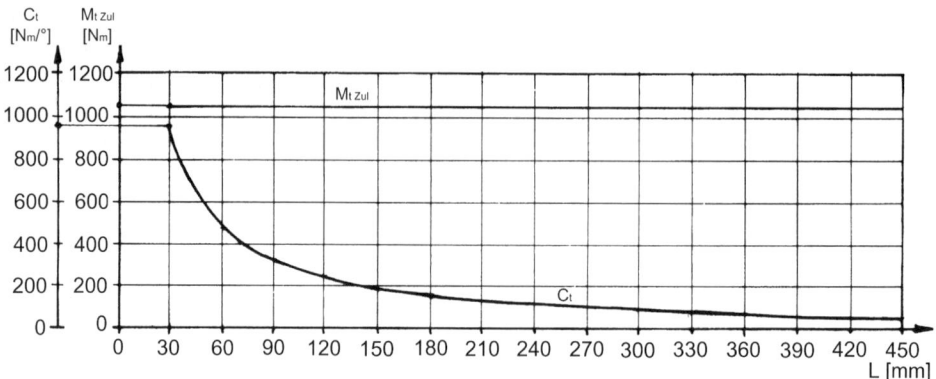

Bild 2.20: Variation der Federlänge (d = 22 mm, τ_{zul} = 500 N/mm², G = 70000 N/mm²).

Mit zunehmender Länge wird die Feder immer weicher, während die Belastbarkeit davon **nicht** betroffen ist.

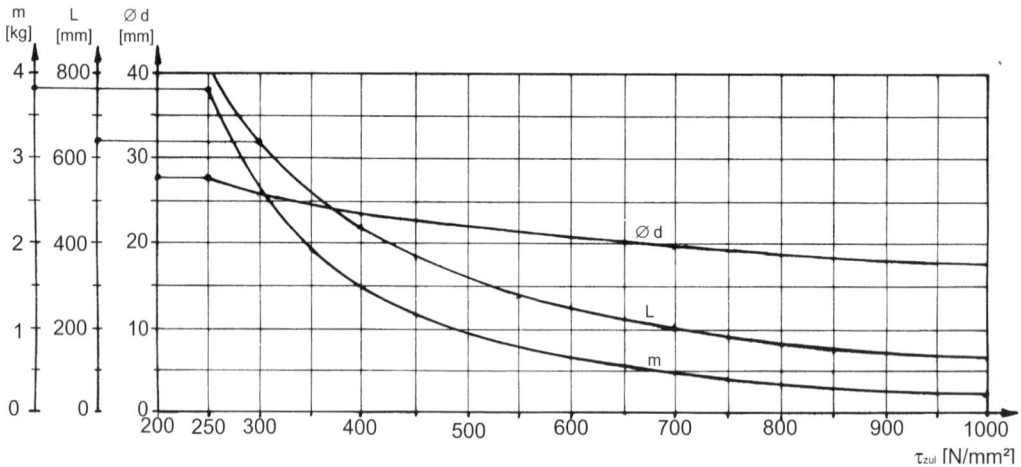

Bild 2.21: Variation der zulässigen Torsionsspannung (M_t = 1045 Nm, c_t = 5031 Nm, G = 70000 N/mm², ρ = 7,84 kg/dm³)

Wird bei vorliegendem Lastmoment und vorgegebener Steifigkeit die zulässige Schubspannung gesteigert, so

- kann ein zunehmend kleinerer Stabdurchmesser d verwendet werden (Belastbarkeit)
- kann daraufhin die Federlänge L reduziert werden (Steifigkeit)
- wird das Konstruktionsgewicht m der Feder immer geringer

Ein besonderes Problem bei der Verwendung von Drehstabfedern besteht darin, das Torsionsmoment in den Drehstab einzuleiten. In der Regel greift man auf besonders hochwertige und kerbunempfindliche Welle-Nabe-Verbindungen (weiteres s. Kap. 6, Band II) zurück, das folgende Bild gibt in der oben Hälfte zwei Beispiel an:

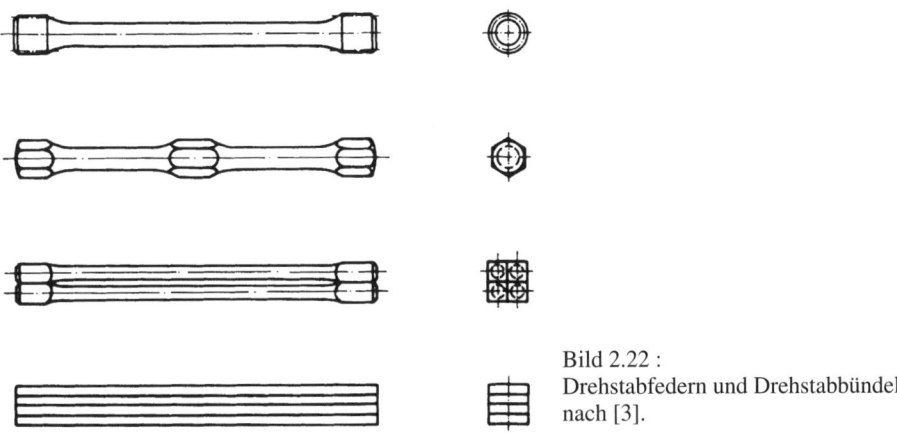

Bild 2.22 :
Drehstabfedern und Drehstabbündel nach [3].

Der fließende Übergang zwischen Feder und Einspannung wirft allerdings das Problem auf, daß die für die Verformung maßgebende Länge der Drehstabfeder nicht so ohne weiteres zu ermitteln ist und häufig als Erfahrungswert formuliert wird. Wie Bild 2.22 zeigt, können Drehstabfedern auch zu einem Bündel zusammengefaßt werden, was in erster grober Näherung einer Parallelschaltung der einzelnen Federstäbe entspricht. Durch die Reibung der einzelnen Flachstäbe untereinander kommt es zu einer Hysterese. Das folgende Bild zeigt die Hinterradfederung eines Kraftfahrzeuges, welche mit Drehstabfedern ausgerüstet ist.

Bild 2.23: Drehstabfeder mit einstellbarer Drehmomentenstütze nach [3].

Die durch das Rad eingeleitete Belastung wirkt über einen Hebelarm als Torsion auf den Drehstab. Ein in der Nähe des Hebels angebrachtes Gelenk nimmt die Querkräfte auf, so daß die Drehstabfeder selber kein nennenswertes Biegemoment erfährt. Mit der einstellbaren

Drehmomentenstütze unten links im Bild kann die Vorspannung der Feder variiert werden. Die senkrecht stehenden zylindrischen Bauteile sind Dämpfer, die erst später in die Betrachtung einbezogen werden (s. Abschnitt 2.4).

Aufgabe 2.4 (Seite 203) bis Aufgabe 2.5 (Seite 205)

2.2.3   Schraubenfeder als Zug-/Druckfeder

Eine auf Zug bzw. Druck beanspruchte Schraubenfeder entsteht dadurch, daß die zuvor vorgestellte Drehstabfeder schraubenförmig gewendelt angeordnet wird:

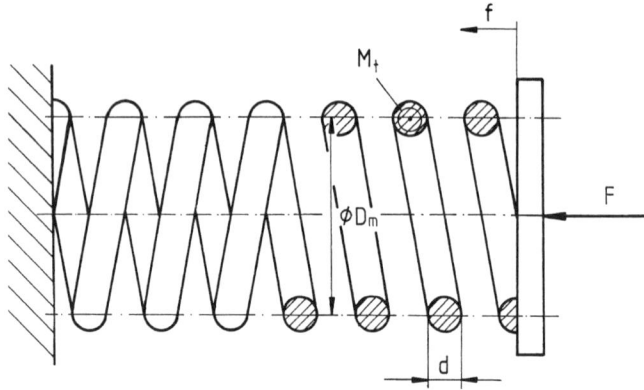

Bild 2.24: Schraubenfeder.

2.2.3.1   Belastbarkeit

Die zentrisch auf die Feder wirkende Kraft F belastet den Federdraht an jeder beliebigen Schnittstelle mit dem Torsionsmoment M_t, wobei der halbe mittlere Windungsdurchmesser $D_m/2$ als Hebelarm wirksam wird:

$$M_t = F * \frac{D_m}{2}$$

Für die Festigkeitsbetrachtung der Feder ergibt sich also folgender Ansatz:

$$\tau_t = \frac{M_t}{W_{pol}} \qquad \text{mit} \qquad W_{pol} = \frac{\pi * d^3}{16} \qquad\qquad \text{d: Drahtdurchmesser}$$

$$\tau_t = \frac{16 * M_t}{\pi * d^3} = \frac{8 * F * D_m}{\pi * d^3}$$

Dieser ideale Torsionsspannungsansatz trifft die Realität jedoch nur unzureichend, da die Kraft F einen zusätzlichen Querkraftschub hervorruft und wegen der Drahtkrümmung an der Innenseite eine Überhöhung aufweist.

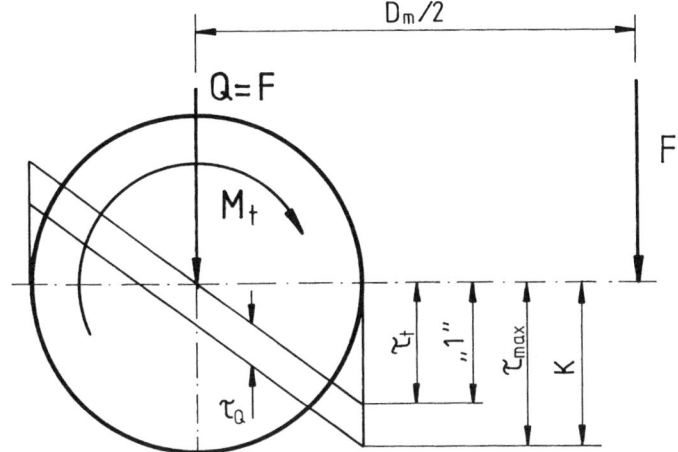

Bild 2.25: Schubspannungs-überhöhung Schraubenfeder.

Um diesen Einfluß zu berücksichtigen, muß die oben berechnete Torsionsspannung mit einem sog. „Wahl'schen Faktor" K multipliziert werden:

$$\tau_{max} = \tau_t * K = \frac{8 * F * D_m}{\pi * d^3} * K$$

Für den Faktor K gibt die Literatur mehrere Gleichungen an, deren Zahlenergebnisse sich aber kaum voneinander unterscheiden:

$$K = 1 + \frac{5}{4} * \frac{d}{D_m} + \frac{7}{8} * \left(\frac{d}{D_m}\right)^2 + \left(\frac{d}{D_m}\right)^3$$

Der in dieser Gleichung mehrfach auftretende Quotient D_m / d wird auch als „Wicklungsverhältnis" w bezeichnet. Dadurch vereinfacht sich die Berechnung von K formal zu:

$$K = 1 + \frac{5}{4} * \frac{1}{w} + \frac{7}{8} * \left(\frac{1}{w}\right)^2 + \left(\frac{1}{w}\right)^3 \qquad \text{mit} \qquad w = \frac{D_m}{d}$$

Die graphische Auftragung entsprechend der folgenden Darstellung macht die quantitative Abhängigkeit von K deutlich:

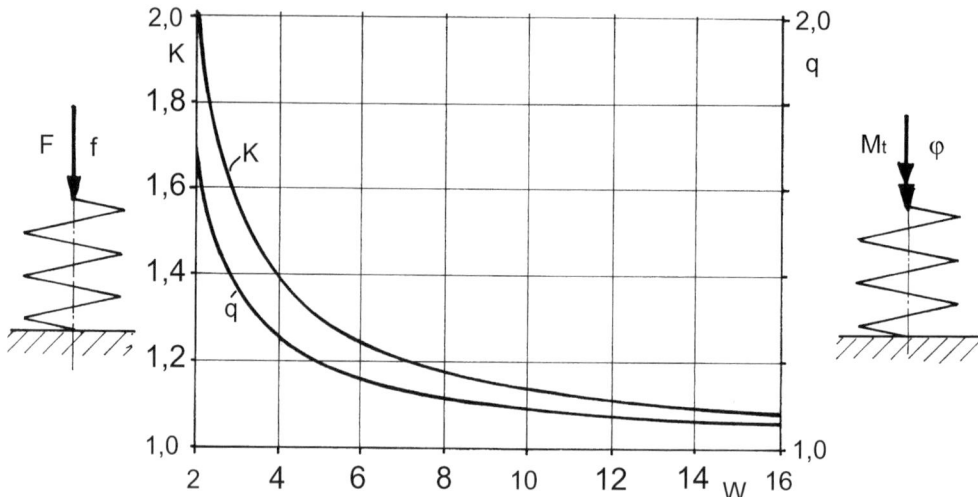

Bild 2.26: Spannungsüberhöhung Schraubenfeder.

Dabei ist zunächst einmal nur der Kurvenzug für K von Interesse. Der Faktor K strebt für große Wicklungsverhältnisse gegen 1 (nahezu ideale Torsionsspannungsverteilung), für kleiner werdende Wicklungsverhältnisse wird er zunehmend größer, weil der Querkrafteinfluß und die Drahtkrümmung an Bedeutung gewinnen. Durch Umstellung der obigen Gleichung kann dann die Belastbarkeit der Feder formuliert werden:

$$F_{max} = \frac{\pi * d^3}{K * 8 * D_m} * \tau_{zul}$$

Bei der praktischen Dimensionierung von Schraubenfedern tritt häufig der Fall auf, daß die Federabmessungen und damit das Wicklungsverhältnis zunächst nicht bekannt sind. In solchen Fällen setzt man vorläufig den Faktor K = 1. Mit den daraus sich provisorisch ergebenden Federabmessungen kann dann das endgültige Wicklungsverhältnis und der endgültige Faktor K ermittelt werden.

Schraubenfedern werden in vielen Fällen dynamisch beansprucht, so daß eine Abschätzung gegenüber einem statischen und dynamischen Schubspannungsgrenzwert notwendig wird. Ähnlich wie bei Drehstabfedern lassen sich auch für Schraubenfedern die Materialkenndaten durch ein Wöhlerdiagramm und durch ein Smith-Diagramm wiedergeben (hier beispielhaft für den Werkstoff nach DIN 17221, kugelgestrahlt und „gesetzt"(s.u.) mit geschälter und geschliffener Oberfläche):

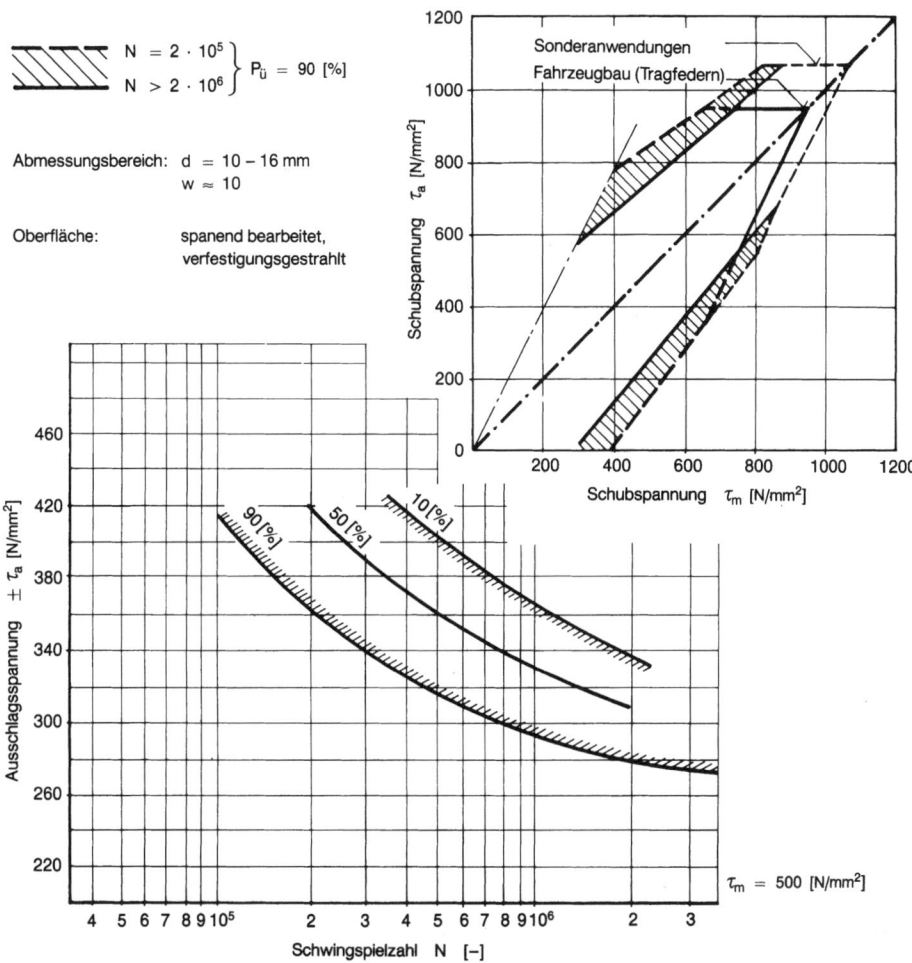

 (Teil)

N = 2 · 10⁵ }
N > 2 · 10⁶ } $P_{\ddot{u}}$ = 90 [%]

Abmessungsbereich: d = 10 – 16 mm
                      w ≈ 10

Oberfläche: spanend bearbeitet,
                     verfestigungsgestrahlt

Bild 2.27: Wöhlerkurve und Smith-Diagramm warmgeformte Schraubendruckfeder (nach [3]).

2.2.3.2   Steifigkeit

Auch die Steifigkeit kann in Analogie zur Drehstabfeder formuliert werden:

$$c_T = \frac{M_t}{\varphi} = G * \frac{I_{pol}}{L} \qquad \text{mit} \qquad I_{pol} = \frac{\pi * d^4}{32}$$

Für das Torsionsmoment läßt sich wie oben der Ausdruck $M_t = F * D_m/2$ einführen. Die gesamte Zusammendrückung der Feder ergibt sich als Produkt aus dem Verdrehwinkel des gewundenen Drehstabes φ und der Länge des Hebelarmes, der aber auch hier dem mittleren Windungsradius $D_m/2$ entspricht.

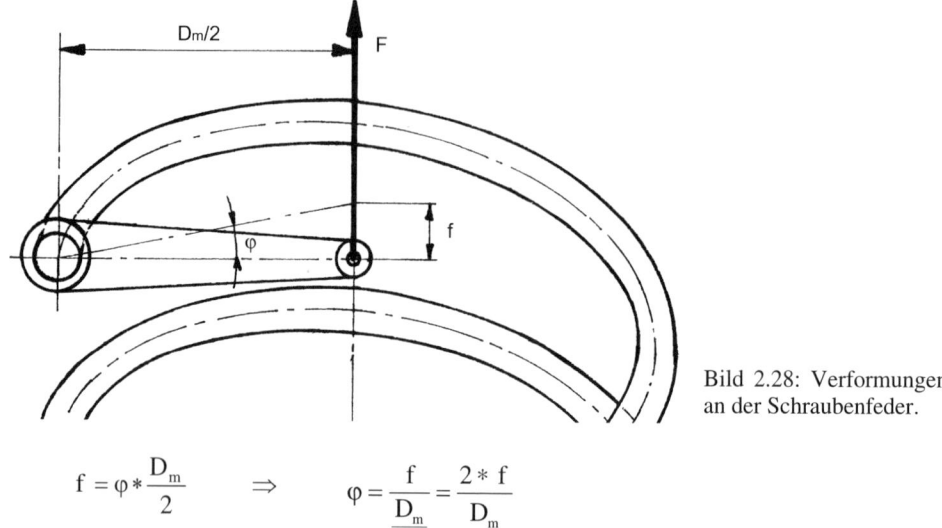

Bild 2.28: Verformungen
an der Schraubenfeder.

$$f = \varphi * \frac{D_m}{2} \qquad \Rightarrow \qquad \varphi = \frac{f}{\dfrac{D_m}{2}} = \frac{2 * f}{D_m}$$

Die Länge des gewundenen Federstabes L ergibt sich aus dem Umfang der kreisförmigen Wendel auf dem Windungsdurchmesser D_m:

$$L = \pi * D_m * i_w$$

wobei i_w die Anzahl der federnden Windungen bedeutet. Werden diese geometrischen Zusammenhänge in die erste Gleichung eingesetzt, so ergibt sich:

$$\frac{F * \dfrac{D_m}{2}}{\dfrac{2 * f}{D_m}} = G * \frac{\dfrac{\pi * d^4}{32}}{\pi * D_m * i_w} \qquad \Rightarrow \qquad \frac{F * D_m^{\,2}}{4 * f} = G * \frac{\pi * d^4}{32 * \pi * D_m * i_w}$$

Dieser Ausdruck enthält bereits implizit den Ausdruck F / f als Gesamtsteifigkeit c der Schraubenfeder. Stellt man die Gleichung entsprechend um, so ergibt sich c zu

$$c = \frac{F}{f} = G * \frac{d^4}{8 * D_m^{\,3} * i_w}$$

Da besonders bei Druckfedern die an der Umgebungskonstruktion anliegenden Windungen nicht federn können, müssen zum errechneten Wert zwei weitere Windungen hinzugezählt werden, so daß sich die Anzahl der gesamten Windungszahl i_{ges} ergibt zu:

$$i_{ges} = i_w + 2$$

Die Dimensionierung einer Schraubenfeder geht praktischerweise zunächst von der Belastbarkeit aus: Der Drahtdurchmesser d und der Windungsdurchmesser D_m werden so dimensioniert, daß keine unzulässig hohen Schubspannungen auftreten und damit die Belastbarkeit
der Feder gewährleistet ist. Die gewünschte Steifigkeit wird dann durch eine entsprechende
Anzahl von federnden Windungen realisiert, wobei die Belastbarkeit dann nicht mehr beeinträchtigt wird. Für diese Vorgehensweise ist es vorteilhaft, die obige Gleichung nach der
Anzahl der federnden Windungen i_w aufzulösen:

$$i_w = G * \frac{d^4}{8 * D_m{}^3 * c}$$

Das Verhalten der Feder bezüglich Belastbarkeit und Steifigkeit läßt sich mit folgendem
Schaubild übersichtlich zusammenfassen:

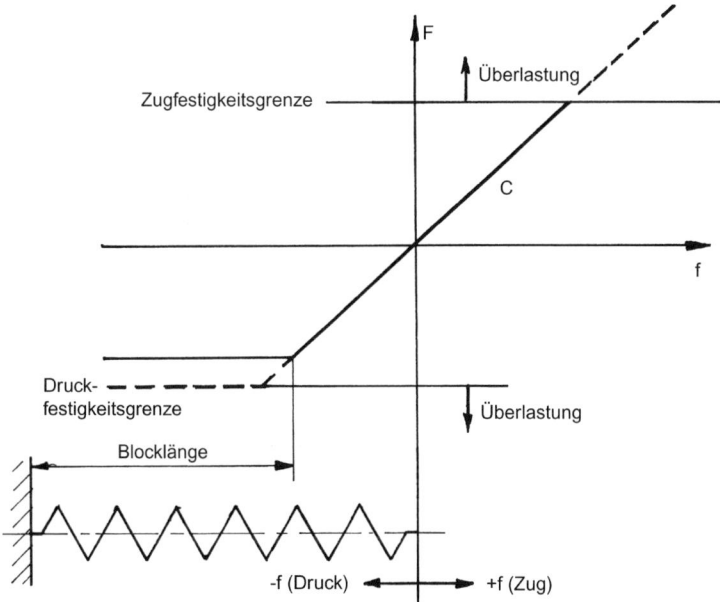

Bild 2.29: Steifigkeit
und Belastbarkeit einer
Schraubenfeder.

Durch die zulässige Schubspannung ist im Zugbereich die Zugfestigkeitsgrenze und im
Druckbereich die Druckfestigkeitsgrenze vorgegeben. Im Druckbereich kann die Feder so
konstruiert werden, daß vor Erreichen der Festigkeitsgrenze die Blocklänge erreicht wird,
d.h. daß die Feder so weit zusammengedrückt wird, daß die Windungen aufeinander liegen
und eine weitere Verformung und damit eine Überlastung des Federwerkstoffs nicht möglich
ist. Die oben dargestellte Feder ist sowohl auf Druck als auch auf Zug belastbar, was in der
Praxis eher selten ist. Praktisch werden Federn entweder als reine Zugfeder mit Öse zur
Krafteinleitung oder aber als reine Druckfeder mit aufeinanderliegenden, angeschliffenen
Endwindungen ausgeführt.

2.2.3.3   Parametervariation Schraubenfeder

Die Konstruktions- und Werkstoffdaten der Schraubenfeder weisen vielfältige Abhängigkeiten untereinander auf, die zunächst nicht so einfach zu überblicken sind. Die folgenden Parametervariationen sollen diese Abhängigkeiten exemplarisch deutlich machen. Es soll eine Schraubenfeder entworfen werden, die mit

$F_{max} = 200$ N belastet werden kann und

eine Steifigkeit c = 2 N/mm aufweist.

Dazu wird ein Stahlwerkstoff mit dem Schubmodul G = 70.000 N/mm² und dem spezifischen Gewicht von ρ = 7,84 g/cm³ verwendet. Der werkstoffkundlich zulässige Torsionsschub τ_{tzul} soll 200, 400, 600 und 800 N/mm² betragen.

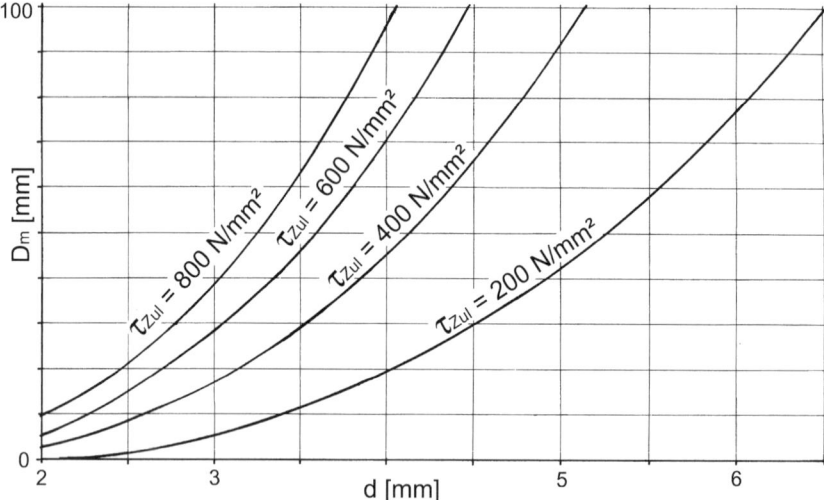

Bild 2.30: Maximaler Windungsdurchmesser.

Wird der Federdrahtdurchmesser vergrößert, so steigt damit dessen Torsionsbelastbarkeit fast in der dritten Potenz, es kann also ein zunehmend größerer Windungsradius als Hebelarm für diese Torsion zugelassen werden (Belastbarkeit der Feder).

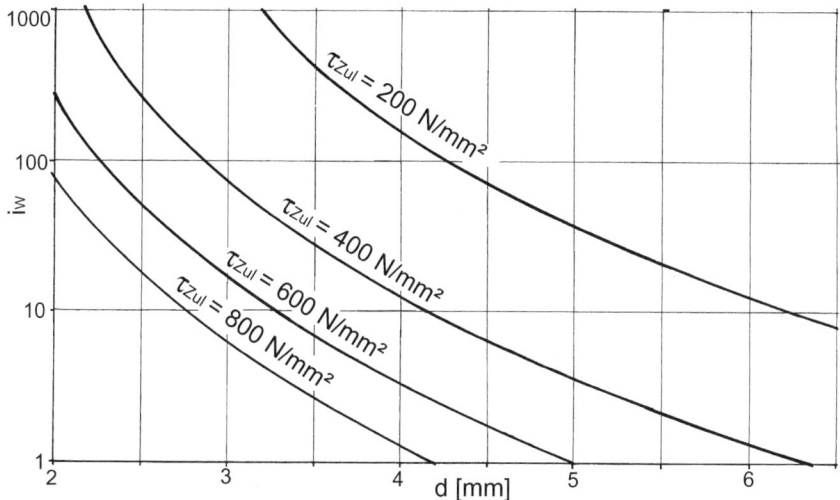

Bild 2.31: Erforderliche Windungszahl.

Da mit steigendem Drahtdurchmessr festigkeitsmäßig ein größerer Windungsdurchmesser zugelassen werden kann, reduziert sich die zur Erzielung der vorgegebenen Steifigkeit erforderliche Windungszahl. Um zu geringe Windungszahlen zu vermeiden, darf der Federdrahtdurchmesser jedoch nicht zu groß sein.

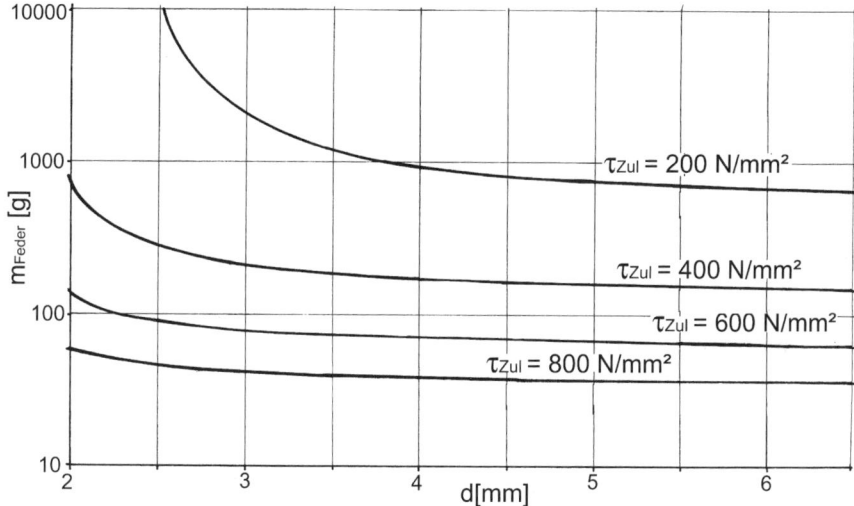

Bild 2.32: Federmasse.

Bei der Ermittlung der Federmasse spielt der Federdrahtdurchmesser keine wesentliche Rolle. Lediglich für kleine Drahtdurchmesser ist ein leichter Anstieg zu verzeichnen, da der

Wahl'sche Faktor größer wird. In diesem Zusammenhang wird klar, daß hohe zulässige Schubspannungen sehr leichte Federn ergeben. Minderwertige Werkstoffe hingegen erhöhen die Konstruktionsmasse erheblich. Die optimale Feder vermeidet also zu enge Windungen und besteht aus einem hochwertigen Werkstoff.

Aufgabe 2.6 (Seite 206) bis Aufgabe 2.12 (Seite 211)

2.2.3.4   Knickgefährdung

Werden lange, schlanke Schraubendruckfedern nicht geführt, so besteht Knickgefahr. In Anlehnung an die Knickberechnung aus Kapitel 1.9 kann hier eine Kurve angegeben werden, die den Bereich der Knicksicherheit von dem der Knickgefahr abgrenzt.

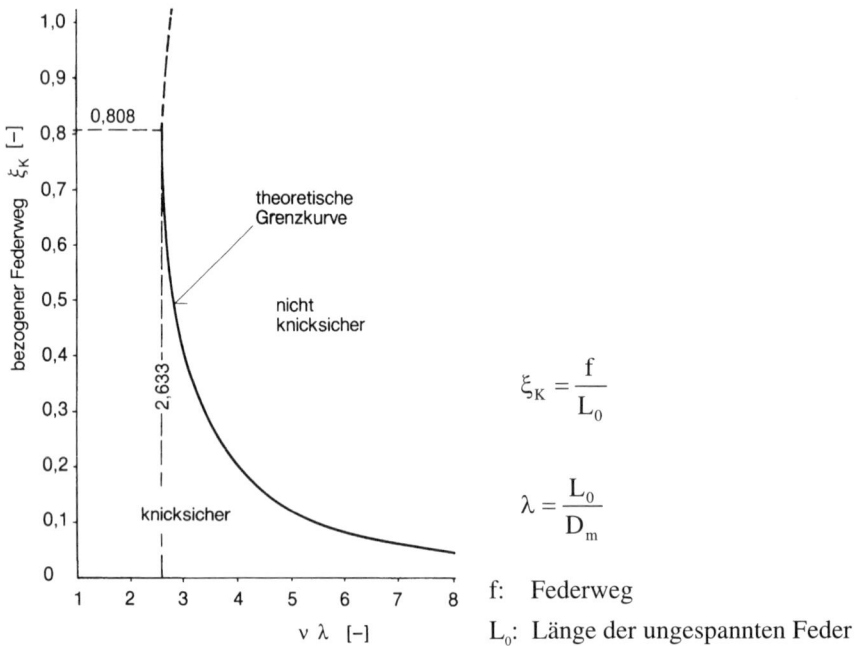

$$\xi_K = \frac{f}{L_0}$$

$$\lambda = \frac{L_0}{D_m}$$

f: Federweg

L_0: Länge der ungespannten Feder

Bild 2.33: Knickgrenze Schraubendruckfedern nach [3].

Schraubendruckfedern sind mit steigendem Federweg und abnehmendem Windungsdurchmesser zunehmend knickgefährdet. Aus dieser Darstellung geht hervor, daß eine Schraubendruckfeder mit $\nu\lambda < 2{,}633$ auf jeden Fall knicksicher ist. Der Abszissenwert berücksichtigt die Art und Weise, wie die Feder an die Umgebungskonstruktion angebunden ist. Dazu wird der Beiwert ν formuliert:

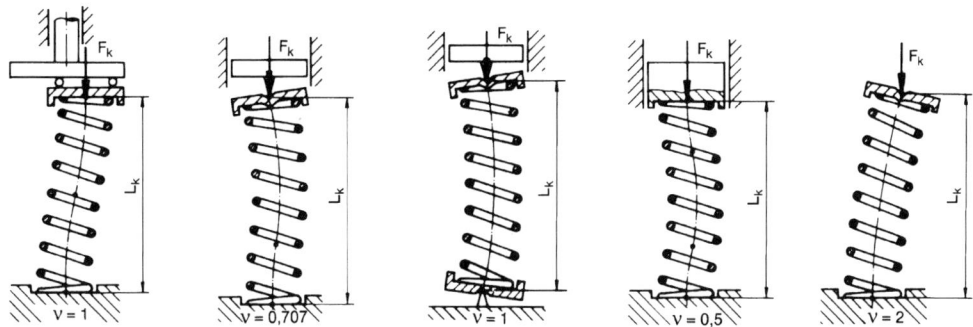

Bild 2.34: Beiwert ν für die Knickgefährdung von Schraubendruckfedern nach [3].

2.2.4 Gewundene Schenkelfeder als Drehfeder

Wie die Schraubenfeder besteht auch die Schenkelfeder aus einem schraubenförmig gewendelten Federdraht, die Lasteinleitung, die Materialbeanspruchung und die Verformung sind jedoch völlig verschieden. Die folgende Gegenüberstellung macht diese Unterschiedlichkeit deutlich:

Schraubenfeder als Zug-/Druckfeder		Unterscheidungs-merkmale	Schenkelfeder als Drehfeder	
F ⬇ f	Zug-/Druckkraft F	Lasteinleitung als	Torsionsmoment M_t	M_t ⬇ φ
	Federweg f	Verformung	Verdrehwinkel φ	
	Torsionsschub τ_t	Materialbelastung	Biegespannung σ_b	
	Ösen bzw. angelegte Enden zur Krafteinleitung	Konstruktion	Schenkel zur Momenteneinleitung	

Bild 2.35: Unterscheidungsmerkmale Schraubenfeder – Schenkelfeder.

Gewundene Schenkelfedern werden häufig dazu benutzt, Hebel, Deckel oder Klappen mit einer definierten Kraft in einer Endlage Kraft festzuhalten. Das folgende Bild zeigt einen typischen Einbaufall:

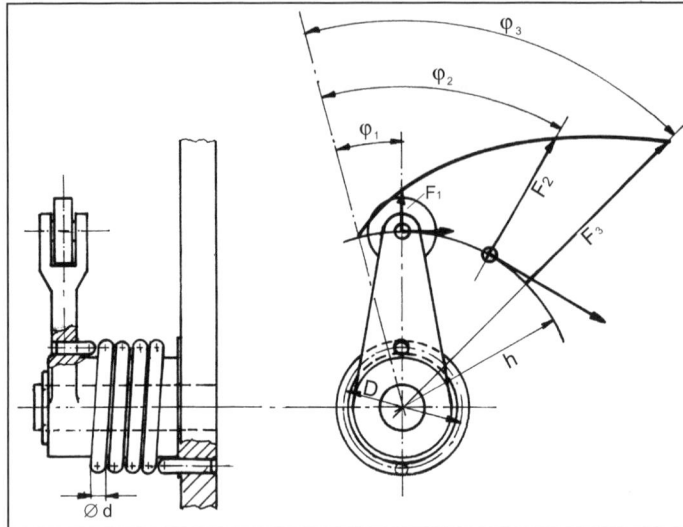

Wird der Hebel bewegt oder die Klappe bzw. der Deckel geöffnet, so wird die Feder zunehmend gespannt, so daß die Kraft ansteigt. Nach dem Loslassen wird eine Schließbewegung selbsttätig eingeleitet. Einer der beiden Schenkel wird mit dem festen Gestell verbunden, während der andere Schenkel mit einer gewissen Vorspannung am beweglichen Teil eingehängt wird. Die Anzahl der federnden Windungen soll 2 nicht unterschreiten.

Bild 2.36: Einbaubeispiel Schenkelfeder.

Das folgende Bild veranschaulicht für einen zunächst vereinfachten Modellfall die Beanspruchung der Schenkelfeder:

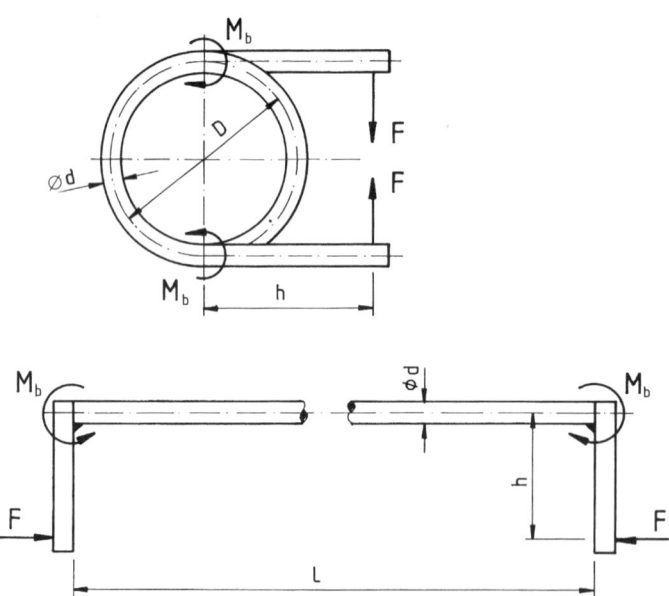

Bild 2.37: Modellhafte Schenkelfeder.

Es werden die folgenden modellhaften Vereinfachungen getroffen:

- Die am Schenkel mit der Länge h angreifende Kraft F läßt sich in ihrer Wirkung durch das Moment $M_b = F * h$ ersetzen (obere Bildhälfte). Der Querkraftschub wird dabei vernachlässigt.

- Die rechnerische Beschreibung der Feder wird vereinfacht, wenn man sich den gewundenen Federdraht als abgewickelten Biegebalken vorstellt (untere Bildhälfte). Im Federdraht wird das Moment $M_b = F * h$ auf seiner gesamten Länge in voller Höhe wirksam.

- Bei der folgenden rechnerischen Beschreibung wird nur die Federung der Windungen betrachtet und die der Schenkel vernachlässigt. Diese Annahme ist gerechtfertigt, weil sich die gewundene Federlänge als relativ langer Balken gleicher Biegefestigkeit in sehr hohem Maße an der Federverformung beteiligt, während die Schenkel als relativ kurze Biegebalken nur wenig Federweg aufnehmen können. Diese Vereinfachung trifft besonders bei zunehmender Anzahl an federnden Windungen zu.

Zur Überprüfung der **Belastbarkeit** der Feder genügt es, die Biegespannung σ_b zu formulieren, wobei auch hier ein Federdraht mit kreisrundem Querschnitt angenommen wird:

$$\sigma_b = \frac{M_b}{W_{ax}} = q * \frac{F * h}{\frac{\pi * d^3}{32}} \leq \sigma_{bzul}$$

Der Faktor q berücksichtigt die durch die räumliche Anordnung der Windungen bedingte Ungleichmäßigkeit der Spannungsverteilung (im weiteren Sinne vergleichbar mit dem Wahl'schen Faktor K bei auf Zug oder Druck belasteten Schraubenfedern) und berechnet sich zu

$$q = \frac{w + 0{,}07}{w - 0{,}75} \qquad \text{mit} \qquad w = \frac{D}{d}$$

Ähnlich wie bei Schraubenfedern ist nach DIN 2088 auch bei Schenkelfedern ein Wickelverhältnis w = D/d definiert, welches nicht kleiner als 4 und nicht größer als 20 sein soll. Der Faktor q hat tendenziell einen ähnlichen Verlauf wie der Wahl'sche Faktor K bei auf Zug oder Druck beanspruchten Schraubenfedern und ist ihm deshalb auch in Bild 2.26 gegenübergestellt. Das Festigkeitskriterium ist dann erfüllt, wenn die tatsächlich eingeleitete Biegespannung σ_b kleiner ist als die zulässige Biegespannung σ_{bzul}. Wegen der Stabilität sollen Schenkelfedern nur so belastet werden, daß sich die Windungen bei Belastung zunehmend verengen, nicht aber aufweiten.

Zur Ermittlung der **Steifigkeit** wird die Schenkelfeder im Zusamenspiel mit ihrer konstruktiven Umgebung als Torsionsfeder mit dem Lastmoment M_t und dem Verdrehwinkel φ betrachtet, wobei sich die in der Feder gespeicherte elastische Formänderungsarbeit global ausdrücken läßt durch

$$W = \frac{M_t * \varphi}{2}$$

Da der Federdraht selber jedoch auf Biegung belastet wird, formuliert sich nach der elementaren Festigkeitslehre die im Biegebalken gespeicherte elastische Verformungsarbeit W zu

$$W = \frac{M_b^{\,2} * L}{2 * E * I_{ax}}$$

Setzt man nun die beiden Ausdrücke gleich, so wird das in die Feder eingeleitete Torsionsmoment M_t zum Biegemoment M_b für den Federdraht: $M_t = M_b = M$. Damit gewinnt man die Gleichung

$$\frac{M^2 * L}{2 * E * I_{ax}} = \frac{M * \varphi}{2} \qquad \Rightarrow \qquad \frac{M * L}{E * I_{ax}} = \varphi$$

Zur Formulierung der Steifigkeit c_T braucht dieser Ausdruck nur noch umgestellt zu werden, wobei $I_{ax} = \pi d^4 / 64$ einzuführen ist:

$$c_T = \frac{M}{\varphi} = E * \frac{\pi * d^4}{64 * L}$$

Die Balkenlänge L steht mit dem Windungsdurchmesser D und der Anzahl der federnden Windungen i in geometrischer Beziehung:

$$L = D * \pi * i$$

Die Federsteifigkeit erhält nun die endgültige Form

$$c_T = E * \frac{d^4}{64 * D * i}$$

Ähnlich wie bei zylindrischen Schraubenfedern geht man auch bei der Dimensionierung der Schenkelfeder folgendermaßen vor: Der Windungsdurchmesser D und der Drahtdurchmesser d werden in Funktion der zulässigen Werkstoffbelastung festgelegt und die gewünschte Steifigkeit wird anschließend durch eine entsprechende Anzahl an federnden Windungen realisiert. Dazu braucht lediglich die o.g. Gleichung nach i aufgelöst zu werden:

$$i = E * \frac{d^4}{c_T * 64 * D}$$

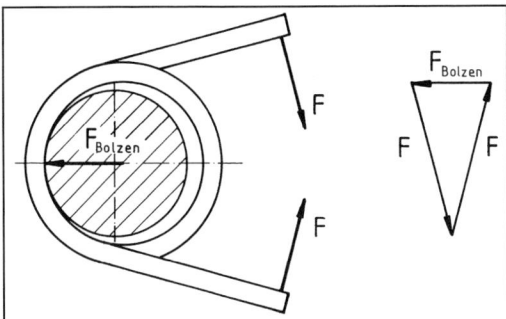

In der einleitenden Skizze wurde vereinfachend angenommen, daß sich die an den beiden Schenkelenden angreifenden Kräfte auf einer gemeinsamen Wirkungslinie liegen. Dies trifft im allgemeinen Fall jedoch nicht zu, so daß die Schenkelfeder gegenüber einem Führungsbolzen abgestützt werden muß. Diese zusätzliche Reaktion hat aber normalerweise keinen Einfluß auf die oben angestellten Betrachtungen bezüglich Belastbarkeit und Steifigkeit der Feder.

Bild 2.38: Schenkelfeder und Führungsbolzen.

Um unnötige Kräfte zwischen Feder und Führungsbolzen zu vermeiden, sollen die die Feder belastenden Kräfte möglichst senkrecht zum Schenkel eingeleitet werden.

Aufgabe 2.13 (Seite 212) bis Aufgabe 2.15 (Seite 214)

2.2.5   Ringfeder

Wie die Bezeichnung schon besagt, bestehen Ringfedern aus ringförmigen Einzelelementen: Entsprechend der untenstehenden Skizze werden abwechselnd ein etwas größerer Außenring mit an beiden Enden kegeliger Innenfläche und ein etwas kleinerer Innenring mit kegeliger Außenfläche zusammengefügt:

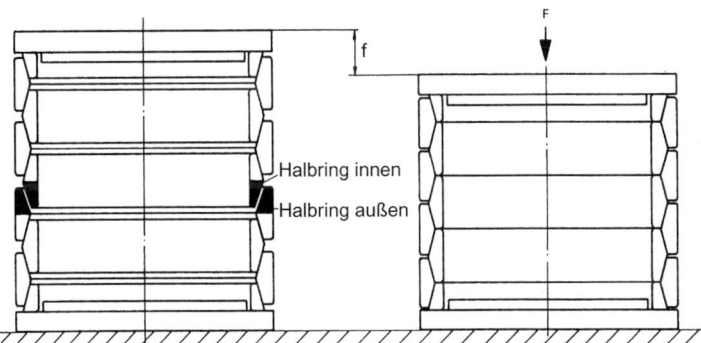

Bild 2.39: Ringfedersäule bestehend aus 4 Außenringen und 3 Innenringen (16 Halbringen).

Ähnlich wie eine Schraubendruckfeder kann auch eine Ringfeder nur zentrisch auf Druck belastet werden, wobei je zwei benachbarte Ringe an den kegeligen Kontaktflächen ineinandergleiten. Die **Außenringe** werden dabei gedehnt, also in Tangentialrichtung **auf Zug** belastet und die **innenliegenden Ringe** gestaucht, also in Tangentialrichtung auf **Druck** beansprucht. Zunächst wird nur ein einzelner „Halbring" betrachtet, die Steifigkeit der gesamten Ringfedersäule ergibt sich dann als Hintereinanderschaltung aller Halbringe.

Im Gegensatz zu den anderen hier erläuterten Federbauarten läßt sich im Falle der Ringfeder der Reibungseinfluß und die damit verbundene Federhysterese, die in der Einleitung nur qualitativ angedeutet wurde, durch einen relativ einfachen Ansatz beschreiben. Diese Zusammenhänge werden jedoch leichter verständlich, wenn zunächst der reibungsfreie Fall betrachtet wird:

2.2.5.1   Ansatz reibungsfrei

Die Reibungsfreiheit wird modellhaft dadurch angedeutet, daß an der kegeligen Kontaktfläche fiktive Rollen angenommen werden (obere Bildhälfte):

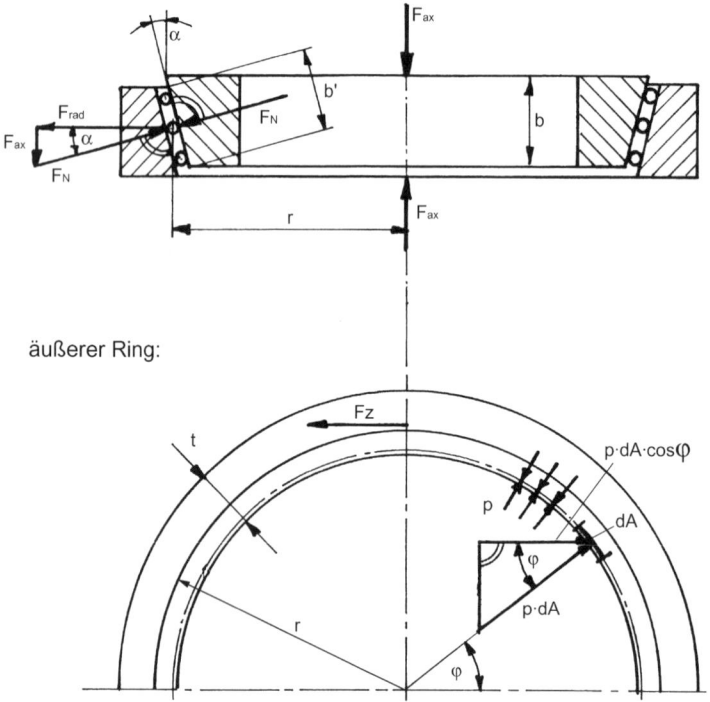

Bild 2.40: Einzelelement Ringfeder, reibungsfrei.

Dabei bedeuten:

α: Kegelsteigungswinkel

F_N: an der Kontaktfläche zwischen den beiden Ringen normal wirkende Kraft

F_{ax}:   axial auf die Feder einwirkende Kraft

F_{rad}:   die den Außenring radial nach außen bzw. den Innenring radial nach innen belastende Kraft

Zwischen F_{ax} und F_{rad} läßt sich folgende Winkelbeziehung formulieren:

$$\sin\alpha = \frac{F_{ax}}{F_N} \qquad \Rightarrow \qquad F_N = \frac{F_{ax}}{\sin\alpha}$$

Erstes Belastbarkeitskriterium: Flächenpressung

Die Kraft F_N wirkt als Flächenpressung auf der gesamten Kontaktfläche zwischen einem jeweils benachbarten Innen- und Außenring.

$$p = \frac{F_N}{A} = \frac{\dfrac{F_{ax}}{\sin\alpha}}{2 * \pi * r * b'}$$

b' steht für die Breite der Kontaktfläche zwischen jeweils zwei benachbarten Ringen. Da bei maximaler Last der Innenring fast vollständig in den Außenring eintaucht, kann b' mit der tatsächlichen axialen Erstreckung des Ringes in Zusammenhang gebracht werden:

$$\cos\alpha = \frac{b}{b'} \qquad \Rightarrow \qquad b' = \frac{b}{\cos\alpha}$$

Damit ergibt sich

$$p = \frac{F_{ax} * \cos\alpha}{\sin\alpha * 2 * \pi * r * b} = \frac{F_{ax}}{2 * \pi * r * b * \tan\alpha} \le p_{zul}$$

bzw. $\qquad F_{axzul} = 2 * \pi * r * b * \tan\alpha * p_{zul}$

Die dabei auftretende Flächenpressung p darf die zulässige Flächenpressung p_{zul} nicht überschreiten.

Zweites Belastbarkeitskriterium: Ringspannung

Neben diesem Belastbarkeitskriterium kann auch der Außenring durch Zugspannung bzw. der Innenring durch Druckspannung überlastet werden. Stellvertretend für beide Fälle wird hier die Zugbeanspruchung des äußeren Halbringes untersucht. Zu diesem Zweck wird der einzelne Halbring in der Draufsicht (untere Bildhälfte) betrachtet und ein Kräftegleichgewicht in x-Richtung für den ersten Quadranten angesetzt ($\sum F_x = 0$). Die im Halbring wirkende Zugkraft F_Z formuliert sich dann zu

$$F_Z = \int_{\varphi=0}^{\varphi=90°} p * dA * \cos\varphi \qquad\qquad \text{mit} \qquad dA = r * d\varphi * b$$

$$F_Z = \int_{\varphi=0}^{\varphi=90°} p * r * d\varphi * b * \cos\varphi = p * r * b * \int_{\varphi=0}^{\varphi=90°} \cos\varphi * d\varphi = p * r * b * \left[\sin\varphi\right]_{\varphi=0}^{\varphi=90°} = p * r * b$$

Die für die Belastbarkeit maßgebende Zugspannung im Ring kann als homogene Zugspannungsverteilung angenommen werden, weil t << r weitgehend erfüllt ist. Die Spannung im äußeren Halbring σ_Z ergibt sich dann zu

$$\sigma_Z = \frac{F_Z}{t*b} = \frac{p*b*r}{t*b} = p*\frac{r}{t}$$

Ersetzt man p nach der obigen Formulierung durch die äußere Federbelastung F_{ax}, so gewinnt man

$$\sigma_Z = \frac{F_{ax}}{2*\pi*r*b*\tan\alpha} * \frac{r}{t} = \frac{F_{ax}}{2*\pi*b*t*\tan\alpha}$$

bzw. $F_{axzul} = 2*\pi*b*t*\tan\alpha*\sigma_{zul}$

Die im inneren Halbring wirkende Druckspannung σ_D läßt sich auf ähnliche Weise herleiten, wobei dann nur noch die Indizierung entsprechend angepaßt werden muß:

$$\sigma_D = \frac{F_{ax}}{2*\pi*b*t*\tan\alpha}$$

Steifigkeit

Zur Berechnung des Verformungsverhaltens der Feder (Steifigkeitskriterium) wird der elementare Zusammenhang der Festigkeitslehre angesetzt:

$$\sigma = E*\varepsilon$$

Die in den Halbringen wirkenden Zug- und Druckspannungen sind bereits aus den vorangegangenen Festigkeitsbetrachtungen bekannt. Somit folgt mit dem obigen Ausdruck für σ_Z bzw σ_D:

$$\frac{F_{ax}}{2*\pi*b*t*\tan\alpha} = E*\varepsilon$$

Die dimensionslose Verformung ε kann hier sowohl auf den Umfang als ΔL als auch auf den Radius als Δr bezogen werden:

$$\varepsilon = \frac{\Delta L}{L} = \frac{2*\pi*\Delta r}{2*\pi*r} = \frac{\Delta r}{r} \qquad \Rightarrow \qquad \frac{F_{ax}}{2*\pi*b*t*\tan\alpha} = E*\frac{\Delta r}{r}$$

Die übliche Definition der Federsteifigkeit verlangt aber nach einem Zusammenhang zwischen der axial wirkenden Kraft F_{ax} und der axialen Verschiebung f_{ax}. Die Radienänderung Δr läßt sich nach folgender Skizze unmittelbar mit der axialen Verschiebung Δa in Zusammenhang bringen:

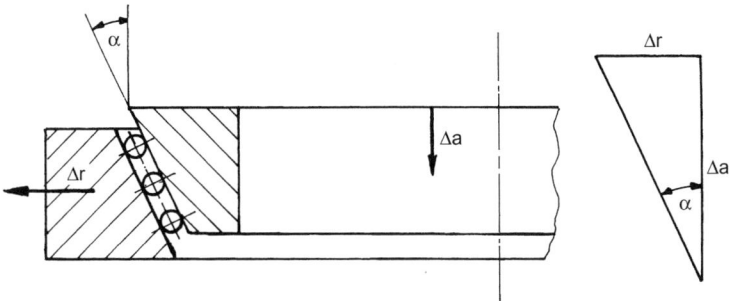

Bild 2.41: Verformungen am Halbring.

$$\tan \alpha = \frac{\Delta r}{f_{ax}} \qquad \Rightarrow \qquad \Delta r = f_{ax} * \tan \alpha$$

Setzt man diesen Ausdruck in die vorherige Gleichung ein, so ergibt sich

$$\frac{F_{ax}}{2 * \pi * b * t * \tan \alpha} = E * \frac{f_{ax} * \tan \alpha}{r}$$

Die Steifigkeit eines einzelnen Federelementes formuliert sich also zu

$$c = \frac{F_{ax}}{f_{ax}} = E * \frac{2 * \pi * b * t}{r} * \tan \alpha * \tan \alpha$$

Die beiden Ausdrücke $\tan\alpha$ bleiben an dieser Stelle aus Gründen, die weiter unten aufgeführt werden, noch als getrennte Faktoren erhalten. Die Formulierung der Steifigkeit bezieht sich auf einen einzelnen Halbring, die Steifigkeit der gesamten Federsäule muß dann als Hintereinanderschaltung aller vorhandenen Halbringe gesehen werden.

2.2.5.2   Ansatz reibungsbehaftet

Die vorangegangenen Betrachtungen gelten wie eingangs erwähnt für den **reibungsfreien Fall**. Tatsächlich treten jedoch **Reibeinflüsse** auf, die die Kräftewirkungen ganz erheblich beeinflussen.

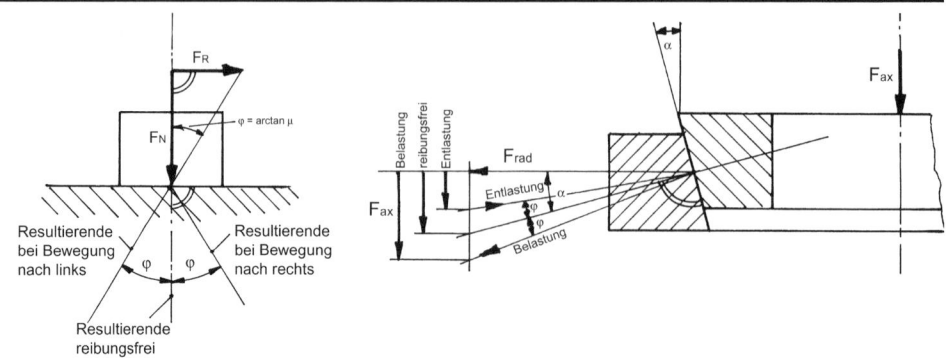

Bereits der Grundlagenversuch der Physik hat gezeigt, daß beim reibungsbehafteten Verschieben einer Masse auf der Unterlage eine Reibkraft F_R wirksam ist, die stets der Bewegung entgegengesetzt gerichtet ist. Dieser Sachverhalt läßt sich auch mit dem Reibwinkel $\rho = \arctan \mu$ beschreiben: Beim Verschieben der Masse ist die Resultierende der übertragenen Kraft stets unter dem Reibwinkel ρ geneigt.

Auch an der Kontaktfläche zweier Halbringe einer Ringfeder ist die Wirkungslinie der an den Kegelflächen übertragenen Kraft gegenüber der Flächennormalen um den Winkel ρ geneigt. Um im Außenring eine radiale Kraft F_{rad} hervorzurufen, muß also eine um den Winkel ρ vergrößerte Axialkraft F_{ax} aufgebracht werden, während sich bei der Entlastung eine entsprechend kleinere Axialkraft einstellt.

Bild 2.42: Ringfeder, reibungsbehaftet.

Aus dieser Darstellung läßt sich ganz generell ableiten, daß

- für die Kräftewirkung bei der **Be**lastung nicht der Winkel α, sondern der Winkel $\alpha + \rho$ maßgebend ist.

- für die Kräftewirkung bei der **Ent**lastung nicht der Winkel α, sondern der Winkel $\alpha - \rho$ maßgebend ist.

- für die Überprüfung der Belastbarkeit der **Be**lastungsfall als kritisch anzusehen ist.

Die für den reibungsfreien Fall hergeleiteten obigen Gleichungen müssen also noch entsprechend erweitert werden, in dem α durch $\alpha + \rho$ für Belastung bzw. $\alpha - \rho$ für Entlastung ersetzt wird. Für die festigkeitsmäßig kritische **Be**lastung gilt also:

$$p = \frac{F_{ax}}{\tan(\alpha + \rho) * 2 * \pi * r * b} \leq p_{zul} \quad \text{bzw.} \quad F_{axzul} = 2 * \pi * r * b * \tan(\alpha + \rho) * p_{zul}$$

Die im äußeren Halbring wirkende Zugspannung σ_Z und die im inneren Halbring wirkende Druckspannung σ_D formuliert sich zu

$$\sigma_Z = \frac{F_{ax}}{2 * \pi * b * t * \tan(\alpha + \rho)} \leq \sigma_{Zzul} \qquad \text{bzw.} \qquad F_{axzul} = 2 * \pi * b * t * \tan(\alpha + \rho) * \sigma_{Zzul}$$

$$\sigma_D = \frac{F_{ax}}{2 * \pi * b * t * \tan(\alpha + \rho)} \leq \sigma_{Dzul} \qquad \text{bzw.} \qquad F_{axzul} = 2 * \pi * b * t * \tan(\alpha + \rho) * \sigma_{Dzul}$$

Mit diesen Gleichungen läßt sich die Belastbarkeit der Ringfeder überprüfen. Die Material-beanspruchung (sowohl die Pressung als auch die Spannung) wird durch die Reibung redu-ziert, weil dadurch Kraft verlorengeht, bevor sie das Material tatsächlich belasten kann. Die Materialbeanspruchung im reibungsbehafteten Fall ist also kleiner ist als im reibungsfreien Fall. Der geometrische Zusammenhang $\tan\alpha = \Delta r / f_{ax}$ bleibt von der Reibung unberührt, es gilt also weiterhin: $\Delta r = f_{ax} * \tan\alpha$. Die reibungsbehaftete Steifigkeit eines einzelnen Fe-derelementes formuliert sich also zu

$$c = \frac{F_{ax}}{f_{ax}} = E * \frac{2 * \pi * b * t}{r} * \tan(\alpha \pm \rho) * \tan\alpha$$

Das **Plus**zeichen gilt für die **Be**lastung, das **Minus**zeichen für die **Ent**lastung der Feder, für den reibungsfreien Fall ist $\rho = 0$. Für den Halbring lassen sich also insgesamt 3 Steifigkeits-kennlinien formulieren:

$$c = E * \frac{2 * \pi * b * t}{r} * \tan(\alpha + \rho) * \tan\alpha \qquad \text{für Belastung}$$

$$c = E * \frac{2 * \pi * b * t}{r} * \tan\alpha * \tan\alpha \qquad \text{reibungsfrei}$$

$$c = E * \frac{2 * \pi * b * t}{r} * \tan(\alpha - \rho) * \tan\alpha \qquad \text{für Entlastung}$$

Das folgende Diagramm beschreibt den Einfluß von Neigungswinkel α und Reibungswinkel ρ auf die Steifigkeit und die Belastbarkeit einer Ringfeder. In diesem Zahlenbeispiel beträgt d = 19 mm, t = 10 m und r = 84,6 mm.

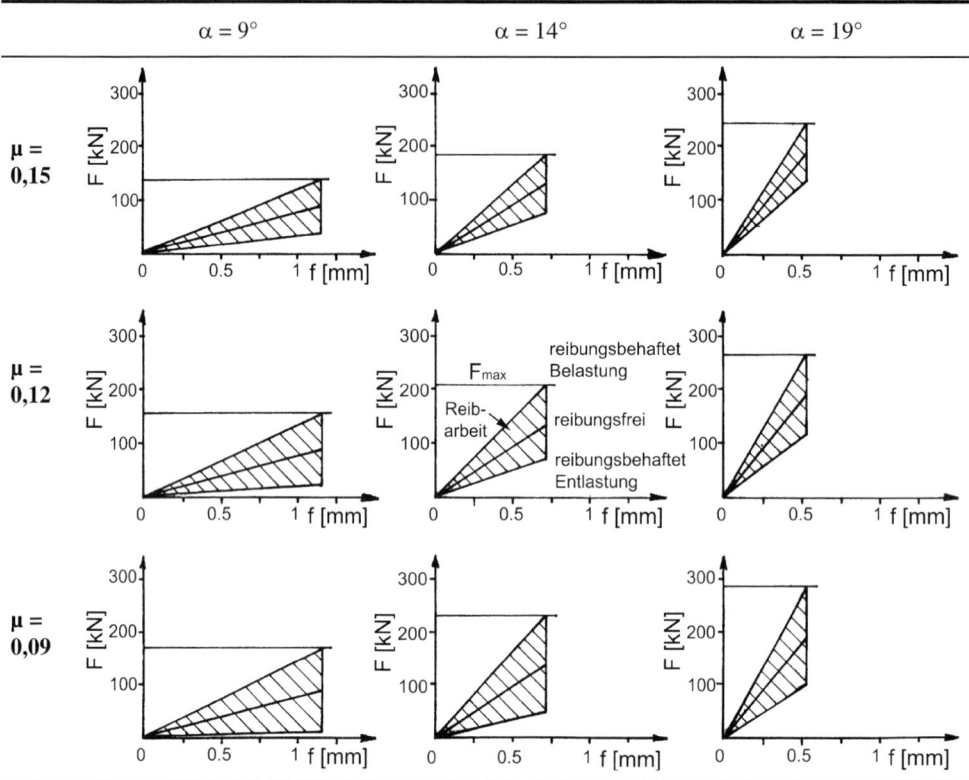

Bild 2.43: Parametervariation Ringfeder.

- Mit zunehmender Reibzahl μ wird die Belastbarkeit der Feder gesteigert.

- Mit zunehmendem Steigungswinkel α wird die Belastbarkeit der Feder gesteigert.

- Die Erhöhung des Reibwertes μ vergrößert die Reibarbeit. Für die hier in Frage kommenden Stahlwerkstoffe ist dieser Reibwert aber nur durch die Art der Schmierung beeinflußbar.

- Durch Reduzierung des Steigungswinkels α kann der Hystereseanteil gezielt gesteigert werden.

- Die Hysterese kann aber nicht beliebig erhöht werden, da α-ρ immer positiv bleiben muß. Es muß also die Bedingung

$$\alpha > \rho$$

noch mit Sicherheit und trotz aller Reibwertschwankungen erfüllt sein, da andernfalls die Feder im belasteten Zustand klemmen und bei Entlastung nicht wieder zurückfedern würde.

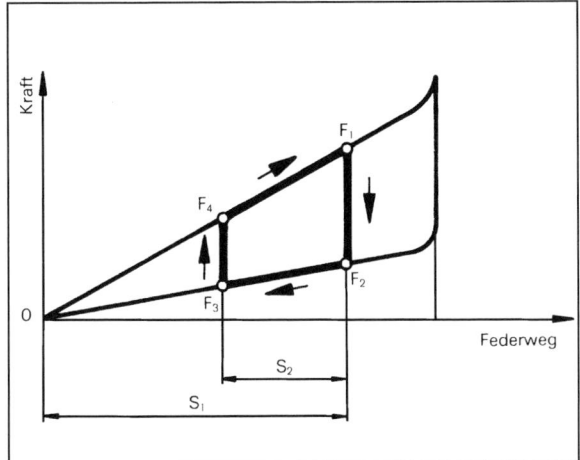

Wird eine Ringfeder mit F_1 belastet, so stellt sich dabei ein Federweg s_1 ein. Anschließend kann die Kraft bis auf F_2 reduziert werden, ohne daß sich die Feder bewegt. Erst bei weiterer Reduzierung der Kraft auf F_3 geht der Federweg um s_2 zurück. Bei einer erneuten Belastung bewegt sich die Feder zunächst nicht, erst bei Überschreiten von F_4 nimmt der Federweg wieder zu. Wird der hier skizzierte maximale Federweg überschritten, so steigt die Kraft sprunghaft an, weil die Feder „auf Block fährt", zwei benachbarte Ringe liegen axial aufeinander.

Bild 2.44: Steifigkeitskennlinie Ringfeder.

Ein typisches Beispiel für die Anwendung von Ringfedern ist die Federung des Eisenbahnpuffers:

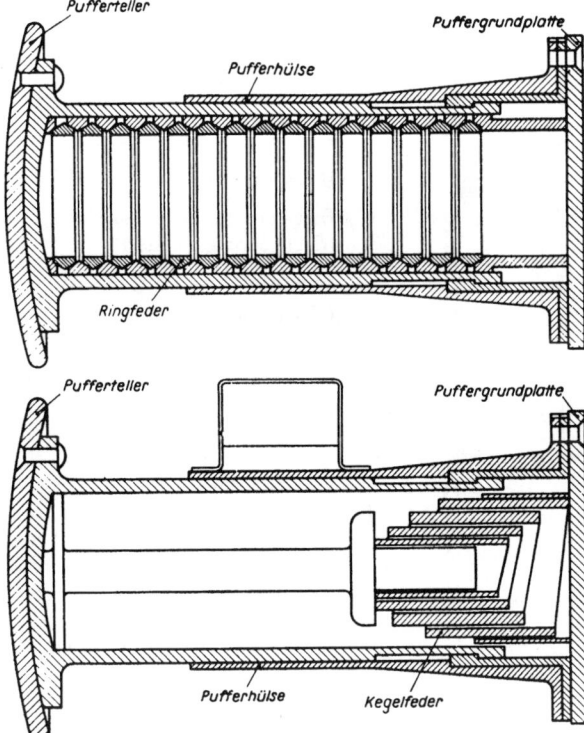

Bild 2.45: Eisenbahnpuffer mit Ringfeder (oben) und mit Kegelfeder (unten) (aus Dampflokomotivkunde 1983).

Während der Puffer mit Ringfeder die bei der Belastung eingebrachte Arbeit zum großen Teil in Wärme umsetzt, fehlt der Hystereseeinfluß beim Puffer älterer Bauart mit Kegelfeder: Die Fahrzeuge schlagen beim Entspannen der Feder kräftig auseinander.

Aufgabe 2.16 (Seite 216)

2.2.6   Tellerfeder

Tellerfedern haben eine ähnliche Form wie Unterlegscheiben, sie sind allerdings nicht flach, sondern leicht kegelig gewölbt und wegen ihrer einfachen Fertigung sehr preisgünstig. Mit zunehmender Axialbelastung wird der Kegel immer flacher gedrückt.

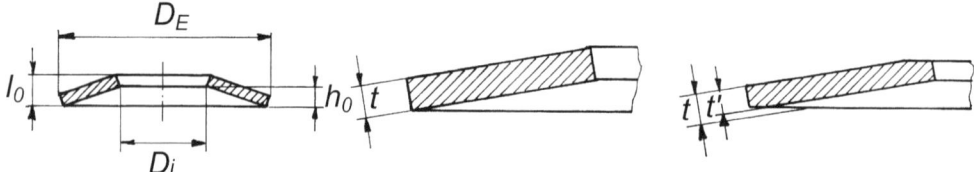

Bild 2.46: Tellerfeder.

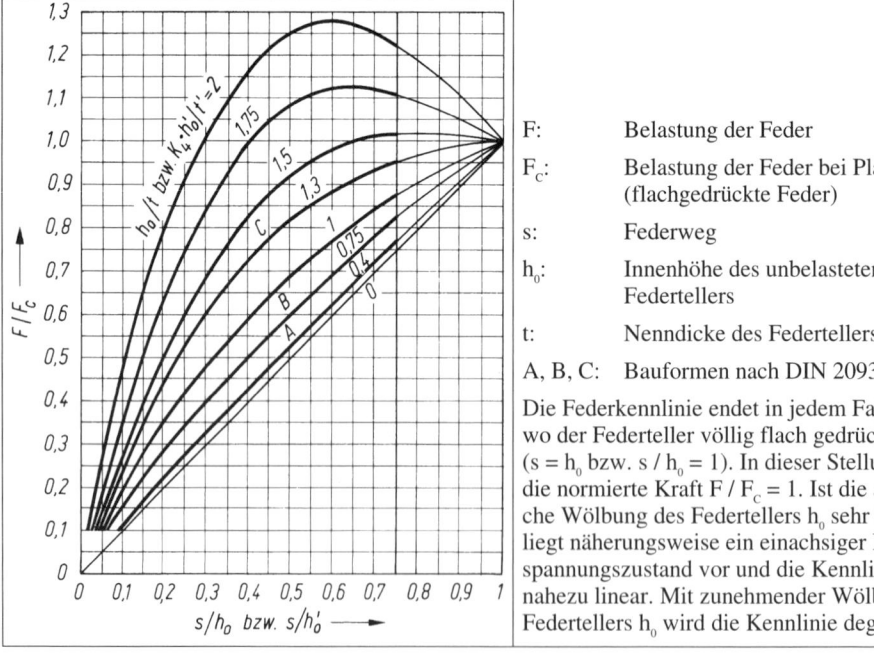

F:	Belastung der Feder
F_c:	Belastung der Feder bei Planlage (flachgedrückte Feder)
s:	Federweg
h_0:	Innenhöhe des unbelasteten Federtellers
t:	Nenndicke des Federtellers
A, B, C:	Bauformen nach DIN 2093

Die Federkennlinie endet in jedem Fall dort, wo der Federteller völlig flach gedrückt ist ($s = h_0$ bzw. $s/h_0 = 1$). In dieser Stellung ist die normierte Kraft $F/F_c = 1$. Ist die anfängliche Wölbung des Federtellers h_0 sehr klein, so liegt näherungsweise ein einachsiger Biegespannungszustand vor und die Kennlinie ist nahezu linear. Mit zunehmender Wölbung des Federtellers h_0 wird die Kennlinie degressiv.

Bild 2.47: Steifigkeitskennlinie Tellerfeder.

Die Feder weist aufgrund ihrer Fertigung zunächst eine rechteckige Schnittfläche auf (linkes und mittleres Bild), zuweilen werden die Auflageflächen auch bearbeitet (rechtes Bild). Die Feder wird vorwiegend auf Biegung beansprucht, es tritt zusätzlich aber auch Zug und Druck auf. Da sich Spannungen und Dehnungen im allgemeinen Fall nicht proportional zueinander verhalten, ist die Steifigkeit nicht linear.

Wenn die konstruktiven Umgebungsbedingungen so ausgebildet sind, daß die Feder nicht über die Planlage hinaus deformiert werden kann, so ist auch sichergestellt, daß die Feder nicht zerstört werden kann. Aufgrund ihrer Bauform führt eine Tellerfeder kleine Federwege aus und kann große Kräfte aufnehmen, sie ist also relativ steif.

Der besondere Vorteil der Tellerfeder liegt in ihrem kleinen Konstruktionsraum und in ihrer vielfältigen Kombinationsmöglichkeit. Dazu zunächst einige einführende Beispiele:

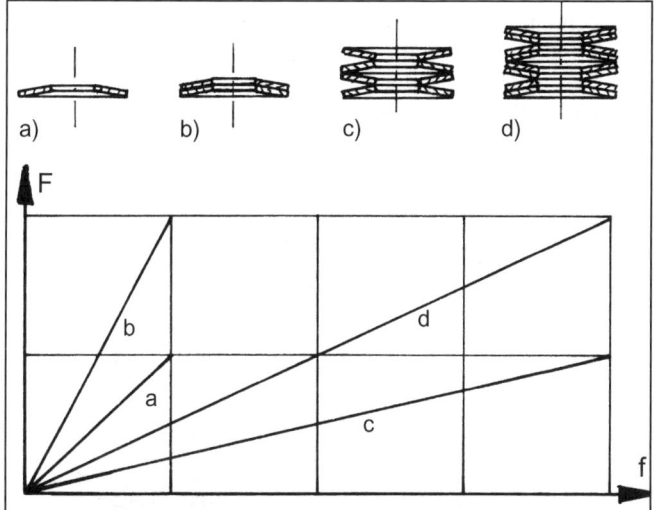

a. Einzelfeder, Bezugssteifigkeit für die weiteren Betrachtungen

b. Parallelschaltung zweier Federn, doppelte Steifigkeit

c. Hintereinanderschaltung von vier Federn, Vierteilung der Steifigkeit

d. Vierfachhintereinanderschaltung von b, halbe Steifigkeit von a

Bild 2.48: Einige Kombinationsmöglichkeiten von Tellerfedern.

Eine Verallgemeinerung dieser Beobachtung führt zu folgenden Feststellungen:

• **Parallelschaltung**: Durch gleichsinniges Aufeinanderstapeln zu „Paketen" läßt sich ihre Steifigkeit vervielfachen (multiplizieren)

• **Hintereinanderschaltung**: Durch gegensinniges Aufeinanderstapeln zu „Säulen" läßt sich ihre Steifigkeit reduzieren (dividieren).

Darüber hinaus können aber auch Federpakete mit ungleicher Einzelsteifigkeit zu einer Säule zusammengefügt werden. Auf diese Weise erhält man eine abschnittsweise nahezu lineare, insgesamt jedoch progressive Gesamtfedersteifigkeit.

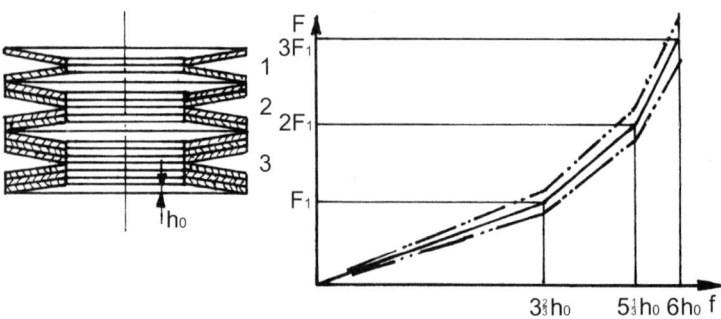

Bild 2.49: Tellerfedersäule mit progressiver Gesamtsteifigkeit.

In dieser Kennlinie ist auch berücksichtigt, daß die einzelnen Federteller untereinander und gegenüber der Auflage eine Relativbewegung ausführen. Die dabei auftretende Reibung macht sich insgesamt als Federhysterese bemerkbar, die u.U. bewußt ausgenutzt wird. Ähnlich wie bei der Ringfeder verhält sich die Reibung proportional zur Belastung. Die Reibung kann durch die Oberflächenbeschaffenheit und Schmierung in gewissen Grenzen beeinflußt werden.

Bei der konstruktiven Gestaltung von Tellerfederungen ist darauf zu achten, daß die Federn geführt werden müssen. Normalerweise werden die Federn innen durch einen Bolzen geführt. Es ist eine gerade Anzahl von Federn anzustreben, die dann so angeordnet werden, daß die erste und letzte Feder sich am Außenrand gegenüber der Umgebung abstützt, so daß die Kippgefahr reduziert wird und die Kraft möglichst zentrisch eingeleitet wird. Wie das nächste Bild beispielhaft zeigt, können Tellerfedern auch zur Vorspannung von Wälzlagerungen benutzt werden.

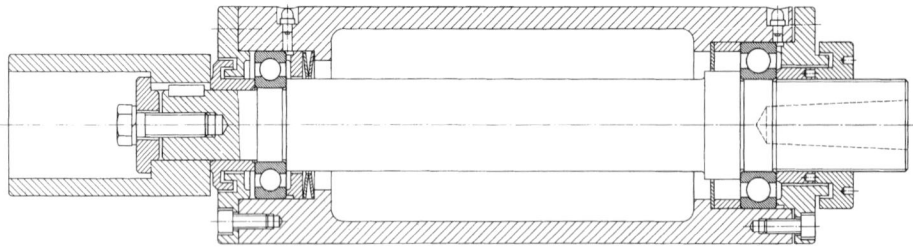

Bild 2.50: Wälzlagerung, mit Tellerfedern vorgespannt nach FAG.

Eine Fräse für Holz wird mit 4 kW bei einer Drehzahl von maximal 12.000 min^{-1} betrieben. Zwei Tellerfedern spannen die Lager mit 500 N vor. Damit wird ein spielfreier Lauf und eine hohe Steifigkeit des Spindelsystems erreicht. Ferner wird durch die Federvorspannung gewährleistet, daß beide Lager auch im Leerlauf zumindest geringfügig belastet werden. In einem unbelasteten, schnell drehenden Lager würde ansonsten die Gefahr bestehen, daß die Kugeln nicht nur abrollen, sondern auch eine verschleißfördernde Gleitbewegung ausführen.

Aufgabe 2.17 (Seite 217)

2.2.7 Vorsetzen metallischer Federn

Wie bereits eingangs erwähnt, verhalten sich die Werkstoffe metallischer Federn nach dem aus der Werkstoffkunde bekannten Spannungs-Dehnungs-Diagramm, welches prinzipiell den im linken Bild dargestellten Verlauf aufweist:

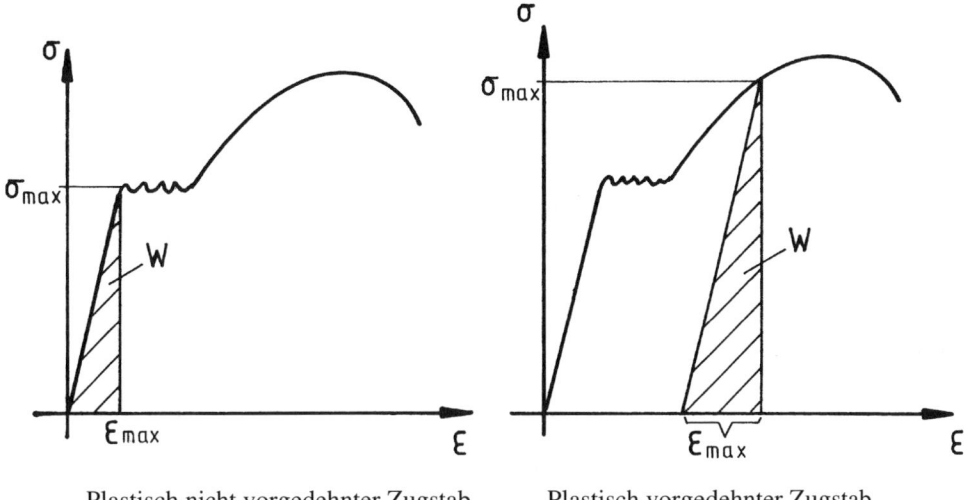

Plastisch nicht vorgedehnter Zugstab   Plastisch vorgedehnter Zugstab

Bild 2.51: Plastische Vordehnung eines Zugstabes.

Bereits aus den Grundlagen der Bauteildimensionierung (Kap. 1) ist bekannt, daß sich bei einmaligem Überschreiten der Streckgrenze und bei erneuter Belastung ein verändertes Spannungs-Dehnungs-Verhalten zeigt, welches mit einer längeren Hookeschen Gerade aufwartet (rechtes Bild). Da eine verlängerte Hookesche Gerade aber größere Federkräfte und längere Federwege zuläßt, kann dadurch die Belastbarkeit und das Arbeitsspeichervermögen $W = \frac{1}{2} * F * f$ einer „Zugstabfeder" deutlich gesteigert werden. Dieses gezielte einmalige Belasten bis weit in den plastischen Bereich hinein gehört zur Fertigung der Feder und wird „Vorsetzen" oder auch „Vorrecken" genannt. Bei diesem Vorgang muß allerdings genau darauf geachtet werden, daß die plastische Verformung nicht in den Einschnürungsbereich vordringt, da dadurch lokal unzulässige Verformungen entstehen würden.

Dieser Effekt des Vorsetzens ist nicht nur bei Zugfedern, sondern prinzipiell bei allen metallischen Federn anwendbar und wird besonders bei Drehstabfedern und Schraubenfedern praktiziert. Im folgenden wird die Vorgehensweise an der besonders leicht zu übersehenden Drehstabfeder erläutert.

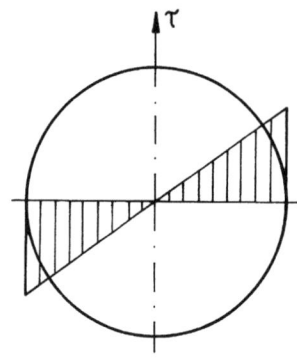
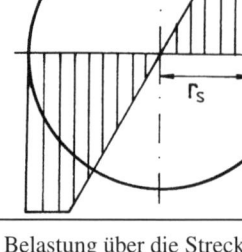
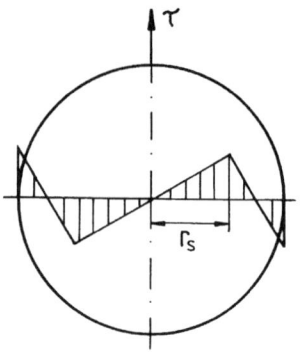

Belastung bis an die Streck-grenze heran	Belastung über die Streckgrenze hinaus ⇒ Vorsetzen	Entlasten nach dem Vorsetzen
Bis zum Erreichen der Streck-grenze stellt sich in Funktion des dem System aufgezwunge-nen Momentes eine lineare Schubspannungsverteilung ein.	Wird das Torsionsmoment dar-über hinaus gesteigert, so be-ginnt der Werkstoff vom Rand her zu fließen. Bei weiterer Belastung werden zunehmend zur Stabmitte hin liegende Berei-che über die Streckgrenze hinaus beansprucht.	Wird die Feder nach dem Vor-setzen wieder entlastet, so ergibt sich im Federdraht die hier dar-gestellte Eigenspannungsvertei-lung. Bei vollständiger Entla-stung muß gelten: $$M = 0 = \int_{0}^{r_{max}} \tau_{(r)} * r * dr$$

Bild 2.52: Vorsetzen einer Drehstabfeder.

Im späteren Betrieb stellt sich dann je nach anliegendem Torsionsmoment eine Torsions-spannungsverteilung zwischen dem Nullzustand (rechts) und dem Maximalzustand (Mitte) ein.

Weiterhin muß sichergestellt werden, daß die so vorgesetzte Feder **nachher nicht weit in die entgegengesetzte Richtung belastet** wird, denn die Verlängerung der Hookeschen Ge-rade in der einen Richtung die Hookeschen Gerade in der anderen Richtung verkürzt. Eine ähnliche Vorgehensweise kann auch bei Schraubenfedern angewendet werden, die sich ja bekanntlich bezüglich ihres Belastungsverhaltens von der Torsionsstabfeder ableitet.

2.3   Feder als Bestandteil eines schwingungsfähigen Systems

Die Feder, unabhängig von ihrer speziellen Bauform, führt bei dynamischer Belastung eine bestimmte Kraft- oder Wegfunktion aus. In manchen Fällen ergibt sich diese Funktion aber erst aus einer Wechselwirkung zwischen einer Feder mit der Steifigkeit c und einer Masse m. Dazu sei beispielhaft die untenstehende Anordnung betrachtet, die dazu dient, Brot zu schneiden.

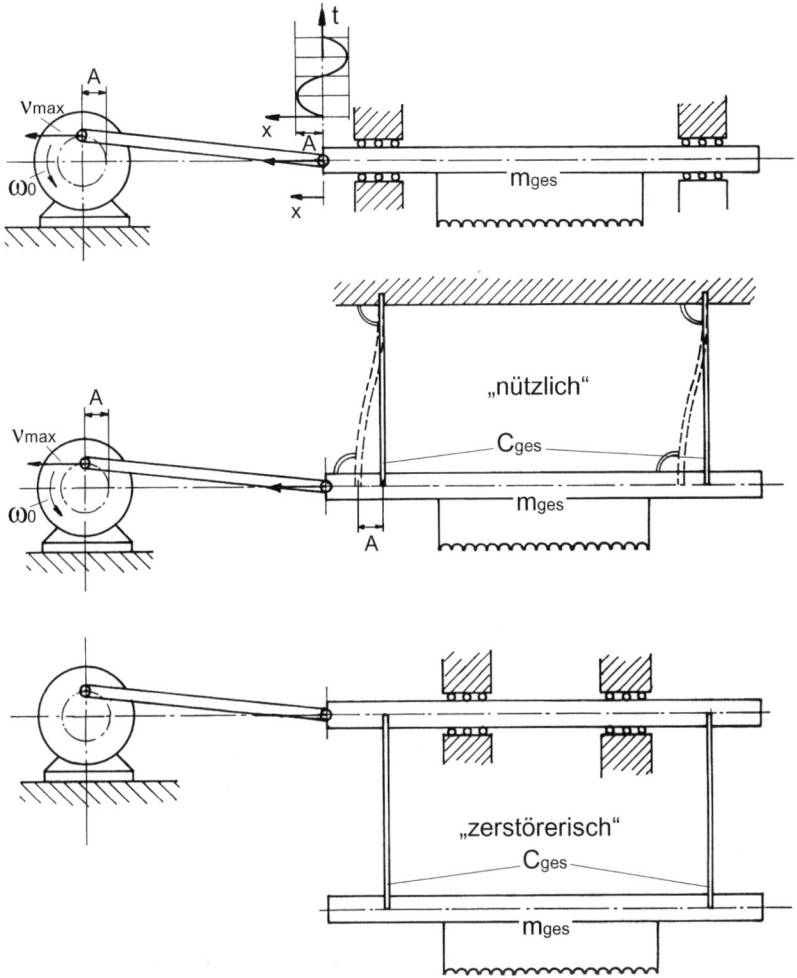

Bild 2.53: Blattfeder als Bestandteil eines schwingungsfähigen Systems.

Bei der im ersten Bilddrittel skizzierten Version wird das Messer in einer Linearführung angeordnet. Die zum Schneiden erforderliche Bewegung in Horizontalrichtung wird über den links angedeuteten Exzentermechanismus eingeleitet. Dadurch führt das Messer eine Bewegung in Form einer Sinusfunktion aus:

$$x = A * \sin(\omega_0 * t) \qquad\qquad v = v_{max} * \cos(\omega_0 * t)$$

Dabei bedeutet A die Amplitude des Schwingungsvorganges und ω_0 die Winkelgeschwindigkeit des Antriebes bzw. die Schwingfrequenz des Messers. Bei höheren Geschwindigkeiten bzw. Drehzahlen wird diese Betriebsweise jedoch zunehmend problematisch, weil dann die durch die Masse m_{ges} bedingten Massenkräfte immer größer werden.

Der in Bildmitte skizzierte Mechanismus kann dabei Abhilfe schaffen. Zunächst wird nur die rechte Anordnung betrachtet: Das Messer mit seiner Gesamtmasse m_{ges} wird über zwei parallelgeschaltete Blattfedern mit der Gesamtsteifigkeit c_{ges} an das feste Maschinengestell angebunden. In der hier dargestellten ungespannten Lage tritt an der Feder weder eine Verformung noch eine Kraft auf. Wird die Feder aus der ungespannten Lage ausgelenkt und aus dieser Lage wieder losgelassen, so führt sie eine Schwingung mit der Amplitude A um die ungespannte Lage mit der „Eigenfrequenz" ω_0 aus. Die Zeitdauer eines Schwingungsvorganges T steht mit ω_0 in Zusammenhang:

$$T * \omega_0 = 2 * \pi \qquad\qquad \Rightarrow \qquad\qquad \omega_0 = \frac{2 * \pi}{T}$$

Die Eigenfrequenz ω_0 dieser Kombination aus Feder und Masse ist für das dynamische Verhalten des Systems von entscheidender Bedeutung. Zur Ermittlung von ω_0 wird die dem System gespeicherte Energie in zwei konkreten Stellungen miteinander verglichen:

Im Umkehrpunkt der Schwingung liegt die Energie als in der Feder gespeicherte Arbeit vor:

Beim Nulldurchgang durch die ungespannte Lage liegt die Energie in rein kinetischer Form vor, wobei die Geschwindigkeit der Masse den Maximalwert v_{max} annimmt:

$$E_{pot} = \frac{F_{Feder} * A}{2} = \frac{c_{ges} * A^2}{2} \qquad\qquad E_{kin} = \frac{1}{2} * m_{ges} * v_{max}^2$$

Bei vorausgesetzter Hysteresefreiheit müssen nach dem Energieerhaltungssatz beide Energien gleichgroß sein, so daß folgt:

$$C_{ges} * A^2 = m_{ges} * v_{max}^2 \qquad \frac{c_{ges}}{m_{ges}} = \left(\frac{v_{max}}{A}\right)^2 \quad \Rightarrow \quad \sqrt{\frac{c_{ges}}{m_{ges}}} = \frac{v_{max}}{A}$$

Denkt man sich nun das „freischwingende" Feder-Masse-System (rechte Hälfte mittleres Bild) mit dem Exzenterantrieb (linke Bildhälfte) gekoppelt, so bewegen sich beide Teilsysteme mit der Winkelgeschwindigkeit $\omega_0 = v_{max} / A$, ohne daß sie sich gegenseitig beeinflussen, die Koppelstange überträgt dabei keine Kraft. Die Eigenkreisfrequenz des Feder-Masse-Systems läßt sich also beschreiben mit:

$$\omega_0 = \sqrt{\frac{c}{m}}$$

Aus dieser Formulierung ist auch zu ersehen, daß die Eigenkreisfrequenz ω_0 nur von der abgefederten Masse m und der Federsteifigkeit c, nicht aber von der Amplitude der Auslenkung abhängig ist. Im praktischen Betrieb würde sich das im mittleren Bilddrittel dargestellte Systeme also im hysterese- und reibungsfreien Fall ohne jede Antriebsleistung mit der Winkelgeschwindigkeit ω_0 bewegen können, der Motor wäre in diesem Fall nur erforderlich, um den Mechanismus überhaupt erst in Gang zu setzen. Die zyklisch sich wiederholende Energiewandlung zwischen Federenergie und Bewegungsenergie des Messers ist jedoch nur dann möglich, wenn sich der Motor mit einer Frequenz dreht, die der Eigenfrequenz des Feder-Masse-Systems entspricht. Im praktischen Betrieb treten jedoch Reibungsverluste auf und es ist eine Leistung zum Betrieb des Schneidprozesses erforderlich, die vom Antriebsmotor in das System einzubringen ist.

Würde man jedoch die oberen Enden der Blattfedern mit dem Antrieb entsprechend der unteren Darstellung des vorangegangenen Bildes koppeln, so würde bei Stillstand des Antriebes das System ebenfalls mit der Eigenkreisfrequenz ω_0 schwingen. Würde der Antrieb zusätzlich in Betrieb genommen werden, so würde sich die Schwingungsamplitude A wegen der vom Antrieb zugeführten Energie ständig vergrößern und das System schließlich zerstören. Diese Anordnung ist also für den hier vorgestellten Betrieb einer Brotschneidemaschine nicht nur unbrauchbar, sondern sogar zerstörerisch. Tatsächlich sind solche zerstörerischen Konstellationen in der Praxis zuweilen unvermeidlich. Bei einer Fahrzeugfederung beispielsweise wird von der Fahrbahn her eine (allerdings unregelmäßige) Wegfunktion eingeleitet, während am oberen Federende die Fahrzeugmasse an das schwingungsfähige System angebunden ist. In solchen Fällen sind gezielte Maßnahmen erforderlich:

• Dem System wird durch Hysterese (Reibung oder Dämpfung) Energie entzogen.
• Das System wird bewußt außerhalb der Eigenkreisfrequenz ω_0 betrieben.

Die folgende Gegenüberstellung macht deutlich, daß nicht nur eine translatorisch wirkende Feder (hier Schraubenfeder als Zug-/Druckfeder) gegenüber einer translatorisch bewegten Masse ein schwingungsfähiges System nach obiger Betrachtung ergibt. In ähnlicher Weise muß auch eine rotatorische Feder (hier Drehstabfeder) gemeinsam mit einer Massenträgheitsmoment θ als schwingungsfähiges System aufgefaßt werden:

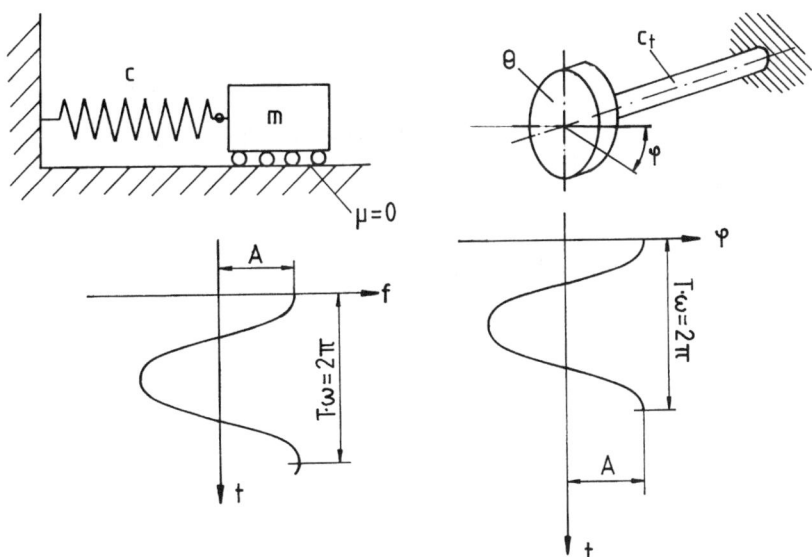

Bild 2.54: Schwingungsfähiges System mit translatorischer und rotatorischer Feder.

Dabei ergibt sich die Eigenfrequenz zu:

$$\omega_0 = \sqrt{\frac{c_t}{\theta}}$$

Aber auch in diesem Fall muß nach anzustrebender „nützlicher" Anwendung einerseits und zu vermeidender „zerstörerischer" Anwendung andererseits unterschieden werden. In jedem Fall ist die Kenntnis der Eigenfrequenz für die Dimensionierung eines schwingungsfähigen Systems von besonderer Wichtigkeit. Weitere diesbezügliche Betrachtungen sollten dem Fach Dynamik vorbehalten bleiben.

Aufgabe 2.18 (Seite 218)

2.4   Feder und Dämpfer

Bisher wurde die an der Feder wirkende Federkraft F_{Feder} und die ggf. wirkende Reibkraft F_{Reib} betrachtet. Weiterhin kann jedoch noch eine geschwindigkeitsproportionale Dämpfungskraft F_D an der Feder wirken. Sie ist bei den bisher aufgeführten Federn jedoch aufgrund der werkstoffkundlichen Eigenschaften des Metalls so gering, daß sie im Rahmen der hier diskutierten Anwendungen meist vernachlässigt werden kann. Eine differenzierte Zusammenstellung ergibt folgendes Schema:

auslenkungsproportionale Federkraft	$F_{Feder} = c * f$	Feder	Energie mechanisch nutzbar
coulombsche Reibungskraft (bewegungshemmend)	$F_{Reib} = \mu * F_N$	Reibungs-dämpfer	Energie wird in Wärme umgesetzt
geschwindigkeitsproportionale Dämpfungskraft (bewegungshemmend)	$F_D = \beta * v$	Flüssigkeits-dämpfer	

Der Flüssigkeitsdämpfer läßt sich anschaulich an einem flüssigkeitsgefüllten Zylinder-Kolben-System erläutern:

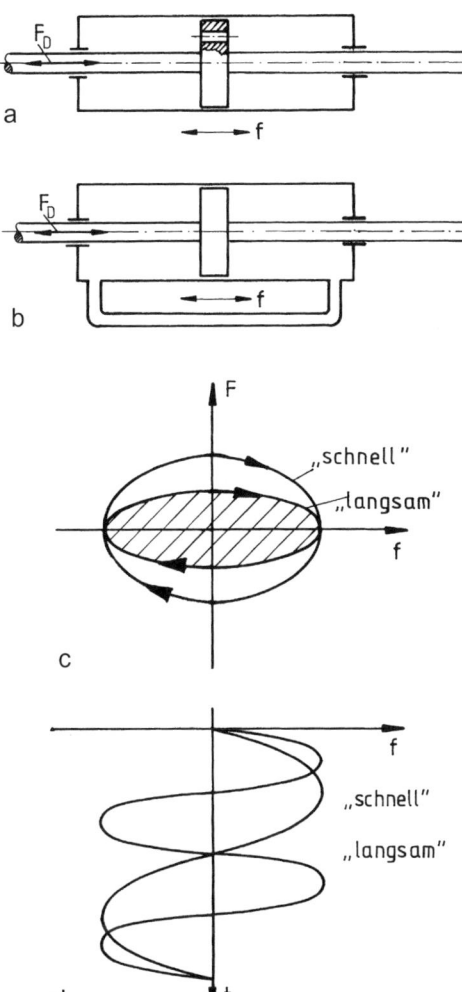

Bild 2.55: Flüssigkeitsdämpfer

Der Kolben ist gegenüber der Zylinderwand und die Kolbenstange gegenüber dem Zylinder-
deckel abgedichtet. Wird der Kolben über die Kolbenstange bewegt, so wird ein Flüssig-
keitsaustausch zwischen rechter und linker Kammer erzwungen, der entweder über Bohrungen im Kolben (a) oder über einen entsprechenden Verbindungskanal (b) stattfinden kann. In
beiden Fällen wird die Bewegung des Kolbens durch den Strömungswiderstand behindert.
Die Höhe des Bewegungswiderstandes hängt von der Kolbengeschwindigkeit ab. In dieser
Betrachtung wird modellhaft angenommen, daß der Kolben mit einer sinusformigen Wegfunktion nach Detailskizze d bewegt wird

- Ist die Bewegung schnell, so ist der Strömungswiderstand und damit die Dämpferkraft
  groß. Ist die Bewegung langsam, so ist der Strömungswiderstand und damit die Dämpferkraft klein. Im Grenzfall (Geschwindigkeit = null) ist überhaupt keine Dämpfung zu

überwinden. Je größer die Geschwindigkeit, desto größer die Dämpferkraft: Die Flüssig-
keitsdämpfung ist im Gegensatz zur Reibungsdämpfung geschwindigkeitsproportional.

- In jedem Fall hat die sinusförmige Bewegung Umkehrpunkte. Da dort die Geschwindigkeit null ist, entsteht an dieser Stelle auch keine Dämpferkraft.

- Ähnlich wie bei der Federreibung entsteht auch in diesem Fall im Laufe eines Bewe-
  gungsspiels eine Hystereseschleife. Die darin eingeschlossene Fläche ist als Arbeit zu se-
  hen, die dem mechanischen System entzogen und als Wärme abgeführt wird.

Wird dieser Flüssigkeitsdämpfer mit einer Feder parallel geschaltet, so ergibt sich daraus
folgende Zusammenstellung:

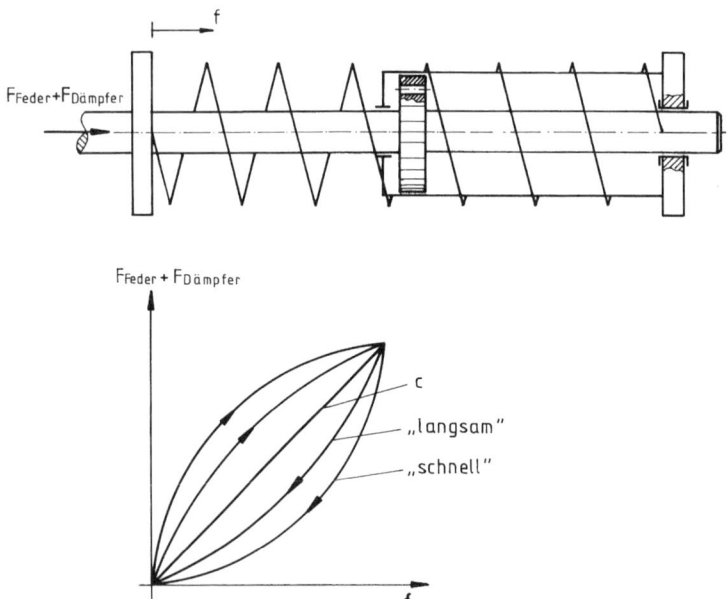

Bild 2.56: Parallelschaltung Feder – Flüssigkeitsdämpfer.

Bei sehr langsamen, sinusförmigen Kolbenbewegungen macht sich nur die Feder bemerkbar,
die Federkennlinie ist also fast hysteresefrei und weist die bekannte Linearität auf. Bei zunehmender Kolbengeschwindigkeit wird die Federkennlinie von einer wachsenden Hystereseschleife überlagert, die auf die Dämpfung zurückzuführen ist. Dieses Verhalten ist besonders im Fahrzeugbau erwünscht: Bei niedrigfrequenter Anregung sollen zur Steigerung des
Fahrkomforts große Federwege zugelassen werden. Mit steigender Geschwindigkeit der
Anregung muß allerdings zunehmend dafür gesorgt werden, daß die Schwingungsenergie
dem System entzogen wird, was sich durch die Vergrößerung der Hystereseschleife quasi von
selbst einstellt. Die folgende Darstellung zeigt schematisch den Unterschied der im Kraft-
fahrzeugbau verwendeten Einrohr- und Zweirohrdämpfer:

Einrohrstoßdämpfer:

Am unteren Ende der Kolbenstange 1 befindet sich der
Kolben mit den darin inte-
grierten Drosselelementen.
Beim Einfahren der Kolbenstange 1 wird das unter dem
Kolben befindliche Öl ver-
drängt, es strömt durch die
Drosselelemente in den Raum
oberhalb des Kolbens. Unterhalb des beweglichen Trenn-
kolbens 2 befindet sich das
Gaspolster 3, welches beim
Herunterfahren des Kolbens
zusammengedrängt wird und
dabei als Feder wirkt, die mit
dem Dämpfer hintereinander-
geschaltet ist. Beim Ausfahren
der Kolbenstange drückt das
Gaspolster den Trennkolben in
seine Ausgangsstellung zurück. In jedem Fall wird aber
durch die vorgespannte Gasfeder das Öl unter Druck gesetzt, wodurch eine Ölver-
schäumung verhindert wird.

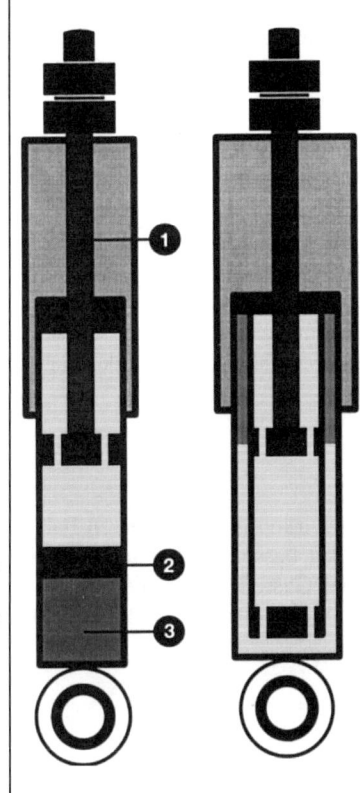

Zweirohrstoßdämpfer:

Beim Zweirohrdämpfer
wird der Trennkolben
durch eine feste Wand mit
weiteren Drosselelementen
ersetzt. Dadurch kann das
Öl in den Zwischenraum
zwischen dem inneren und
äußeren Zylinder strömen,
in dessen oberem Ab-
schnitt sich das Gaspolster
befindet, welches dem
Dämpfer eine zusätzliche,
in Reihe geschaltete Fe-
dereigenschaft verleiht.
Diese Konstruktion macht
einen Trennkolben und die
damit verbundene Ab-
dichtung überflüssig.

Bild 2.57: Kraftfahrzeugstoßdämpfer schematisch.

Das folgende Bild zeigt den einfacher zu überblickenden Einrohrdämpfer mit seinen wesentlichen konstruktiven Details:

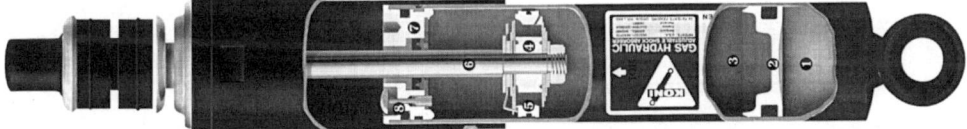

1	Gasraum	2	beweglicher Trennkolben
3	Ölraum	4	Arbeitskolben
5	Führungsring	6	Kolbenstange
7	Dichtungs- und Führungselement	8	Nachstellbolzen

Bild 2.58: Einrohrdämpfer.

Eine Feder ist eigentlich nur dann eine Feder, wenn die erste der drei eingangs genannten drei genannten Kräfte die dominierende Rolle spielt. Reibungskräfte (aufgrund von Festkörper- oder Flüssigkeitsreibung) sind **keine** Federkräfte. Diese an sich sehr klare Fachterminologie wird leider nicht immer konsequent eingehalten, was zuweilen zu Verwirrungen führen kann.

2.5   Einige Bauformen nicht-metallischer Federn

Unter Ausnutzung gewisser Werkstoffeigenschaften werden nicht-metallische Federn zu einer Kombination von Feder und Dämpfer. Unter Umständen läßt sich damit also eine Feder-Dämpfer-Kombinationen verwirklichen, ohne daß dabei der Dämpfer konstruktiv ausgeführt werden muß.

2.5.1   Gasfeder

In einer technischen Gasfeder wirken im allgemeinen Fall sowohl Federkraft als auch Reibkräfte in einer Konstruktion. Zur besseren Übersichtlichkeit wird hier zunächst eine unrealistische Modellvorstellung einer Gasfeder als reine Feder vorgestellt. Dazu sei ein mit (kompressiblem) Gas gefülltes Zylinder-Kolben-System betrachtet:

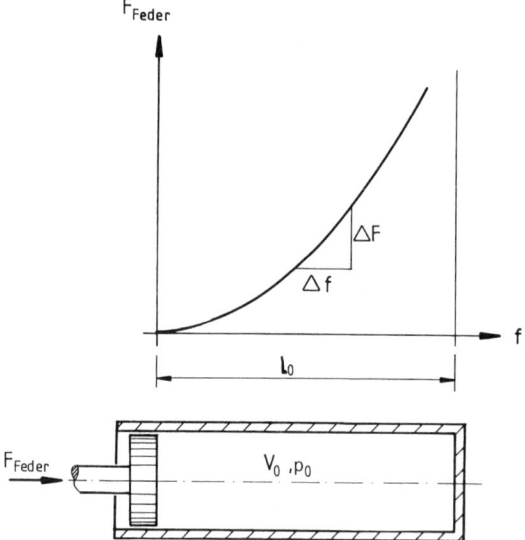

Bild 2.59: Gasfeder Modellvorstellung.

Zunächst wird nur die Federwirkung des eingeschlossenen Gases betrachtet. Die auf die Kolbenstange von außen wirkende Federkraft F_{Feder} drückt sich als Produkt aus Druck p und Fläche A aus:

$$F_{Feder} = p * A$$

Das Verhalten des Gases im abgeschlossenen Zylinder kann durch die Gasgleichung $(p * V)^n$ = const. beschrieben werden. Für die isotherme Zustandsänderung kann der Polytropenexponent $n = 1$ gesetzt werden, so daß sich die einfache Beziehung ergibt:

$$p * V = \text{const.}$$

oder bezogen auf den mit 0 indizierten Ausgangszustand:

$$p_0 * V_0 = p * V \qquad \Rightarrow \qquad p = \frac{p_0 * V_0}{V}$$

Die Fläche A steht mit dem Volumen über der aktuellen Länge der Gassäule $(L_0 - f)$ in Zusammenhang:

$$V = A * (L_0 - f)$$

Daraus folgt für die Kolbenfläche A:

$$A = \frac{V}{L_0 - f}$$

Setzt man die beiden zuletzt genannten Gleichungen in die Federkraft ein, so ergibt sich:

$$F_{Feder} = p * A = \frac{p_0 * V_0}{V} * \frac{V}{L_0 - f} = \frac{p_0 * V_0}{L_0 - f}$$

Bei der Konstruktion der Gasfeder werden V_0, p_0 und L_0 festgelegt und können fortan als Konstanten betrachtet werden. Damit wird ersichtlich, daß eine Federsteifigkeit nicht wie gewohnt als $c = F/f$ formuliert werden kann, die Steifigkeit ist nicht linear. Zwischen dem Federweg f und der Federkraft F_{Feder} besteht vielmehr ein hyperbolischer Zusammenhang der Form $y = b / (a - x)$, der in der oberen Hälfte des vorstehenden Bildes skizziert ist. Die Steifigkeit der oben modellhaft wiedergebenen Gasfeder ist stark progressiv und steigt in ihrer rechten Endlage sogar auf unendliche Werte an.

Diese Modellvorstellung des luftgefüllten Zylinder-Kolben-Systems findet in modifizierter Form als Luftfederung im Fahrzeugbau Verwendung:

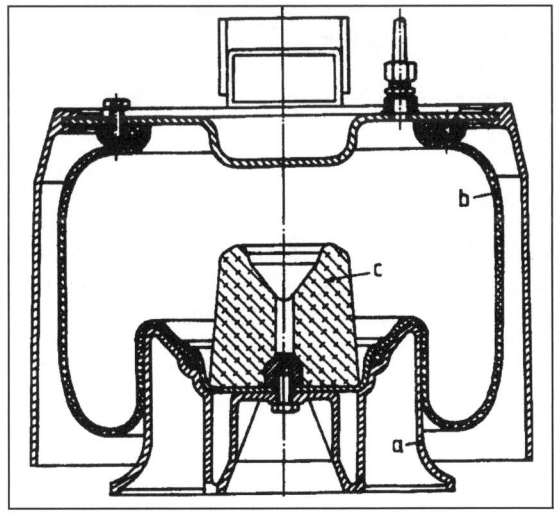

a) Abrollstempel

b) Rollbalg

c) Gummihohlfeder als Endanschlag und Federelement bei Ausfall der Druckluftversorgung

Da sich bei zunehmender Einfederung die Querschnittsfläche der Rollbälge vergrößert, ergibt sich eine weitere Steigerung der Progressivität der Federkennlinie, was im Fahrzeugbau durchaus erwünscht ist. Durch Variation des Luftdrucks ergibt sich weiterhin die Möglichkeit der Niveauregulierung.

Bild 2.60: Rollfederbalg MAN Standardlinienbus.

Auch der Fahrzeugreifen selber ist zunächst einmal nichts anderes als eine Luftfeder, deren rechnerische Beschreibung allerdings sehr viel aufwendiger ist.

Das folgende Bild zeigt das Verhalten einer technisch ausgeführten Gasfeder als Zylinder-Kolben-System. Die sich überlagernden Einflüsse werden in dieser Darstellung sukzessiv zusammengeführt:

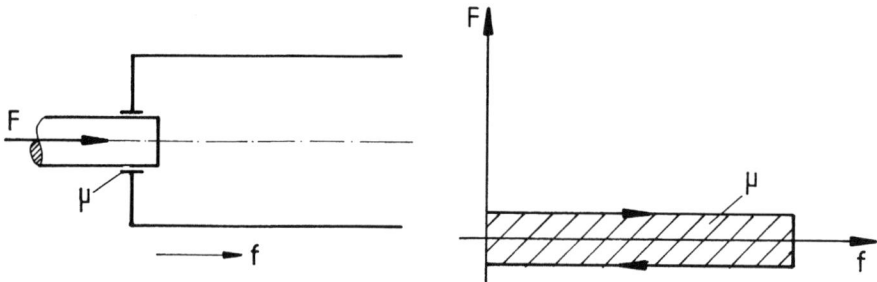

Bild 2.61: Dichtungsreibung.

Zunächst wird nur der Reibeinfluß betrachtet: Die rechte Zylinderseite ist noch offen und an der Kolbenstangendichtung entsteht eine Festkörperreibung, die sich als rechteckförmige Hystereseschleife äußert, die **nicht** von der Kolbengeschwindigkeit abhängt.

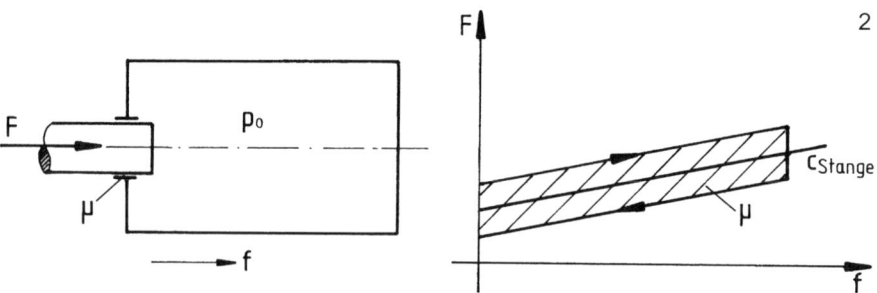

Bild 2.62: Gasfeder mit Dichtungsreibung.

Der Zylinder wird nun rechts verschlossen, wobei das eingeschlossene Volumen unter Druck gesetzt, also mit p_0 vorgespannt wird. Wird nun die Kolbenstange eingeschoben, so wird das eingeschlossene Gas weiterhin verdichtet. Wegen der vergleichsweise geringen Verdichtung ergibt sich allerdings eine sehr flache Kennlinie mit geringer Steifigkeit c_{Stange}, die in diesem Bereich als linear angenommen werden kann.

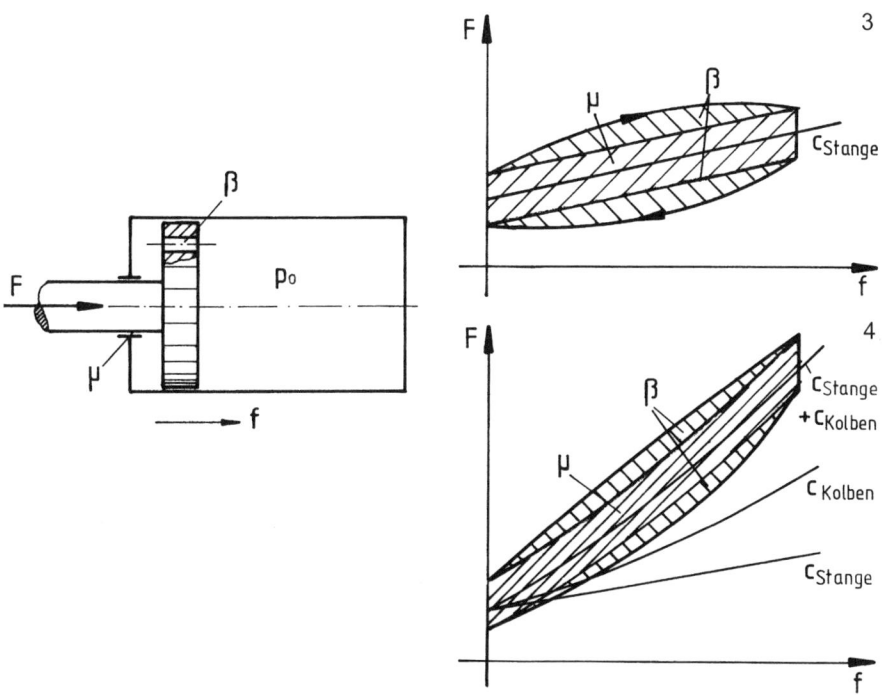

Bild 2.63: Gasfeder mit Dichtungsreibung und Dämpfung.

In einem weiteren Schritt dieser Überlegung wird am rechten Ende der Kolbenstange der Kolben angebracht. Wird die Kolbenstange bewegt, so läßt die im Kolben eingebrachte Bohrung Gas in die jeweils gegenüberliegende Kammer überströmen. Bei langsamer Kolbengeschwindigkeit kann das Gas nahezu ungehindert überströmen, der Kolben zeigt kaum Wirkung. Wird der Kolben allerdings zunehmend schneller bewegt, so treten zwei Effekte auf: Das Gas wird am Überströmen in die gegenüberliegende Kammer gehindert, es macht sich die bereits oben diskutierte Dämpfung bemerkbar.

Zusätzlich dazu übt das am Überströmen gehinderte Gas vorübergehend eine zusätzliche Federwirkung aus, die wegen des großen verdichteten Volumens stark progressiv werden kann und die dann abklingt, wenn der Überströmvorgang beendet ist. Sowohl die durch den Kolben bedingte Steifigkeit c_{Kolben} als auch der Dämpfungseinfluß steigen mit der Belastungsgeschwindigkeit an.

Wie das folgende Bild (Werksbild Stabilus) zeigt, kann die Dämpferwirkung richtungsabhängig realisiert werden. Dabei wird der Überströmvorgang durch Variation von Drosselwirkungen mehr oder weniger behindert oder auch freigegeben.

a) Bewegt sich der Kolben nach rechts, so liegt die Dichtung links an und das Gas nimmt den hier gezeigten Weg.

b) Bewegt sich der Kolben nach links, so liegt die Dichtung rechts an und das Gas nimmt einen anderen Weg mit einem anderen Strömungswiderstand.

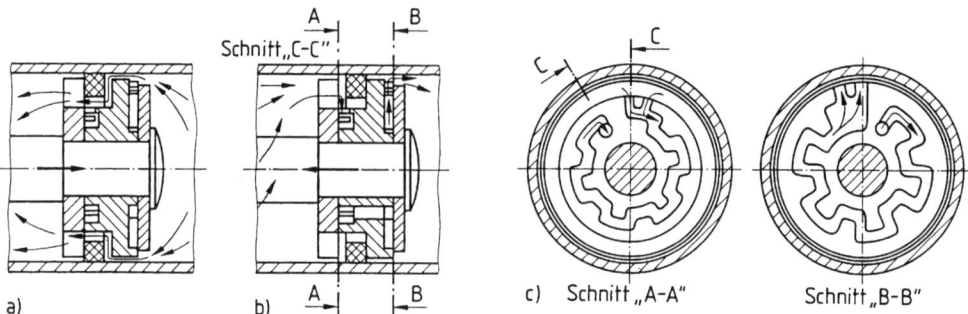

Bild 2.64: Dämpferkolben einer Gasfeder.

Dieser Effekt wird beispielsweise gezielt ausgenutzt, wenn die Heckklappe eines Kraftfahrzeuges beim Schließen einen geringen, beim Öffnen jedoch einen hohen Bewegungswiderstand aufweisen soll.

2.5.2   Gummifedern

Gummiwerkstoffe zeigen ein etwas anderes Verformungsverhalten als metallische Werkstoffe:

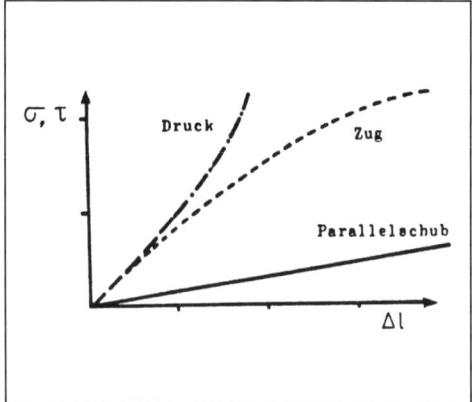

- Bei Druck baucht der Federkörper wegen der hohen elastischen Verformungen und wegen der Inkompressibilität des Werkstoffs sehr stark aus, was eine Vergrößerung der kraftübertragenden Fläche zur Folge hat. Dadurch kommt die Progressivität der Kennlinie zustande.
- Bei Zugbelastung ist der Effekt genau umgekehrt. Daraus folgt eine degressive Kennlinie.
- Bei Schubbelastung tritt keine Veränderung der kraftübertragenden Fläche ein, das Verformungsverhalten ist weitgehend linear.

Bild 2.65: Verformungsverhalten Gummi.

Durch Variation der Beanspruchungsart und des Wirkkörpers ergeben sich verschiedene Bauformen von Gummifedern:

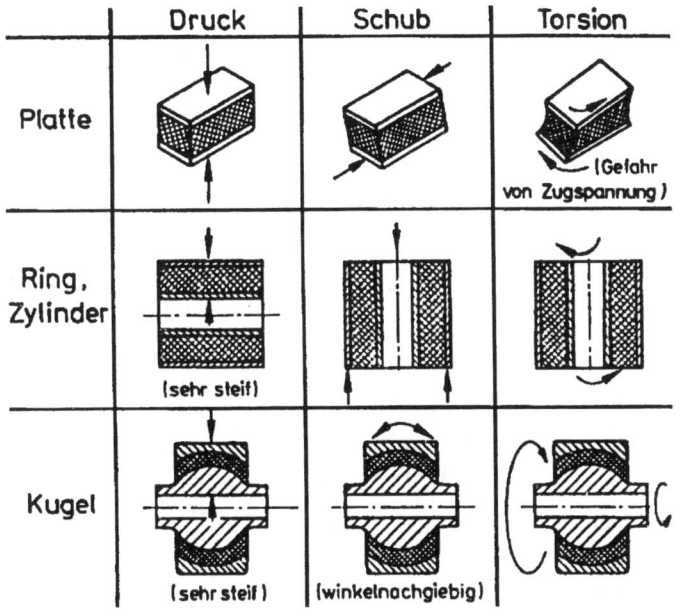

Bild 2.66:
Bauformen von Gummifedern.

In der folgenden Tabelle sind einige Anwendungsfälle und deren Berechnungsgrundlagen zusammengestellt. Die hier aufgeführten Elastizitäts- und Schubmodule sind form- und materialabhängig (Bild 2.67).

Bei den in Abschnitt 2.2 betrachteten Federn wurden ausschließlich metallische Werkstoffe verwendet, die keine nennenswerte Dämpfung aufweisen. Gummi besitzt jedoch aufgrund seiner „viskoelastischen" Beschaffenheit materialimmanente Dämpfungseigenschaften: Der Werkstoff selber dämpft, ohne daß es dabei zusätzlicher konstruktiver Maßnahmen bedarf. Die Feder- und Dämpferwirkung läßt sich bei diesem Werkstoff nicht mehr so ohne weiteres voneinander trennen. Dieser Zusammenhang wird besonders deutlich, wenn man ein Gummielement einer sinusförmigen Verformung unterwirft (Bild 2.68).

Die Bezifferung des Schub- und Elastizitätsmoduls in der obigen Zusammenstellung ist etwas problematisch, es können keine festen Werte mehr angegeben werden (G = 0,3 ... 1,0 N/mm², E = 2 ... 10 N/mm²). Diese „Material"-Kennwerte sind eben nicht nur material-, sondern auch form- und geschwindigkeits- bzw. frequenzabhängig. Zuweilen wird für Gummifedern auch eine sog. „dynamische" Steifigkeit angegeben, wobei diese „Steifigkeit" die Dämpfung bereits beinhaltet und nur für eine bestimmte Belastungsgeschwindigkeit bzw. Belastungfrequenz gilt. Bei der Formulierung einer „dynamischen" Steifigkeit wird allerdings nicht mehr deutlich, daß die auf das Bauteil ausgeübte Kraft letztlich die Summe aus Feder- und Dämpferkraft ist.

Federkonstruktion und Belastungsart	Belastbarkeit	Steifigkeit
Zylindrische Druckfeder 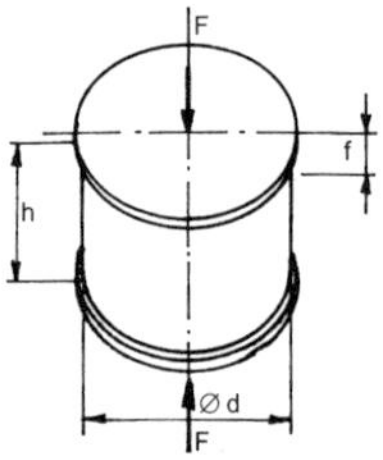 	$\sigma_D = \dfrac{F}{A}$ $A = \dfrac{\pi * d^2}{4}$	$c = E * \dfrac{A}{h}$
Scheibenfeder auf Querkraftschub 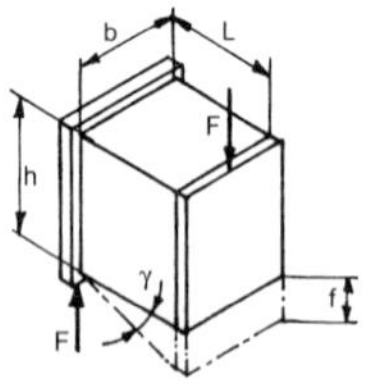 	$\tau = \dfrac{F}{A}$ $A = b * h$	$c = G * \dfrac{A}{L}$ gültig für $\gamma = \dfrac{f}{L} \le 20°$
Hülsenfeder auf Querkraftschub 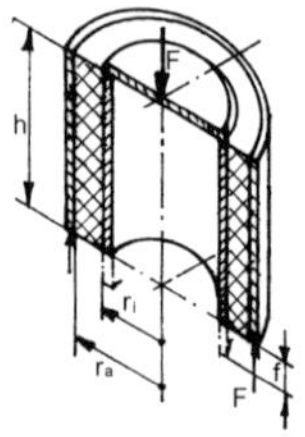 	$\tau = \dfrac{F}{2 * \pi * r_i * h}$	$c = G * \dfrac{2 * \pi * h}{\ln \dfrac{r_a}{r_i}}$
Scheibenfeder auf Torsionsschub 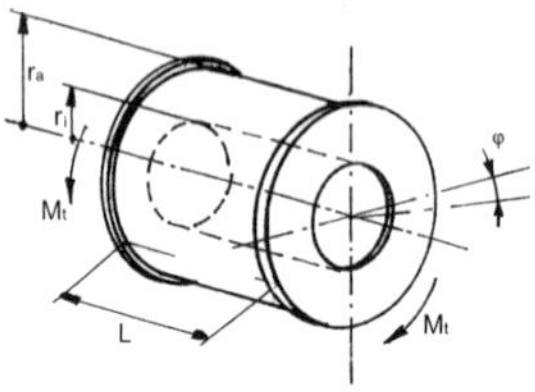 	$\tau_t = \dfrac{2 * M_t * r_a}{\pi * \left(r_a^4 - r_i^4\right)}$	$c_t = G * \dfrac{\pi * \left(r_a^4 - r_i^4\right)}{2 * L}$ gültig für $\varphi \le 20°$
Hülsenfeder auf Torsionsschub 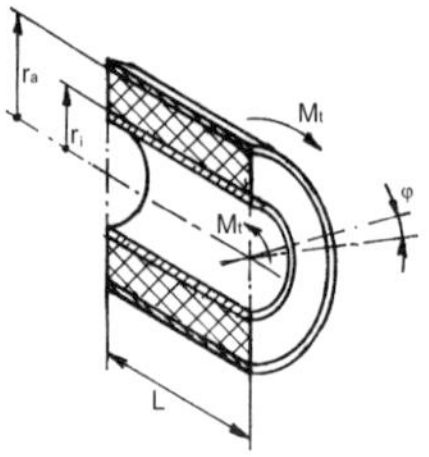 	$\tau_t = \dfrac{M_t}{2 * \pi * r_i^2 * L}$	$c_t = G * \dfrac{4 * \pi * L}{\dfrac{1}{r_i^2} - \dfrac{1}{r_a^2}}$ gültig für $\varphi \le 40°$

Bild 2.67: Belastbarkeit und Steifigkeit einiger Gummifedern.

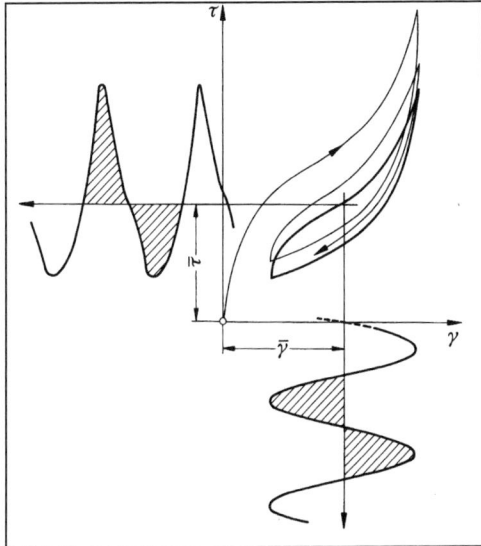

Ein Gummielement wird zunächst in einem ersten Verformungszyklus mit $\overline{\gamma}$ und anschließend einer sinusförmigen Verformungsfunktion $\gamma = f_{(t)}$ zwangsweise verformt. Dabei wird der links skizzierte zeitliche Schubspannungsverlauf $\tau = f_{(t)}$ registriert. Stellt man beide Verläufe gegenüber, so ergibt sich die rechts oben aufgezeichnete Hystereseschleife. Die elastischen und dämpfenden Eigenschaften lassen sich je nach Mischung und Füllstoffanteil in gewissen Grenzen variieren. Das Vorhandensein einer Hysteresschleife ist ein Indikator für die materialimmanente Dämpfung. Die Form und die Größe der Hystereschleife ist von der Belastungsgeschwindigkeit bzw. der Belastungsfrequenz abhängig.

Bild 2.68: Hystereseschleife eines Gummielementes.

Gummifedern lassen sich besonders dort vorteilhaft einsetzen, wo die Feder aus maschinendynamischen Gründen auch eine Dämpferwirkung zeigen soll, ohne daß dabei der Dämpfer selber konstruktiv ausgeführt werden soll. Wird beispielsweise ein Dieselmotor für eine Lokomotive oder ein Schiff auf seinem Fundament befestigt, so muß neben der Federung auch eine Dämpfung gefordert werden, um dieser Federung Energie zu entziehen und somit ein unkontrolliertes Aufschwingen des Systems zu verhindern:

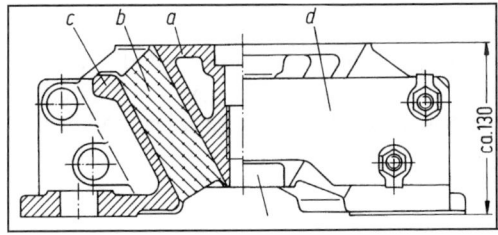

a Innenteil (Gußteil) mit Gewinde und Querkrafteinleitung über Paßring
b Schub- und druckbeanspruchter Gummikörper
c Befestigungswinkel (Gußteile)
d Zugstege
e Rückanschlag für Innenteil a

Bild 2.69: Gummifeder für Lokomotiv- und Schiffsdieselmotoren.

2.6   Federbauformen und Federwerkstoffe im Vergleich

Die bisherigen Betrachtungen konzentrierten sich auf jeweils eine spezielle Federbauform. In einer abschließenden Gegenüberstellung wird versucht, die einzelnen Bauformen miteinander zu vergleichen, um Aspekte für die Auswahl optimaler Federkonstruktionen zu gewinnen. Eine vergleichende Gegenüberstellung von Federwerkstoffen ergänzt diese Betrachtung.

2.6.1   Formnutzzahl

Am Beispiel der Biegefeder wurde bereits festgestellt, daß je nach Formgebung der Feder das Werkstoffvolumen mehr oder weniger sinnvoll zur Aufnahme von Federarbeit ausgenutzt werden kann. Dabei wurde beispielhaft ausgeführt, daß eine dreieckförmige Biegefeder dreimal so viel Arbeit aufnehmen kann wie eine rechteckförmige Biegefeder gleichen Volumens. Im Hinblick auf eine optimale Formgebung der Feder geht es nun darum, diesen Sachverhalt zu verallgemeinern.

Dazu sei zunächst die ganz zu Beginn erwähnte Zugstabfeder betrachtet: Alle Volumenelemente dieser Feder erfahren die gleiche Spannung und können demzufolge allesamt bis zur maximal zulässigen Spannung belastet werden. Das Arbeitsspeichervermögen dieser Zugstabfeder ist also optimal ausgenutzt, weil jedes einzelne Volumenelement aufgrund der Formgestaltung der Feder mit der maximalen Spannung belastet werden kann. Der Werkstoff wird zu 100% zur Speicherung von Federarbeit herangezogen, die sog. **Formnutzzahl** η_W ist in diesem Falle 1. Die Formnutzzahl einer beliebigen Federkonstruktion läßt sich allgemein als Quotient der in der konstruktiv ausgeführten Feder maximal speicherbaren Arbeit W_{max} zu der ideal im Werkstoffvolumen speicherbaren Arbeit W_{ideal} der Zugstabfeder formulieren:

$$\eta_W = \frac{W_{max}}{W_{ideal}}$$

Es ist kein Zufall, daß die Formnutzzahl mit dem Buchstaben η bezeichnet wird, der normalerweise auch für den Wirkungsgrad benutzt wird: Die Formnutzzahl η_W ist ein Wirkungsgrad für den optimalen Werkstoffeinsatz bei der Formgestaltung von Federn. Die im idealen Zugstab speicherbare Arbeit W_{ideal} errechnet sich zu

$$W_{ideal} = \frac{F * f}{2} = \frac{F^2}{2 * c}$$

Die Kraft F läßt sich als $F = \sigma * A$ ausdrücken und die Steifigkeit einer Zugfeder wurde bereits zu $c = E * A / L$ hergeleitet. Setzt man diese beiden Ausdrücke in die obige Gleichung ein, so ergibt sich

$$W_{ideal} = \frac{\sigma^2 * A^2 * L}{2 * E * A} = \frac{A * L}{2 * E} * \sigma^2$$

Das Produkt A * L läßt sich auch als das Volumen des Zugstabes V = A * L identifizieren, dadurch gewinnt man:

$$W_{ideal} = \frac{V}{2*E} * \sigma^2 \qquad \text{für Zug-/Druckstabfeder}$$

Aus bereits diskutierten Gründen ist die Zugstabfeder für den technischen Gebrauch ungeeignet. Im folgenden soll also versucht werden, für einige tatsächlich ausgeführte Federn die speicherbare Arbeit und damit die Formnutzzahl zu bestimmen. Für den einfachen Biegebalken als Rechteckfeder formuliert sich die speicherbare Arbeit ebenfalls zu

$$W_{max} = \frac{F_{zul} * f_{max}}{2}$$

Die bei der Belastung auftretende Durchbiegung des Biegebalkens ergibt sich nach der elementaren Festigkeitslehre zu

$$f_\square = \frac{L^3}{3*I_{ax}*E} * F \qquad \text{bzw.} \qquad f_{\square max} = \frac{L^3}{3*I_{ax}*E} * F_{zul}$$

Mit $I_{ax} = bh^3/12$ folgt:

$$f_{\square max} = \frac{L^3}{3*\dfrac{b*h^3}{12}*E} * F_{zul} = \frac{4*L^3}{b*h^3*E} * F_{zul}$$

Die zuvor formulierte Federungsarbeit läßt sich nunmehr ausdrücken durch

$$W_{max} = \frac{1}{2} * F_{zul} * \frac{4*L^3}{b*h^3*E} * F_{zul} = \frac{2*L^3}{b*h^3*E} * F_{zul}{}^2$$

F_{zul} darf einen gewissen Maximalwert nicht überschreiten, der von den Werkstoff- und Konstruktionsdaten abhängt. Um die Kraft F_{zul} mit den Konstruktions- und Betriebsdaten in Verbindung zu bringen, wird die Biegespannung für die Biegefeder als Biegebalken formuliert, der mit seinem rechteckigen Querschnitt ein Widerstandsmoment von $W_{ax} = bh^2/6$ aufweist:

$$\sigma_b = \frac{M_b}{W_{ax}} = \frac{F*L}{\dfrac{b*h^2}{6}} = \frac{6*F*L}{b*h^2}$$

Der Biegebalken darf also maximal mit der Kraft

$$F_{zul} = \frac{b*h^2}{6*L} * \sigma_{bzul}$$

belastet werden. Setzt man diesen Ausdruck in die Gleichung für die Federungsarbeit ein, so ergibt sich die in der Biegefeder speicherbare Arbeit W_{max} zu

$$W_{max} = \frac{2 * L^3}{b * h^3 * E} * \left(\frac{b * h^2}{6 * L} * \sigma_{zul} \right)^2 = \frac{1}{18} * \frac{L * b * h}{E} * \sigma_{zul}^2$$

Auch hier steht der Ausdruck L*b*h = V für das Volumen der Feder, so daß folgt:

$$W_{max} = \frac{V}{18 * E} * \sigma_{zul}^2$$

Die Formnutzzahl η_w ergibt sich dann als Quotient der optimal speicherbaren Arbeit W_{max} zur ideal im Werkstoffvolumen speicherbaren Arbeit W_{ideal}:

$$\eta_W = \frac{W_{max}}{W_{ideal}} = \frac{\dfrac{V}{18 * E} * \sigma_{zul}^2}{\dfrac{V}{2 * E} * \sigma_{zul}^2} = \frac{2}{18} = \frac{1}{9}$$

In einer rechteckförmigen Biegefeder kann also nur 11% der Arbeit gespeichert werden, die in einer gleichgroßen und gleichschweren Zugstabfeder gespeichert werden könnte. Wie bereits oben diskutiert wurde, wird diese Verhältnismäßigkeit bei der dreieckförmigen Biegefeder verdreifacht, in diesem Fall beträgt die Formnutzzahl $\eta_w = 0,3$.

Eine schubbelastete Feder kann ähnlich betrachtet werden: In einem schubbelasteten Quader wird das gesamte Werkstoffvolumen mit der gleichen Schubspannung beaufschlagt. Die in dieser idealen Anordnung speicherbare Arbeit W_{ideal} errechnet sich ebenfalls zu

$$W_{ideal} = \frac{F * f}{2} = \frac{F^2}{2 * c}$$

Die Kraft F läßt sich ausdrücken als F = τ * A und die Steifigkeit einer Schubfeder formuliert sich analog zu der der Zugfeder zu c = G * A / L. Setzt man diese beiden Ausdrücke in die obige Gleichung ein, so ergibt sich

$$W_{ideal} = \frac{\tau^2 * A^2 * L}{2 * G * A} = \frac{A * L}{2 * G} * \tau^2 = \frac{V}{2 * G} * \tau^2$$

Stellvertretend für schubbelastete Federn soll eine ähnliche Betrachtung an der Drehstabfeder angestellt werden, deren gespeicherte Arbeit W_{max} sich ausdrückt durch:

$$W_{max} = \frac{M_{tzul} * \varphi}{2} = \frac{M_{tzul}^2}{2 * c_t}$$

Das anliegende Moment M_{tzul} steht mit der Schubspannung τ_{zul} in dem bekannten Zusammenhang

$$\tau_{zul} = \frac{M_{tzul}}{W_{pol}} \qquad \Rightarrow \qquad M_{tzul} = \tau_{zul} * W_{pol}$$

Die Verdrehsteifigkeit der Torsionsfeder c_t formuliert sich bekanntlich zu

$$c_t = G * \frac{I_{pol}}{L}$$

Setzt man die beiden vorgenannten Ausdrücke in die Gleichung für die Federungsarbeit ein, so ergibt sich die optimal in der Drehstabfeder speicherbare Arbeit W_{max} zu

$$W_{max} = \frac{W_{pol}^2 * L}{2 * G * I_{pol}} * \tau_{zul}^2$$

Das polare Widerstandsmoment wird mit $W_{pol} = \pi d^3/16$ und das polare Flächenmoment wird mit $I_{pol} = \pi d^4/32$ eingesetzt:

$$W_{max} = \frac{\left(\dfrac{\pi * d^3}{16}\right)^2 * L}{2 * G * \dfrac{\pi * d^4}{32}} * \tau_{zul}^2 = \frac{\pi^2 * d^6 * L * 32}{2 * G * 16^2 * \pi * d^4} * \tau_{zul}^2 = \frac{\pi * d^2 * L}{16 * G} * \tau_{zul}^2$$

Der Ausdruck $\pi/4 * d^2 * L$ kann als Volumen der Drehstabfeder V aufgefaßt werden:

$$V = \frac{\pi * d^2}{4} * L$$

Daraus errechnet sich die in der Drehfeder speicherbare Arbeit W_{opt} zu

$$W_{max} = \frac{V}{4 * G} * \tau_{zul}^2$$

Die Formnutzzahl η_W ergibt sich zu

$$\eta_W = \frac{W_{max}}{W_{ideal}} = \frac{\dfrac{V}{4 * G} * \tau_{zul}^2}{\dfrac{V}{2 * G} * \tau_{zul}^2} = \frac{1}{2}$$

In einer Drehstabfeder kann also immerhin 50% der Arbeit gespeichert werden, die in einer gleichgroßen und gleichschweren Schubfeder gespeichert werden könnte. Würde man die Feder nicht als Kreis-, sondern als Rohrquerschnitt ausführen, so wären im Grenzfall einer dünnwandigen, rohrförmigen Drehstabfeder alle Volumenteile wie bei einer Schubfeder gleich hoch belastet, was die Formnutzzahl auf nahezu 1 ansteigen lassen würde.

Das folgende Bild stellt die Formnutzzahlen einiger gebräuchlicher Federbauformen gegenüber:

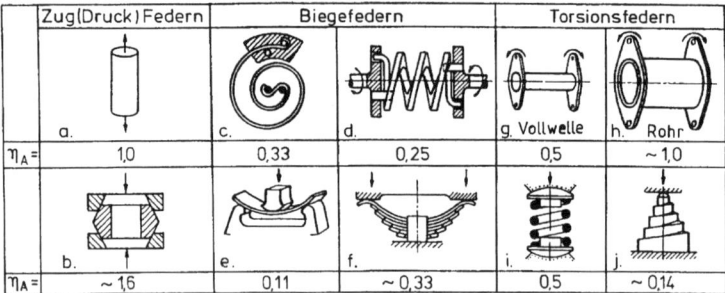

Bild 2.70: Formnutzzahlen einiger Federbauarten.

Die Ringfeder als Zug-/Druckfeder weist für den reibungsfreien Fall eine Formnutzzahl von 1 auf. Da bei dieser Feder die Reibung durch konstruktive Maßnahmen gezielt gesteigert wird, vergrößert sich dadurch auch die von der Feder aufnehmbare Arbeit erheblich. Diese zusätzliche Arbeit wird jedoch in thermische Energie umgesetzt, ohne die Feder dabei mechanisch zu belasten. Aus diesem Grund kann die Formnutzzahl deutlich über 1 gesteigert werden. Im Grenzfall wäre die Formnutzzahl $\eta_w = 2$, aber in diesem Fall würde auch genau der theoretische Grenzfall der Selbsthemmung ($\alpha = \rho$) vorliegen, den es unbedingt zu vermeiden gilt (Klemmen der Feder). Aus diesem Grunde weisen praktisch ausgeführte Ringfedern unter Berücksichtigung der Streuung der Reibzahl eine Formnutzzahl von 1,5 bis maximal 1,7 auf

2.6.2   Werkstoffeignung

Die Diskussion um die **Form**nutzzahl konzentrierte sich auf die **Form**gebung der Feder. Dieselben Gleichungen können jedoch auch für eine Bewertung des Werkstoffs herangezogen werden. Die folgende Betrachtung zielt darauf ab, die Arbeitsspeicherfähigkeit eines Federwerkstoffs zu formulieren. Auch hier ist die Differenzierung nach Normalspannung einerseits und Schubspannung andererseits angebracht:

für Normalspannung: $W_{ideal} = \dfrac{\sigma_{zul}^2}{2*E} * V$ $\Rightarrow$ $\dfrac{W_{ideal}}{V} = \dfrac{\sigma_{zul}^2}{2*E}$

für Schubspannung: $W_{ideal} = \dfrac{\tau_{zul}^2}{2*G} * V$ $\Rightarrow$ $\dfrac{W_{ideal}}{V} = \dfrac{\tau_{zul}^2}{2*G}$

Die Gleichungen wurden in der oben aufgeführten Form umgestellt, weil nun danach gefragt wird, wieviel Arbeit sich idealerweise in einem vorgegebenen Werkstoffvolumen speichern läßt. In den Ausdrücken $\sigma_{zul}^2 / 2E$ bzw. $\tau_{zul}^2 / 2G$ sind lediglich Werkstoffkenndaten enthalten. Der optimale Federwerkstoff muß also eine möglichst hohe Spannung aufnehmen können (Stahl wäre optimal), sollte aber gleichzeitig einen möglichst geringen E-Modul aufweisen (Gummi wäre optimal). Dazu ist die Gegenüberstellung einiger beispielhafter Werkstoffe bei quasistatischer Belastung hilfreich:

Werkstoff	Normalspannung			Tangentialspannung		
	σ_{zul} [N/mm²]	E [N/mm²]	W_{ideal} / V [Nmm/mm³]	τ_{zul} [N/mm²]	G [N/mm²]	W_{ideal} / V [Nmm/mm³]
Federstahl	1100	206000	2,937	1250	71500	10,927
Baustahl St70	450	210000	0,482	260	71500	0,473
Guß GGG70	500	80000	1,563	400	27000	2,963
CuZn37	265	110000	0,319	190	35000	0,516
CuSn6	460	115000	0,920	300	41000	1,098
CuNi18Zn20	390	140000	0,543	260	42000	0,805
Gummi „hart"	3,2	20	0,256	2,0	1,1	1,818
Gummi „weich"	0,7	4,5	0,054	0,4	0,5	0,160

Diese Gegenüberstellung macht deutlich, weshalb Stahl trotz seiner hoher werkstoffbedingten Steifigkeit der ideale Federwerkstoff ist: Die hohe Belastbarkeit σ_{zul} bzw. τ_{zul} geht quadratisch ein! Baustahl ist aus diesem Grunde als Federwerkstoff ebenso ungeeignet wie Guß. Gummiwerkstoffe schneiden in dieser Gegenüberstellung ebenfalls ziemlich schlecht ab. Ihre Verwendung kommt nur dann in Frage, wenn die Dämpfungseigenschaften des Werkstoffs vorteilhaft ausgenutzt werden können. In diesem Fall sollten aber vorwiegend harte Gummisorten eingesetzt werden. Gummi ist auch dann sinnvoll einzusetzen, wenn das Federgewicht und nicht wie oben aufgeführt das Federvolumen möglichst gering gehalten werden soll (z.B. Fahrzeugbau). Aus dieser Betrachtung geht auch hervor, daß bei Belastung mit Tangentialspannung in aller Regel mehr Arbeit aufgenommen werden kann als bei Normalspannungsbelastung. Dadurch werden Drehstabfedern und Schraubenfedern favorisiert, auch wenn deren Formnutzzahl mit 0,5 deutlich unter dem Idealwert von 1,0 liegt.

Aufgaben 2.19 (Seite 219) und Aufgabe 2.20-2.21 (Seite 220)

2.7 Anhang

2.7.1 Literatur

[1]   Damerow, E.: Grundlagen der praktischen Federprüfung. 2. Auflage Essen, 1953

[2]   DIN-Taschenbuch 29: Federn; Beuth-Verlag Berlin 1991

[3]   Fischer, F.; Vondracek, H.: Warmgeformte Federn. Hoesch Hohenlimburg AG, 1987

[4]   Göbel, E.F.: Gummifedern, Berechnung und Gestaltung. 3. Auflage Berlin-Heidelberg New York 1969

[5]   Groß, S.; Lehr, E.: Die Federn, ihre Gestaltung und Berechnung. Berlin-Düsseldorf 1938

[6]   Groß, S.; Lehr, E.: Berechnung und Gestaltung von Metallfedern. 3. Auflage Berlin-Göttingen-Heidelberg 1960

[7]   VDI-Richtlinie 3361: Zylindrische Druckfedern aus runden oder flachrunden Drähten und Stäben für Stanzwerkzeuge. Düsseldorf 1964

[8]   VDI-Richtlinie 3362: Gummifedern für Stanzwerkzeuge. Düsseldorf 1964

[9]   Wolf, W.A.: Die Schraubenfedern. 2. Auflage Essen 1966

2.7.2 Normen

[10]   DIN 1777: Federbänder aus Kupfer-Knetlegierungen

[11]   DIN 2076: Runder Federdraht; Maße, Gewichte, zulässige Abweichungen

[12]   DIN 2088: Zylindrische Schraubendruckfedern aus runden Drähten und Stäben; Berechnung, Konstruktion von Drehfedern (Schenkelfedern)

[13]   DIN 2089 T1: Zylindrische Schraubendruckfedern aus runden Drähten und Stäben; Berechnung und Konstruktion

[14]   DIN 2089 T2: Zylindrische Schraubenfedern aus runden Drähten und Stäben; Berechnung und Konstruktion von Zugfedern

[15]   DIN 2090: Zylindrische Schraubendruckfedern aus Flachstahl; Berechnung

[16]   DIN 2091: Drehstabfedern mit rundem Querschnitt; Berechnung und Konstruktion

[17]   DIN 2092: Tellerfedern; Berechnung

[18]   DIN 2093: Tellerfedern; Maße, Werkstoff, Eigenschaften

[19]   DIN 2094: Blattfedern für Straßenfahrzeuge; Anforderungen

[20]   DIN 2095: Zylindrische Schraubenfedern aus runden Drähten; Gütevorschriften für kaltgeformte Druckfedern

[21]   DIN 2096 T1: Zylindrische Schraubendruckfedern aus runden Drähten und Stäben; Güteanforderungen bei warmgeformten Druckfedern

[22]   DIN 2096 T2: Zylindrische Schraubendruckfedern aus runden Stäben; Güteanforderungen für die Großserienfertigung

[23]   DIN 2097: Zylindrische Schraubenfedern aus runden Drähten; Gütevorschriften für kaltgeformte Zugfedern

[24]   DIN 2098 T1: Zylindrische Schraubenfedern aus runden Drähten; Baugrößen für kaltgeformte Druckfedernab 0,5 mm Drahtdurchmesser

[25]   DIN E 2099 T1: Zylindrische Schraubenfedern aus runden Drähten und Stäben; Angaben für Druckfedern, Vordruck

[26]   DIN E 2096 T2: Zylindrische Schraubenfedern aus runden Drähten; Angaben für Zugfedern, Vordruck

[27]   DIN ISO 2162: Technische Zeichnungen; Darstellung von Federn

[28]   DIN 5544: Parabelfedern für Schienenfahrzeuge

[29]   DIN 17221: Warmgewalzte Stähle für vergütbare Federn

[30]   DIN 17222: Kaltgewalzte Stahlbänder für Federn

[31]   DIN 17223: Runder Federstahldraht

[32]   DIN 17224: Federdraht und Federband aus nicht rostenden Stählen

[33]   DIN 17682: Runde Federdrähte aus Kupfer-Knetlegierungen

[34]   DIN 53504: Prüfungen von Kautschuk und Elastomeren; Bestimmung von Reißfestigkeit, Zugfestigkeit, Reißdehnung und Spannungswerten im Zugversuch

[35]   DIN 53505: Prüfungen von Kautschuk und Elastomeren und Kunststoffen; Härteprüfung nach Shore A und Shore B

[36]   DIN 53313: Prüfungen von Kautschuk und Elastomeren; Bestimmung der viskoelastischen Eigenschaften von Elastomeren bei erzwungenen Schwingungen außerhalb der Resonanz

2.8 Aufgaben: Federn und weitere elastische Bauteilverformungen

Ersatzfedersteifigkeiten

A.2.1 Drei Schraubendruckfedern

Drei Schraubendruckfedern unterschiedlicher Steifigkeit werden in den folgenden beiden Anordnungen zusammengestellt:

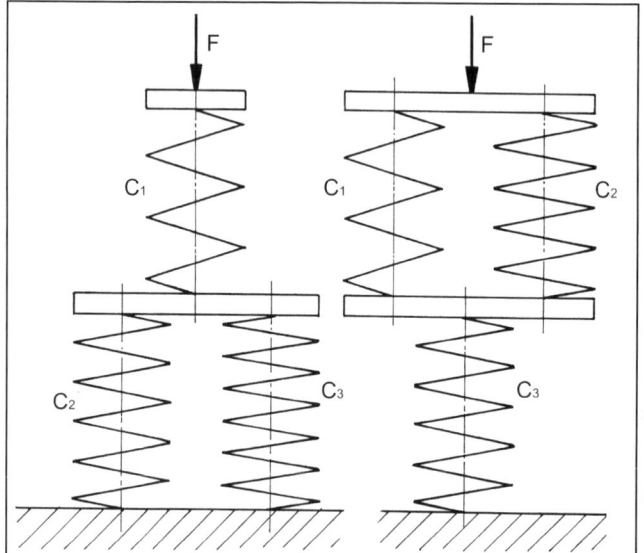

Die Einzelfedersteifigkeiten sind:

$c_1 = 6$ N/mm

$c_2 = 12$ N/mm

$c_3 = 4$ N/mm.

Berechnen Sie die Gesamtfedersteifigkeit $c_{ges\,links}$ der linken Federkombination und die Gesamtfedersteifigkeit $c_{ges\,rechts}$ der rechten Federkombination.

$c_{ges\,links}$ [N/mm] =

$c_{ges\,rechts}$ [N/mm] =

A.2.2 Gesamtsteifigkeit Schraubenzugfeder

Eine Schraubenzugfeder hat eine lineare Steifigkeit von 200 N/mm. Es stehen mehrere Federn zur Erzielung verschiedener Gesamtsteifigkeiten zur Verfügung. Um die Festigkeit des Federsystems optimal auszunutzen, soll die Belastung aller Federn gleich sein.

a) Skizzieren Sie, wie zwei Federn zusammengeschaltet werden müssen, damit eine Gesamtsteifigkeit von 400 N/mm entsteht.

b) Skizzieren Sie, wie drei Federn zusammengeschaltet werden müssen, damit eine Gesamtsteifigkeit von 600 N/mm entsteht.

c) Skizzieren Sie, wie zwei Federn zusammengeschaltet werden müssen, damit eine Gesamtsteifigkeit von 100 N/mm entsteht.

d) Skizzieren Sie, wie vier Federn zusammengeschaltet werden müssen, damit eine Gesamtsteifigkeit von 50 N/mm entsteht.

e) Skizzieren Sie, wie sechs Federn zusammengeschaltet werden müssen, damit eine Gesamtsteifigkeit von 300 N/mm entsteht.

f) Skizzieren Sie, wie sechs Federn zusammengeschaltet werden müssen, damit eine Gesamtsteifigkeit von 133,3 N/mm entsteht.

A.2.3   Beidseitige Einspannung

Zwei untereinander gleichartige Federn werden in der unten skizzierten Weise zwischen einen beweglichen Block und eine jeweils benachbarte Wand montiert. An dem beweglichen Block greift eine Betriebskraft F_B an, wodurch eine Auslenkung f des Gesamtsystems hervorgerufen wird, die aber stets kleiner als 20 mm bleibt.

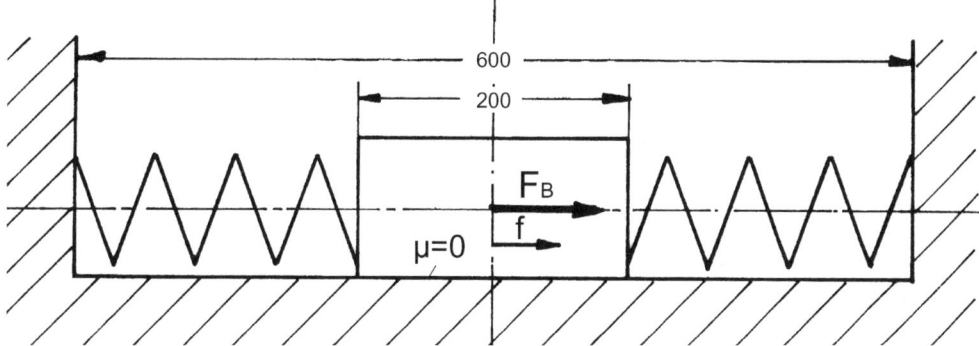

Für diese Konstruktion stehen verschiedene Federtypen zur Auswahl. Bestimmen Sie jeweils die Gesamtsteifigkeit des Systems.

	unverformte Federlänge	Steifigkeit einer einzelnen Feder	Steifigkeit des Gesamtsystems
Druckfeder	200 mm	10 N/mm	
Zug-/Druckfeder	200 mm	10 N/mm	
Druckfeder	220 mm	10 N/mm	

Federbauformen

Drehstabfeder

A.2.4   Variation von Steifigkeit und Belastbarkeit

Es ist eine Drehstabfeder mit folgenden Werkstoffdaten gegeben:

	zul. Schubspannung τ_{zul}	400 N/mm²
	Schubmodul G	70 000 N/mm²
	Dichte ρ	7,84 g/cm³

Zur Dokumentierung der Ergebnisse benutzen Sie bitte das nachstehende Schema:

	b. gleiche Belastbarkeit doppelte Steifigkeit	a. Ausgangsfall	c. doppelte Belastbarkeit gleiche Steifigkeit
Federdurchmesser d [mm]		22	
Federlänge L [mm]		372	
Federsteifigkeit c_t [Nm]			
Belastbarkeit M_{tmax} [Nm]			
speicherbare Arbeit W_{max} [Nm]			
Federmasse m [g]			

a) Zunächst wird die Feder a. mit 22 mm Federdrahtdurchmesser und 372 mm Federlänge ausgeführt (Ausgangsfall im obenstehenden Schema). Berechnen Sie zunächst die Steifigkeit, die Belastbarkeit, die speicherbare Arbeit und Masse dieser Konstruktion, vervollständigen Sie also die mittlere Spalte. Bei der Ermittlung der Federmasse ist nur die verformte Federlänge L zu berücksichtigen.

b) Eine weitere Feder b. soll unter Beibehaltung der Werkstoffparameter und unter Ausnutzung der zulässigen Schubspannung mit doppelter Steifigkeit ausgeführt werden. Ermitteln Sie sämtliche dazu erforderlichen Federdaten und füllen Sie die linke Spalte vollständig aus.

c) Eine weitere Feder c. soll unter Beibehaltung der Werkstoffparameter und unter Ausnutzung der zulässigen Schubspannung mit doppelter Belastbarkeit ausgeführt werden. Ermitteln Sie sämtliche dazu erforderlichen Federdaten und füllen Sie die rechte Spalte vollständig aus.

A.2.5   Variation der Momenteneinleitungsstelle

Eine Drehstabfeder mit einem Durchmesser $d = 18$ mm wird an beiden Seiten fest einge-spannt. Der Schubmodul des Federwerkstoffs beträgt $G = 70.000$ N/mm². Über eine Scheibe mit zwei gegenüberliegend tangential ablaufenden Seilen wird ein Torsionsmoment in die Feder eingeleitet, wobei die Feder selber weder mit Querkräften noch mit Biegemomenten belastet wird.

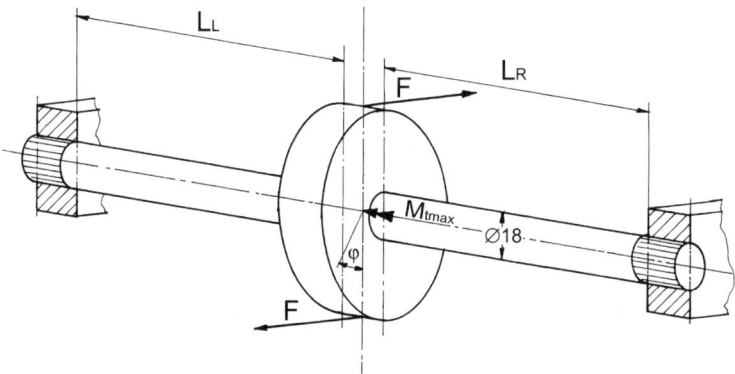

Die Schubspannung im Federwerkstoff darf einen Wert von 540 N/mm² nicht überschreiten. Zur Dokumentierung Ihrer Ergebnisse bedienen Sie sich des untenstehenden Schemas. Gesucht werden die Werte für das Gesamtsystem, wobei es u.U. sinnvoll sein kann, zuvor die Zahlenwerte für die beiden Einzelsysteme zu ermitteln.

a) Im Fall A wird die momenteneinleitende Scheibe wie dargestellt genau mittig zwischen den beiden festen Einspannungen angebracht, wobei sowohl für die rechte als auch für die linke Feder jeweils eine freie Verdrehlänge von $L_L = L_R = 300$ mm entsteht. Wie groß ist in diesem Fall die Torsionssteifigkeit des Gesamtsystems c_{Tges} und mit welchem maximalen Moment M_{tmax} darf das System belastet werden?

b) Im Fall B wird die momenteneinleitende Scheibe entgegen der Darstellung so montiert, daß eine freie Verdrehlänge von $L_L = 200$ mm und $L_R = 400$ mm entsteht. Wie groß ist in diesem Fall die Torsionssteifigkeit des Gesamtsystems und mit welchem maximalen Moment darf das System belastet werden?

c) Im Fall C wird der Hebel in unmittelbarer Nähe der linken Wand montiert ($L_L = 0$ mm und $L_R = 600$ mm). Berechnen Sie die gleichen Werte wie zuvor.

	Fall A			Fall B			Fall C		
	linke Feder	rechte Feder	Gesamt-system	linke Feder	rechte Feder	Gesamt-system	linke Feder	rechte Feder	Gesamt-system
maximales Lastmoment M_{tmax} [Nm]									
Torsions-steifigkeit c_T [Nm]									
Verdrehwinkel φ_{max} [°] bei Maximallast									

Schraubenfeder als Zug-/Druckfeder

A.2.6   Windungszahl und Festigkeit

Der Werkstoff einer kaltgeformte Schraubendruckfeder mit einem Drahtdurchmesser d = 4mm und einem mittleren Windungsdurchmesser D_m = 32 mm weist folgende Daten auf:

τ_{zul} = 800 N/mm²   G = 70 000 N/mm²

σ_{zul} = 1 000 N/mm²   E = 210 000 N/mm²

Es sollen zwei Federn mit einer Steifigkeit von c = 5 N/mm und c = 10 N/mm dimensioniert werden. Ermitteln Sie, mit welcher maximalen Kraft F_{max} die Federn belastet werden dürfen und mit welcher Anzahl an federnden Windungen sie ausgestattet werden müssen.

	Feder 1	Feder 2
c [N/mm]	5	10
F_{max} [N]		
i_w		

A.2.7   Federwaage

Es ist eine Schraubenzugfeder für eine Federwaage auszulegen. Dabei soll sich die Feder pro 1 N Belastung um 10 mm dehnen. Es steht ein Federdraht mit einem Durchmesser von 1,0 mm zur Verfügung, der Schubmodul des Werkstoffs ist mit 70.000 N/mm² angegeben. Die zulässige Schubspannung beträgt 600 N/mm². Mit der Federwaage soll eine maximale Kraft von 12 N gemessen werden können.

a) Ermitteln Sie einen günstigen mittleren Windungsdurchmesser D_m. Runden Sie den errechneten Wert auf volle Millimeter!

b) Mit wie vielen federnden Windungen i_w muß dann die Feder ausgestattet werden?

A.2.8   Sicherheitsventil Dampflokomotive

Sicherheitsventile sollen Druckbehälter vor unzulässig hohem Druck schützen. Sie werden so konzipiert, daß sie sich beim Überschreiten eines höchstzulässigen Druckes automatisch öffnen. Das untenstehende Bild zeigt das Sicherheitsventil einer Dampflokomotive nach der Bauart Ramsbottom.

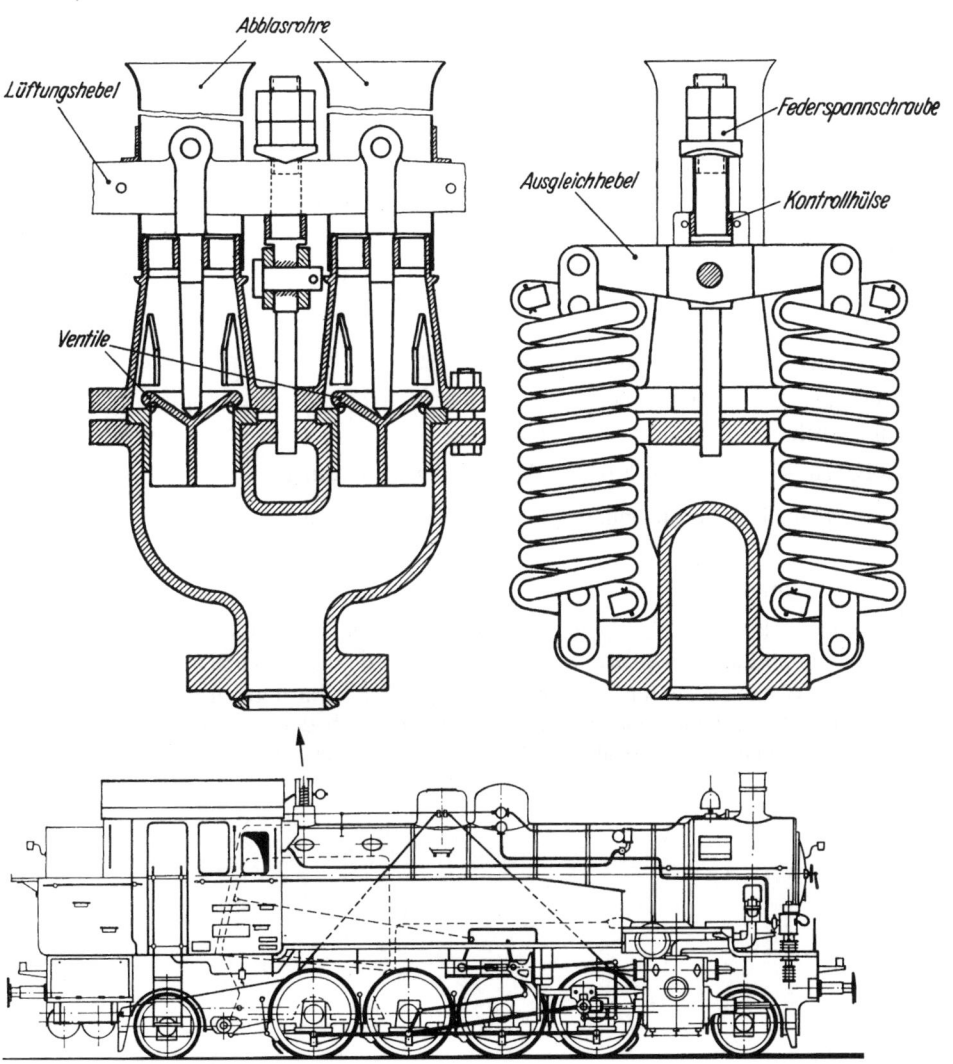

Von einem gemeinsamen Gehäuseunterteil zweigen zwei Kanäle zu den beiden Ventilsitzen ab. Die oberhalb der Ventile aufgesetzten Gehäuseoberteile dienen gleichzeitig zur Führung des abgelassenen Dampfes und als Schalldämpfer. Die auf den Ventilen in der Mitte aufsitzenden Druckstifte stützen sich im Lüftungshebel ab, der über die Federspannschraube und den Ausgleichshebel von den beiden am Gehäuseunterteil befestigten Ventilfedern nach unten gezogen wird. Dadurch werden die Ventile so lange auf ihrem Sitz gehalten, bis der auf ihnen lastende Dampfdruck die Federkraft, die auf Kesselhöchstdruck eingestellt ist, übersteigt.

Kesselüberdruck, bei dem das Ventil öffnen soll:	12 bar
Ventilhub:	3 mm
Ventilsitzdurchmesser:	70 mm
Anzahl der federnden Windungen i_w:	10
mittlerer Windungsdurchmesser D_m:	80 mm
Schubmodul G:	70000 N/mm²
Windungsverhältnis w:	5

Berechnen Sie:

a) Wie groß ist die Steifigkeit einer einzelnen Feder?

b) Um welchen Weg muß die Feder vorgespannt werden, damit das Ventil tatsächlich bei einem Kesselüberdruck von 12 bar öffnet?

c) Bei welchem Kesselüberdruck p_{max} ist das Ventil ganz geöffnet?

d) Welche maximale Schubspannung τ_{max} tritt im Federdraht auf?

A.2.9   Fallhammer

In der folgenden Skizze ist ein Fallhammer dargestellt, dessen Masse von 5 kg auf einer Stange von 800 mm Länge montiert ist. Der Hammer wird durch Drehen angehoben und aus einer gewissen Winkelendstellung α wieder fallengelassen. Im unteren Totpunkt wird der Schlag durch eine Schraubenfeder aufgefangen. Im Bereich der Federzusammendrückung kann die Bewegung des Hammers als geradlinig angesehen werden.

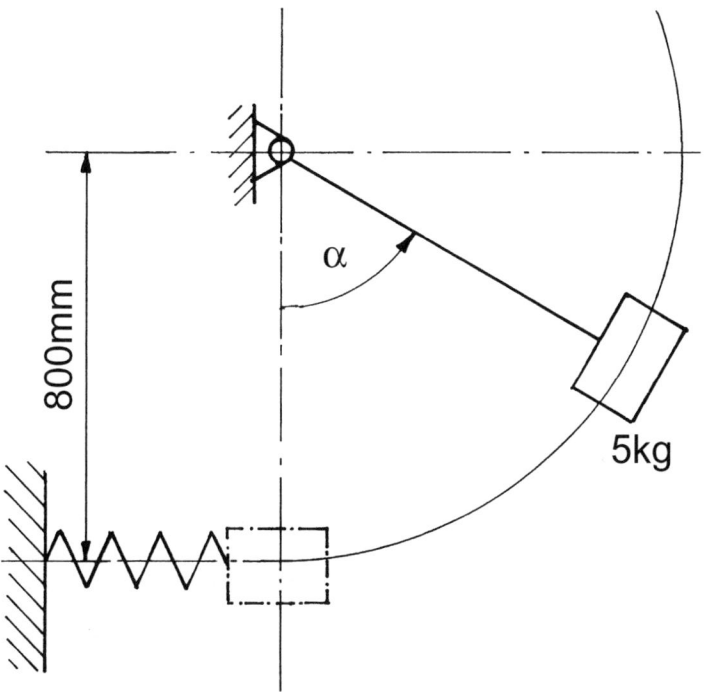

Der Federwerkstoffs weist einen Schubmodul von G = 70.000 N/mm² auf und darf mit einer Schubspannung von τ_{zul} = 520 N/mm² belastet werden. Der mittlere Windungsdurchmesser beträgt D_m = 30 mm und es sind i_w = 24 federnde Windungen vorgesehen.

Es stehen die Federdrahtdurchmesser d = 6 mm, 8 mm und 10 mm zur Verfügung. Berechnen Sie, aus welcher maximalen Winkelendstellung α der Hammer jeweils fallengelassen werden kann und welche maximale Federauslenkung f_{max} dabei zustande kommt. Zur übersichtlichen Dokumentierung der Ergebnisse bedienen Sie sich des untenstehenden Schemas.

Federdrahtdurchmesser d	[mm]	6	8	10
Wahl'scher Faktor K	[-]			
maximale Federkraft F_{max}	[N]			
Federsteifigkeit c	[N/mm]			
maximaler Federweg f_{max}	[mm]			
speicherbare Federarbeit W	[Nm]			
Winkelendstellung α	[°]			

A.2.10   Abfederung Krankatze

Die Katze eines Kranes mit einer Gesamtmasse von 890 kg ist an ihrer Stirnseite mit zwei federnden Puffern ausgestattet. Die Schraubenfedern haben 17 federnde Windungen, der Drahtdurchmesser beträgt 20 mm, der mittlere Windungsdurchmesser 100 mm. Der Schubmodul des Federwerkstoffs wird mit 70.000 N/mm² angegeben. Die Katze prallt bei ausgeschaltetem Motor mit einer Geschwindigkeit von 2 m/s gegen einen festen Anschlag.

Welche Schubspannung wird dabei in der Feder hervorgerufen? Gehen Sie dabei sinnvollerweise folgendermaßen vor:

a) Welche Energie muß die einzelne Feder beim Aufprall aufnehmen?

b) Berechnen Sie die Steifigkeit der oben beschriebenen Feder.

c) Mit welcher Kraft wird dann die Feder während des Stosses belastet?

d) Wie hoch ist dann die Schubspannung in der Feder?

A.2.11   Modellhafte Motorradfederung

Ein Motorrad habe ein Gesamtmasse einschließlich Fahrer von 290 kg, die im Verhältnis 45:55 auf Vorder- und Hinterrad verteilt werden. Das Hinterrad ist in der dargestellten Weise in einer Schwinge gelagert und durch zwei senkrecht stehende Schraubendruckfedern abgestützt. Im beladenen Zustand steht die Hinterradschwinge genau waagerecht, die durch die zusätzliche Einfederung hervorgerufene kreisbogenförmige Bewegung der Schwinge kann für die Feder als Gerade angenommen werden. Die Wirkung des Dämpfers und die Kräfte des Kettenzuges bleiben bei dieser Betrachtung **un**berücksichtigt.

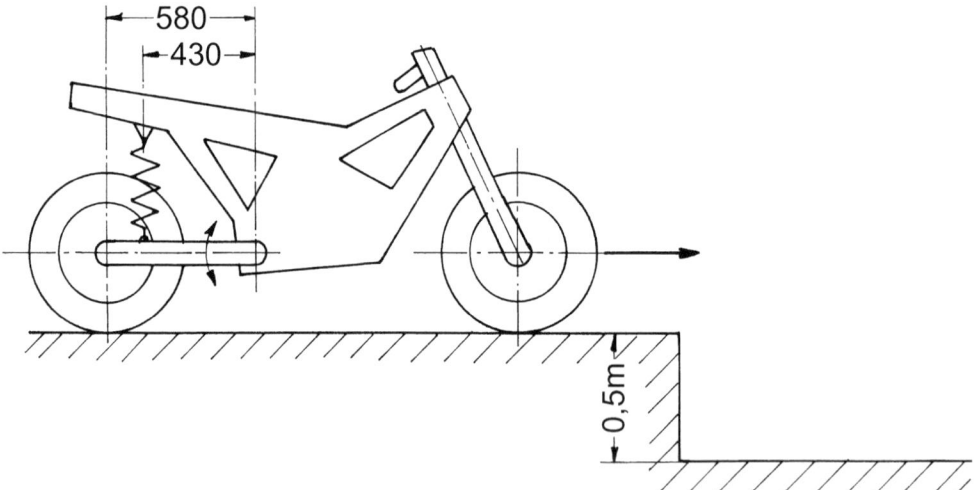

Der mittlere Windungsdurchmesser D_m beträgt 80 mm und es wird ein Federdraht mit dem Durchmessser von d = 15 mm verwendet. Der Federwerkstoff weist einen Schubmodul von G = 80.000 N/mm² auf.

a) Welche statische Schubspannung τ_{stat} tritt in der Feder auf, wenn eine völlig ebene Fahrbahn und damit ein quasistatischer Belastungszustand vorausgesetzt werden kann?

b) Das Motorrad fährt nun eine Stufe von 0,5 m hinunter. Welche Energie wird dabei zusätzlich in jeder einzelnen der beiden Federn gespeichert?

c) Bei der Fahrt über diese Stufe soll am Hinterrad eine zusätzliche Einfederung von 120 mm zugelassen werden. Wie viele federnde Windungen i_w müssen vorgesehen werden?

d) Welche (zusätzliche) dynamische Schubspannung τ_{dyn} wird bei der Fahrt über die Stufe hervorgerufen?

A.2.12   Schraubenzugfeder, Variation von Steifigkeit und Belastbarkeit

Es ist eine Schraubenzugfeder mit folgenden Werkstoffdaten gegeben:

zul. Schubspannung τ_{zul}	400 N/mm²
Schubmodul G	70 000 N/mm²
Dichte ρ	7,84 g/cm³

Zur Dokumentierung der Ergebnisse benutzen Sie bitte das nachstehende Schema:

	gleiche Belastbarkeit doppelte Steifigkeit		Ausgangsfall	doppelte Belastbarkeit gleiche Steifigkeit	
	c.	b.	a.	d.	e.
Federdurchmesser d [mm]		2	2	2	
Windungsdurchmesser D_m [mm]	18		18		18
Anzahl federnde Windungen i_w			22		
Federsteifigkeit c [N/mm]					
Federbelastbarkeit F_{max} [N]					
speicherbare Arbeit W_{max} [Nm]					
Federmasse m [g]					

a) Zunächst wird die Feder a. mit 2 mm Federdrahtdurchmesser, 18 mm mittlerem Windungsdurchmesser und 22 federnden Windungen ausgeführt (Ausgangsfall im obenstehenden Schema). Berechnen Sie zunächst die Steifigkeit, die Belastbarkeit, die speicherbare Arbeit und die Masse dieser Feder, vervollständigen Sie also die mittlere Spalte. Bei der Ermittlung der Federmasse berücksichtigen Sie nur die Anzahl der federnden Windungen.

b) Eine weitere Feder b. soll unter Beibehaltung der Werkstoffparameter mit doppelter Stei-
    figkeit ausgeführt werden, wobei der Federdrahtdurchmesser beizubehalten ist und die
    zulässige Schubspannung vollständig ausgenutzt wird. Ermitteln Sie sämtliche dazu er-
    forderlichen Federdaten.

c) Eine weitere Feder c. soll auf ähnliche Weise mit doppelter Steifigkeit ausgeführt wer-
    den, wobei der Windungsdurchmesser beizubehalten ist. Ermitteln Sie sämtliche dazu er-
    forderlichen Federdaten und füllen Sie die Spalte c. vollständig aus.

d) Eine weitere Feder d. soll gegenüber dem Ausgangsfall a. die doppelte Belastbarkeit
    aufweisen, wobei der Federdrahtdurchmesser beibehalten wird. Ermitteln Sie sämtliche
    dazu erforderlichen Federdaten und füllen Sie die Spalte d. vollständig aus.

e) Eine weitere Feder e. soll in ähnlicher Weise mit doppelter Belastbarkeit ausgeführt wer-
    den, wobei der Windungsdurchmesser beibehalten wird. Ermitteln Sie sämtliche dazu er-
    forderlichen Federdaten und füllen Sie die Spalte e. vollständig aus.

Schenkelfeder

A.2.13   Belastbarkeit und Steifigkeit

Eine Schenkelfeder (Drehfeder) hat einen mittleren Windungsdurchmesser von 22 mm bei
einem Federdrahtdurchmesser von 2 mm. Die zulässige Spannung des Federwerkstoffs beträgt σ_{bzul} = 950 N/mm², der Elastizitätsmodul E = 210000 N/mm².

a) Mit welchem Moment darf die Feder maximal belastet werden?

b) Wie viele Windungen muß die Feder aufweisen, damit sie bei diesem maximalen
    Drehmoment einen Verdrehwinkel von 120° einnimmt?

A.2.14   Schenkelfeder Batteriefachdeckel

Das Batteriefach einer Spiegelreflexkamera wird mit einer drehbaren Klappe in Form einer
Miniaturtür verschlossen. Wird die Klappe entriegelt, so springt sie durch eine Schenkelfeder
unterstützt auf und legt dabei einen Winkel von 75° zurück, bevor die Bewegung durch einen
Anschlag begrenzt wird. Wird die Klappe hingegen geschlossen, so wird die Feder zunehmend gespannt, so daß in der verriegelten Schließstellung an der Schenkelfeder ein maximales Moment anliegt.

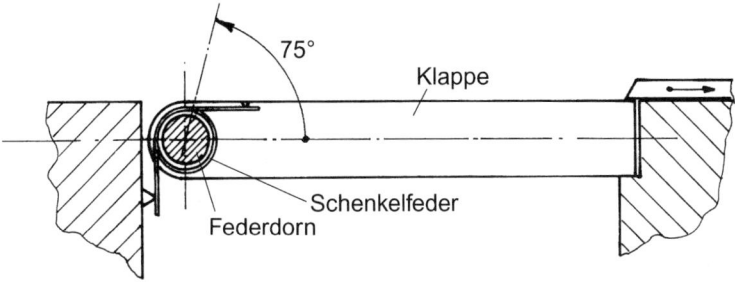

Der Federwerkstoff weist folgende Daten auf:

Schubmodul:	58000 N/mm²	Elastizitätsmodul:	170000 N/mm²
zulässige Schubspannung:	1500 N/mm²	zulässige Biegespannung:	2200 N/mm²

Die Schenkelfeder wird aus einem Draht mit einem Durchmesser d = 0,25 mm gefertigt und ist auf einer Stange mit 1,4 mm Durchmesser aufgewickelt, die gleichzeitig als Scharnier für die Klappe dient. Um eine einwandfreie Beweglichkeit zu gewährleisten, wird zwischen dieser Stange und dem Federdraht ein Spiel von 0,1 mm auf jeder Seite vorgesehen. Es sind 4 federnde Windungen angebracht.

Die Feder wird so stark vorgespannt, wie es die Konstruktions- und Werkstoffdaten erlauben. Die Federung der Schenkel, über die das Moment eingeleitet und abgestützt wird, kann vernachlässigt werden.

a) Wie groß ist das an der Drehachse der Klappe anliegende Moment $M_{geschlossen}$, wenn die Klappe geschlossen ist?

b) Wie groß ist das an der Drehachse der Klappe anliegende Moment M_{offen}, wenn die Klappe vollständig geöffnet ist?

A.2.15   Rückholfeder Felgenbremse

Die nachfolgende Skizze zeigt alle wesentlichen Bauteile der Felgenbremse eines Rennrades. Die Skizze ist im unten angegebenen Maßstab angelegt, so daß alle für die Berechnung erforderlichen Abmessungen daraus entnommen werden können.

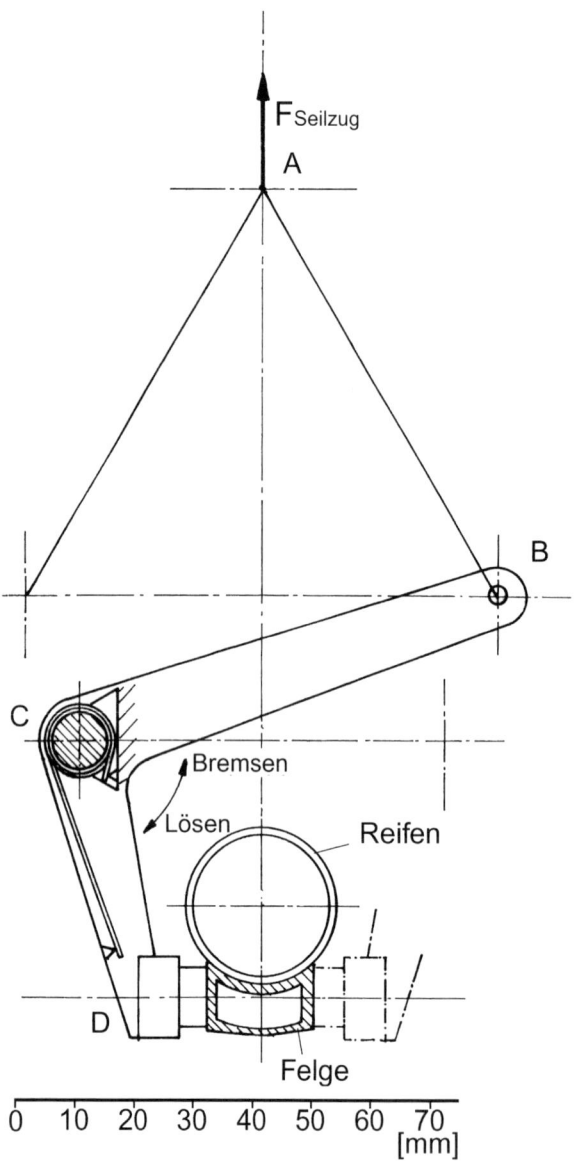

Diese sog. „Mittelzugbremse" ist symmetrisch aufgebaut, wobei zur Verdeutlichung der Darstellung hier nur ein Bremshebel skizziert ist. Der Bremszangenschenkel ist bei C am Fahrradrahmen bzw. an der Gabel drehbar gelagert und übt bei D die Bremswirkung auf die

Felge aus. Die dazu erforderliche Kraft wird bei B durch einen Seilzug eingeleitet, der wiederum bei A mit dem Seilzug des anderen Bremszangenschenkels verbunden ist. In der hier dargestellten Bremsstellung befindet sich der Bremszangenschenkel im Gegenuhrzeigersinn in Endstellung, der Lösevorgang wird durch eine bei C befindliche Schenkelfeder eingeleitet, die sich mit dem einen Schenkel am Fahrradrahmen und mit dem anderen Schenkel am Bremshebel abstützt. Die Feder hat einen Windungdurchmesser von 10 mm, ist aus einem Draht mit $\varnothing 2$ mm gefertigt und weist 2,5 Windungen auf. Sie besteht aus Stahl und darf mit einer maximalen Spannung von 600 N/mm² belastet werden.

Zur Dokumentierung Ihrer Ergebnisse benutzen Sie bitte das untenstehende Schema.

a) Wie hoch ist die Torsionssteifigkeit c_T dieser Feder?

b) Mit welchem maximalen Moment M_{tmax} darf die Feder belastet werden?

c) Um welchen Winkel φ_{max} darf die Feder maximal verdreht werden, wenn ihre Belastbarkeit vollständig ausgenutzt werden soll?

d) Wie hoch ist dann die Kraft F_{SZd}, mit der der gemeinsame Seilzug **beider** Bremshebel in der dargestellten Stellung bei A beim Lösen der Bremse zurückgezogen wird, wenn man die Gelenkreibung bei C vernachlässigt?

e) Der Lösevorgang der Bremse ist dann beendet, wenn zwischen Felge und Bremsbelag ein Zwischenraum von 2 mm erreicht ist. Wie hoch ist dann die Rückholkraft im Seilzug F_{SZe}, wenn angenommen werden kann, daß sich bei dieser Drehung des Bremshebels die Seilzuggeometrie nur vernachlässigbar ändert?

f) Bei der bisherigen Betrachtung wurde nur die elastische Deformation des gewundenen Teils der Feder berücksichtigt. Wie groß ist die Gesamtsteifigkeit, wenn der aus der Feder herausragende und bei D am Bremshebel eingehängte Schenkel berücksichtigt wird?

a	c_T	[Nmm]	
b	M_{tmax}	[Nmm]	
c	φ_{max}	[°]	
d	F_{SZd}	[N]	
e	F_{Sze}	[N]	
f	c_T	[Nmm]	

A.2.16   Ringfeder

Ein Eisenbahnpuffer wird mit einer Ringfeder ausgestattet:

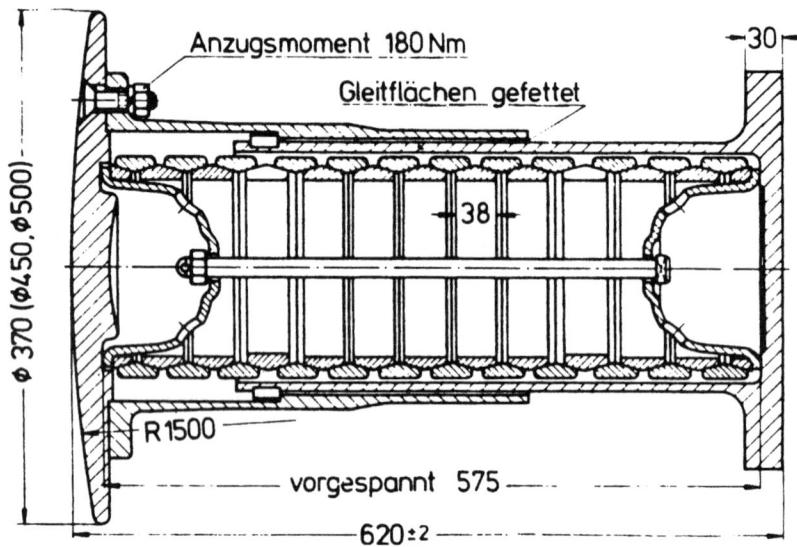

Die Feder besteht aus ringförmigen Elementen, deren Breite und Anzahl aus der obigen Skizze zu entnehmen ist. Die mittlere radiale Dicke des Federelementes beträgt 6,6 mm, der mittlere Radius des ringförmigen Elementes beträgt 85 mm. Der Steigungswinkel an den Konusflächen beträgt $\alpha = 14°$, der Reibwert kann mit $\mu = 0,15$ angenommen werden.

a) Berechnen Sie die maximale Kraft, die axial auf die Feder aufgebracht werden darf, wenn die zulässige Flächenpressung an den Konusflächen zwischen den einzelnen Federelementen $p = 60$ N/mm² beträgt.

b) Wie groß ist die maximale Kraft, die axial auf die Feder aufgebracht werden darf, wenn in den Ringen ein Zug- bzw. Druckspannung von $\sigma_{ZD} = 700$ N/mm² zugelassen werden kann?

c) Wie groß ist die Steifigkeit der gesamten Feder im idealisierten reibungsfreien Fall?

d) Wie groß ist die Steifigkeit der Feder im realen, reibungsbehafteten Fall bei Belastung und bei Entlastung?

e) Liegt Selbsthemmung vor? Begründen Sie Ihre Antwort!

f) Wieviel Energie kann die Feder maximal aufnehmen?

A.2.17 Tellerfeder

Untenstehende Skizze zeigt das Stellglied einer Regeleinrichtung: Mit dem Druck p wird Kraft auf einen Kolben mit der Fläche A ausgeübt, die sich ihrerseits auf eine Federschaltung abstützt. Die Ausgangsstellung des Kolbens wird mit einer Schraube M12 * 1,25 fixiert. Diese Schraube bewegt sich pro Umdrehung um 1,25 mm in axialer Richtung.

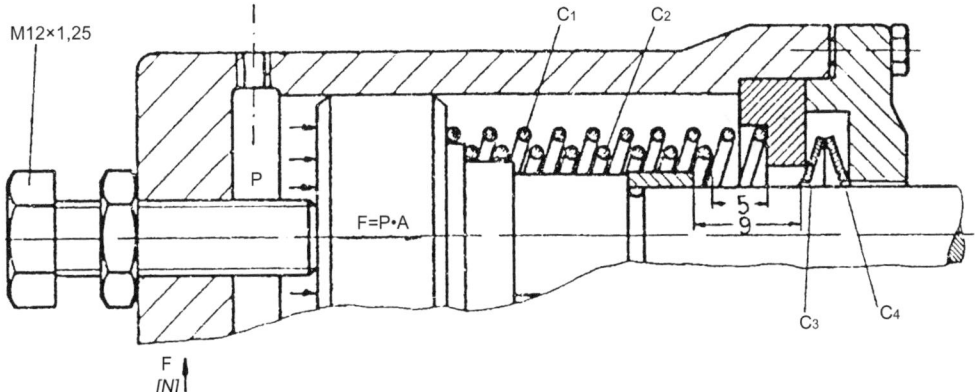

Mit dieser Anordnung wird in der dargestellten Schraubenstellung folgende Steifigkeitskennlinie realisiert:

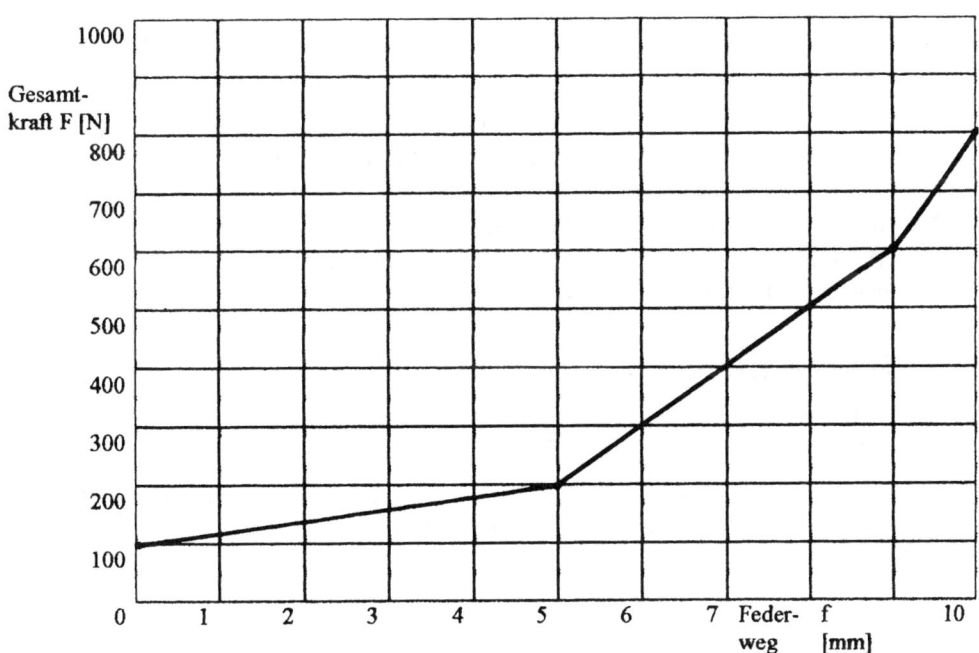

a) Berechnen Sie die Steifigkeiten der einzelnen Federn c_1, c_2, c_3 und c_4.

$c_1 =$	$c_2 =$	$c_3 =$	$c_4 =$

b) Wenn die Schraube um vier weitere Umdrehungen eingeschraubt wird, so ergibt sich eine neue Ausgangsstellung für das Federsystem. Zeichnen Sie in das obige Diagramm für diese neue Ausgangsstellung die dann vorliegende Federkennlinie ein.

A.2.18   Feder als Bestandteil eines schwingungsfähigen Systems

Die untenstehende Skizze zeigt die wesentlichen Komponenten einer industriell genutzten Brotschneidemaschine:

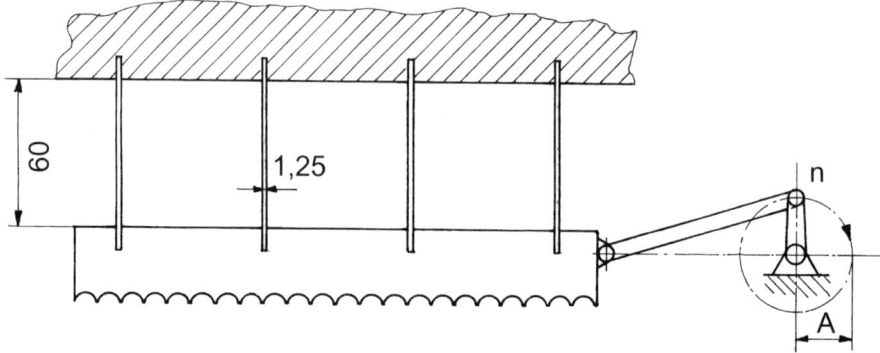

Das 320 g schwere Messer wird über vier Blattfedern (1,25 mm dick, 20 mm breit, E = 2,1 * 10^5 N/mm², $\sigma_{bW} = 400$ N/mm²) mit dem Maschinengestell verbunden, die Biegefedern sind sowohl im Gestell als auch am Messer fest eingespannt. Damit werden zwei Aufgaben übernommen:

- Das Messer wird ohne bewegliche Teile geführt.
- Die Messermasse bildet mit den Federn ein schwingungsfähiges System, welches im Resonanzbereich betrieben wird.

a) Wie groß ist die Gesamtfedersteifigkeit c_{ges} des Systems?

c_{ges} [N/mm] =

b) Mit welcher Drehzahl n_{an} muß der rechts angedeutete Exzentermechanismus betrieben werden, damit sich das System tatsächlich in der Resonanz befindet?

n_{an} [min^{-1}] =

c) Mit welcher Amplitude A_{max} darf das System maximal betrieben werden?

A_{max} [mm] =

A.2.19   Formnutzzahl

Ein Waggon mit einer Gesamtmasse von 15 t wird beim Rangieren über einen 1 m hohen Ablaufberg geschoben. Das Rollvorgang über eine Strecke von 100 m unterliegt dem Rollreibungsbeiwert von $\mu_{RR} = 0{,}003$. Anschließend prallt der Waggon auf einen stehenden Zug, dessen letzter Waggon ebenfalls mit zwei federnden, stirnseitig angebrachten Puffern ausgestattet ist. Sicherheitshalber wird angenommen, daß sich dieser letzte Waggon während des Aufpralls nicht bewegt. Zwischen Innen- und Außenring wird ein Reibwert von $\mu = 0{,}12$ wirksam.

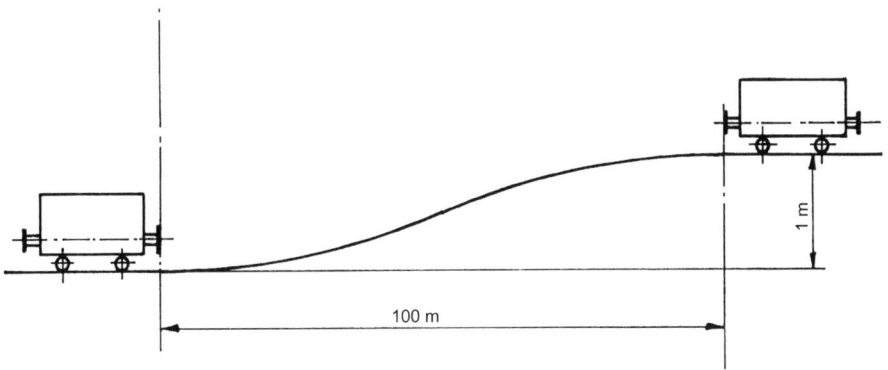

a)   Welche Energie E_{Puffer} wird beim Aufprall von **einem einzelnen** Puffer aufgenommen?

$$E_{Puffer}\ [\text{Nm}] =$$

b)   Die Feder wird als Ringfeder mit den nebenstehend skizzierten Ringen ausgestattet. Der mittlere Ringdurchmesser von 400 mm kann vereinfachend sowohl für den Innen- als auch für den Außenring angesetzt werden. Wie groß ist das Volumen eines einzelnen Halbringes $V_{Halbring}$?

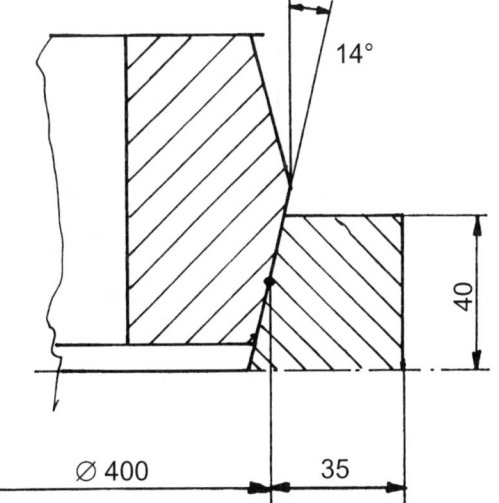

$$V_{Halbring}\ [\text{mm}^3] =$$

c) Wie groß ist die Formnutzzahl der Feder η?

$\eta =$

d) Der Federwerkstoff darf mit einer Zug-/Druckspannung von maximal 600 N/mm² belastet werden. Es kann angenommen werden, daß die zulässige Flächenpressung der Ringe
untereinander nicht überschritten wird. Welche Arbeit $W_{Halbring}$ kann ein Halbring aufnehmen?

$W_{Halbring}$ [Nm] =

e) Mit wie vielen Halbringen $z_{Halbring}$ muß die Feder ausgestattet werden?

$z_{Halbring} =$

f) Wie groß ist dann die maximal auf die Feder einwirkende Kraft F_{max} und der dabei vorliegende Federweg f_{max}?

F_{max} [N] = f_{max} [mm] =

Vergleich verschiedener Federbauarten

A.2.20   Qualitative Gegenüberstellung

In der folgenden Skizze sind qualitativ die Kraft-Weg-Diagramme einiger Federn in Kombination mit Reibungsdämpfern und Flüssigkeitsdämpfern zusammengestellt:

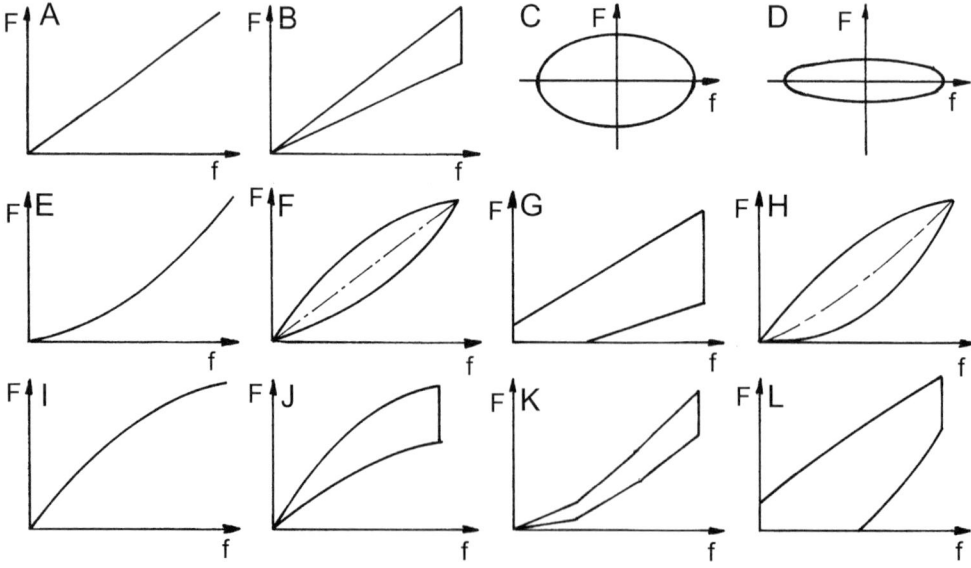

Ordnen Sie die in der folgenden Liste aufgeführten Maschinenelemente durch Ankreuzen den Diagrammen zu:

	A	B	C	D	E	F	G	H	I	J	K	L
Blattfeder, einschichtig												
Blattfeder mehrschichtig, nicht vorgespannt												
Blattfeder mehrschichtig, vorgespannt												
Dämpfer bei langsamer Sinusschwingung												
Dämpfer bei schneller Sinusschwingung												
Drehstabfeder, einlagig												
Drehstabfeder, mehrlagig												
Drehfeder (Schenkelfeder)												
Gummidruckfeder, sinusförmig belastet												
Luftfeder, ideal und reibungsfrei												
Luftfeder mit Reibungs- und Flüssigkeitsdämpfer												
Ringfeder, nicht vorgespannt												
Ringfeder, vorgespannt												
Schraubendruckfeder												
Schraubendruckfeder mit Flüssigkeitsdämpfer												
Schraubenzugfeder												
Tellerfeder, einzeln												
Tellerfeder, mehrfach geschichtet												
Tellerfedersäule												

A.2.21   Schraubenfeder als Zugfeder oder Schenkelfeder

Eine schraubenförmig gewendelte Feder weist folgende Daten auf:

Federdrahtdurchmesser:	$d = 3$ mm
mittlerer Windungsdurchmesser:	$D_m = 15$ mm
Anzahl der federnden Windungen:	$i = 8$
zulässige Schubspannung:	$\tau_{tzul} = 600$ N/mm²
zulässige Biegespannung:	$\sigma_{bzul} = 400$ N/mm²
Schubmodul:	$G = 81.500$ N/mm²
Elastizitätsmodul:	$E = 206.000$ N/mm²

Die Feder kann wahlweise als Schraubenzugfeder oder als Schenkelfeder eingesetzt werden, wobei natürlich die Federenden konstruktiv dem Anwendungsfall entsprechend ausgeführt werden müssen. Berechnen Sie für eine gegenüberstellende Betrachtung die Steifigkeit, die maximale Belastung, die speicherbare Arbeit und die Formnutzzahl beider Varianten. Zur Darstellung der Ergebnisse bedienen Sie sich des folgenden Schemas:

	Schraubenzugfeder		Schenkelfeder	
Steifigkeit	$c =$	N/mm	$c_t =$	Nmm
maximale Belastung	$F_{max} =$	N	$M_{max} =$	Nmm
speicherbare Arbeit	$W_{max} =$	Nmm	$W_{max} =$	Nmm
Formnutzzahl	$\eta_W =$		$\eta_W =$	

3 Verbindungselemente und Verbindungstechniken

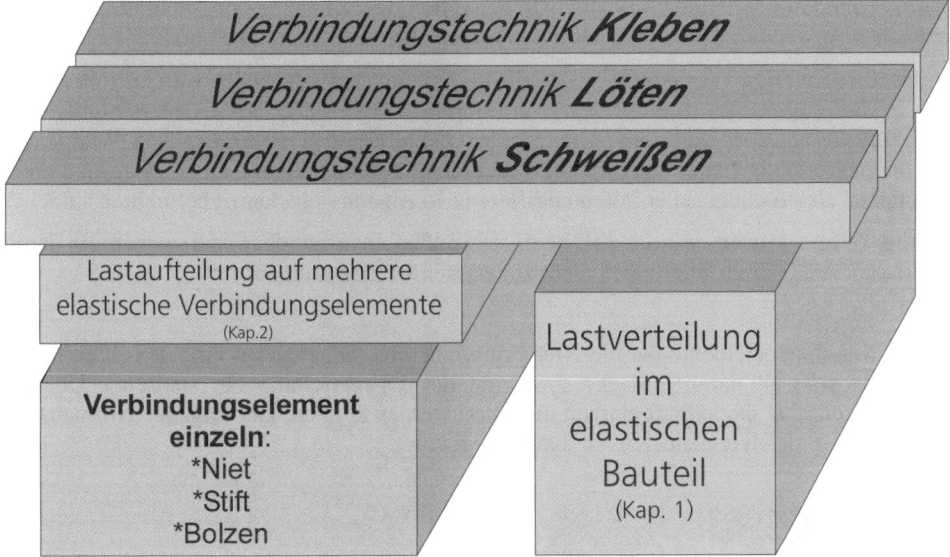

Bild 3.1: Aufbau von Kapitel 3 (s. Einleitung).

Es versteht sich von selbst, daß eine Maschine aus mehreren Teilen besteht. Aber auch das einzelne Maschinenelement als Bestandteile dieser Maschine ist i.a. nicht „einstückig", sondern besteht seinerseits wiederum aus mehreren Komponenten. Diese Komponenten können

- entweder relativ zueinander beweglich angeordnet werden. In diesem Falle handelt es sich meist um Lagerungen oder Führungen, die im Kapitel 5 (Band II) weiter ausgeführt werden.

- oder relativ zueinander fest fixiert werden, wobei Verbindungstechniken und Verbindungselemente zur Anwendung kommen.

Die Verbindungstechniken (hier beispielhaft Nieten, Schweißen, Löten und Kleben) sind in der Regel nicht lösbar, zur Demontage müssen sie zerstört oder zumindest beschädigt werden. Verbindungselemente hingegen (z.B. Stifte und Bolzen) sind meist lösbar und lassen sich wiederverwenden. Schrauben gehören zwar auch zu den Verbindungselementen („Befestigungsschraube"), ihnen wird aber in dieser Zusammenstellung ein eigenes Kapitel 4 gewidmet, weil sie auch als Getriebe („Bewegungsschraube") verwendet werden können. Weiterhin geht das Kapitel 6 (Band II) auf die Welle-Nabe-Verbindungen als einer speziellen Verbindung ein.

3.1   Nieten

Das Nieten gehört zu den ältesten industriell angewendeten Verbindungstechniken. Es wurde vorzugsweise im Stahl-, Behälter- und Kesselbau eingesetzt und wird heute vielfach durch andere Verbindungstechniken, vor allen Dingen durch das Schweißen und Schrauben ersetzt. In manchen Anwendungsbereichen wird das Nieten aber auch heute noch praktiziert, wenn

- **verschiedenartige Werkstoffe** kostengünstig miteinander verbunden werden sollen, z.B. beim Befestigen von Bremsbelägen auf ihrem Träger. Die Verschiedenartigkeit der Werkstoffe hat aber dort seine Grenzen, wo es aufgrund unterschiedlichen Wärmeausdehnungsverhaltens zum Lockern der Verbindung kommen kann oder wo aufgrund einer zu hohen elektrochemischer Potentialdifferenz Korrosionsschäden zu befürchten sind.

- **hohe Temperaturen**, wie sie z.B. beim Schweißen unvermeidbar sind, wegen der damit verbundenen Gefügeänderungen nicht zugelassen werden können.

Im Fach Maschinenelemente hat die Nietverbindung aus didaktischen Gründen ihren festen Platz behalten, weil daran einfache Probleme der Lastverteilung bei statischer Überbestimmtheit zunächst modellhaft einfach diskutiert werden können. Der folgende Normauszug stellt einige der meistverwendeten Nietbauformen vor:

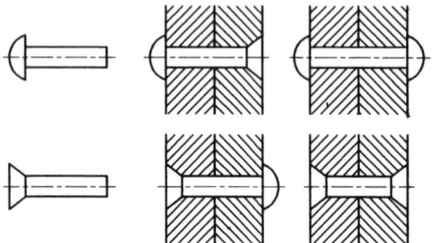

Bild 3.2: Einige Nietverbindungen.

Der sog. „Setzkopf" ist bereits im Anlieferungszustand vorhanden. Der gegenüberliegende „Schließkopf" wird erst nach dem Einfügen des Niets in der gewünschten Weise gestaucht. Eine erste grundsätzliche Unterscheidung von Nietverbindungen differenziert nach Kaltnietung und Warmnietung:

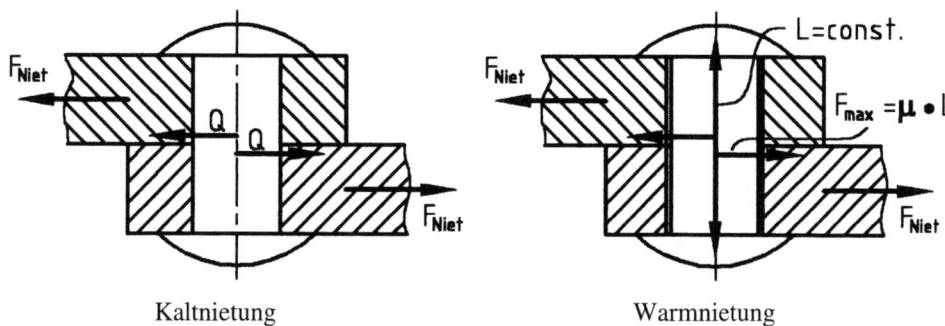

Kaltnietung   Warmnietung

Stahlnieten bis 8 mm Durchmesser und Nieten aus Kupfer oder Aluminium werden meist kalt vernietet, d.h. der Schließkopf wird bei Umgebungstemperatur plastisch verformt. Die angestrebte Deformierbarkeit kann bei der Auswahl des Nietwerkstoffs dazu führen, daß Materialien verwendet werden, die in ihrer Festigkeit dem Werkstoff der zu verbindenden Teile deutlich unterlegen sind. Der Montagevorgang selber leitet keine nennenswerte Belastung in den Niet ein. Die so montierte Nietverbindung wird dann im Falle der oben skizzierten äußeren Belastung im wesentlichen mit den von außen angreifenden Kräften belastet.

Größere Stahlnieten müssen jedoch vor dem Einführen in das Nietloch erwärmt werden. Die nach der Montage des erwärmten Niets eintretende Abkühlung und die dadurch verursachte Schrumpfung leitet eine Zugkraft in den Niet ein. Diese thermisch erzeugte Vorspannung bleibt dann ständig als Längskraft erhalten, was aus zweierlei Gründen erwünscht sein kann:

- Im Behälter- und Rohrleitungsbau ist die Nietverbindung dicht.
- Die in die Nietverbindung eingeleiteten Belastungen werden unter der Vorspannung als Reibkraft übertragen, der Niet selber bleibt bei der oben skizzierten Lasteinleitung querkraftfrei.

Die Dimensionierung des Niets orientiert sich im wesentlichen an der von außen eingeleiteten Belastung F_{Niet} die als Querkraft den einzelnen Niet belastet. Die nachfolgenden Betrachtungen beschränken sich auf diese Belastungsart.

Die Dimensionierung des Niets orientiert sich an der Zugspannung, die unabhängig von der Höhe der Kraft F_{Niet} durch die Montagelängskraft eingeleitet worden war. Dieser Lastfall wird in der nachfolgenden Betrachtung zunächst ausgespart und im Kapitel „Vorgespannte Schraubverbindungen" wieder aufgegriffen.

Bild 3.3: Gegenüberstellung Kaltnietung–Warmnietung.

3.1.1   Querkraftschub eines einzelnen kaltgeschlagenen Niets

Die bei der Kaltnietung vorliegende Querkraft belastet den Niet auf Querkraftschub und Lochleibung. Die Schubspannung ergibt sich nach den Gleichungen der elementaren Festigkeitslehre zu $\tau = F_{Niet}/A$, wobei sich die Querschnittsfäche als Kreis zu $d^2 * \pi/4$ ausdrücken läßt. Bei einschnittiger Nietverbindung steht eine, bei zweischnittiger Verbindung stehen zwei übertragende Kreisflächen zur Verfügung.

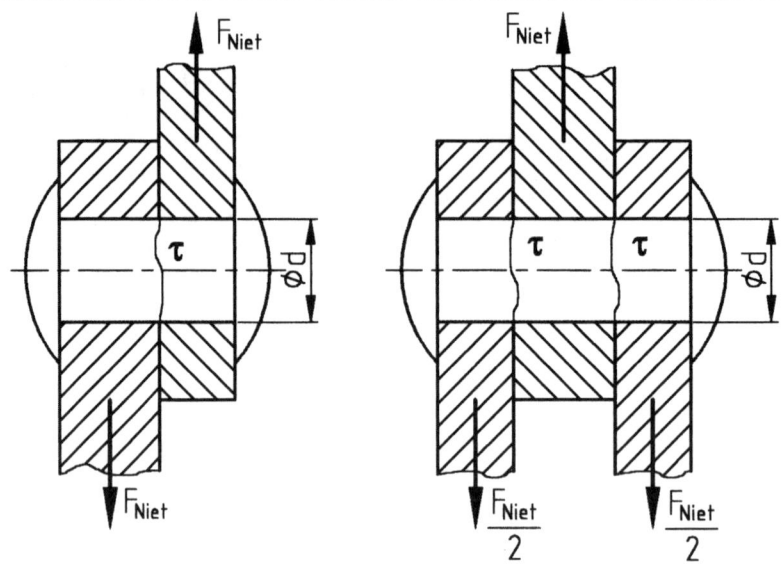

Schubspannungsbelastung bei   Schubspannungsbelastung bei
einschnittiger Nietverbindung   zweischnittiger Nietverbindung

$$\tau \;=\; \dfrac{F_{Niet}}{\dfrac{d^2 * \pi}{4}} \le \tau_{zul} \qquad\qquad \tau_Q = \dfrac{F_{Niet}}{2 * \dfrac{d^2 * \pi}{4}} \le \tau_{zul}$$

Bild 3.4: Querkraftschub kaltgeschlagener Nietverbindungen.

3.1.2   Lochleibungsdruck eines einzelnen kaltgeschlagenen Niets

Die vom Niet übertragene Kraft wird aber nicht nur im Niet selber wirksam, sondern muß auch als Flächenpressung an die Umgebungskonstruktion abgeleitet werden. Dabei kann in erster Näherung ein Ansatz formuliert werden, der eine gleichmäßige Flächenpressungsverteilung zwischen Niet und Umgebungskonstruktion voraussetzt:

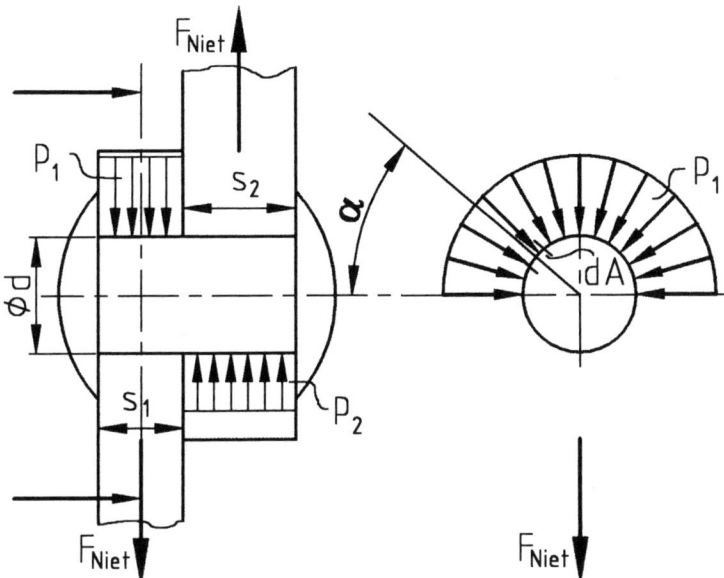

Bild 3.5: Lochleibungsdruck.

Es herrscht ein Kräftegleichgewicht zwischen der von außen auf den einzelnen Niet eingeleiteten Kraft F_{Niet} und dem Lochleibungsdruck p_1. Am Blech 1 mit der Blechstärke s_1 läßt sich formulieren:

$$F_{Niet} = \int_{\alpha=0}^{\alpha=180°} p_1 * dA * \sin\alpha \qquad \text{mit } dA = d\alpha * \frac{d}{2} * s_1$$

$$F_{Niet} = p_1 * \frac{d}{2} * s_1 * \int_{\alpha=0}^{\alpha=180°} \sin\alpha * d\alpha$$

$$F_{Niet} = p_1 * \frac{d}{2} * s_1 * \left[-\cos\alpha\right]_{\alpha=0}^{\alpha=180°} = p_1 * d * s_1$$

Daraus folgt für den Lochleibungsdruck p_1 eine verblüffend einfache Formulierung, die die belastende Kraft nur auf die projizierte Rechteckfläche des Kreiszylinders bezieht:

$$p_1 = \frac{F_{Niet}}{d * s_1} \leq p_{zul}$$

Im allgemeinen Fall müssen beide pressungsübertragenden Stellen bezüglich ihrer Flächenpressung nachkontrolliert werden, wenn

- **unterschiedliche Materialpaarungen** an den beiden pressungsübertragenden Stellen verwendet werden und damit zwei unterschiedliche Werte für p_{zul} vorliegen

- die beiden zu verbindenden Bleche **unterschiedliche Blechstärken** s aufweisen

3.1.3   Zulässige Werkstoffbelastung eines kaltgeschlagenen Niets

Die tatsächlich vorliegenden Werkstoffbelastungen werden gegenüber den zulässigen Werkstoffbelastungen abgeschätzt:

In den meisten Fällen kann für die zulässige Schubspannung angenommen werden:

$$\tau_{zul} = \frac{0,58}{S_{Niet}} * R_{eNiet}$$

Die Sicherheit S_{Niet} wird in der Regel zu 1,5 angenommen.

Der Wert für den zulässigen Lochleibungsdruck p_{zul} wird angesetzt zu

$$p_{zul} = \frac{R_{eBlech}}{S_{Blech}}$$

Die Sicherheit S_{Blech} wird meist zu 1,2 angenommen.

Die folgende spezifizierte Werkstofftabelle weist für einige gebräuchlichen Nietverbindungen die folgenden zulässigen Werte aus:

Grundwerkstoff	τ_{zul} [N/mm²]	in Kombination mit Nietwerkstoff	p_{zul} [N/mm²]
AlMgSi 1 F 28	64	AlMgSi 1 F 28	160
AlCuMg 1 F 40	105	AlCuMg 1 F 40	264
St 37 (S235JR)	140	TU St 34	280
St 52 (S355JO)	210	MR St 44	420

3.1.4   Lastverteilung auf mehrere Nieten

Die bisherigen Betrachtungen gingen davon aus, daß die auf den einzelnen Niet wirkende Kraft bekannt ist. In der Praxis besteht eine Nietverbindung in aller Regel jedoch aus mehreren Nieten, das System wird dabei statisch unbestimmt. Um die Verteilung der gesamten Kraft auf die einzelnen Nieten zu klären, muß das Kraft-Verformungsverhalten der einzelnen Nieten betrachtet werden.

3.1.4.1   Querkraftbelastete Nietverbindung

Der einfachste Fall liegt dann vor, wenn die Nieten symmetrisch zur Wirkungslinie der belastenden Kraft angeordnet sind. Dazu sei die unten skizzierte Nietverbindung betrachtet: Über
einen Bolzen wird eine Kraft in eine Lasche eingebracht, von der sie über vier gleichartige
Nieten in eine Trägerkonstruktion abgeleitet wird.

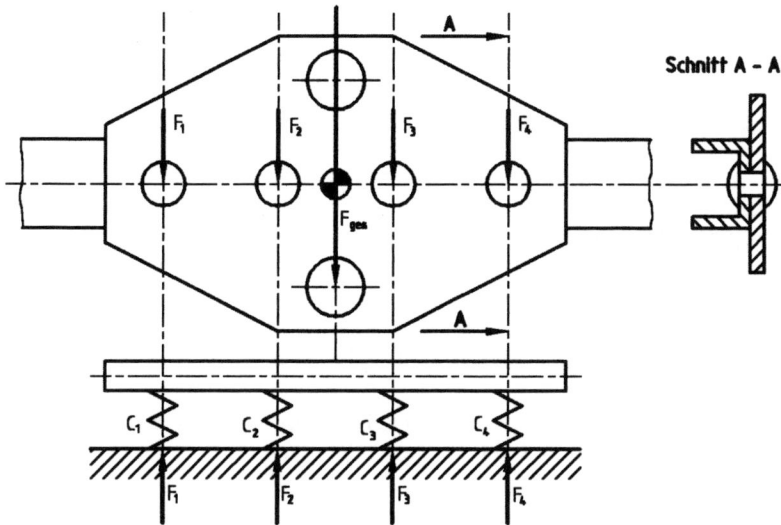

Bild 3.6: Kraft durch den Schwerpunkt der Nietverbindung.

Zur Klärung der Lastverteilung der Kraft F_{ges} auf die einzelnen Nieten wird jeder einzelne
Niet mit seiner unmittelbaren Umgebung formal als Feder betrachtet. Das System ist zwar
statisch unbestimmt, aber die Gesamtkraft kann zu gleichen Anteilen auf die einzelnen Nieten verteilt werden. Dabei ist die Annahme maßgebend, daß sich die einzelnen Nieten mit
ihrer Umgebungskonstruktion bezüglich ihrer Steifigkeit untereinander gleich verhalten. Zur
besseren Veranschaulichung des Verformungsverhaltens werden diese Steifigkeiten in der
unteren Bildhälfte durch Federn dargestellt, die gleiches Verformungsverhalten aufweisen.
Formal kann angesetzt werden:

$$c_1 = c_2 = c_3 = c_4 \qquad \Rightarrow \qquad \frac{F_1}{f_1} = \frac{F_2}{f_2} = \frac{F_3}{f_3} = \frac{F_4}{f_4}$$

Da die Federwege f_1 bis f_4 untereinander gleich sind, kann gefolgert werden:

$$F_1 = F_2 = F_3 = F_4 = \frac{F_{ges}}{4}$$

Diese Vorgehensweise setzt natürlich voraus, daß gleichartige Nieten verwendet werden. Wie das folgende Bild zeigt, gilt die gleiche Lastaufteilung auch dann, wenn die Gesamtkraft in horizontaler Richtung angreift. Die beiden Einzelkomponenten summieren sich zu einer Gesamtkraft F_{ges}, die waagerecht durch die Nietreihe verläuft.

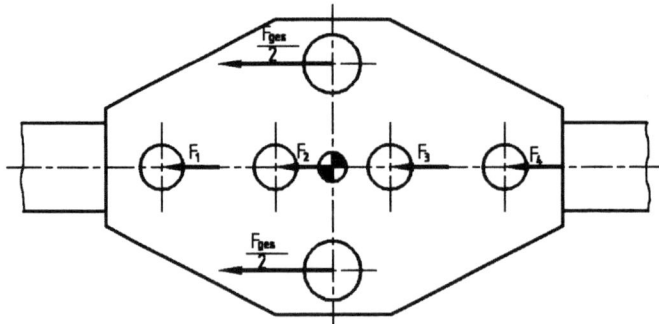

Bild 3.7: Kraftresultierende durch den Schwerpunkt der Nietverbindung.

Kennzeichnendes Merkmal der beiden letztgenannten Beispiele ist der Umstand, daß die belastende Kraft durch den Schwerpunkt S der Nietverbindung verläuft.

3.1.4.2   Momentenbelastete Nietverbindung

Problematischer wird die Betrachtung dann, wenn die Belastung nicht als Querkraft, sondern als Moment in die Nietverbindung eingeleitet wird. Das nachstehende Beispiel betrachtet zunächst den einfach zu überschauenden Fall, daß das Moment querkraftfrei um den Schwerpunkt der Nietververbindung S eingebracht wird:

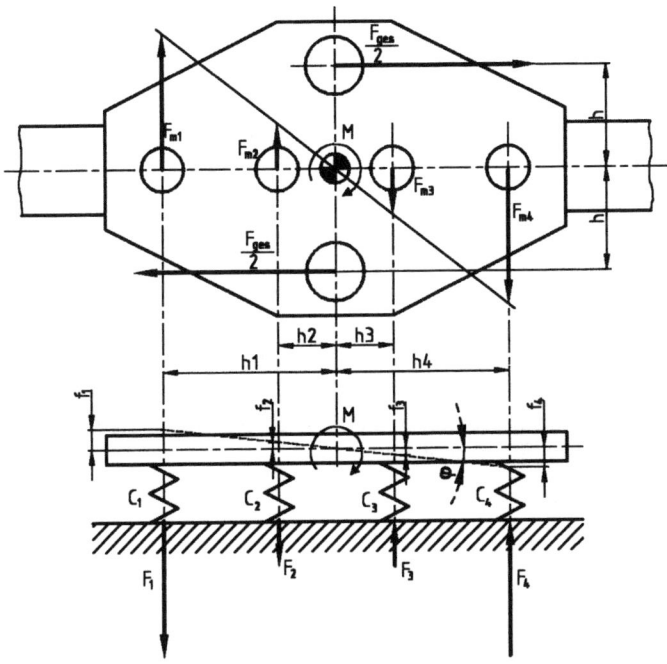

Bild 3.8: Momentenbelastete Nietverbindung.

$$M = 2 * \frac{F_{ges}}{2} * h = F_{ges} * h \quad = F_1 \, h_1 + F_2 * h_2 + F_3 * h_3 + F_4 * h_4$$

Dieses von außen eingeleitete Moment muß auf alle vier Nieten mit ihrem jeweiligen Hebelarme abgestützt werden. Auch in diesem Fall kann man die Lastverteilung auf die Nieten untereinander leicht übersehen, wenn man die vier Nieten formal als Federsteifigkeit betrachtet:

$$c_1 = c_2 = c_3 = c_4 \quad \text{bzw.} \qquad \frac{F_1}{f_1} = \frac{F_2}{f_2} = \frac{F_3}{f_3} = \frac{F_4}{f_4}$$

Durch die Belastung erfährt der in der unteren Bildhälfte ersatzweise skizzierte Balken eine Schiefstellung, die durch den Winkel φ gekennzeichnet werden kann. Die einzelnen Federwege $f_1 - f_4$ hängen in diesem Falle von der Entfernung zum Schwerpunkt der Nietverbindung ab:

$$\varphi = \frac{f_1}{h_1} = \frac{f_2}{h_2} = \frac{f_3}{h_3} = \frac{f_4}{h_4} \quad \text{oder}$$

$$f_1 = \varphi * h_1 \qquad f_2 = \varphi * h_2 \qquad f_3 = \varphi * h_3 \qquad f_4 = \varphi * h_4$$

Setzt man diese Federwege in die vorletzte Gleichung ein, so ergibt sich

$$\frac{F_1}{\varphi * h_1} = \frac{F_2}{\varphi * h_2} = \frac{F_3}{\varphi * h_3} = \frac{F_4}{\varphi * h_4} \quad \text{bzw.} \qquad \frac{F_1}{h_1} = \frac{F_2}{h_2} = \frac{F_3}{h_3} = \frac{F_4}{h_4}$$

Die von einem einzelnen Niet aufzunehmende Kraft verhält sich also proportional zu seinem Abstand vom Schwerpunkt S der Nietverbindung:

$$F_2 = \frac{F_1}{h_1} * h_2 \qquad\qquad F_3 = \frac{F_1}{h_1} * h_3 \qquad\qquad F_4 = \frac{F_1}{h_1} * h_4$$

Aus diesem Lastverteilungansatz und dem bereits oben zitierten Momentengleichgewicht läßt sich die Kraft auf den einzelnen Niet leicht berechnen:

$$M = \frac{F_1}{h_1} * h_1{}^2 + \frac{F_1}{h_1} * h_2{}^2 + \frac{F_1}{h_1} * h_3{}^2 + \frac{F_1}{h_1} * h_4{}^2$$

$$F_1 = \frac{M}{\dfrac{h_1{}^2}{h_1} + \dfrac{h_2{}^2}{h_1} + \dfrac{h_3{}^2}{h_1} + \dfrac{h_4{}^2}{h_1}} = \frac{h_1}{h_1{}^2 + h_2{}^2 + h_3{}^2 + h_4{}^2} * M \qquad \text{bzw.}$$

$$F_n = \frac{h_n}{\sum h^2} * M$$

Es wäre also wenig sinnvoll, einen weiteren Niet genau im Schwerpunkt der Nietverbindung anzubringen, er würde überhaupt keine Last aufnehmen können. Zur Steigerung der Momentenbelastbarkeit der Nietverbindung ist es vielmehr sinnvoll, die einzelnen Nieten möglichst weit vom Schwerpunkt entfernt anzuordnen.

3.1.4.3   Überlagerung von Querkraft- und Momentenbelastung

Im allgemeinen Fall wird eine Nietverbindung jedoch mit einer Querkraft und mit einem Moment belastet. Das vorangegangene Beispiel läßt sich dahingehend leicht modifizieren: Das Moment wird nicht durch zwei entgegengesetzt gerichtete Kräfte $F_{ges} / 2$, sondern durch eine einzige Kraft F_{ges} am Hebelarm h eingeleitet.

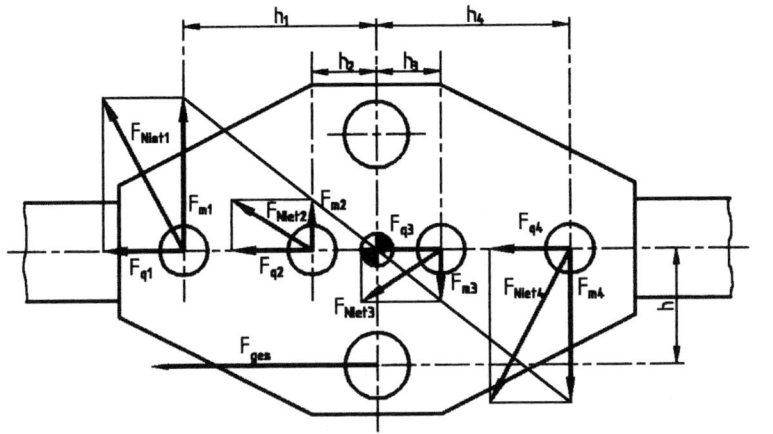

Bild 3.9:
Nietverbindung
unter Querkraft-
und Momentenbe-
lastung.

Die Lastaufteilung auf z Nieten vollzieht sich durch Überlagerung der beiden vorstehenden Abschnitte: Die Kraft F_{ges} wird in den Schwerpunkt der Nietverbindung verschoben und verteilt sich von dort aus gleichmäßig auf alle vier Nieten, an denen daraufhin die Kräfte F_{q1} – F_{q4} wirksam werden. Bei der Verlagerung von F_{ges} in den Schwerpunkt der Nietverbindung entsteht ein Moment $M = F_{ges} * h$, welches sich durch die Kräfte F_{m1} – F_{m4} bemerkbar macht. Die vektorielle Addition von F_q und F_m ergibt schließlich die Kraft am jeweiligen Niet F_{Niet}. Bei der Aufteilung und Zusammenstellung der Kräfte möge folgendes Schema als Orientierungshilfe dienen:

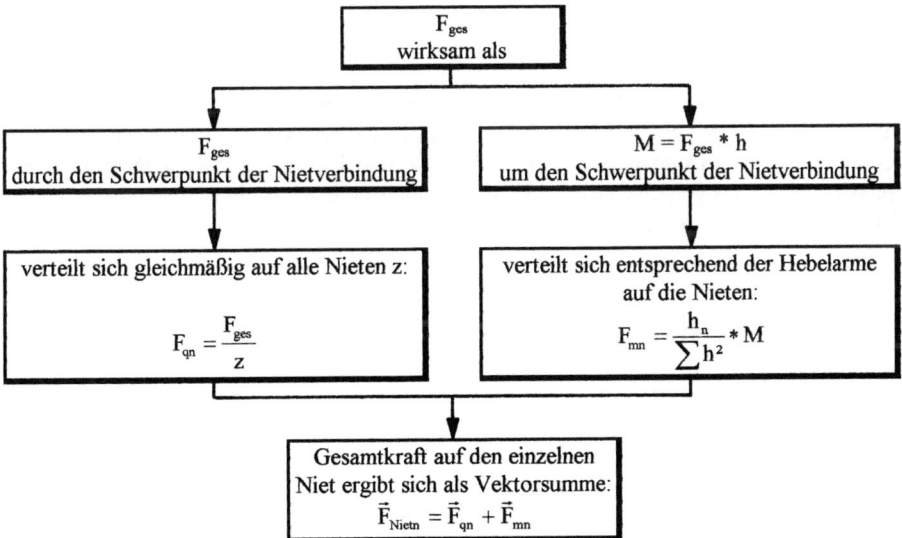

Bild 3.10: Überlagerung von Momenten- und Querkraftbelastung.

Aufgabe 3.1 (Seite 278) bis Aufgabe 3.6 (Seite 282)

Diese Vorgehensweise kommt auch für andere Lastverteilungsprobleme (z.B. Schraubverbindungen, Punktschweißverbindungen, Bolzen- und Stiftverbindungen) in Frage. Die vorstehend getroffenen vereinfachenden Annahmen führen jedoch zu gewissen Einschränkungen in der Gültigkeit dieses Ansatzes, so daß ggf. Erweiterungen oder Modifizierungen notwendig werden. Bei der weiteren Verallgemeinerung dieses Ansatzes sind folgende Aspekte zu berücksichtigen:

- Die obige Formulierung ging von der Annahme **gleicher Federsteifigkeiten** der kraftübertragenden Elemente (gleiche Nieten) aus. Ist dies nicht der Fall (ungleiche Nieten), so müssen auch unterschiedliche Federsteifigkeiten formuliert und in die obige Betrachtung eingebracht werden.

- Der obige Ansatz ging davon aus, daß sämtliche **Verformungen nur im Verbindungselement** Niet stattfinden und daß die anderen im Kraftfluß liegenden Bauteile demgegenüber unenendlich steif sind. Ist dies nicht der Fall, so müssen Parallel- bzw. Hintereinanderschaltungen von Einzelsteifigkeiten der im Kraftfluß liegenden Bauteile formuliert werden.

- Im obigen Ansatz wurde die **Federsteifigkeit** als **linearer** Zusammenhang beschrieben. Ist dies nicht der Fall (z.B. ist die Federsteifigkeit eines kraftübertragenden Wälzkörpers progessiv), so müssen diese Nichtlinearitäten rechnerisch beschrieben und in die obigen Gleichungen eingeführt werden.

- Es wurde angenommen, daß die **Steifigkeit** des kraftübertragenden Gliedes (Niet) **unabhängig von der Richtung** ist, in der die Kraft eingeleitet wird, die Frage der Steifigkeit wurde sozusagen auf ein eindimensionales Problem reduziert. Im allgemeinen Fall ist die Steifigkeit jedoch von der Krafteinleitungsrichtung abhängig und wird damit zum dreidimensionalen Problem.

Der oben aufgeführte Ansatz ist also in fast beliebiger Weise erweiterbar und kann dann auch auf komplexe Fälle angewendet werden. Mit der Komplexität des Problems steigt jedoch der Rechenaufwand und macht sehr bald schon den Einsatz moderner Datenverarbeitung sinnvoll. Diese Vorgehensweise bildet damit auch eine wesentliche Grundlage für die Finite-Elemente-Berechnung.

3.2   Bolzen und Stifte

Die folgende Skizze macht die Unterscheidung von Bolzen und Stiften deutlich:

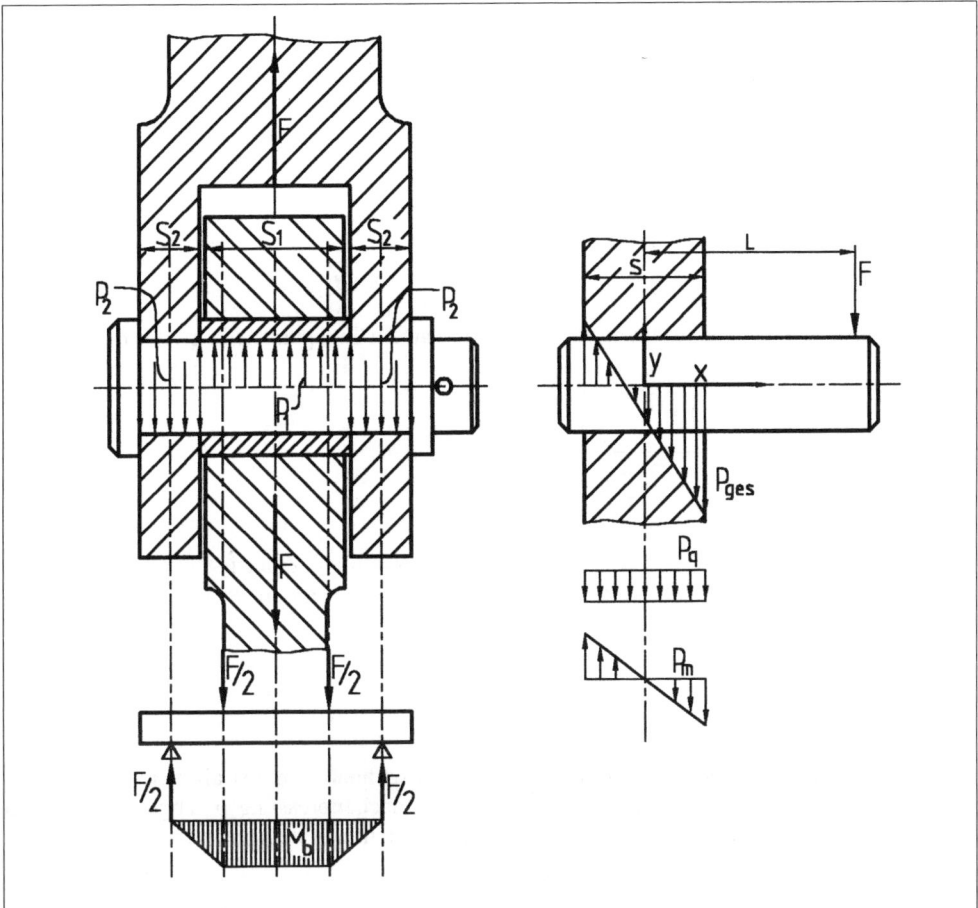

Gelenke für einfache Schwenkbewegungen können mit einem **Bolzen** ausgeführt werden. Dabei findet an einer der Trennfugen (hier zwischen dem mittleren Bauteil und dem Bolzen) eine Relativbewegung statt (Gleitsitz), die durch eine eingepreßte Buchse erleichtert wird. Zwischen dem gabelförmigen äußeren Bauteil und dem Bolzen wird eine Drehbewegung gezielt vermieden.	**Stifte** dienen zur formschlüssigen, unverrückbaren Fixierung zweier Bauteile. Sie werden deshalb mit einer Übermaßpassung eingepreßt, wodurch eine Drehbewegung gezielt unterbunden wird.

Bild 3.11: Bolzen und Stifte.

Bolzen: Neben der bereits bei den Nietverbindungen diskutierten Schubspannungs- und Flächenpressungsbelastung spielt hier die Biegemomentenbelastung des Bolzens eine wichtige Rolle. Dazu wird vereinfachend angenommen, daß die an den äußeren Laschen wirkende Pressung zur Kraft F/2 in Laschenmitte zusammengefaßt werden kann und sich die an der inneren Lasche wirkende Pressung durch zwei Kräfte F/2 ersetzen läßt, die untereinander den Abstand $s_I/2$ der inneren Laschenbreite zueinander aufweisen. Daraus ergibt sich die darunter skizzierte Biegemomentenverteilung entlang des Bolzens als Biegebalken. Die maximale Biegemomentenbelastung ergibt sich damit zu:

$$\sigma_{b\,max} = \frac{M_{b\,max}}{W_{ax}} = \frac{\dfrac{F}{2} * \left(\dfrac{s_1}{4} + \dfrac{s_2}{2}\right)}{\dfrac{\pi * d^3}{32}} \leq \sigma_{bzul}$$

Stift: Die maximale Biegespannung formuliert sich an der Einspannstelle ganz einfach zu:

$$\sigma_{b\,max} = \frac{M_{b\,max}}{W_{ax}} = \frac{F * \left(L - \dfrac{s}{2}\right)}{\dfrac{\pi * d^3}{32}} \leq \sigma_{bzul}$$

Die Flächenpressung setzt sich aus zwei Anteilen zusammen. Zunächst wird die Kraft als zentrische Querkraft wirksam, was ähnlich wie bei Nietverbindungen eine konstante Flächenpressung p_q hervorruft.

$$p_q = \frac{F}{d * s}$$

Durch Verlagerung der Kraft F in die Mitte des Einspannabschnittes als Schwerpunkt der Verbindung entsteht ein Moment, welches über die Flächenpressung p_m abgestützt werden muß. Es ergibt sich das folgende Momentengleichgewicht um den hier skizzierten Koordinatenursprung:

$$M_b = F * L = Pressung * Fläche * Hebelarm = \int_{-\frac{s}{2}}^{\frac{s}{2}} p_m * dx * d * x = 2 * d * \int_{0}^{\frac{s}{2}} p_m * dx * x$$

Ähnlich wie bei Nietverbindungen kann auch hier angenommen werden, daß sich die Belastung linear zum Schwerpunktsabstand verhält, die Flächenpressungsverteilung kann also formuliert werden zu

$$\frac{p_m}{x} = \frac{p_{m\,max}}{\dfrac{s}{2}} \quad \Rightarrow \quad p_m = \frac{2 * p_{m\,max}}{s} * x$$

Daraus folgt für das zuvor angesetzte Momentengleichgewicht:

$$F * L = \frac{4 * p_{m\,max} * d}{s} * \int_0^{\frac{s}{2}} x^2 * dx = \frac{4 * p_{m\,max} * d}{s} * \left[\frac{x^3}{3} \right]_0^{\frac{s}{2}} = p_{m\,max} * \frac{4 * d}{3 * s} * \frac{s^3}{8} = p_{m\,max} * \frac{d * s^2}{6}$$

Daraus folgt für p_{mmax}:

$$p_{m\,max} = \frac{6 * L}{d * s^2} * F$$

Durch Überlagerung von p_q und p_{mmax} ergibt sich die für die Festigkeit entscheidende maximale Flächenpressung am rechten Einspannrand zu

$$p_{ges\,max} = p_q + p_{m\,max} = \left(\frac{1}{d * s} + \frac{6 * L}{d * s^2} \right) * F \leq p_{zul}$$

Sowohl für Bolzen als auch für Stifte können die zulässigen Werkstoffkennwerte für die zulässige Schubspannung, die zulässige Flächenpressung und die zulässige Biegespannung den nachfolgenden Tabellen entnommen werden. Bei der zulässigen Pressung wird nach Festsitz (Stift bzw. Bolzen und Umgebungskonstruktion bewegen sich **nicht** relativ zueinander) und Gleitsitz (Bolzen und Umgebungskonstruktion bewegen sich relativ zueinander) unterschieden. Wegen der Freßgefahr sind die Werkstoffwerte für Gleitsitze wesentlich geringer. Die Werkstoffpaarung Stahl-Stahl ist wegen der Freßgefahr für Gleitsitze grundsätzlich nicht geeignet.

	p_{zul} in [N/mm²] für Festsitz			p_{zul} in [N/mm²] für Gleitsitz
	quasistatisch	schwellend	wechselnd	Gleitsitz
St 50 / GG	70	50	32	5
St 50 / GS	80	56	40	7
St 50 / Rg, Bz	32	22	16	8
St 50 / St 37	90	63	45	nicht geeignet
St 50 / St 50	125	90	56	nicht geeignet

	σ_{bzul} [N/mm²]			τ_{zul} [N/mm²]		
	quasistatisch	schwellend	wechselnd	quasistatisch	schwellend	wechselnd
9S20 (4.6)	80	56	35	50	35	25
St 50 (6.8)	110	80	50	70	50	35
St 60, C35, C 45 (8.8)	140	100	63	90	63	45
St 70	160	110	70	100	70	50

3.3   Schweißen

Der Begriff „Schweißen" wird für unterschiedliche Verarbeitungstechniken und für unterschiedliche Werkstoffe verwendet (z.B. in der Kunststofftechnik oder sogar als „Laserschweißen" in der Augenmedizin). Die folgenden Ausführungen sollen sich jedoch speziell auf das Schweißen metallischer Werkstoffe und dabei besonders von Stahlwerkstoffen konzentrieren. Innerhalb dieser Gruppe lassen sich die folgenden Anwendungsbereiche unterscheiden:

- **Verbindungsschweißen** als Verbindungstechnik

- **Flickschweißung** zur Reparatur von Rissen und Brüchen

- **Auftragschweißung**, um verschlissene Flächen von Bauteilen neu aufzutragen oder zum Aufbringen von verschleißfesten, säure- oder gasdichten Schichten

Die beiden letztgenannten Anwendungen sind jedoch nicht Gegenstand dieses Kapitels „Verbindungselemente und Verbindungstechniken". Die Technologie des Schweißens in all' ihrer Vielfalt ist zu komplex, um an dieser Stelle in knapper Form vorgestellt zu werden. Die diesbezüglichen Ausführungen beschränken sich also im folgenden auf die wesentlichen Verfahrensmerkmale, ansonsten wird eine Konzentration auf die zentrale Frage nach der Festigkeit einer Schweißverbindung versucht.

Das Verbindungsschweißen hat sich im Maschinenbau zu einem Fertigungsverfahren mit besonders breiter Anwendung entwickelt. Es wird vor allen Dingen dort eingesetzt, wo es auf Leichtbau ankommt oder wo Einzel- oder Reparaturfertigung vorliegt. Das Schweißen erspart in vielen Fällen die für andere Herstellungsverfahren notwendigen Gesenke (Schmieden) und Modelle (Gießen) und senkt damit die Fixkosten. Erst bei größeren Stückzahlen werden diese Fertigungsverfahren günstiger, weil deren variable Kosten geringer sind.

3.3.1   Schweißverfahren

Die DIN 1910, T2 unterscheidet das Verbindungsschweissen nach der Gestaltung der Bauteile, der Art des Werkstoffs, den zur Verfügung stehenden Fertigungsmethoden und dem Ablauf des Schweißvorganges. Die Einteilung der Schweißverfahren erfolgt zunächst einmal in die beiden Hauptgruppen Schmelz- und Preßschweißen. Die wichtigsten Verbindungsschweißverfahren sind:

Schmelz-Verbindungsschweißen:	Press-Verbindungsschweißen:
Beim Schmelz-Verbindungsschweißen werden die Teile der bei örtlich über die Schmelztemperatur (flüssiger Zustand) hinaus erwärmt.	Beim Press-Verbindungsschweißen erfolgt das Verbinden der Teile unter Anwendung von Kraft bei örtlich begrenzter Erwärmung unter der Schmelztemperatur (teigiger Zustand).
Giesschmelzschweißen	Heizelementschweißen
Gasschmelzschweißen	Giesspressschweißen
Lichtbogenschmelzschweißen	Gaspressschweißen
Strahlschweißen	Walzschweißen
– Lichtstrahlschweißen	Feuerschweißen
– Elektronenstrahlschweißen	Diffusionsschweißen
– Laserstrahlschweißen	Lichtbogenpressschweißen
– Plasmastrahlschweißen	Kaltpressschweißen
Widerstandsschmelzschweißen	Schockschweißen
	Ultraschallschweißen
	Reibschweißen
	Widerstandspressschweißen

In einer weiteren Differenzierung wird nach Art der eingesetzten Wärmequelle bzw. nach der Art der Energiezufuhr unterschieden. Weiterhin sind noch verfahrenstechnische Merkmale aufgeführt.

Das Ultraschallschweißen vermeidet starke thermische Belastungen der zu verbindenden Teile, wodurch Gefügeveränderungen weitgehend unterbleiben. Beim Widerstandspreß-schweißen (z.B. Punktschweißen, Buckelschweißen, Rollnahtschweißen, Abbrennstumpf-schweißen) wird die Wärmeenergie als elektrische Energie unter Ausnutzung des elektrischen Widerstandes der Verbindungsstelle eingebracht. Das Reibschweißen nutzt die bei Relativbewegung unter hoher Pressung entstehende Wärme aus. Werden Teile unter Drehbewegung zusammengefügt, so läßt sich eine besonders hohe Relativgeschwindigkeit und damit eine hohe Temperatur erzielen. Elektronen-, Plasma- und Laserstrahlschweißen sind besonders vorteilhaft, weil sie wegen ihrer hohen Energiekonzentration Schweißungen in eng begrenzten Abmessungen erlauben und deshalb nur kleine Wärmeeinflußzonen haben, was sich vorteilhaft auf die Festigkeit auswirkt. Diese Schweißverfahren benötigen allerdings einen großen peripheren Aufwand, sie können beispielsweise in der Regel nur im Vakuum betrieben werden.

Für die Art des Schweißverfahren werden folgende Kurzbezeichnungen verwendet:

G   Gasschweißen

E   Lichtbogenhandschweißen

WIG   Wolfram-Inertgas-Schweißen (meist mit Argon als Schutzgas)

MIG   Metall-Inertgas-Schweißen (meist mit Argon als Schutzgas)

MAG   Metall-Aktivgas-Schweißen (meist mit CO_2)

UP   Unterpulverschweißen

3.3.2   Schweißbarkeit der Werkstoffe

Die Schweißeignung ist eine werkstoffkundlich-metallurgische Frage. Der wichtigste Gesichtspunkt ist dabei die chemische Zusammensetzung des Stahls. Unlegierte Stähle (St50, St60, St70) neigen bei einem Kohlenstoffgehalt von mehr als 0,22 % zur Aushärtung und sind dann nur noch bedingt zum Schweißen geeignet. Aufhärtungen lassen sich jedoch durch Vorwärmen und kontrolliertes Abkühlen vermeiden. Die Wirkung von weiteren Legierungselementen auf die Aushärtung ist unterschiedlich. Mangan beispielsweise erhöht nicht nur die Festigkeit, sondern auch die Zähigkeit und wirkt sich damit günstig auf die Schweissbarkeit aus. Es wird deshalb als Hauptlegierungsbestandteil bis ca 1,5 % bei Feinkornstählen verwendet. In austenitischen Cr-Ni-Stählen setzt Mangan bis ca. 6 % die Rißneigung herab. Ein weiterer wichtiger Aspekt ist die **Erschmelzungs- und Vergießungsart**. Stähle, die in schweißnahen Zonen aufhärten, versprödern oder zur Rißbildung neigen, sind zum Verschweißen ungeeignet. Dieses Aufhärtungsverhalten tritt besonders in Zonen mit Anreicherungen von Schwefel, Phosphor, Stickstoff und Kohlenstoff (Seigerungen) auf. Deshalb sind beruhigt vergossene Stähle, bei denen mit 0,1 bis 0,3 % Silizium Entmischungsvorgänge beim Erstarren vermieden werden, besser zum Schweißen geeignet.

Hochbeanspruchte Schweißkonstruktionen sollen sich bei etwaiger Überbelastung möglichst plastisch verformen und nicht etwa mit einem Sprödbruch (verformungslosen Bruch) versagen. Die Neigung zum Sprödbruch wächst mit abnehmender Temperatur, steigender Beanspruchungsgeschwindigkeit und zunehmender Mehrachsigkeit der Beanspruchung (z.B. auch verursacht durch Kerbwirkung oder Anrisse). Außerdem sind Schweißungen in Bereichen, die zuvor kaltverformt worden sind, problematisch und deshalb zu vermeiden.

3.3.3   Nahtformen

Die Nahtform wird durch die Lage der zu verbindenden Teile am Schweißstoß sowie durch die Nahtvorbereitung bestimmt. DIN 8551 und DIN 8552 machen Angaben über Fugenform und Nahtvorbereitung. Grundsätzlich läßt sich zwischen Stumpf- und Kehlnähte unterscheiden.

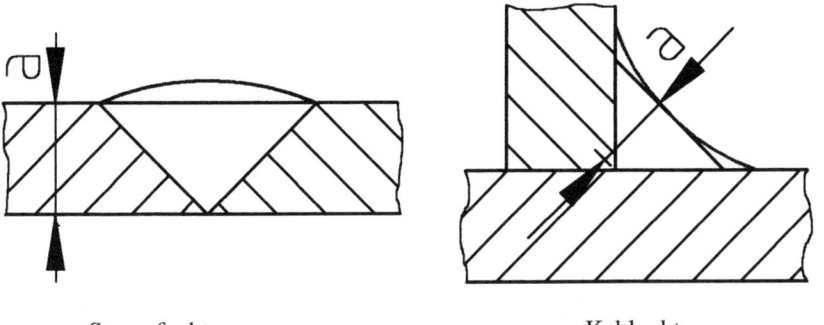

Stumpfnaht	Kehlnaht
Vorteil: Stumpfnähte sind festigkeitsmäßig günstiger, besonders wenn die Nahtwurzel durch eine Gegenlage verschweißt wird.	Vorteil: Kehlnähte erfordern normalerweise keine Nahtvorbereitung und sind einfacher anzubringen, da während des Schweißens die richtige Lage der Schweißnaht ertastet werden kann, ohne daß der Schweißer die Naht selber sehen muß.
Nachteil: Die Naht muß im allgemeinen Fall durch spanende Bearbeitung vorbereitet werden.	Nachteil: Kehlnähte sind festigkeitsmäßig ungünstiger.

Bild 3.12: Stumpfnaht und Kehlnaht.

3.3.3.1 Stumpfnaht

Bei Stumpfnähten ist eine weitere Differenzierung angebracht. Dabei werden Buchstaben verwendet, die die Form der Naht beschreiben:

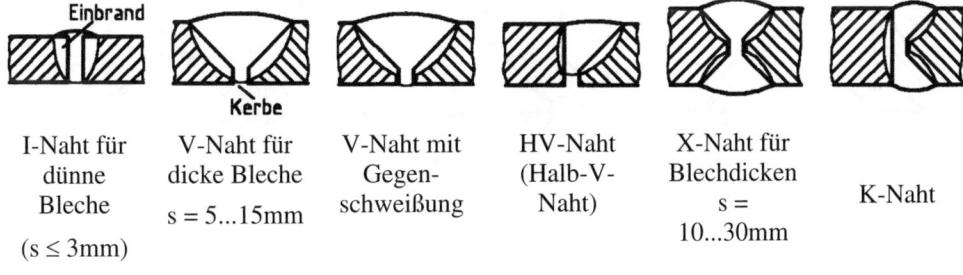

I-Naht für dünne Bleche (s ≤ 3mm)	V-Naht für dicke Bleche s = 5...15mm	V-Naht mit Gegenschweißung	HV-Naht (Halb-V-Naht)	X-Naht für Blechdicken s = 10...30mm	K-Naht

Bild 3.13: Nahtformen Stumpfnaht

In allen Fällen ist die Nahtdicke a gleich der Blechdicke s, was für die nachfolgend erläuterte Festigkeitsberechnung der Schweißnaht von besonderer Wichtigkeit ist. Bei dicken Blechen werden Tulpen- oder U-Nähte verwendet. Durch nachträgliches Abarbeiten der Nahtüberhöhung kann eine Verringerung der Kerbwirkung und eine Verbesserung der Dauerfestigkeit erreicht werden.

Werden zwei ungleich dicke Bleche verschweißt, so sollen die dadurch aufeinandertreffenden unterschiedlichen Steifigkeiten durch entsprechende Bearbeitung aneinander angeglichen werden. Ein erhöhter Aufwand für die Nahtvorbereitung ist besonders bei dynamischer Belastung erforderlich. In allen Fällen ist die festigkeitsmäßig maßgebende Nahtdicke der geringeren Blechdicke gleichzusetzen: $a = s_{min}$.

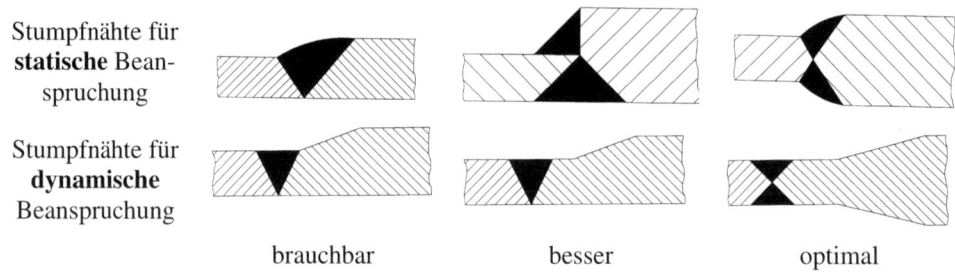

Stumpfnähte für **statische** Beanspruchung

Stumpfnähte für **dynamische** Beanspruchung

brauchbar   besser   optimal

Bild 3.14: Reduzierung von Steifigkeitssprüngen.

3.3.3.2 Kehlnaht

Bei Kehlnähten, die bei überlappten Stößen und T-Stößen angebracht werden, wird nach Wölb-, Flach- und Hohlnaht unterschieden.

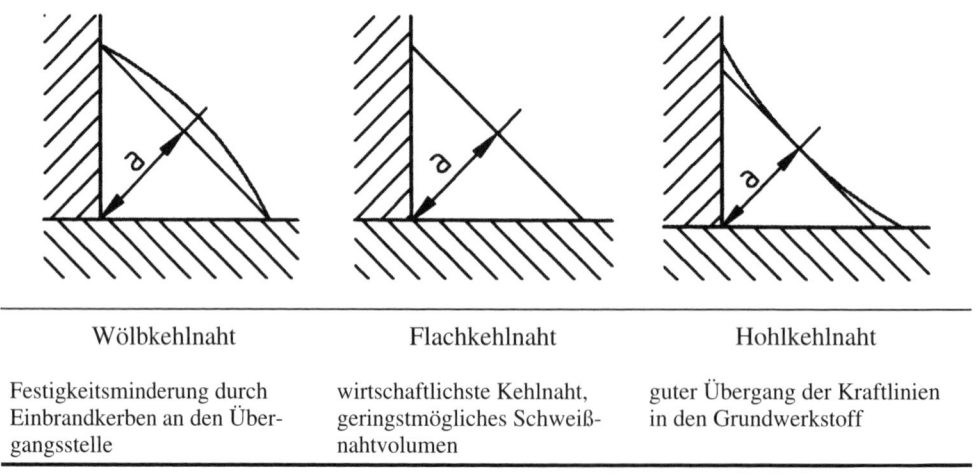

Wölbkehlnaht   Flachkehlnaht   Hohlkehlnaht

Festigkeitsminderung durch   wirtschaftlichste Kehlnaht,   guter Übergang der Kraftlinien
Einbrandkerben an den Über-   geringstmögliches Schweiß-   in den Grundwerkstoff
gangsstelle   nahtvolumen

Bild 3.15: Nahtformen Kehlnaht.

Die festigkeitsmäßig maßgebende Nahtdicke a ist bei allen Varianten gleich der Höhe des in den Nahtquerschnitt eingeschriebenen gleichschenkligen Dreiecks. Die Dicke der Kehlnaht darf beim klassischen Lichtbogenschweißen 3 mm nicht unterschreiten und das 0,7-fache der minimalen Blechdicke nicht überschreiten:

$$3 \text{ mm} \leq a \leq 0,7 * s_{min}$$

Grundsätzlich kann die Kehlnaht einseitig oder doppelseitig aufgebracht werden:

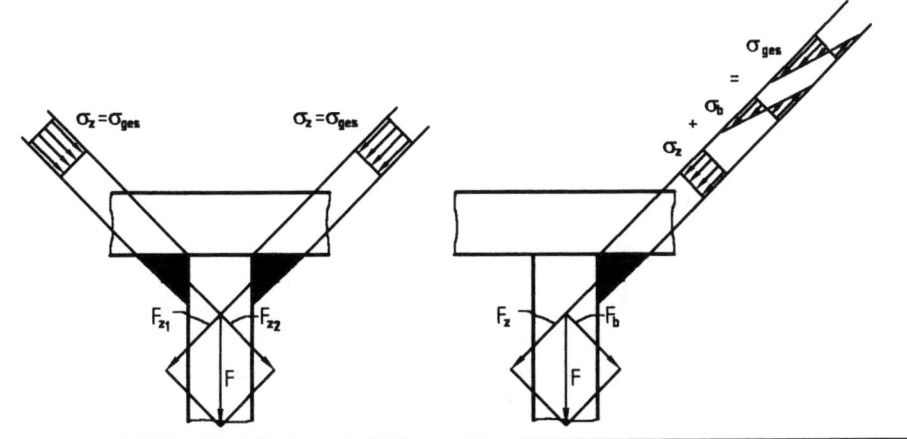

Doppelkehlnaht	Einseitige Kehlnaht

Die Doppelkehlnaht ergibt eine deutlich höhere Belastbarkeit, weil sich die Gesamtbelastung F in die Zugbelastung F_{Z1} und F_{Z2} aufteilt und dabei in der Naht selber keine Biegekomponente auftritt. Diese Nahtform erfordert jedoch eine beidseitige Zugänglichkeit der Schweißstelle.

Die Gesamtkraft F belastet den Nahtquerschnitt auf Zugspannung σ_z und Biegespannung σ_b, wobei sich eine ungünstige Spannungsverteilung und eine geringe Belastbarkeit ergibt. Diese Betrachtung ist allerdings übertrieben modellhaft. Tatsächlich fällt besonders bei flachen, flexiblen Blechen die Momentenbelastung fast völlig weg.

Bild 3.16: Einseitige und zweiseitige Kehlnaht.

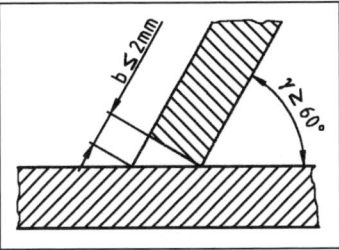

Bei Kehlnähten stehen die Bleche häufig senkrecht zueinander. Bei schrägangesetzten Blechen lassen sich Kehlnähte nur dann einwandfrei ausführen, wenn bei rechtwinkliger Stirnfläche des anzuschweißenden Bleches b ≤ 2mm und γ ≥ 60° ist.

Bild 3.17: Schrägangesetzte Kehlnaht.

3.3.4   Festigkeitsberechnung von Schweißverbindungen

Die Festigkeitsberechnung von Schweißverbindungen erfolgt prinzipiell wie der Festigkeitsnachweis des Grundwerkstoffs: Die Schweißnaht ist dann betriebssicher, wenn die tatsächlich vorliegende Spannung kleiner oder höchstens gleich groß ist wie die zulässige Spannung:

$$\sigma_{tats} \leq \sigma_{zul} \qquad\qquad \text{bzw.} \qquad\qquad S = \frac{\sigma_{zul}}{\sigma_{tats}}$$

Im allgemeinen Fall ergibt sich die tatsächliche Spannung σ als Vergleichsspannung σ_v (s.
Abschnitt 1.3.2). Bei der Ermittlung der zulässigen Spannung müssen die spezifisch
schweißtechnischen Gesichtspunkte berücksichtigt werden.

3.3.4.1   Tatsächliche Spannungen

Die Berechnung der Nennspannung in der Schweißnaht ist für viele Anwendungsbereiche
gesetzlich vorgeschrieben (Deutsche Bahn, Brückenbau, Fördertechnik, Druckbehälterbau,
Kessel- und Rohrleitungsbau, Hochbau, Schiffbau). Für den allgemeinen Maschinenbau gibt
es jedoch **keine** genormten Berechnungsvorschriften. Die im folgenden vorgestellte Vorgehensweise lehnt sich im wesentlichen an die bereits behandelten Grundlagen der Bauteildimensionierung (Kap. 1) an.

Zug- und Druckspannung

Die Zug- bzw. Druckspannung errechnet sich nach der elementaren Festigkeitslehre zu

$$\sigma_{Z/D} = \frac{F}{A}$$

Dabei formuliert sich die Nahtfläche A als Rechteckfläche aus der Nahtlänge L und der
Nahtdicke a, so wie sie oben bereits gekennzeichnet worden ist. Bei der Festlegung der für
die Festigkeitsberechnung maßgebenden Nahtlänge L müssen jedoch einige schweißtechni-
sche Besonderheiten berücksichtigt werden:

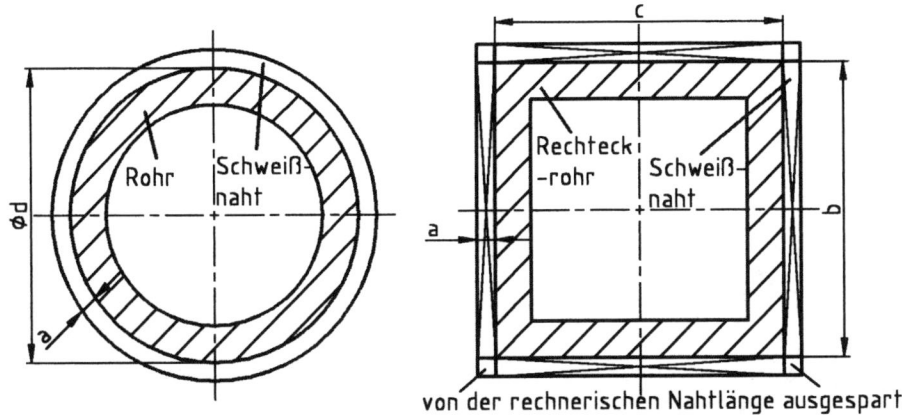

Bild 3.18: Schweißnahtfläche.

Rechnerische Nahtlänge beim Anschweißen eines runden Rohres auf eine Grundplatte:

Die spannungsübertragende Fläche der Schweißnaht ergibt sich als Kreisringfläche. Da die Nahtdicke klein gegenüber dem Rohrdurchmesser ist, kann die Kreisringfläche näherungsweise als „abgewickeltes Rechteck" angenommen werden kann:

$$A = d * \pi * a$$

Rechnerische Nahtlänge beim Anschweißen eines Rechteckrohres auf eine Grundplatte:

Die spannungsübertragende Fläche der Schweißnaht ergibt sich als Summe von Einzelrechteckflächen, wobei sicherheitshalber die Eckquadrate rechnerisch ausgespart werden müssen, weil sie sich aufgrund ihrer geometrischen Lage nicht vollständig an der Lastübertragung beteiligen können:

$$A = 2 * (c + b) * a$$

Die vorangegangenen Beispiele gehen davon aus, daß die Schweißnaht „rundherum", also ohne Unterbrechung angebracht worden ist. Im nächsten Beispiel ist dies nicht der Fall (Bild 3.19).

Die rechnerische Nahtlänge ergibt sich aus der geometrischen Nahtlänge nach Abzug der sog. „Endkrater". In diesen Abschnitten muß davon ausgegangen werden, daß bei Schweißnahtbeginn noch keine vollständige stoffschlüssige Verbindung vorliegt, da die Erschmelzung gerade eben erst begonnen hat. Andererseits kann bei Schweißnahtende die Wärmezufuhr nicht vollständig bis zum Ende aufrecht erhalten werden. Die geometrische Nahtlänge wird also an beiden Enden um die Nahtdicke a verkürzt. Um den durch die Endkrater bedingten Festigkeitsverlust zu vermeiden, können in kritischen Fällen vor und hinter der Schweißnaht sog. „Auslaufbleche" positioniert werden, die meist aus Abfallstücken bestehen und nur dazu dienen, den Erschmelzungsvorgang ordnungsgemäß in Gang zu bringen und abschließend wieder zu beenden. Die Auslaufbleche werden nach dem Schweißvorgang wieder abgetrennt.

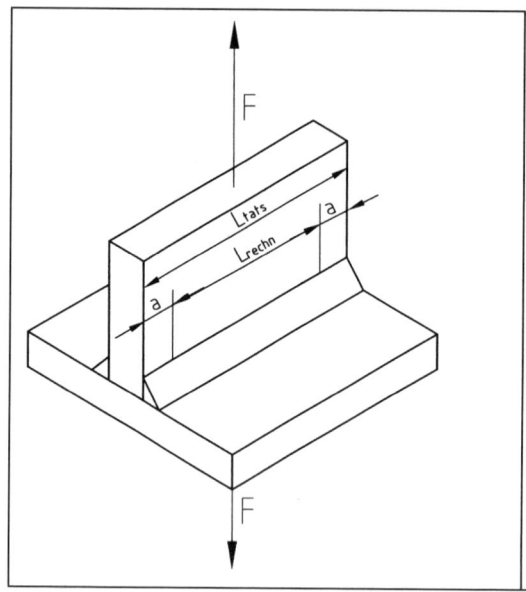

$$\sigma = \frac{F}{2*A}$$

A: nutzbarer Nahtquerschnitt

$= 2 * L_{rechn} * a$

L: Nahtlänge

nach Abzug der Endkrater

hier: $L_{rechn} = L_{tats} - 2 * a$

$$\sigma = \frac{F}{2*a*(L_{tats} - 2*a)}$$

Bild 3.19: Rechnerische Nahtlänge.

Schubspannung

Die Schubspannung errechnet sich ebenfalls nach der Gleichung der elementaren Festigkeitslehre zu

$$\tau = \frac{F}{A_{Sch}}$$

Die Nahtfläche A_{Sch} formuliert sich ähnlich wie bei der Zug- und Druckspannung als Rechteckfläche aus der Nahtlänge L (ggf. Endkrater berücksichtigen!) und der Nahtdicke a. Das folgende Bild zeigt dazu einige Beispiele:

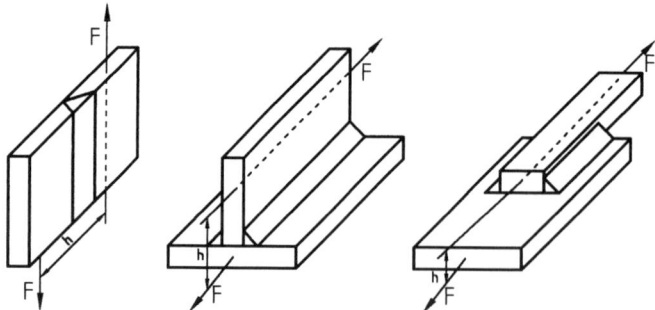

Bild 3.20: Schubfläche einer Schweißnaht.

In der vorangegangenen Darstellung liegen alle Nähte in Schubrichtung. Eventuell quer zur Schubrichtung liegende Nähte können aufgrund ihres Verformungsverhaltens keinen vollen Belastungsanteil aufnehmen und haben deshalb für die Festigkeitsbetrachtung keine Bedeutung. Das folgende Bild greift den letzten der drei oben skizzierten Fälle in modifizierter Form noch einmal auf (links) und betrachtet das Lastübertragungsverhalten anhand einer Modellvorstellung (rechts):

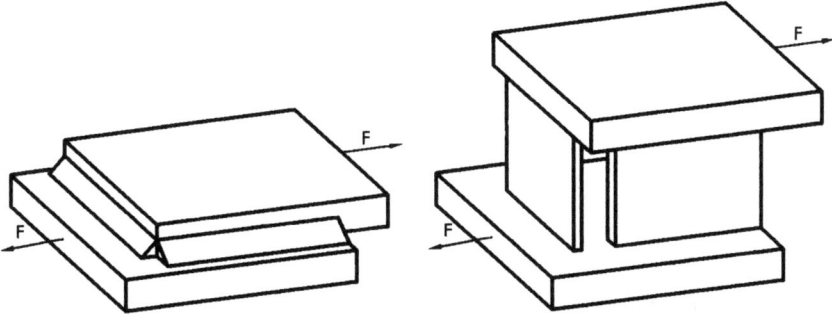

Bild 3.21: Schweißnähte quer zur Lastrichtung.

Wenn man sich die Kraftübertragung der Schweißnaht modellhaft durch dünne Bleche ersetzt denkt, so wird das Lastverteilungsverhalten der Verbindung unmittelbar einsichtig: Das stirnseitig angebrachte Blech ist eine viel weichere Feder als die längsseits angebrachten Bleche, so daß die Kraft vor allen Dingen durch die in Lastrichtung liegenden Bleche übertragen wird. Bei der Schweißverbindung liegen die Verhältnisse ähnlich: Die Übertragung der eingeleiteten Kraft konzentriert sich vor allen Dingen auf die in Schubrichtung liegenden Nahtanteile, die sich gegenüber der belastungsbedingten, elastischen Deformation sehr steif verhalten. Die quer dazu liegenden Nahtanteile sind gegenüber den belastungsbedingten, elastischen Deformationen sehr nachgiebig und weichen damit der Belastung aus, an deren Übertragung sie sich nur in weit geringerem Maße beteiligen können. Sie werden deshalb sicherheitshalber bei der Berechnung ausgespart.

Weiterhin ist zu berücksichtigen, daß bei Schubbelastung der Naht meist auch eine zusätzliche Biegemomentenbelastung vorliegt. In den drei Beispielen des vorletzten Bild ist bereits skizziert, daß durch den Abstand der Kraft F als actio und als reactio ein Hebelarm h vorliegt, wodurch das Moment M = F * h hervorgerufen wird.

Biegespannung
Die Biegespannung ergibt sich bekanntlich zu

$$\sigma_b = \frac{M_b}{W_{ax}}$$

Bei der Ermittlung von W_{ax} wird man aus Gründen der rechnerischen Vereinfachung bestrebt sein, die gesamte Schweißnahtfläche in möglichst einfach zu erfassende Einzelflächen aufzuteilen, wobei sich besonders das Rechteck anbietet. Bei der Berechnung von W_{ax} ist natürlich die Lage der Schweißnähte bezüglich der Biegeachse zu berücksichtigen. Die folgende skizzenhafte Gegenüberstellung zeigt dies besonders deutlich:

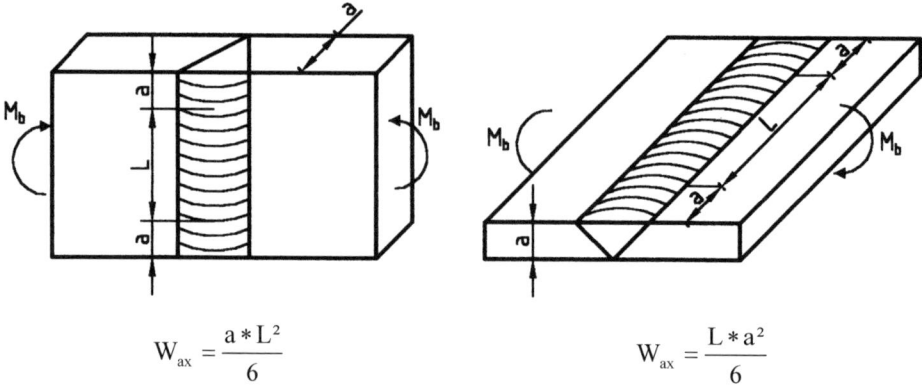

$$W_{ax} = \frac{a * L^2}{6} \qquad\qquad W_{ax} = \frac{L * a^2}{6}$$

Bild 3.22: Widerstandsmoment Schweißnaht.

Wie bereits aus Kap. 1 bekannt ist, muß im allgemeinen Fall das Widerstandsmoment W_{ax} aus mehreren Anteilen nach den Gesetzmäßigkeiten der elementaren Festigkeitslehre über das axiale Flächenträgheitsmoment $I_{ax} = bh^3/12$ mit eventuellen Steineranteilen zusammengesetzt und zu $W_{ax} = I_{ax} / e$ errechnet werden. Dazu folgendes Beispiel:

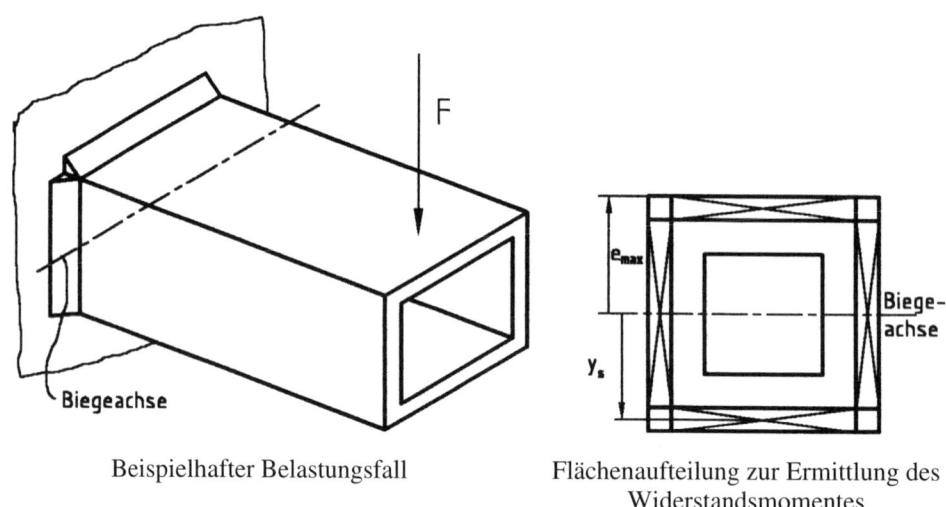

Beispielhafter Belastungsfall   Flächenaufteilung zur Ermittlung des
                                        Widerstandsmomentes

Bild 3.23: Biegebelastete Schweißnaht mit Steineranteil.

In manchen Fällen wird durch eine Längskraft im Bauteil ein Biegemoment in der Schweiß-naht hervorgerufen. Dieser Fall tritt dann ein, wenn die Schwerelinie von Profil und Schweißnaht nicht übereinstimmen. Dazu folgendes (modellhaft unrealistisches) Beispiel:

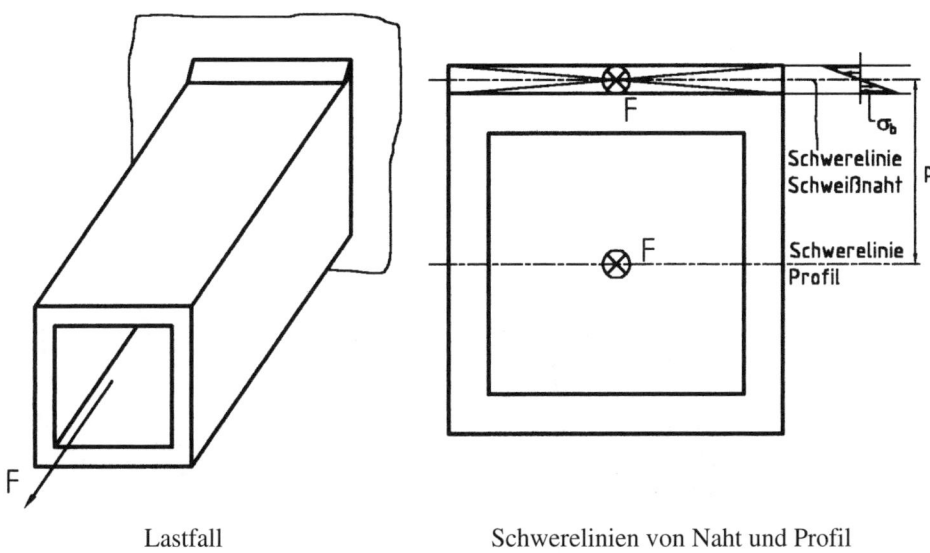

Lastfall   Schwerelinien von Naht und Profil

Bild 3.24: Biegebelastung der Schweißnaht durch Längskraft.

Die Schwerpunkte von Profil und Schweißnaht sind in diesem Beispiel besonders einfach zu ermitteln, sie liegen genau im Diagonalkreuz der jeweiligen Rechtecke. Diese beiden Schwerpunkte weisen jedoch einen Abstand p zueinander auf. Die auf der Schwerelinie des Profils als „actio" übertragene Kraft hat ihre „reactio" in der Schwerelinie der Schweißnaht. Die Schweißnaht hat also neben ihrer Längskraftbeanspruchung auch ein Biegemoment

$$M_b = F * p$$

aufzunehmen. In der Praxis muß meist eine umfangreichere Betrachtung angestellt werden, da sich die Schweißnaht aus mehreren Flächenanteilen zusammensetzt. Diese Biegemomentenbelastung läßt sich jedoch in vielen Fällen vermeiden, in dem man die Schwerelinien von Profil und Schweißnaht durch entsprechend geschicktes Positionieren einzelner Schweißnahtflächen zur Deckung bringt. Dies wäre im vorliegenden Fall ganz einfach durch symmetrische Anordnung der Schweißnähte realisierbar. Bei unsymmetrischen Profilen (T-, L- oder U-Profilen) wird diese Betrachtung schon problematischer (mehr dazu in den Übungsbeispielen).

Torsionsspannung
Die durch ein Torsionsmoment eingeleitete Schubspannung berechnet sich bekanntlich zu

$$\tau_t = \frac{M_t}{W_{pol}}$$

wobei das polare Widerstandsmoment W_{pol} nach der elementaren Festigkeitslehre ermittelt wird. Zuweilen tritt der spezielle Fall auf, daß ein kreisrunder Stab oder ein Rohr mit einer Nabe oder einem sonstigen Anschlußteil verschweißt wird:

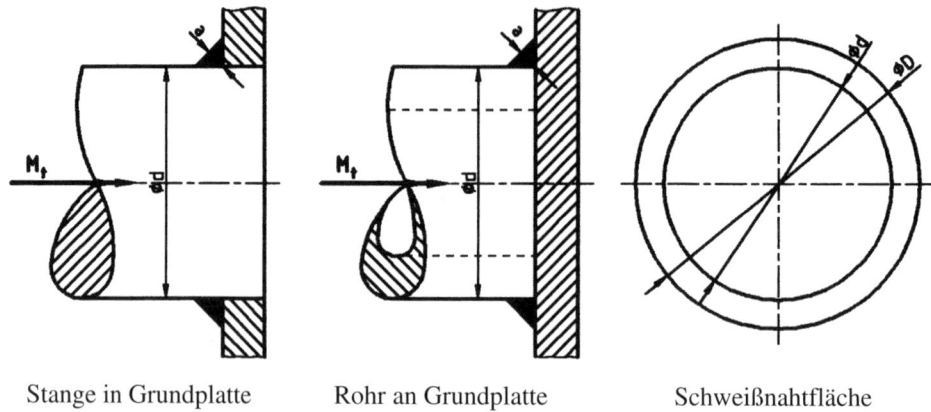

Stange in Grundplatte   Rohr an Grundplatte   Schweißnahtfläche

Bild 3.25: Schubbeanspruchung der Schweißnaht durch Torsion.

In diesem speziellen Fall läßt sich das polare Widerstandsmoment als Kreisringfläche besonders einfach ermitteln zu

$$W_{pol} = \frac{\left(D^4 - d^4\right)*\pi}{16*D} = \frac{\left[(d+2*a)^4 - d^4\right]*\pi}{16*(d+2*a)}$$

Die Berechnung der Widerstandsmomente weiterer Nahtquerschnitte erfolgt nach den Gesetzmäßigkeiten der elementaren Festigkeitslehre (s. auch Kap. 1).

Vergleichsspannung

Im allgemeinen Fall treten in der Schweißnaht mehrere Beanspruchungsarten gleichzeitig auf, so daß eine Vergleichsspannung zu bilden ist:

$$\sigma_V = \sqrt{\sigma^2 + \alpha*\tau^2} \qquad \alpha = 1 \text{ für statische und } \alpha = 2 \text{ für dynamische Belastung}$$

Dabei wird die Normalspannung σ aus Zug/Druck und Biegung und die Tangentialspannung τ aus Querkraftschub und Torsion zusammengesetzt. Der Faktor $\alpha = 1$ für statische Belastung nach DIN 4100 und $\alpha = 2$ für dynamische Belastung nach DIN 15018. Bei der Formulierung der Schubspannung τ ist darauf zu achten, daß nur die Nähte zu berücksichtigen sind, die parallel zur Belastungsrichtung verlaufen.

3.3.4.2   Zulässige Spannungen

Die von einer Schweißnaht maximal ertragbare Spannung ist von folgenden Einflußgrößen abhängig:

- **Werkstoffeigenschaften**
  Sowohl der Grundwerkstoff als auch der Schweißwerkstoff und die Wärmebeeinflussung der Übergangszone nehmen maßgebend Einfluß auf die Festigkeit der Verbindung. Grundsätzlich wird der Schweißwerkstoff so gewählt, daß er in seinen wesentlichen mechanischen und thermischen Eigenschaften denen des Grundwerkstoffs entspricht.

- **Zeitlicher Beanspruchungsverlauf**
  Die Schweißung stört die Homogenität des Grundwerkstoffes und wirkt sich festigkeitsmäßig stets als Kerbe aus. Während sich aber eine Kerbe bei statischer Last weniger nachteilig bemerkbar macht, wirkt sie sich bei dynamischer Belastung stark festigkeitsmindernd aus.

- **Geometrie**
  Die Nahtform nimmt in dreierlei Hinsicht Einfluss auf das Dauerfestigkeitsverhalten der Schweißnaht: Die *Größe der Naht* beeinträchtigt die zulässige Spannung der Naht (vergleichbar mit b_G des Dauerfestigkeitsnachweises), die *Form* selber macht sich *als Kerbe* bemerkbar (vergleichbar mit β_k des Dauerfestigkeitsnachweises) und schließlich hat eine eventuelle *mechanische Nachbearbeitung der Naht* über die dadurch hervorgerufene *Oberflächenbeschaffenheit* Einfluß auf die Dauerfestigkeit der Naht (vergleichbar mit b_O des Dauerfestigkeitsnachweises).

- **Zusätzliche Schweißspannungen**
  Die Schweißverbindung wird durch Eigenspannungen und thermisch eingeleitete Schrumpfspannungen zusätzlich belastet.

- **Schweißnahtgüte**
  Das Dauerfestigkeitsverhalten einer Schweißverbindung ist von der Güte der Naht abhängig. Die DIN 15018 und die nachfolgende Tabelle gibt darüber weitere Auskunft.

In diesem Rahmen können nicht alle Einflußgrößen vertiefend behandelt werden, deshalb erfolgt eine Konzentration auf die wichtigsten Parameter.

Zulässige Spannung bei statischer Belastung

In der DIN 15018 sind die zulässigen Spannungen für Schweißverbindungen bei statischer Belastung für Anwendungen im Kran- und Maschinenbau festgelegt. Die folgende Tabelle gibt davon einen Auszug in vereinfachter Form wieder:

Für differenziertere Berechnungen sind die einschlägigen Normen und (u.U. gesetzlich vorgeschriebene!) Vorschriften zu beachten.

Haupt-belastung	Werte gültig für	RSt 37-3 (S235J2G3) [N/mm²]	St 52-3 (S355J2G3) [N/mm²]
Zug/Druck Biegung	Grundwerkstoff	160	240
	Stumpfnaht, gegengeschweißt und durchgestrahlt	160	240
	Stumpfnaht, nicht durchgestrahlt	150	216
	Kehlnaht	105	155
Schub	Stumpfnaht	112	168
	Halsnaht	98	152

Aufgabe 3.7 (Seite 283) bis Aufgabe 3.10 (Seite 285)

Zulässige Spannung bei dynamischer Belastung

Die Ermittlung der zulässigen Spannung bei dynamischer Belastung erfordert eine komplexere Betrachtung, weil die Kerbwirkung und Kerbform der Schweißnaht deren Festigkeit ganz erheblich beeinträchtigen. Es sei daran erinnert, daß sich die Dynamik einer Belastung durch die Kennzahl κ eindeutig beschreiben läßt:

$$\kappa = \frac{\sigma_u}{\sigma_o} = \frac{\tau_u}{\tau_o} \qquad \text{mit den Modellfällen}$$

$$\kappa = 1 \qquad \text{statisch}$$
$$\kappa = 0 \qquad \text{schwellend}$$
$$\kappa = -1 \qquad \text{wechselnd}$$

Im allgemeinen Fall ist jedoch für κ der genaue Zahlenwert zu berechnen. Die DV 952 (Dienstvorschrift der Deutschen Bundesbahn) dokumentiert in Diagrammform die zulässigen Normalspannungen σ_{zul} und zulässigen Schubspannungen τ_{zul} bei geschweißten Fahrzeugen aus RSt37 und RSt52. Als Oberflächenzustand des Grundwerkstoffs wird Walzhaut angenommen. Der entscheidende Parameter in dieser Diagrammdarstellung ist die mit Großbuchstaben gekennzeichnete Kerbform, die aus den darauf folgenden Tabellen zu entnehmen ist. Beim Vergleich der Diagramme für RSt37 und RSt52 fällt auch auf, daß St52 zwar eine wesentlich höhere statische Belastung aufzunehmen vermag, aber deutlich dynamikempfindlicher ist als St37. Wenn also St52 gewählt wird, um eine höhere Festigkeit zu erzielen, dann wird der Zugewinn an Werkstofffestigkeit gegenüber St37 durch die höhere Dynamikempfindlichkeit teilweise wieder zunichte gemacht.

Die Kerbfälle A - H sind in der darauffolgenden mehrseitigen Tabelle aufgelistet. Je weiter der den Kerbfall darstellende Buchstabe nach vorn im Alphabet angeordnet ist, desto unempfindlicher ist der Kerbfall (Ausgangskurvenzug A: nicht geschweißtes Bauteil). Die weiter nach hinten im Alphabet angeordneten Kerbfälle weisen eine zunehmende Kerbempfindlichkeit auf, die bei nicht bearbeiteten Kehlnähten besonders ausgeprägt ist.

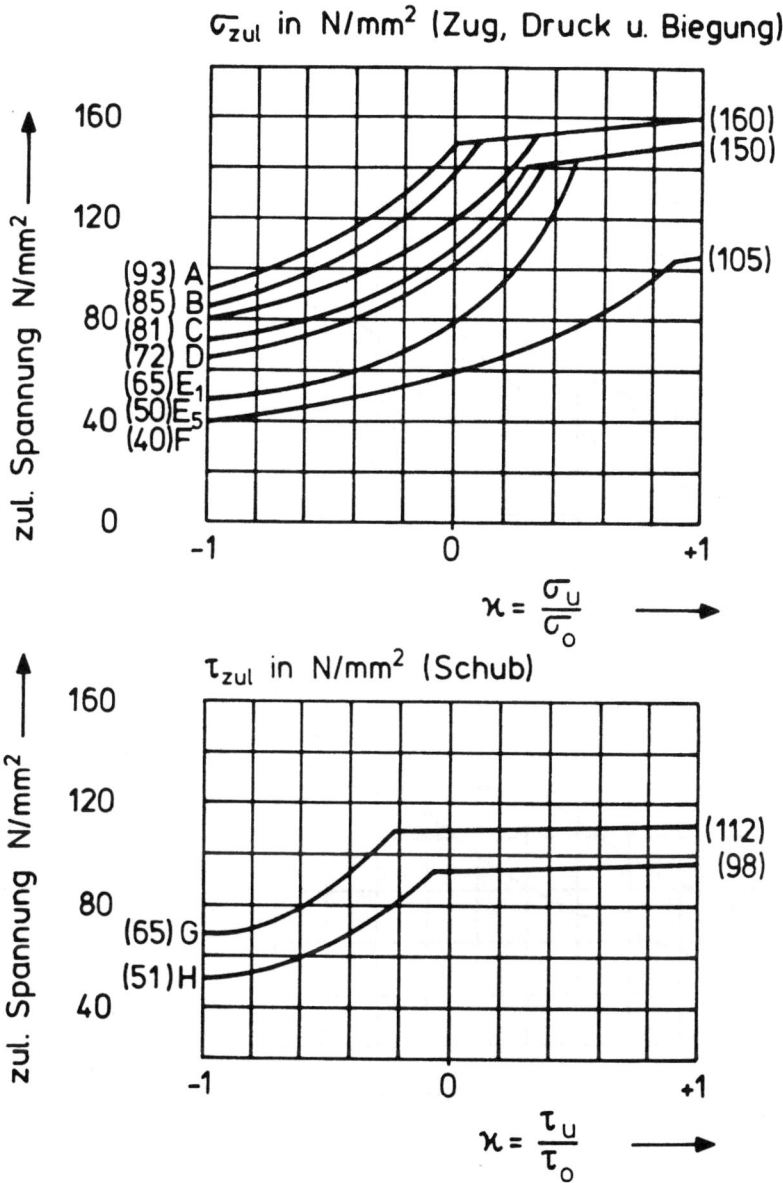

Bild 3.26: Zulässige Schweißnahtspannungen bei geschweißten Fahrzeugen aus RSt 37.

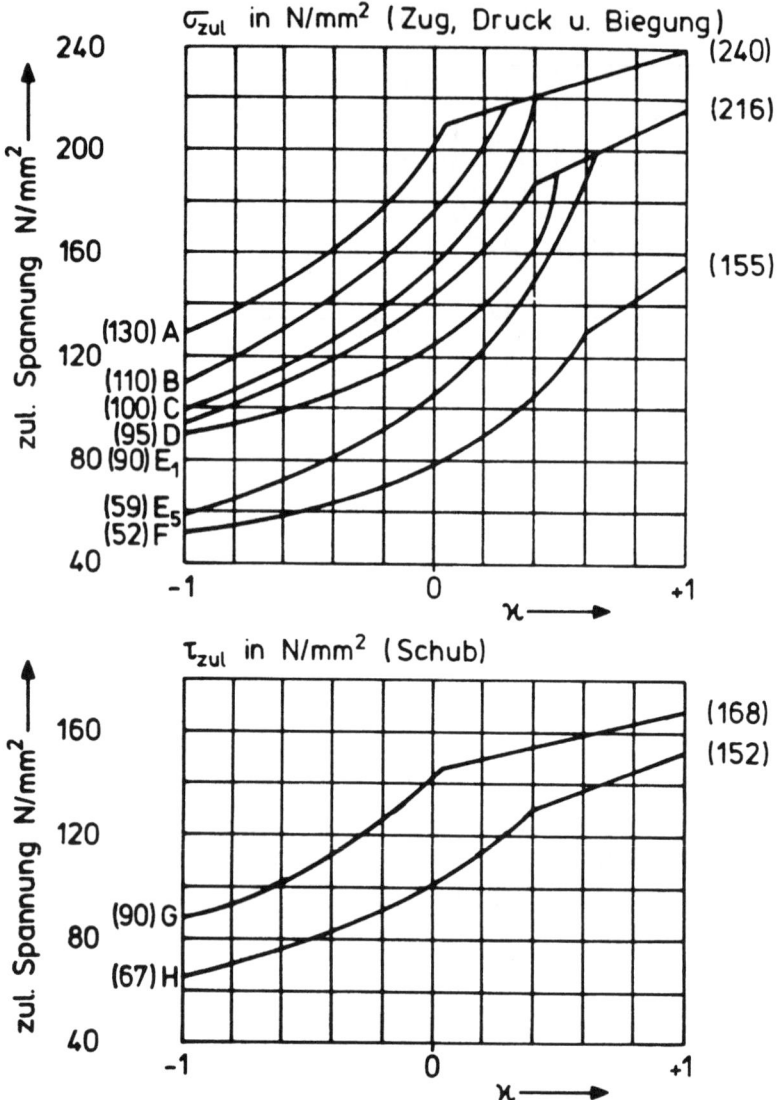

Bild 3.27: Zulässige Schweißnahtspannungen bei geschweißten Fahrzeugen aus RSt 52.

Linie	Darstellung	Beschreibung des Kerbfalls
A		durch Längskraft oder auf Biegung beanspruchte, nicht geschweißte Bauteile (Grundwerkstoff)
B 1		Bauteil mit quer zur Kraftrichtung beanspruchter Stumpfnaht; Wurzel gegengeschweißt, Schweißnaht kerbfrei bearbeitet und 100% durchstrahlt
B 2		Bauteile verschiedener Dicke mit quer zur Kraftrichtung beanspruchter Stumpfnaht; Wurzel gegengeschweißt, Schweißnaht kerbfrei bearbeitet und 100% durchstrahlt
B 3		Trägerstegblech; Querkraftbiegung mit überlagerter Längskraft; Wurzel gegengeschweißt; Schweißnaht kerbfrei bearbeitet und 100% durchstrahlt
B 4		Bauteile mit längs zur Kraftrichtung beanspruchter Stumpfnaht; Wurzel gegengeschweißt; Schweißnaht kerbfrei bearbeitet und 100% durchstrahlt
B 5		Bauteile mit längs zur Kraftrichtung beanspruchten K- oder Kehlnähten; Schweißnahtübergang ggf. bearbeitet und auf Risse geprüft
B 6		Blechkonstruktionen mit Gurtstößen; Wurzel gegengeschweißt; Schweißnähte in Kraftrichtung bearbeitet und 100% durchstrahlt
C 1		durchlaufendes Bauteil mit nichtbelasteten Querversteifungen; K-Nähte kerbfrei bearbeitet und auf Risse geprüft
C 2		durchlaufendes Bauteil mit angeschweißten Scheiben; K-Nähte kerbfrei bearbeitet und auf Risse geprüft
D 1		Bauteile mit quer zur Kraftrichtung beanspruchter Stumpfnaht; Wurzel gegengeschweißt; Schweißnaht stichprobenweise (mind. 10%) durchstrahlt
D 2		Bauteile mit längs zur Kraftrichtung beanspruchter Stumpfnaht; Wurzel gegengeschweißt; Schweißnaht stichprobenweise (mind. 10%) durchstrahlt
D 3		Trägerstegbleche; Querkraftbiegung mit überlagerter Längskraft; Wurzel gegengeschweißt; Schweißnaht stichprobenweise (mind. 10%) durchstrahlt

Linie	Darstellung	Beschreibung des Kerbfalls
D 4		Rohrverbindungen mit unterlegten Stumpfnähten; Schweißnaht stichprobenweise (mind. 10%) durchstrahlt
D 5		Blechkonstruktion mit Stumpfstößen in Eckverbindungen; Wurzel gegengeschweißt; Schweißnaht stichprobenweise (mind. 10%) durchstrahlt
D 6		Eckverbindungen mit Stumpfstößen und Eckblechen an Profilen; Wurzel gegengeschweißt; Schweißnaht stichprobenweise (mind. 10%) durchstrahlt
E 1.1		Bauteile mit quer zur Kraftrichtung beanspruchter Stumpfnaht; abhängig von den Anforderungen Wurzel gegengeschweißt oder nicht gegengeschweißt; Schweißnähte nicht bearbeitet
E 1.2		Bauteile mit längs zur Kraftrichtung beanspruchter Stumpfnaht; Schweißnähte nicht bearbeitet
E 1.3		Trägerstegbleche; Querkraftbiegung mit überlagerter Längskraft; abhängig von den Anforderungen Wurzel gegengeschweißt oder nicht gegengeschweißt; Schweißnähte nicht bearbeitet
E 1.4		Eckverbindungen mit Stumpfstößen und Eckblechen; Schweißnähte nicht bearbeitet
E 1.5		Rohrverbindungen mit quer zur Kraftrichtung beanspruchter Stumpfnaht; Schweißnähte nicht bearbeitet
E 1.6		Rohrverbindung mit einem Vollstab; Schweißnähte nicht bearbeitet
E 1.7		Bauteil mit aufgeschweißter Gurtplatte; K-Nähte sind an den Stirnflächen bearbeitet
E 1.8		Verbindung verschiedener Werkstoffdicken durch eine Stumpfnaht; Wurzel gegengeschweißt; Schweißnähte nicht bearbeitet

Linie	Darstellung	Beschreibung des Kerbfalls
E 1.9		durch Kreuzstoß mittels K-Nähte verbundenen Bauteile; Schweißnähte bearbeitet
E 1.10		durch K-Nähte verbundene, auf Biegung und Schub beanspruchte Bauteile; K-Nähte bearbeitet
E 5.1		durchlaufendes Bauteil, an das quer zur Kraftrichtung Teile mit bearbeiteten K-Nähten angeschweißt sind
E 5.2		durchlaufendes Bauteil, an das Bauteile durch Stumpfnaht und mit bearbeiteten Kehlnähten angeschweißt werden
E 5.3		Bauteil mit aufgeschweißter Gurtplatte; die Kehlnähte sind an den Stirnflächen bearbeitet
E 5.4		durchlaufendes Bauteil mit einem durchgesteckten, durch K-Nähte verbundenen Bauteil; K-Nähte sind in dem Bereich an den Stirnflächen bearbeitet
E 5.5		durch Kreuzstoß mittels K-Nähte verbundene Bauteile; Schweißnähte nicht bearbeitet
E 5.6		auf Schub und Biegung durch nicht bearbeitete K-Nähte verbundenen Bauteile
F 1		Stumpfstöße von Profilen ohne Eckbleche; Schweißnähte nicht bearbeitet
F 2		durchlaufendes Bauteil mit einem durch nichtbearbeitete Kehlnähte aufgeschweißten Bauteil
F 3		Bauteil mit aufgeschweißter Gurtplatte; Schweißnähte nicht bearbeitet

Linie	Darstellung	Beschreibung des Kerbfalls
F 4		durchlaufendes Bauteil mit einem durchgesteckten, durch Kehlnähte verbundenen Bauteil; Schweißnähte nicht bearbeitet
F 5		durch Kreuzstoß mittels Kehlnähten verbundene Bauteile; Schweißnähte nicht bearbeitet
F 6		auf Schub und Biegung durch nichtbearbeitete Kehlnähte verbundene Bauteile
G		Stegblechquerstoß; maximale Schubbeanspruchung in Trägernullinie; Linie gilt auch für auf Torsion beanspruchte, nicht geschweißte Bauteile
H		Schubverbindung mit K- oder Kehlnähten zwischen Stegblech und Gurt bei Biegeträgern

Mit zulässiger Spannung (σ_{zul}, τ_{zul}) einerseits und tatsächlicher Spannung (σ_{tats}, τ_{tats}) andererseits läßt sich nunmehr eine Sicherheit formulieren:

$$S = \frac{\sigma_{zul}}{\sigma_{tats}} \qquad \text{bzw.} \qquad S = \frac{\tau_{zul}}{\tau_{tats}}$$

Aufgabe 3.11 (Seite 286) bis Aufgabe 3.14 (Seite 289)

3.3.5   Eigenspannungen

Ein weiteres Problem beim Schweißen sind die thermisch im Werkstoff hervorgerufenen **Eigenspannungen**. Ungeachtet des speziellen Schweißverfahrens ist die Schweißung stets mit einer Wärmezufuhr verbunden, die in aller Regel örtlich begrenzt stattfindet, so daß Temperaturgradienten im Werkstück unvermeidlich sind. Dabei wird eine ebenfalls örtlich unterschiedliche thermische Deformation wirksam. Die folgende Skizze zeigt diesen Sachverhalt exemplarisch:

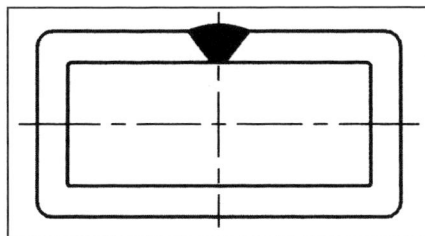

Das Schweißmaterial wird im flüssigen Zustand, also bei hoher Temperatur spannungslos eingebracht. Mit der Abkühlung stellt sich zunächst die stoffschlüssige Verbindung ein und mit sinkender Temperatur werden aufgrund der Schrumpfung Eigenspannungen nicht nur in der Schweißnaht, sondern auch im Bauteil hervorgerufen.

Bild 3.28: Effekt der Schrumpfspannung.

Dieser Effekt bezieht sich nicht nur auf die hier erläuterte Querschrumpfung, sondern macht sich auch als Winkelschrumpfung bemerkbar. Bei der Quantifizierung von Schrumpfspannungen ergeben sich etwa folgende Zahlenwerte für Quer- und Winkelschrumpfung:

Querschrumpfung			Winkelschrumpfung		
Nahtquerschnitt	Schweißverfahren und Nahtaufbau	Querschrumpfung in mm	Nahtquerschnitt	Schweißverfahren und Nahtaufbau	Winkelschrumpfung α
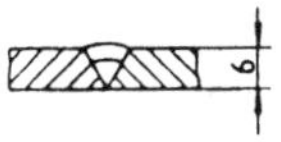	Lichtbogenschweißen Mantelelektrode, 2 Lagen	1,0	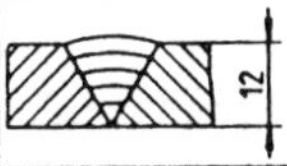	Lichtbogenschweißen Mantelelektrode, 5 Lagen	$3\frac{1}{2}°$
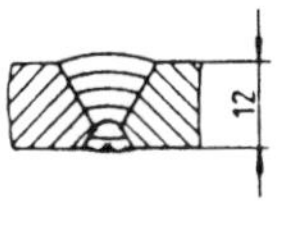	Lichtbogenschweißen Mantelelektrode, 5 Lagen Wurzel ausgefugt, 2 Wurzellagen	1,8	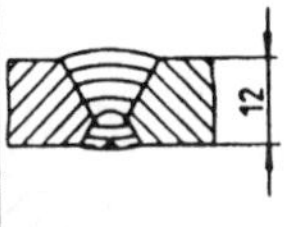	Lichtbogenschweißen Mantelelektrode, 5 Lagen Wurzel ausgefugt, 3 Wurzellagen	0°
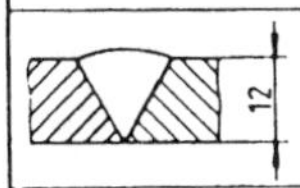	Gasschweißen nach rechts	2,3	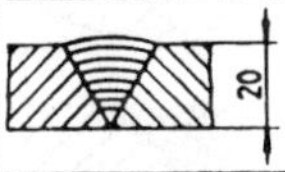	Lichtbogenschweißen Mantelelektrode 8 breite Lagen	7°
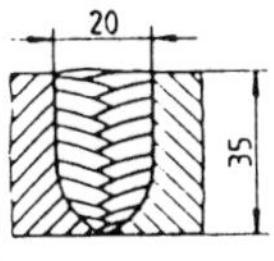	Lichtbogenschweißen Mantelelektrode, 20 Lagen ohne rückseitige Schweißung	3,2	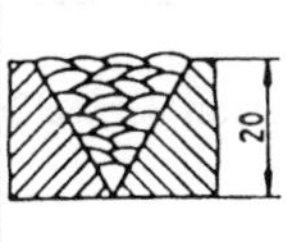	Lichtbogenschweißen Mantelelektrode 22 schmale Raupen	13°

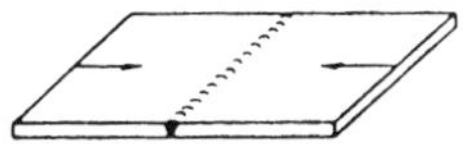

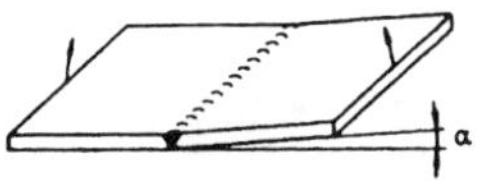

Bild 3.29: Schweißschrumpfungen.

Das Vorhandensein von Schrumpfspannungen hat folgende Konsequenzen:

- Ist die **Konstruktion nachgiebig**, so können unerwünschte **Verwerfungen** entstehen.
- Ist die **Konstruktion steif**, so wird die thermische Deformation behindert und es entstehen **Schweißeigenspannungen**. Diese Spannungen können die Bruchfestigkeit des Werkstoffs überschreiten und deshalb Risse verursachen.

Ein Abbau der Eigenspannungen kann durch **Spannungarmglühen** erreicht werden. Dabei wird das geschweißte Werkstück auf eine Temperatur erhitzt, die so hoch ist, daß sich die Schweißeigenspannungen durch Fließvorgänge abbauen können. Wenn das anschließende Erkalten über die gesamte Konstruktion gleichmäßig erfolgt, so entstehen keine Temperaturgradienten und damit keine neuen Spannungen. Dieser Vorgang wird zuweilen mit dem Richten des Bauteiles kombiniert.

Schrumpfungen lassen sich kompensieren, in dem die zu verschweißenden Teile so zueinander positioniert werden, daß die zu erwartenden Deformationen vorweggenommen werden.

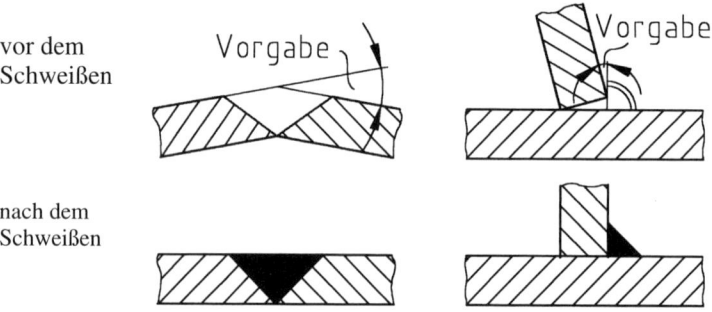

Bild 3.30: Winkelvorgaben.

Es kann auch sinnvoll sein, die zu verschweißenden Teile so zu deformieren, daß die durch den Schrumpfvorgang hervorgerufenen Kräfte die zu verbindenden Teile in die gewünschte Lage ziehen.

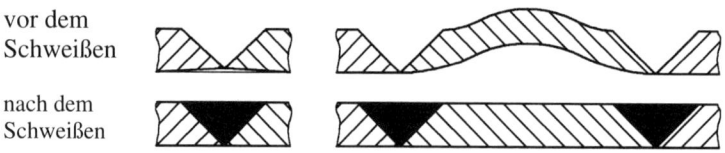

Bild 3.31: Maßnahmen zur Vermeidung von Schweißverzug.

3.3.6   Gestaltung von Schweißverbindungen

Für die optimale Gestaltung von Schweißkonstruktionen lassen sich eine ganze Reihe von Richtlinien angeben, die im folgenden auszugsweise in knapper Form wiedergegeben sind:

- Die **Nahtmenge** ist nach Möglichkeit zu **verringern**, weil mit zunehmender Nahtmenge die Wärmebelastung ansteigt, was zu Schrumpfspannungen und zum Verzug führt. Lange, dünne Nähte sind gegenüber kurzen dicken zu bevorzugen.

- Weiterhin soll versucht werden, Schweißnähte gänzlich einzusparen, in dem **Abkant-oder Biegeteile** verwendet werden.

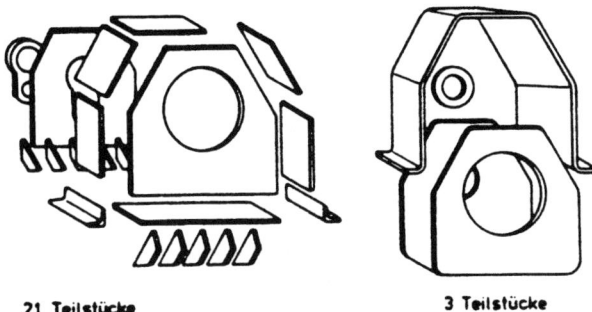

21 Teilstücke   **3 Teilstücke**

Bild 3.32: Verringerung der Nahtmenge durch Verwendung von Abkant- und Biegeteilen.

- Der erste Konstruktionsentwurf geht häufig von einer Zusammenstellung zugeschnittener Blechteile aus. In vielen Fällen bietet sich jedoch auch die vorteilhafte Verwendung von **Walzprofilen** (U-, T-, Doppel-T-, L-Träger sowie Rohrprofile) als Halbzeuge an.

- Weiterhin läßt sich die Anzahl der Einzelteile manchmal durch die Verwendung von **Schmiede- und Stahlgußteile** verringern. Das folgende Beispiel zeigt ein Dieselmotor-Rahmenunterteil als Schweißkonstruktion mit eingeschweißtem Lagerstuhl aus Stahlguß.

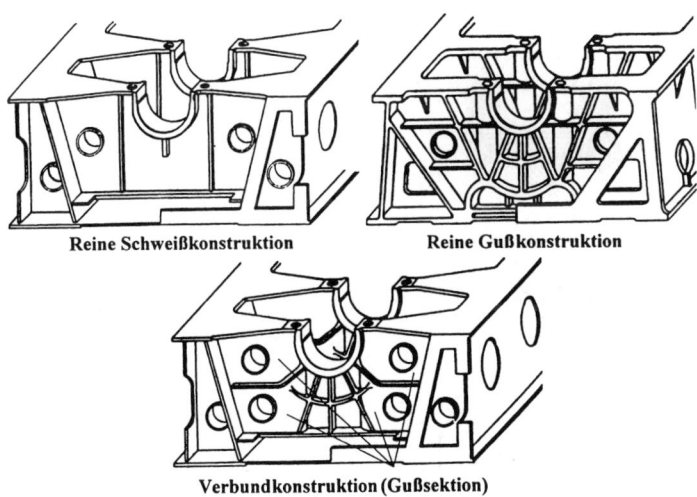

Reine Schweißkonstruktion   **Reine Gußkonstruktion**

Verbundkonstruktion (Gußsektion)

Bild 3.33: Verringerung der Nahtmenge durch Gemischtbauweise.

- Die Schweißnähte sind nach Möglichkeit so zu plazieren, daß sie nicht an Stellen höchster oder ungünstiger Beanspruchung liegen. Ferner sollen Schweißungen in Zug- und

Eigenspannungszonen vermieden werden. Die Nahtwurzel soll nicht auf Zug beansprucht werden.

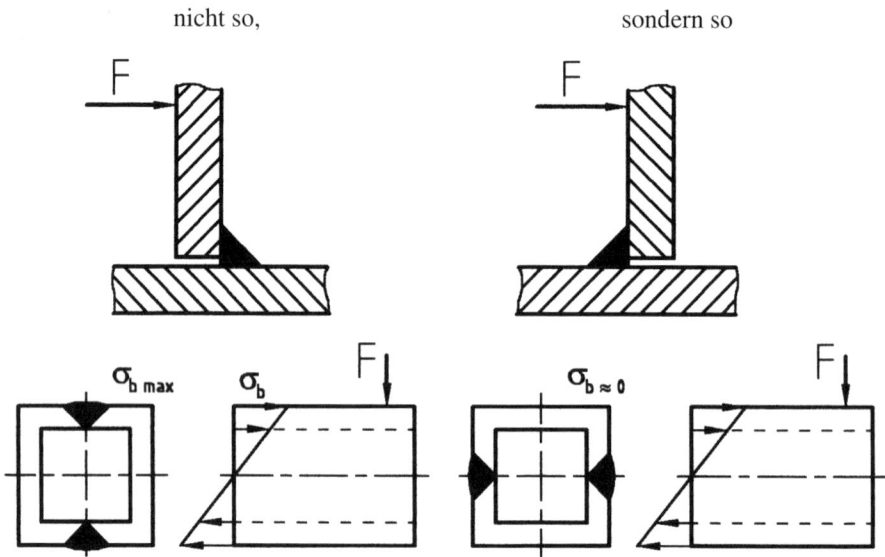

nicht so,   sondern so

Bild 3.34: Optimale Lage der Schweißnaht relativ zur Beanspruchung.

- Die Anhäufung von Schweißnähten ist nach Möglichkeit zu vermeiden.

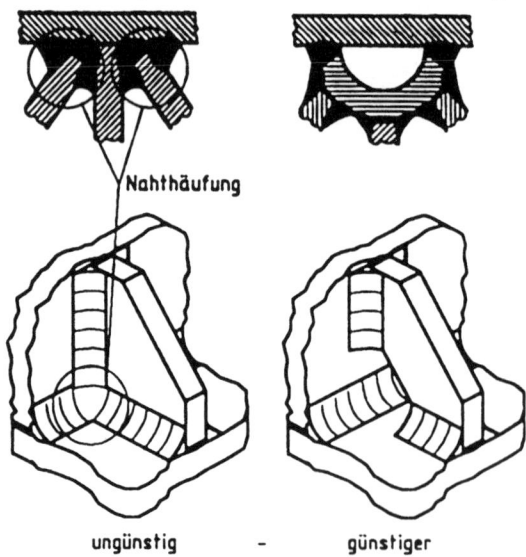

ungünstig   -   günstiger

Bild 3.35: Vermeidung von Nahtan-
häufungen.

An Kreuzungsstellen ist eine der beiden Nähte nach Möglichkeit zu unterbrechen, weil mehrachsige Spannungszustände zur Verformungsbehinderung führen und damit die Gefahr der Rißbildung steigern.

• Steifigkeitssprünge sind nach Möglichkeit zu vermeiden, da sie zu Spannungsspitzen führen.

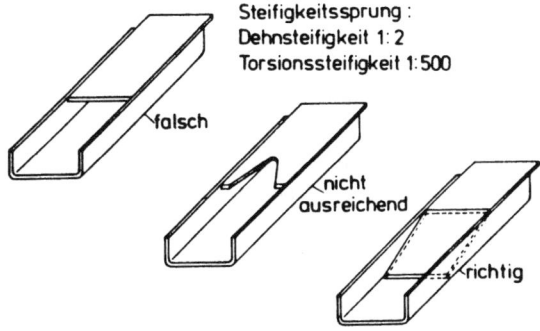

Bild 3.36: Vermeidung von Steifigkeitssprüngen.

• Die Belastung soll vorzugsweise im sog. „**Schubmittelpunkt**" eingeleitet werden (Berechnung siehe Festigkeitslehre):

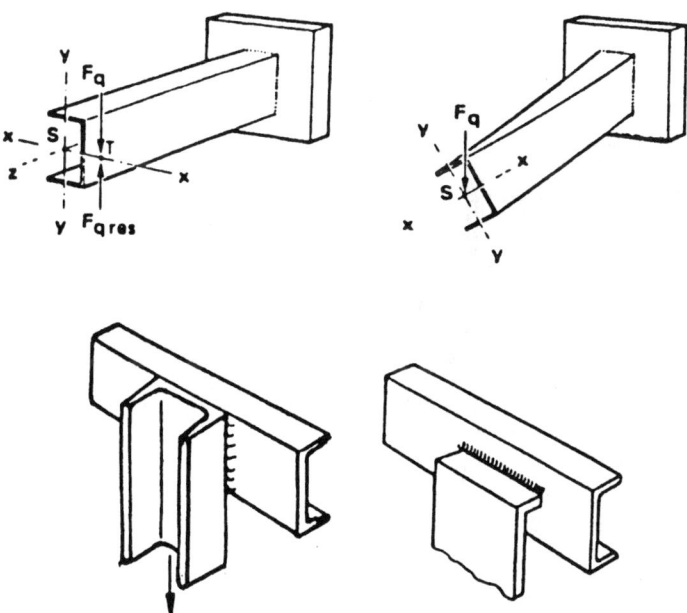

Bild 3.37: Kraftangriffspunkt im Schubmittelpunkt.

Greift eine Kraft an einem Biegebalken im Schubmittelpunkt an, so ergibt sich in bekannter Weise eine Biege- und eine Querkraftbelastung (oben links). Liegt jedoch die Wirkungslinie der Kraft außerhalb des Schubmittelpunktes (oben rechts), so überlagert sich eine zusätzliche Torsionsbelastung, die besonders bei offenen, torsionsweichen Profilen zu einer zusätzlichen Torsionsverformung führt. Die unteren beiden Bilder zeigen beispielhaft, wie für einen U-Träger die Krafteinleitung durch einfache konstruktive Maßnahmen optimiert werden kann.

- Die Schweißnähte müssen leicht zugänglich und einfach herstellbar sein. Die Nahtform wird auch von der Geometrie und Lage der zu verschweißenden Teile mitbestimmt.

- Die zu verschweißenden Teile müssen in der Regel vor dem Schweißen zueinander positioniert werden. Bei geringen Stückzahlen kann es sinnvoll sein, diese Lage durch entsprechende Vorbearbeitung der Teile zu fixieren. Bei größeren Stückzahlen ist dieser Fertigungsaufwand bei jeder neuen Schweißung immer wieder erforderlich, hier sind Schweißvorrichtungen möglicherweise kostengünstiger.

- Das folgende Bild zeigt eine Gegenüberstellung von vorteilhafter und weniger vorteilhafter Schweißgestaltung einer Aluminium-Schweißkonstruktion eines dynamisch belasteten Druckbehälters.

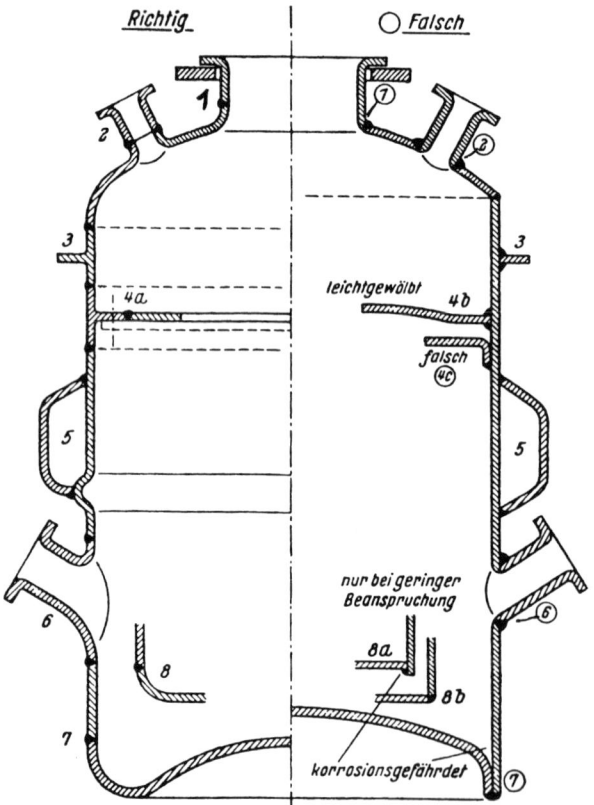

Bild 3.38: Geschweißter Druckbehälter.

- Bei Umstellung von Guß- auf Schweißkonstruktionen müssen oft neue Gestaltungsformen gesucht werden.

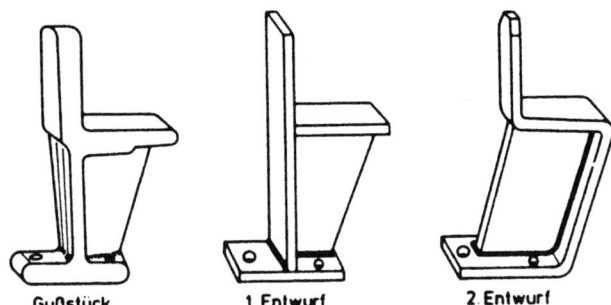

Gußstück   1. Entwurf   2. Entwurf

1. Entwurf : 4 Einzelteile : 40 % weniger Gewicht, gleiche Kosten
         wie Gußstück.

2. Entwurf : 2 Einzelteile : 40 % weniger Gewicht, 50 % geringere Kosten

Bild 3.39: Beispiel für die Umstellung von Guß- auf Schweißkonstruktion.

- Bei Walzstählen werden Hohlkehlen nicht verschweißt, weil an diesen Stellen Seige-
  rungszonen vorhanden sind und weil dort durch den Walz- und Abkühlungsvorgang besonders ungünstige Eigenspannungsverhältnisse vorliegen.

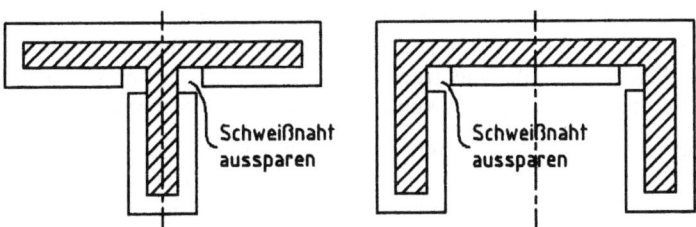

Bild 3.40: Aussparen von Schweißnähten in Hohlkehlen von Walzprofilen.

3.4   Löten

Das Löten hat mit dem Schweißen eine wesentliche Gemeinsamkeit: Zwei Bauteile werden
durch Erschmelzen und anschließendes Erstarren eines metallischen Verbindungsmaterials
miteinander verbunden.

Beim Schweißen entspricht das Verbindungsmaterial in den wesentlichen Eigenschaften und Kenndaten denen des Grundwerkstoffs, es muß also sowohl das Verbindungsmaterial als auch der Grundwerkstoff
in den zu verbindenden Randzonen erschmolzen werden.

In dieser Hinsicht unterscheidet sich das
Löten ganz deutlich vom Schweißen: Das
Verbindungsmaterial (Lot) hat i.a. einen
wesentlich **niedrigeren Schmelzpunkt**
als der Grundwerkstoff, der in seinen
Verbindungszonen **nicht** erschmolzen
wird.

Die Haftung des Lotes am Grundwerkstoff vollzieht sich über Diffusion, die von wenigen µm bis zu einigen mm in den Grundwerkstoff hineinwirkt. Durch die Herabsetzung der Verarbeitungstemperatur werden die Arbeitsbedingungen erleichtert und es werden **nachteilige Gefügeveränderungen im Grundwerkstoff vermieden**. Die Andersartigkeit von Grundmaterial und Verbindungsmaterial kann zur Folge haben, daß es zu einer **elektrolytischen Zerstörung** der Lötstelle kommt, wenn ein zu großer Abstand in der Spannungsreihe der Elemente besteht.

3.4.1   Löttemperatur

Das Lot muß über die sog. Solidustemperatur (Beginn der Erschmelzung) hinaus erhitzt werden, sie braucht aber nicht die sog. Liquidustemperatur (vollständige Erschmelzung) zu erreichen. Die Erschmelzungstemperatur des Grundwerkstoffs darf jedoch auf keinen Fall erreicht werden. Lötverbindungen können nach der Temperatur differenziert werden nach:

- **Weichlöten**: Die Löttemperaturen reichen **bis ca. 450°**. Die verwendeten Lote basieren wegen des angestrebten niedrigen Schmelzpunktes meist auf Zinn oder Blei. Da dabei nur eine relativ geringe mechanische Festigkeit zu erzielen ist, wird die Weichlötung meist dann angewendet, wenn Forderungen nach Dichtigkeit oder elektrischer Leitfähigkeit im Vordergrund stehen (z.B. Kabelanschlüsse, Rohrleitungen mit geringer mechanischer Beanspruchung, Kühler, Dosen, Behälter). Bei Dauerbelastung neigen Weichlötverbindungen zum Kriechen. Wegen der niedrigen Arbeitstemperaturen und der damit verbundenen geringen Wärmeenergie ist das Weichlöten meist einfach zu handhaben.

- **Hartlöten**: Das Hartlöten erfordert Temperaturen von **über ca. 450°C**. Es werden meist kupfer- oder edelmetallhaltige Lote verwendet, die relativ teuer sind. Die erzielbare Festigkeit kann recht hoch sein, vielfach wird die Festigkeit des Grundwerkstoffs erreicht. Aus diesem Grunde ergibt die Hartlötung eine deutlich höhere Belastbarkeit, die z.B. bei druckbeanspruchten Rohrleitungen, Drucktanks, Fahrrad- und Fahrzeugrahmen und Hartmetallplatten auf Werkzeugträger ausgenutzt werden kann.

- **Hochtemperaturlöten**: Die Löttemperaturen liegen **über 900°**. Es werden relativ teure Lote aus Kupfer, Nickel oder Edelmetall verwendet. Neben dem erhöhten Aufwand für den Wärmebedarf ist u.U. auch eine Schutzgasatmosphäre erforderlich, um Oxydation zu verhindern. Es können hohe Belastbarkeiten erzielt werden, die vielfach an die Festigkeit des Grundwerkstoffs heranreichen.

3.4.2   Lötverfahren

Grundsätzlich werden folgende Lötverfahren unterschieden:

- **Kolbenlöten**: Die Erwärmung der Lötstelle und das Abschmelzen des Lotes wird mit einem meist von Hand geführten, gas- oder elektrisch geheizten Lötkolben ausgeführt. Wegen der geringen Arbeitstemperaturen bleibt die Kolbenlötung auf das Weichlöten beschränkt.

- **Badlöten oder Tauchlöten**: Die zu verbindenden Teile werden ist ein Bad mit erschmolzenem Lot getaucht. Je nach Lot ist eine Flußmittelabdeckung des Lotbades erforderlich. Dieser erhöhte Aufwand führt zu einer besonders hohen Produktivität, wenn in der Massenfertigung mehrere Lötungen gleichzeitig ausgeführt werden können. Wenn die Gefahr besteht, daß dem Lötbad beim Eintauchen großer Teile zuviel Wärme entzogen wird und damit die Badtemperatur unzulässig absinkt, kann ein Vorwärmen der Teile sinnvoll sein.

- **Flammlöten**: Die erforderliche Wärmeenergie wird durch das Abbrennen von Gas zugeführt. Die Flamme darf allerdings nicht direkt auf die mit Flußmittel behandelte Lötstelle gerichtet werden, um dessen Wirksamkeit nicht zu beeinträchtigen. Bei Hart- oder Hochtemperaturlötung wird häufig Acetylen als Brenngas unter Hinzugabe von Sauerstoff verwendet. Das Lot wird entweder vor der Erwärmung eingelegt oder während der Erwärmung zugeführt.

- **Warmgaslöten**: Elektrisch vorgeheizte Luft wird durch eine Düse auf die Lötstelle geblasen. Das Lot wird entweder vor der Erwärmung eingelegt oder während der Erwärmung zugeführt.

- **Ofenlöten**: Die zu verlötenden Teile werden in einem meist gasbeheizten Ofen erwärmt. Zuvor wird das Flußmittel aufgebracht und ggf. das Lot eingelegt. Häufig wird durch Einleiten einer Schutzgasatmoshäre die Oxydbildung verhindert. Das Verfahren ist besonders vorteilhaft bei der Massenfertigung kleiner Teile.

- **Lichtbogenlöten**: Die Wärmezufuhr erfolgt über einen Lichtbogen, dessen Elektrode allerdings im Gegensatz zum Lichtbogenschweißen nicht abgeschmolzen wird. Das Lot selber wird stromlos hinzugefügt.

- **Induktionslöten**: Die Wärme wird durch einen induzierten Wechselstrom im zu verlötenden Teil erzeugt. Zur Verhinderung einer Oxydbildung wird zuweilen eine Schutzgasatmosphäre verwendet oder aber die Lötung wird im Vakuum vorgenommen.

- **Direktes Widerstandslöten**: Die Wärme wird durch Stromfluß durch die zu verlötenden Teile hervorgerufen.

- **Indirektes Widerstandslöten**: Die Wärme wird durch Strombeschickung eines externen elektrischen Widerstandes erzeugt.

- **Laserstrahllöten**: Die Wärme wird durch Absorption monochromatischer Laserstrahlung eingebracht. Die Laserstrahllötung wird bei hohen Temperaturen verwendet und erfolgt unter Schutzgasatmosphäre. Es können hohe Energiedichten bei minimalen Wärmeeinbringflächen erzielt werden.

- **Elektronenstrahllöten**: Aufgrund der hohen Energiedichte können große Bauteile an örtlich begrenzten Lötstelle erwärmt werden.

Da die metallische Verbindung durch Diffusion zustande kommt, ist eine besondere Vorbereitung der Lötflächen erforderlich:

- Die Fügestellen müssen sauber sein, die zu verlötenden Flächen sind ggf. **mechanisch** zu **reinigen**.

- Um die Benetzung mit Lot zu erleichtern, darf die **Fläche nicht zu rauh** sein, die Rauhtiefe darf nicht über 20 μm betragen.

- Oxyde beeinträchtigen die Bindungsfähigkeit und damit die Belastbarkeit. Die Bildung von Oxyden muß also verhindert bzw. bestehende Oxyde müssen gelöst werden. Hierzu dienen sogenannte Flußmittel (DIN 8511). Sie werden entweder als Flüssigkeit, Paste oder Pulver aufgetragen oder mit dem Lot der Lötstelle zugeführt (Lot als Hohlstab, Lotmantel). Flußmittelreste sind nach dem Lötvorgang zu entfernen, da sie u.U. langfristig chemische Reaktionen und damit Korrosion herbeiführen können.

Grundsätzlich wird unterschieden nach Spaltlöten und Fugenlöten:

- **Spaltlöten**
  Das erschmolzene Lot wird durch Kapillarwirkung in den parallelen, 0,05-0,25 mm weiten Spalt gezogen. Die Bewegung des Lotes ist möglichst zu erleichtern, beispielsweise sind senkrecht zur Fließrichtung angeordnete Bearbeitungsriefen zu vermeiden.

- **Fugenlöten**
  Die zu verlötenden Flächen werden in einem Abstand von ca. 0,5 mm zueinander positioniert. Ähnlich wie beim Schweißen kann die Fuge auch X- oder V-förmig vorbereitet werden, wobei die keilförmige Fuge mit erschmolzenem Lot aufgefüllt wird.

3.4.3   Festigkeitsberechnung von Lötverbindungen

Auch die Belastbarkeit von Lötverbindungen wird nach den bekannten Ansätzen der elementaren Festigkeitslehre berechnet. In aller Regel beschränkt man sich dabei auf die Annahme eines einachsigen Zug- oder Schubspannungszustandes.

$$\sigma_{tats} = \frac{F}{A} \le \sigma_{zul} \qquad\qquad \text{bzw.} \qquad\qquad \tau_{tats} = \frac{F}{A} \le \tau_{zul}$$

Die Beanspruchung sollte vorzugsweise als Schub eingeleitet werden. Die zulässigen Spannungswerte hängen entscheidend von der Größe der Lötflächen, von der Weite des Lötspaltes, von der Lötart, von den Eigenschaften des Lotes und des Flußmittels und von der Arbeitssorgfalt ab. Wegen dieser Unsicherheit empfiehlt die DIN 8525 eine mindestens zweifache Sicherheit. Die folgende Tabelle gibt einige Anhaltswerte für zulässige Schubspannungen beim Hartlöten:

Lot	τ_{zul} statisch	τ_{zul} schwellend	τ_{zul} wechselnd
Kupferlot L-Cu	50 ... 70 N/mm²	30 ... 40 N/mm²	15 ... 25 N/mm²
Messinglot L-CuZn	80 ... 90 N/mm²	55 ... 65 N/mm²	15 ... 25 N/mm²
Silberlot L-Ag	50 ... 70 N/mm²	30 ... 40 N/mm²	15 ... 25 N/mm²
Neusilberlot L-CuNi	80 ... 90 N/mm²	55 ... 65 N/mm²	15 ... 25 N/mm²

3.4.4   Gestaltung von Lötverbindungen

Die folgende Gegenüberstellung zeigt einige Beispiele ausgeführter Lötungen, an denen Gestaltungshinweise diskutiert werden.

Stumpfstöße sind wegen ihrer geringen Lötfläche ungeeignet. Deshalb sind

a) Überlappung

b) Laschung

c) Doppellaschung

d) Schäftung

vorzuziehen. Durch diese Maßnahmen wird außerdem die äußere Belastung als vorteilhafte Schubspannung und nicht als Zugspannung in die Lötnaht eingeleitet.

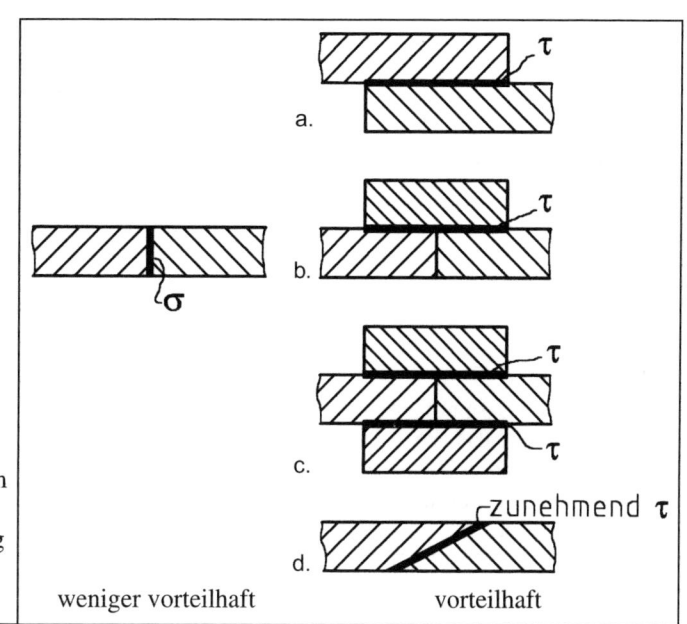

weniger vorteilhaft   vorteilhaft

Bild 3.41: Blechverbindungen.

Querüberlappungen neigen zum Abheben, weil die Lötnaht selber ungleichmäßig auf Zug beansprucht wird. Die Falznaht entlastet die Lötnaht, weil die Kraftübertragung auf den Formschluß verlagert wird.

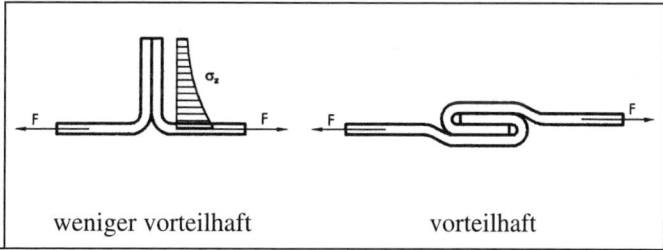

weniger vorteilhaft   vorteilhaft

Bild 3.42: Dünnblechverbindungen.

Steckverbindungen sind zu
bevorzugen, weil sie eine
größere Verbindungsfläche
und damit eine größere Festigkeit aufweisen. Außerdem wird
dann die Belastung vorzugsweise als Schubspannung in
die Lötnaht eingeleitet.

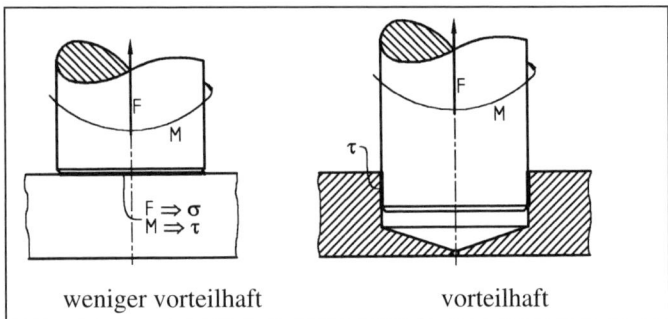

weniger vorteilhaft   vorteilhaft

Bild 3.43: Bolzenverbindungen.

Der Lotring muß so einge-
legt werden, daß das Ein-
dringen des erschmolzenen
Lotes in den Lötspalt möglichst begünstigt wird.

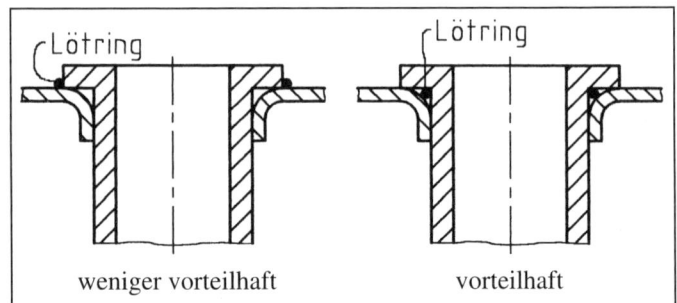

weniger vorteilhaft   vorteilhaft

Bild 3.44: Löten mit Lötformstück.

Stumpf gelötete Rohre haben
wegen ihren kleinen Lötfläche
eine geringe Festigkeit. Kege-
lige Stöße vergrößern die
Fläche und leiten die Belastung
vorzugsweise als Schub ein.

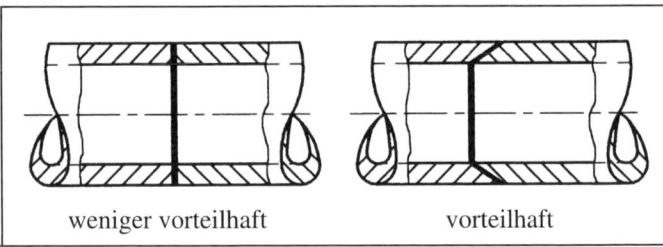

weniger vorteilhaft   vorteilhaft

Bild 3.45: Rohrverbindungen.

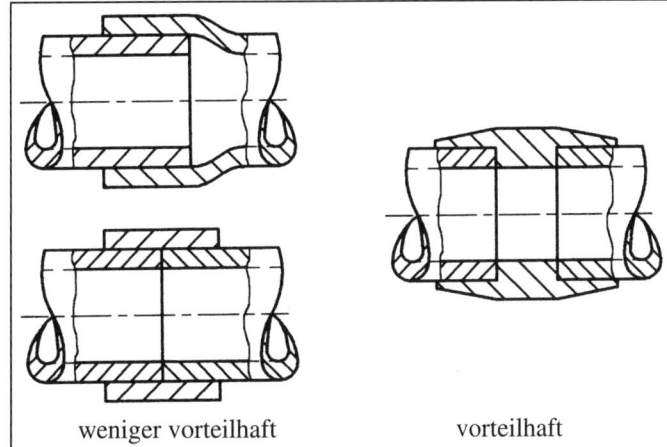

Gesteckte und vermuffte Verbindungen schaffen größere Verbindungsflächen und damit größere Festigkeit Bei dynamischer Belastung weist die Lötverbindung ein besonders günstiges Festigkeitsverhalten auf, wenn ein möglichst gleichmäßiger Kraftfluß ohne schroffe Übergänge und Steifigkeitssprünge vorliegt.

weniger vorteilhaft   vorteilhaft

Bild 3.46: Gemuffte Verbindungen.

Aufgabe 3.15 (Seite 290)

3.5 Kleben

Kleben ist ein Sammelbegriff für Verbindungstechniken, bei denen gleichartige oder verschiedenartige Werkstoffe mit einem nichtmetallischen Zusatzwerkstoff (Klebstoff) stoffschlüssig verbunden werden. Die Klebeverbindung ist mechanisch noch deutlich weniger belastbar als eine Hart- oder Hochtemperaturlötverbindung. Dennoch hat sich das Kleben auch im Maschinenbau etabliert und kommt dann in Frage, wenn eine oder mehrere der folgenden Forderungen erhoben werden:

- Die zu verbindenden Bauteile dürfen nicht erwärmt und in ihrem Gefüge nicht beeinträchtigt werden.

- Es werden verschiedenartige Werkstoffe untereinander verbunden.

- Es müssen dünne Werkstücke (Bleche) miteinander verbunden werden, die beim Schweißen wegen einer nicht zu unterschreitenden Schweißnahtdicke besondere Probleme bereiten würde

- Es werden Bauteile miteinander verbunden, die nicht lötbar oder schweißbar sind.

- Die Verbindung muß elektrisch isolierend sein.

- Es wird eine schwingungs- oder schalldämmende Verbindung gefordert.

- Das Fertigungspersonal ist mit anderen qualifizierten Verbindungstechniken nicht vertraut.

- Die Verbindung soll Fugen füllen oder dichten.

Klebstoffe liegen in flüssiger oder pastöser Form oder als Folie vor. Nach der Art des Abbindens läßt sich unterscheiden nach:

Physikalisch abbindende Klebstoffe

- **Kontaktklebstoffe** werden beidseitig aufgetragen, abgelüftet und unter kurzem, hohem Druck gefügt.

- **Schmelzklebstoffe** werden in geschmolzenem Zustand (meist zwischen 150 und 190°C) aufgetragen und vor dem Erstarren gefügt.

- **Plastisole** sind lösungsmittelfrei, werden in teigigem Zustand aufgetragen und binden bei Temperaturen von 140 – 200°C ab.

Chemisch abbindende Klebstoffe

- **Einkomponentenkleber** binden meist durch Verflüchtigung eines Lösungsmittels oder durch erhöhte Temperatur ab

- **Zweikomponentenkleber** werden erst unmittelbar vor der Verarbeitung miteinander vermischt, wodurch die Abbindung in Gang gesetzt wird. Ggf. kann durch erhöhte Temperatur die mechanische Festigkeit der Klebung gesteigert und die Abbindungszeit verkürzt werden.

Die Klebeverbindung hat bezüglich ihrer Festigkeit zwei Dimensionierungsaspekte:
- Der Klebstoff muß an der Oberfläche des Grundwerkstoff haften (Adhäsion). Die Festigkeit und langfristige Haltbarkeit einer Klebeverbindung hängt also ganz entscheidend von der Beschaffenheit und Vorbehandlung der zu verklebenden Flächen ab. Diese müssen grundsätzlich sowohl mechanisch von Rost, Oxyden, Zunder, Farbresten und Schmutz gesäubert, durch Bürsten, Schleifen, Schmirgeln oder Sandstrahlen aufgerauht und mit Aceton, Methylenchlorid, Perchloräthylen, Trichloräthylen oder Dampf entfettet werden.
- Der Klebstoff muß den Kraftfluß in sich selber übertragen (Kohäsion). Diesen Sachverhalt kann der Anwender vor allen Dingen durch genaue Einhaltung der Verarbeitungshinweise und Mischverhältnisse begünstigen.

Die zulässige Schubspannung wird wesentlich beeinflußt durch
- die Art und Beschaffenheit des Grundmaterials
- Steifigkeit der Umgebungskonstruktion
- die Größe des Klebespalts
- die Oberflächenrauheit
- Einsatztemperatur
- Wärmealterung
- zeitlicher Belastungsverlauf (statisch, schwellend, wechselnd)
- Art der Aushärtung

Wegen dieser vielfältigen Einflußparameter lassen sich häufig keine gesicherten Daten für die mechanische Festigkeit eines Klebstoffs angeben. Grundsätzlich gilt folgende grobe Einteilung:

Festigkeits-klasse	Zulässige Schub-spannung	Umgebungsbedingungen	Einsatzbeispiele
gering	$\tau_{zul} < 5$ N/mm²	Nur für trockene Umgebung geeignet	Feinwerktechnik, Modell- oder Möbelbau
mittel	5 N/mm² $\leq \tau_{zul}$ ≤ 10 N/mm²	Es muß mit ölhaltiger Umgebung gerechnet werden	Maschinen- und Fahrzeugbau
hoch	$\tau_{zul} > 10$ N/mm²	Die Klebeverbindung ist wäßriger Lösung, Öl, Treibstoff oder Lösungsmittel ausgesetzt	Fahrzeug-, Flugzeug-, Schiff- oder Behälterbau

Da der Klebstoff häufig eine sehr viel geringere Festigkeit als der Grundwerkstoff aufweist, kann die Festigkeit der Klebverbindung insgesamt nur durch eine Vergrößerung der Klebefläche gesteigert werden. Dies kann aber nur dann vorteilhaft verwirklicht werden, wenn die Belastung als Schub in die Klebefuge eingeleitet wird. Aus diesem Grunde wird empfohlen, eine Klebung vorzugsweise als schubbelastete Verbindung (Schäftung, Überlappung, Laschung wie bei Lötverbindungen) anzuordnen. Die Festigkeitswerte werden demzufolge ausschließlich als zulässige Schubspannung angegeben.

Die Schubspannungsverteilung in einer Klebefuge ist meist ungleichmäßig, was vor allen Dingen auf die für Klebverbindungen typischen großen Überlappungslängen zurückzuführen ist. Das folgende Bild verdeutlicht modellhaft diesen Sachverhalt:

- Das obere Bildviertel gibt schematisch eine unbelastete Klebeverbindung wieder, die Klebefuge selber ist durch kleine Rechtecke angedeutet.

- Wird die Klebefuge belastet (zweites Bildviertel), so erfahren die die Klebefuge repräsentierenden Rechtecke eine parallelogrammförmige Deformation, wobei der Scherwinkel γ sich proportional zur sich einstellenden Schubspannung τ verhält. Die Schubspannungsverteilung ist konstant, weil überall ein gleich großer Scherwinkel auftritt.

- Voraussetzung für die gleichmäßige Schubspannungsverteilung war jedoch, daß die Elemente des Grundwerkstoffs bei der Belastung ihre Länge L beibehalten. Tatsächlich ist dies jedoch nicht der Fall, weil auch der zugspannungsbelastete Grundwerkstoff eine Deformation in Form einer relativen Längenänderung ε erfährt. Nur am unbelasteten Ende des Grundwerkstoffes bleibt die Länge des Grundwerkstoffelementes L erhalten, während zum belasteten Ende hin jeweils um eine weitere Längenänderung ΔL gedehnt wird. Diese Längenänderung nimmt zur Lasteinleitungstelle hin immer weiter zu, weil das einzelne Längenelement einer immer größeren Zugbelastung ausgesetzt ist.

- Weil zu den beiden Enden der Verbindung hin ein immer weniger belastetes Grundwerkstoffelement der einen Lasche einem zunehmend höher belasteten Grundwerkstoffelement der anderen Lasche gegenübersteht, ergeben sich zunehmend größere Scherwinkel in der Klebefuge. Durch die Proportionalität von Scherwinkel und Schubspannung wird die darunter skizzierte Schubspannungsüberhöhung zum jeweiligen Ende hin hervorgerufen.

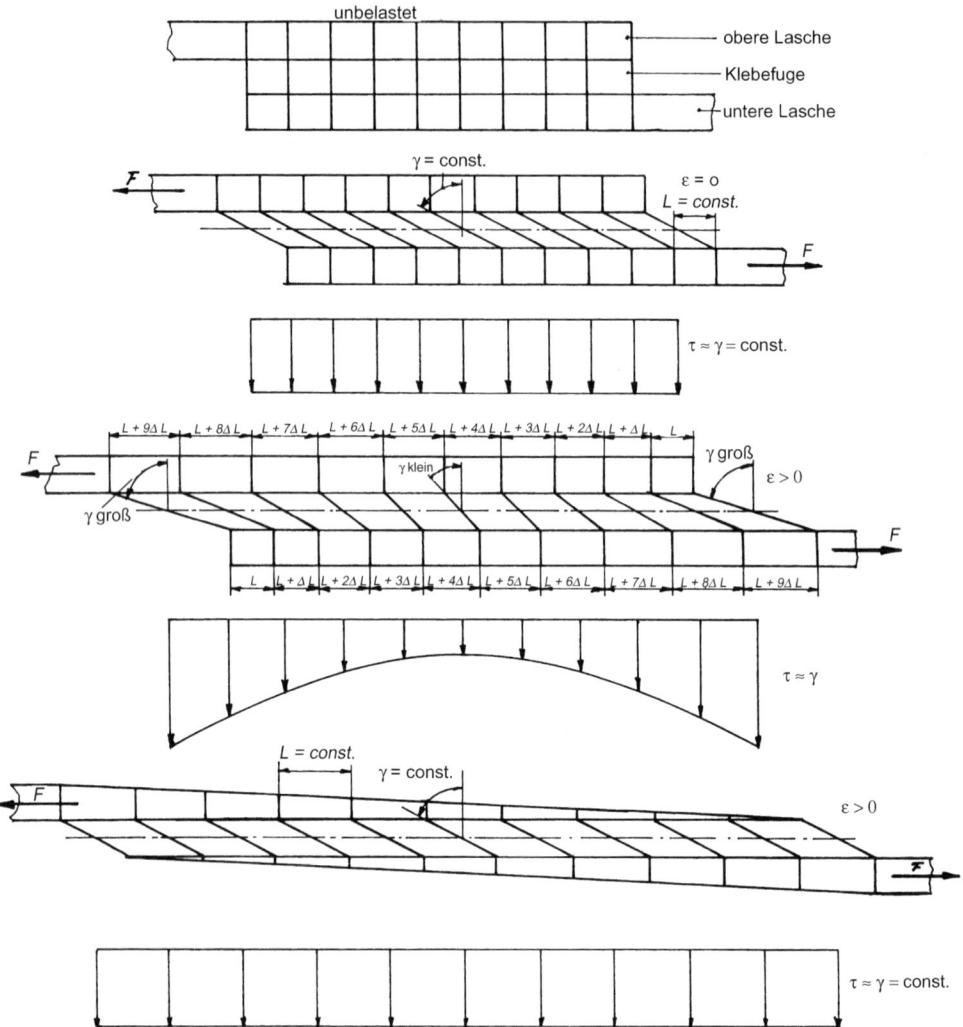

Bild 3.47: Spannungsverteilung einer schubbelasteten Klebefuge.

- Da in allen Belastungsfällen gleiche Zugkräfte F_Z vorausgesetzt wurden, müssen beide Schubspannungsverteilungen den gleichen Flächeninhalt ergeben. Wegen der Überhöhung zu den Enden hin muß die Schubspannung in der Mitte geringer sein.

- Diese Schubspannungsüberhöhung fällt besonders deutlich aus, wenn die für das Kleben typischen großen Überlappungslängen vorliegen und wenn der Grundwerkstoff wegen seines geringen Elastizitätsmoduls oder seiner geringen Wandstärke besonders verformungswillig ist.

- Die Schubspannungsüberhöhung ließe sich reduzieren, wenn die Überlappungslänge so verjüngt wird, daß jedes Grundstoffelement trotz der unterschiedlichen Zugspannung die gleiche Längenänderung ΔL erfährt (letztes Bildviertel). Daraus resultiert letztlich die grundsätzliche Forderung, Steifigkeitssprünge an der Verbindungsstelle zu vermeiden.

Die wichtigsten Metallklebstoffe sind in den VDI-Richtlinien 2229 zusammengestellt. Für die spezielle Eignung und die Verarbeitung der Kleber sind die Herstellerhinweise zu beachten.

Aufgabe 3.16 und Aufgabe 3.17 (Seite 291)

3.6   Anhang

3.6.1   Literatur

[1]   Bauer, C.O.: Handbuch der Verbindungstechnik; Hanser-Verlag München 1990

[2]   Beckert, M.; Neumann, A.: Grundlagen der Schweißtechnik – Anwendungsbeispiele; Verlag Technik, Berlin 1991

[3]   Boese, U.; Werner, D.; Wirtz, H.: Das Verhalten der Stähle beim Schweißen, Teil II, Düsseldorf 1984

[4]   Brockmann, W.: Grundlagen und Stand der Metallklebetechnik; VDI-Verlag Düsseldorf, 1971

[5]   DIN-Taschenbuch 8: Schweißzusätze, Fertigung, Güte und Prüfung; Beuth-Verlag Berlin 1985

[6]   DIN-Taschenbuch 65, Schweißtechnik; Beuth-Verlag Berlin 1988

[7]   DIN-Taschenbuch 145: Schweißverbindungen; Beuth-Verlag Berlin 1985

[8]   DIN-Taschenbuch 196: Löten; Beuth-Verlag Berlin 1989

[9]   DS 952 01: Schweißen metallischer Werkstoffe an Schienenfahrzeugen und maschinentechnischen Anlagen, Deutsche Bundesbahn; Minden 1991

[10]   Endlich, F.: Kleb- und Dichtstoffe in der modernen Technik; 3. Auflage, Essen 1990

[11]   Fauner-Endlich: Angewandte Klebtechnik; Hanser-Verlag, München

[12]   Habenicht: Kleben; Springer-Verlag, Berlin

[13]   Käufer, H.: Konstruktive Gestaltung von Klebungen zur Fertigungs- und Festigkeitsoptimierung, 7. Konstruktion 36 (1984), H. 10

[14]   Kennel, E.: Das Nieten im Stahl- und Leichtmetallbau; München 1951

[15]   Krist, T.: Metallkleben; Vogel-Verlag Würzburg 1970

[16]   Matting, A.: Metallkleben; Springer-Verlag, Berlin

[17]   Mewes, W.: Kleine Schweißkunde für Maschinenbauer; VDI-Verlag Düsseldorf 1978

[18]   Muschard, W.D.: Klebgerechte Gestaltung einer Welle-Nabe-Verbindung; Z. Konstruktion 36 (1984) H. 9

[19]   Neumann, A.: Schweißtechnisches Handbuch für Konstrukteure. 6. Auflage; Deutscher Verlag für Schweißtechnik (DVS), Düsseldorf 1990

[20]   Petrunin, J.E.: Handbuch Löttechnik; VEB-Verlag Berlin 1988

[21]   Plath, E.: Taschenbuch der Kitte und Klebstoffe; Wiss. Verlagsgesellschaft Stuttgart

[22]   Rieberer, A.: Schweißgerechtes Konstruieren im Maschinenbau; Deutscher Verlag für Schweißtechnik (DVS), Düsseldorf 1989

[23]   Ruge, J.: Handbuch der Schweißtechnik; Springer-Verlag Berlin. Band 1: Werkstoffe, 3. Auflage 1991; Band 2: Verfahren und Fertigung, 3. Auflage 1993, Band 3: Konstruktive Gestaltung der Bauteile; 2. Auflage 1985; Band 4: Berechnung der Verbindungen, 2. Auflage 1988

[24]   Saechtling, H., Zebrowski, W.: Kunststoff-Taschenbuch; Hanser Verlag, München

[25]   Sahmel, P.; Veit, H.J.: Grundlagen der Gestaltung geschweißter Stahlkonstruktionen; Deutscher Verlag für Schweißtechnik (DVS), Düsseldorf 1989;

[26].   Schuler, V.: Schweißtechnisches Konstruieren und Fertigen. Vieweg-Verlag Braunschweig 1992

[27]   Strauß, R.: Das Löten für den Praktiker; Verlag Franzis, München 1984

[28]   VDI-Richtlinie 258: Praxis des Metallklebens; VDI-Verlag Düsseldorf 1976

[29]   VDI-Richtlinie 2229: Metallklebverbindungen, Hinweise für Konstruktion und Fertigung, ZDI-Verlag Düsseldorf

[30]   Witt, W.: Klebverbindungen für hohe Temperaturen; Z. Maschinenmarkt (1970), H. 8

3.6.2   Normen

[31]   DIN 101: Niete; Technische Lieferbedingungen

[32]   DIN 124: Halbrundniete, Nenndurchmesser 10 bis 36 mm

[33]   DIN 302: Senkniete, Nenndurchmesser 10 bis 36 mm

[34]   DIN 660: Halbrundniete, Nenndurchmesser 1 bis 8 mm

[35]   DIN 661: Senkniete, Nenndurchmesser 1 bis 8 mm

[36]   DIN 662: Linsenniete, Nenndurchmesser 1,6 bis 6 mm

[37]   DIN 674: Flachrundniete

[38]   DIN 675: Flachsenkniete (Riemenniete), Nenndurchmesser 3 bis 5 mm

[39]   DIN 1910 T2: Schweißen; Schweißen von Metallen, Verfahren

[40]   DIN 1912 T5: Zeichnerische Darstellung Schweißen, Löten: Symbole, Bemaßung

[41]   DIN 1913 T1: Stabelektroden für das Verbindungsschweißen von Stahl, unlegiert und niedriglegiert; Einteilung und Bezeichnung, Technische Lieferbedingungen

[42]   DIN 2559 T1: Schweißnahtvorbereitung; Richtlinien für Fugenformen, Schmelzschweißen, von Stumpfstößen an Stahlrohren

[43]   DIN 7331: Hohlniete, zweiteilig

[44]   DIN 7338: Niete für Brems- und Kupplungsbeläge

[45]   DIN 7339: Hohlniete, einteilig, aus Band gezogen

[46]   DIN 7340: Rohrniete, aus Rohr gefertigt

[47]   DIN 7341: Nietstifte

[48]   DIN 8505: Löten

[49]   DIN 8511: Flußmittel zum Löten metallischer Werkstoffe

[50]   DIN 8513: Hartlote

[51]   DIN 8514 T1: Lötbarkeit, Begriffe

[52]   DIN 8515 T1: Fehler an Lötverbindungen aus metallischen Werkstoffen

[53]   DIN 8525: Prüfung von Hartlötverbindungen

[54]   DIN 8528 T2: Schweißbarkeit; Schweißeignung der allgemeinen Baustähle zum Schmelz-
        schweißen

[55]   DIN 8529 T1: Stabelektroden für das Verbindungsschweißen von hochfesten Feinkornbau-
        stählen; Basisch umhüllte Stabelektroden; Einteilung, Bezeichnung, Technische Lieferbedin-
        gungen

[56]   DIN 8551: Schweißnahtvorbereitung

[57]   DIN 8554 T1: Schweißstäbe für Gasschweißen von ferritischen Stählen

[58]   DIN 8563 T3: Sicherung der Güte von Schweißarbeiten; Schmelzschweißverbindungen an
        Stahl (ausgenommen Strahlschweißen)

[59]   DIN 8570 T1: Allgemeintoleranzen für Schweißkonstruktionen

[60]   DIN 8593 T7: Fertigungsverfahren Fügen; Fügen durch Löten

[61]   DIN 8593 T8: Fertigungsverfahren Fügen; Fügen durch Kleben; Einordnung, Unterteilung,
        Begriffe

[62]   DIN 16920: Klebstoffe; Klebstoffverarbeitung, Begriffe

[63]   DIN E 32515: Bewertungsgruppen für Lötverbindungen; hart- und hochtemperaturgelötete
        Bauteile

[64]   DIN 53281: Prüfen von Metallklebstoffen und -klebungen

[65]   DIN 53282: Prüfen von Metallklebstoffen und -klebungen; Winkelschälversuch

[66]   DIN 53283: Prüfen von Metallklebstoffen und -klebungen; Bestimmung der Klebfestigkeit von
        einschnittig überlappten Klebungen (Zugscherversuch)

[67]   DIN 53284: Prüfen von Metallklebstoffen und -klebungen; Zeitstandversuch an einschnittig
        überlappten Klebungen

[68]   DIN 53285: Prüfen von Metallklebstoffen und -klebungen; Dauerschwingversuch an einschnit-
        tig überlappten Klebungen

[69]   DIN 53286: Prüfen von Metallklebstoffen und -klebungen; Bedingung für die Prüfung bei
        verschiedenen Temperaturen

[70]   DIN 53287: Prüfen von Metallklebstoffen und -klebungen; Bestimmung der Beständigkeit
        gegenüber Flüssigkeiten

[71]   DIN 53288: Prüfen von Metallklebstoffen und -klebungen; Zugversuch

[72]   DIN 53289: Prüfen von Metallklebstoffen und -klebungen; Rollschälversuch

[73]   DIN 53452: Prüfen von Metallklebstoffen und -klebungen; Druckscherversuch

[74]   DIN 53454: Prüfen von Metallklebstoffen und -klebungen; Losbrechversuch an geklebten
        Gewinden

[75]   DIN 53455: Prüfen von Metallklebstoffen und -klebungen; Torsionsscherversuch

3.7 Aufgaben: Verbindungselemente und Verbindungstechniken

Nieten

A.3.1 Befestigung einer Seilrollenlagerung

Die untenstehend skizzierte, doppelwandige Konsole dient zur Lagerung einer Seilrolle. Sie ist in der dargestellten Weise mit zwei gleichen, kaltgeschlagenen Nieten an einem Trägerblech befestigt. Mit dieser Vorrichtung werden Lasten von maximal 64 kg angehoben.

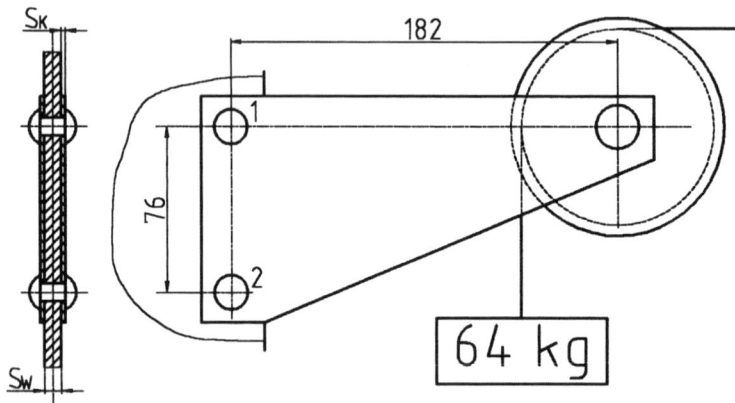

Die Nieten dürfen mit einer maximalen Schubspannung von τ_{zul} = 90 N/mm² belastet werden. Die Konsolenbleche können bis p_{zul} von 120 N/mm² belastet werden, der Wandträger hält einem Lochleibungsdruck von p_{zul} 100 N/mm² stand.

a) Berechnen Sie die in den beiden Nieten zu übertragenden Kräfte! Differenzieren Sie dabei zunächst nach der querkraftbedingten Komponente F_q und nach der momentenbedingten Komponente F_m und bestimmen Sie dann die resultierende Kraft F_{Niet}!

	Niet 1	Niet 2
F_q [N]		
F_m [N]		
F_{Niet} [N]		

b) Beide Nieten sollen mit dem gleichen Nietdurchmesser ausgeführt werden. Ermitteln Sie den erforderlichen Nietdurchmesser d (auf volle Millimeter aufrunden) und die für Konsole und Wandträger erforderlichen Blechstärken s_K und s_W!

	d [mm]	s [mm]
Wandträger		
Konsole		

A.3.2   Achshalter Güterwaggon

Gegeben ist der unten skizzierte Achshalter eines Güterwaggons, der mit vier Nieten in der dargestellten Weise am Längsträger des Fahrzeugrahmen befestigt ist.

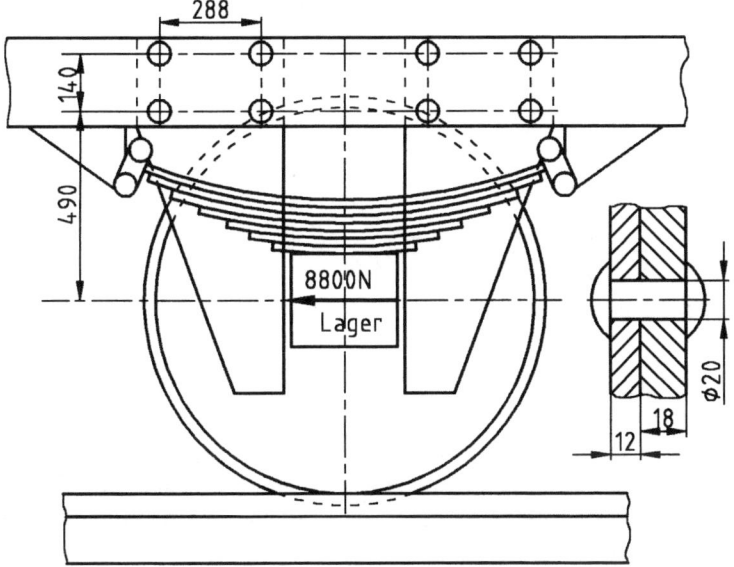

Die Achse mit ihren beiden Rädern ist kopfseitig mit je einem Lager versehen, welches zwischen je zwei Achshaltern vertikal geführt wird. Das einzelne Rad und damit die Lagerung wird mit einer anteiligen Masse von Waggon und Ladegut belastet. Die daraus resultierende vertikale Belastung wird durch die hier skizzierte Blattfeder aufgenommen, belastet die Nieten also nicht. Die Bremskräfte werden in horizontaler Richtung wirksam und belasten den Achshalter und damit die Nietverbindung. Die Horizontalkraft F_H kann mit 8800 N angenommen werden. Die Nietverbindung weist Abmessungen nach der obigen Detailskizze auf.

a) Wie groß ist die Kraft F_{Niet}, die einen einzelnen Niet maximal belasten kann?

b) Wie groß ist die maximale Schubspannung im Niet τ_Q?

c) Wie groß ist der maximal auftretende Lochleibungsdruck p_L (Berechnung wie ein kaltgeschlagener Niet)?

A.3.3   Kettenblatt Mofa

Der Antrieb eines Mofas erfolgt mittels Kette auf das Hinterrad. Es wird eine Leistung von 1,2 kW bei einer Hinterraddrehzahl von 200 min^{-1} übertragen.

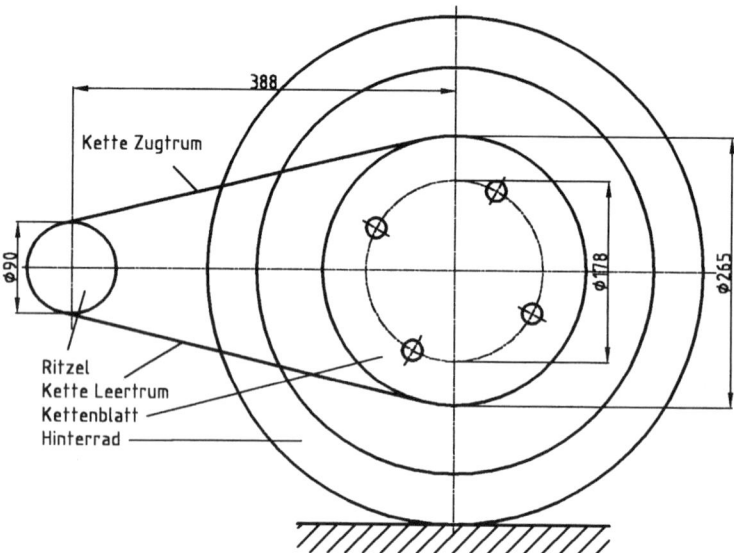

a) Die Leertrumkraft der Kette kann vernachlässigt werden. Wie groß ist die Zugtrumkraft der Kette?

b) Das Kettenblatt ist mit 4 Nieten an der Hinterradnabe befestigt. Welche maximale Kraft F_{Niet} kann auf einen einzelnen Niet im Laufe einer Kettenblattumdrehung einwirken?

c) Der Durchmesser des Niets soll dimensioniert werden. Die Wandstärken von Kettenblatt und Hinterradnabe sind jeweils 3 mm und erlauben einen Lochleibungsdruck von p_{Lzul} = 95 N/mm². Der Niet selber kann eine Schubspannung von τ_{zul} = 65 N/mm² aufnehmen. Wie groß muß dann der Nietdurchmesser mindestens sein?

A.3.4   Verbindungslasche I-Träger

Die untenstehende Skizze zeigt einen Ausschnitt aus einer Stahlbaukonstruktion: Zwei Doppel-T-Träger werden in der dargestellten Weise mit zwei Blechen untereinander verbunden, die auf den beiden Seiten des Zwischensteges aufgenietet werden. Sowohl die linke als auch die rechte Verbindung sind jeweils mit 4 untereinander gleichen Nieten bestückt, sie unterscheiden sich allerdings entsprechend der Skizze in der Anordnung der Nieten. Die Nietverbindung wird in der dargestellten Weise mit einer Kraft F = 1800 N belastet.

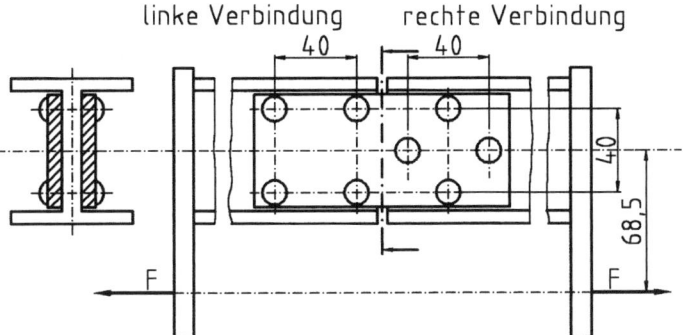

a) Ermitteln Sie zunächst die Belastungen für jeden einzelnen Niet, wobei sowohl die aus der Querkraft herrührende Belastung F_q als auch die durch das Moment eingeleitete Belastung F_m zu berechnen ist. Zur Darstellung der Ergebnisse bedienen Sie sich des folgenden Schemas, welches auch die Lage der einzelnen Nieten andeutet. Ermitteln Sie ebenfalls, welchen Winkel α_{qm} die beiden Komponenten F_q und F_m untereinander aufweisen.

linke Verbindung			rechte Verbindung	
$F_q =$ $F_m =$ $\alpha_{qm} =$ $F_{Niet} =$		$F_q =$ $F_m =$ $\alpha_{qm} =$ $F_{Niet} =$	$F_q =$ $F_m =$ $\alpha_{qm} =$ $F_{Niet} =$	
		$F_q =$ $F_m =$ $\alpha_{qm} =$ $F_{Niet} =$		$F_q =$ $F_m =$ $\alpha_{qm} =$ $F_{Niet} =$
$F_q =$ $F_m =$ $\alpha_{qm} =$ $F_{Niet} =$		$F_q =$ $F_m =$ $\alpha_{qm} =$ $F_{Niet} =$	$F_q =$ $F_m =$ $\alpha_{qm} =$ $F_{Niet} =$	

b) Ermitteln Sie sowohl für die linke als auch für die rechte Verbindung die Belastung für den am höchsten belasteten Niet. Bedienen Sie sich dabei ebenfalls des obenstehenden Schemas, welches jedoch nur an den am höchsten beanspruchten Stellen ausgefüllt werden muß.

c) Alle Bleche und Profile weisen eine Stärke von 4 mm auf. Die zulässige Schubspannung des Nietwerkstoffs beträgt $\tau_{zul} = 90$ N/mm² und es kann ein Lochleibungsdruck von $p_{zul} = 120$ N/mm² zugelassen werden. Welche Nietdurchmesser müssen für die linke und rechte Nietverbindung gewählt werden?

d_{min} für linke Verbindung:	d_{min} für rechte Verbindung:

A.3.5   Lagerschild Schaukel

Die untenstehende Skizze zeigt die Befestigung eines Lagerschildes einer Schaukel am Grundgestell. Die Nietverbindung ist einschnittig.

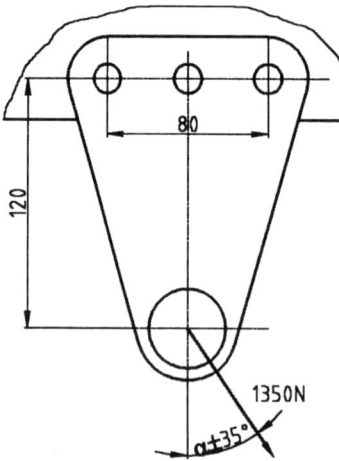

Es kann vereinfachend angenommen werden, daß die eingeleitete Kraft konstant 1350 N beträgt. Die Richtung der Kraft variiert zwischen $\alpha = \pm 35°$. Die Festigkeit der Nietverbindung soll dimensioniert werden.

a) Welcher Winkel α ist kritisch für die Festigkeit der Nietverbindung?

b) Welcher Niet ist dann festigkeitsmäßig am höchsten belastet?

c) Wie groß ist dann die gesamte Kraft, die diesen Niet belastet?

d) Die zulässige Schubspannung der Nieten beträgt $\tau_{zul} = 90$ N/mm² und der zulässige Lochleibungsdruck $p_{lzul} = 120$ N/mm². Nietdurchmesser und Blechdicke sollen ungefähr gleichgroß sein. Wie groß muß dann der Durchmesser eines Niets mindestens sein?

A.3.6   Kupplungsscheibe

Die untenstehende Skizze zeigt schematisch eine Kupplungsscheibe, die mit insgesamt acht Nieten auf einem Wellenflansch befestigt ist. Über die Nietverbindung wird ein Torsionsmoment querkraftfrei übertragen.

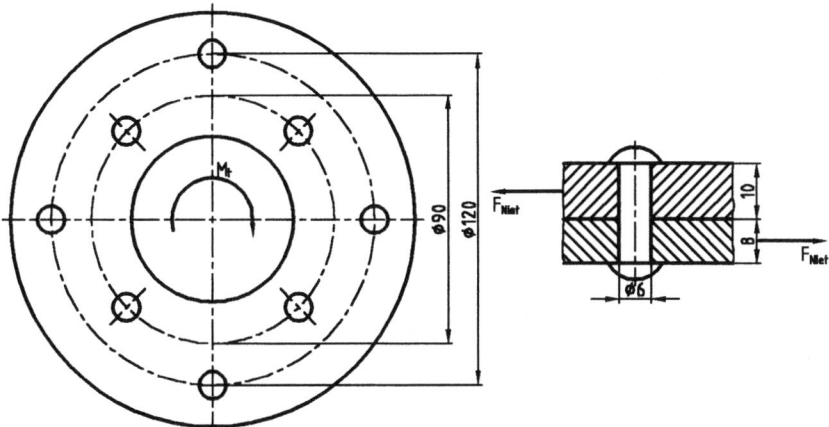

Die rechte Detailskizze zeigt einen einzelnen Niet mit seiner Umgebungskonstruktion. Es kann eine maximale Schubspannung $\tau_{zul} = 60$ N/mm² und ein Lochleibungsdruck $p_{lzul} = 180$ N/mm² zugelassen werden.

a) Mit welcher Kraft F_{Niet} kann ein einzelner Niet dann belastet werden?

b) Wie groß ist das insgesamt mit allen acht Nieten übertragbare Moment?

Schweißen

Statisch belastete Schweißnaht

A.3.7   Rechteckrohr an Wand

Die unten dargestellte Hubvorrichtung besteht aus einem Rechteckrohr mit den dargestellten Abmessungen. Am freien Ende des Kragbalkens ist eine Seilrolle angebracht, mit der Lasten bis 64 kg angehoben werden können.

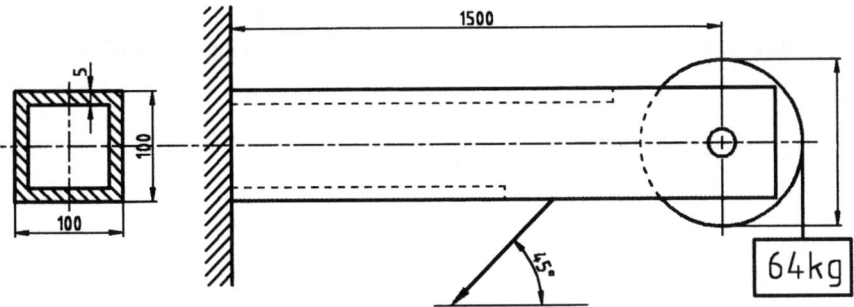

Die Schweißnaht ist in maximal möglicher Schweißnahtdicke auszuführen. Sowohl Grundwerkstoff als auch Schweißnaht bestehen aus St37 Normalgüte.

a) Wie groß ist die größtmögliche Schweißnahtdicke?

b) Welche Spannungen treten in der Schweißnaht auf und wie groß sind diese?

c) Wie groß ist die in der Schweißnaht auftretende Vergleichsspannung?

d) Wie groß ist die Sicherheit?

e) Wie groß darf die Last maximal werden, wenn die Sicherheit S = 2 gefordert wird?

A.3.8   Bestimmung der Schwerelinie

Der unten skizzierte T-Träger wird an einer senkrechten Wand festgeschweißt. Dabei wird eine überall gleich dicke, größtmögliche Schweißnahtdicke angebracht, die auf volle Millimeter zu runden ist. Die Schweißnaht erstreckt sich über den gesamten Profilumfang, in den Hohlkehlen ist allerdings eine 6 mm lange Aussparung vorzusehen.

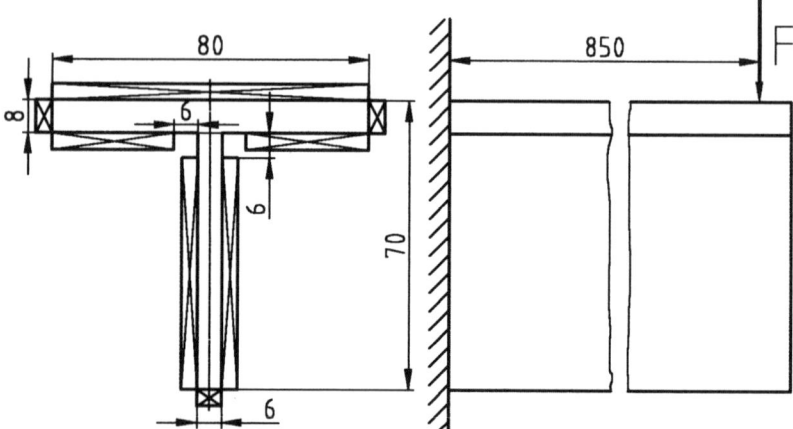

a) Ermitteln Sie die Lage der Schwerelinie der Schweißnaht!

b) Berechnen Sie das Widerstandsmoment der Schweißnaht!

c) Wie groß darf die am Ende des Profils eingeleitete quasistatische Kraft F höchstens werden, wenn die Schweißnaht mit dem Werkstoff St52 als Kehlnaht ausgeführt ist? Die Belastung aufgrund von Querkraftschub kann in dieser Betrachtung vernachlässigt werden.

A.3.9   Biegespannung durch Längskraftbelastung

Ein kurzes Profil TB 50 nach DIN 1024 wird rundherum mit der maximal möglichen Schweißnahtdicke an einem anderen Bauteil befestigt, wobei die Hohlkehlen um 10 mm ausgespart bleiben. Die Schweißnaht wird als Kehlnaht mit a = 6 mm ausgeführt. In das Profil wird eine Längskraft von 40 kN wechselnd eingeleitet. Sowohl die im Profil als auch in der Schweißnaht auftretenden Spannungen sind zu bestimmen. Bedienen Sie sich zur Dokumentierung der Ergebnisse des untenstehenden Schemas:

	Profil	Schweißnaht
Längskraft F_{ax} [N]	40 000	
Querschnittsfläche A [mm²]		
Zug-/Druckspannung σ_{ZD} [N/mm²]		
Abstand Schwerelinien Profil-Naht [mm]		
Biegemoment M_b [Nm]		
Widerstandsmoment W_{ax} [mm³]		
Biegespannung σ_b [N/mm²]		
Gesamtspannung σ_{ges} [N/mm²]		

A.3.10 Rohr an Wand

Die dargestellte Haltevorrichtung besteht aus einem Rohr, welches an einer Wand ange-schweißt ist. Am anderen Ende des Rohres ist ein Hebel angeschweißt, der in der dargestell-ten Weise mit einer Kraft von 750 N quasistatisch belastet wird. Beide Schweißnähte werden mit der maximal möglichen Schweißnahtdicke ausgeführt. Der Querkraftschub kann als vernachlässigbar gering eingestuft werden.

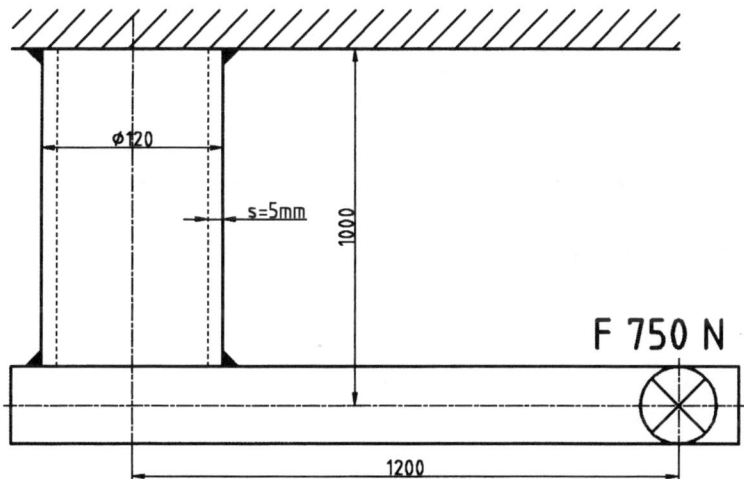

a) Welche der beiden Schweißnähte ist höher belastet? Geben Sie eine qualitative Begrün-dung an, ohne Zahlenwerte zu berechnen!

b) Berechnen Sie die Vergleichsspannung der höher belasteten Naht!

c) Wie hoch wäre die Vergleichsspannung, wenn es geländе, auch an der Innenseite des Rohres eine Schweißnaht anzubringen?

Dynamisch belastete Schweißnaht

A.3.11   Unwuchtantrieb

Gegeben ist der weiter unten skizzierte Unwuchtantrieb: Ein Motor mit einer Masse von 25 kg rotiert bei einer Drehzahl von 1500 min^{-1}. Auf der Motorwelle befindet sich eine Unwuchtmasse von 0,5 kg, die um 15 mm exzentrisch angeordnet ist. Für den Kragarm ist ein Normprofil IPB 100 nach DIN 1025T3 (leichte Ausführung) vorgesehen. Es ist die Schweißnahtbefestigung des Profils auf der Grundplatte zu betrachten. Die Naht soll mit größtmöglicher Länge ausgeführt werden, die Hohlkehlen sind jedoch um 12 mm auszusparen.

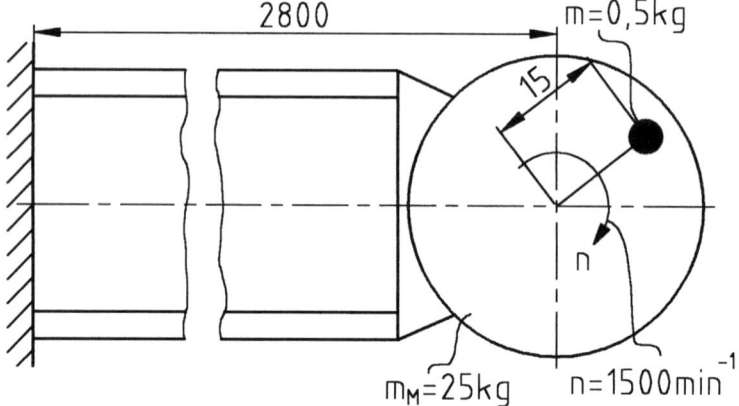

Der Träger kann als masselos angenommen werden, Querkrafteinflüsse sind zu vernachlässigen. Die Schweißnaht wird mit dem Werkstoff St37 als unbearbeitete Kehlnaht ausgeführt.

Wie groß ist die Betriebssicherheit S dieser Schweißnahtverbindung?

A.3.12   Schaltkupplung

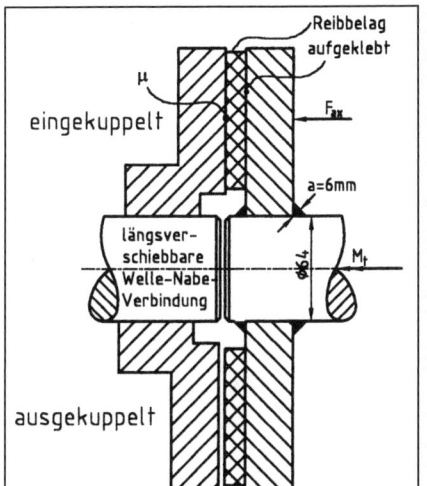

Nebenstehend ist eine einfache Schaltkupplung skizziert: Ist die Kupplung eingekuppelt (oben), so wird unter Ausnutzung der Coulombschen Reibung mit der Axialkraft F_{ax} = 52000N ein maximales Torsionsmoment M_{tmax} = 1520 Nm übertragen. Bei Wegnahme der Axialkraft wird die Reibung und damit der Momentenfluß aufgehoben, die Kupplung ist ausgekuppelt (unten). Während an der linken Kupplungsscheibe die Momentenübertragung über eine hier nicht näher dargestellt längsverschiebbare Welle-Nabe-Verbindung vollzogen wird, ist die rechte Kupplungsscheibe einfach in der dargestellten Weise auf der Welle festgeschweißt. Es ist davon auszugehen, daß die Kupplung keine Querkräfte aufzunehmen hat im ungünstigsten Fall ständig ein- und ausgekuppelt wird.

Auf beiden Seiten der Kupplungsscheibe wird eine Rundumnaht mit dem Werkstoff St 37 angebracht und es kann angenommen werden, daß beide Nähte gleichmäßig an der Lastübertragung beteiligt sind. Der Kerbfall kann mit „durchlaufendes Bauteil mit einem durchgesteckten, durch Kehlnähte verbundenen Bauteil, Schweißnähte nicht bearbeitet" beschrieben werden.

a) Zwischen welchen Werten schwanken die in der Schweißnaht wirkende Normalspannung σ und die Tangentialspannung τ?

σ_o [N/mm²] =	σ_u [N/mm²] =
τ_o [N/mm²] =	τ_u [N/mm²] =

b) Berechnen Sie die obere Vergleichsspannung und ermitteln Sie den κ - Wert

σ_{vo} [N/mm²] =	κ =

c) Wie groß ist die zulässige Spannung σ_{zul} und die Sicherheit S?

σ_{zul} [N/mm²] =	S =

A.3.13   Laufrolle Transportwagen

Gegeben ist die unten skizzierte Laufrolle eines Transportwagens, welche sich bei Änderung der Fahrtrichtung selbsttätig um eine senkrechte Achse dreht. Die Hülse dieser einfachen Bolzenlagerung ist am Gestell des Wagen festgeschweißt.

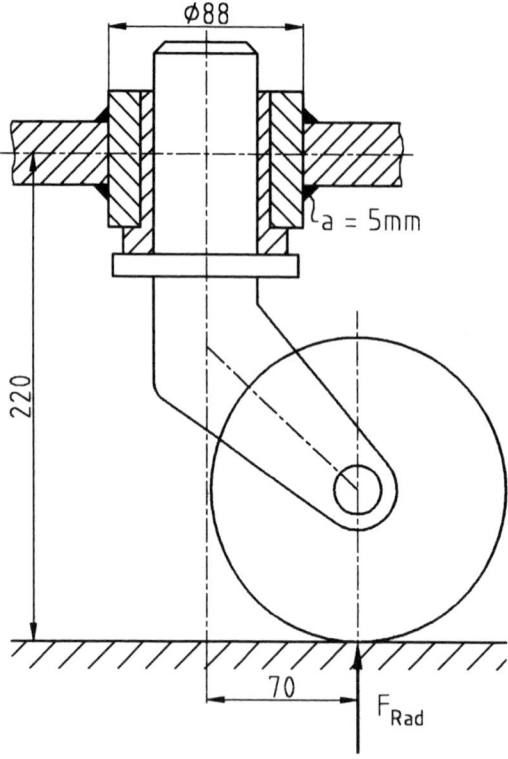

Es kann angenommen werden, daß auf das Rad eine zeitlich konstante Kraft von 24 kN wirkt. Es muß damit gerechnet werden, daß sich die Fahrrichtung ständig ändert und daß sich dabei der Lagerzapfen in der Buchse ständig dreht. Die Bauteile sind aus St 37 gefertigt. Es wird eine Kehlnaht angebracht, die anschließend nicht bearbeitet wird.

Berechnen Sie die Festigkeit der Schweißnaht. Bedienen Sie sich bei der Dokumentierung der Ergebnisse des untenstehenden Schemas.

a) Mit welchen Kräften und Momenten werden die Schweißnähte belastet und wie groß sind diese?

b) Wie groß sind die daraus resultierenden statischen und dynamischen Spannungen?

c) Wie groß ist der Dynamikfaktor κ und welche zulässigen Spannungen ergeben sich daraus?

d) Welche Sicherheit liegt in der Schweißnaht vor?

	statisch	dynamisch
L [N] = M_b [N] =	σ_{ZDstat} [N/mm²] = σ_{bstat} [N/mm²] =	σ_{ZDdyn} [N/mm²] = σ_{bdyn} [N/mm²] =
	$\sigma_{gesstat}$ [N/mm²] =	σ_{gesdyn} [N/mm²] =
	κ =	
	σ_{zul} [N/mm²] =	
	S =	

A.3.14   Hubvorrichtung

Der unten dargestellte Doppel-T-Träger (IB 140 nach DIN 1025 T2) wird mit einer Kehlnaht auf einer Platte festgeschweißt, die ihrerseits auf einer um 60° geneigten Ebene ange-schraubt wird. Diese Konstruktion dient als einfache Hubvorrichtung: Am freien Kragarmen-de ist eine Rolle angebracht, über die eine Seil geführt wird, mit dem eine Last angehoben werden kann. Es muß damit gerechnet werden, daß die Last um 30° hin- und herpendelt.

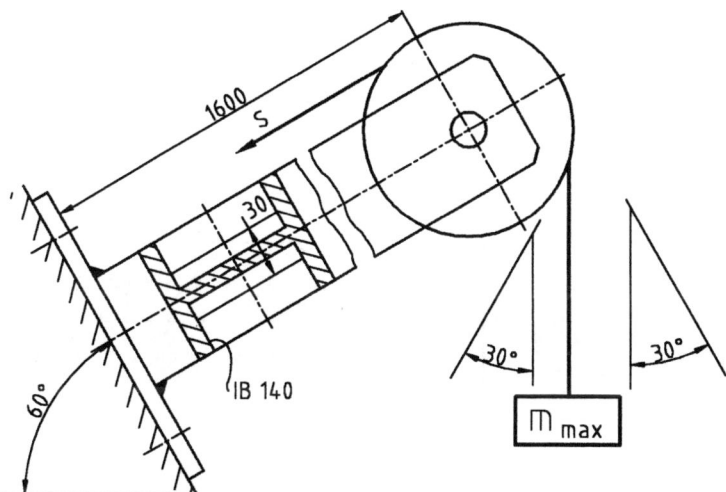

Die Konstruktion besteht aus St37, die Schweißnähte werden nicht bearbeitet. Im gekenn-zeichneten Bereich wird auf der Innenseite des Profils im Abstand von 15 mm von der Schwerelinie keine Schweißnaht angebracht, ansonsten ist die maximal mögliche Schweißnahtdicke vorzusehen.

a) Ermitteln Sie die maximal mögliche Schweißnahtdicke a. Runden Sie auf ganze Milli-meter.

a [mm] =

b) Wie groß ist das Widerstandsmoment der Schweißnaht W_{ax} bezüglich der vorliegenden Belastungsrichtung?

> W_{ax} [mm³] =

c) Wie groß ist der Dynamikfaktor κ, wenn angenommen werden kann, daß für die Festigkeitsbetrachtung nur die Biegebelastung maßgebend ist.

> κ =

d) Wie groß ist die maximale Last, die mit dieser Vorrichtung angehoben werden kann, wenn sämtliche Sicherheitsreserven ausgeschöpft werden sollen?

> m_{max} [kg] =

Löten

A.3.15

Zwei Rohre werden mit einer Muffe zusammengelötet, wobei ein Lot verwendet wird, welches mit τ_{zul} = 25 N/mm² belastet werden kann. Es kommen dafür zwei verschiedene Lötungen nach untenstehender Skizze in Frage:

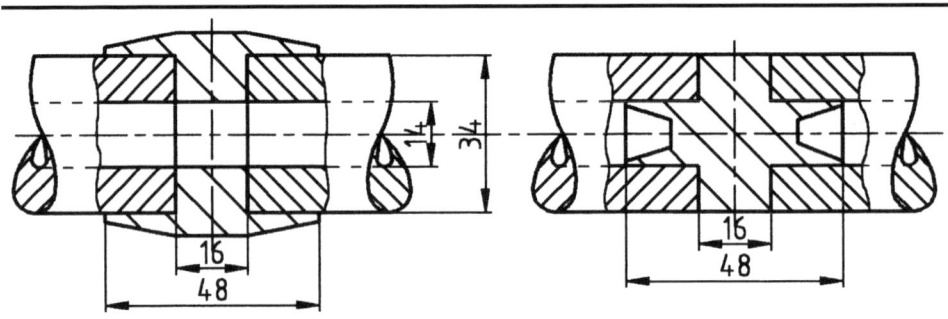

Konstruktionsvariante I

Die Muffe liegt stirnseitig an und umschließt das Rohr an seiner Außenmantelfläche.

Konstruktionsvariante II

Das rotationssymmetrische Verbindungselement liegt stirnseitig und an der Innenmantelfläche des Rohres an.

a) Ermitteln Sie für beide Konstruktionsvarianten das übertragbare Torsionsmoment M_{ta}, wenn die Rohre nur jeweils **stirnseitig** verlötet werden.

Konstruktionsvariante I	Konstruktionsvariante II

| M_{ta} [Nm] = | M_{ta} [Nm] = |

b) Ermitteln Sie für beide Konstruktionsvarianten das übertragbare Torsionsmoment M_{tb}, wenn die Rohre nur jeweils **an der Mantelfläche** verlötet werden.

Konstruktionsvariante I	Konstruktionsvariante II
M_{tb} [Nm] =	M_{tb} [Nm] =

c) Ermitteln Sie für beide Konstruktionsvarianten das übertragbare Torsionsmoment M_{tc}, wenn die Rohre **sowohl stirnseitig als auch an der Mantelfläche** verlötet werden.

Konstruktionsvariante I	Konstruktionsvariante II
M_{tc} [Nm] =	M_{tc} [Nm] =

Kleben

A.3.16   Aufgeklebte Lasche

Eine Blechlasche wird in der unten dargestellten Weise auf einen Grundträger aufgeklebt, wobei sich eine Klebefläche von 30 mm x 40 mm ergibt. Der Kleber hat eine Scherfestigkeit von 15 N/mm². Bei der folgenden Betrachtung werden ausschließlich Schubspannungen (Torsions- und Querkraftschub) berücksichtigt.

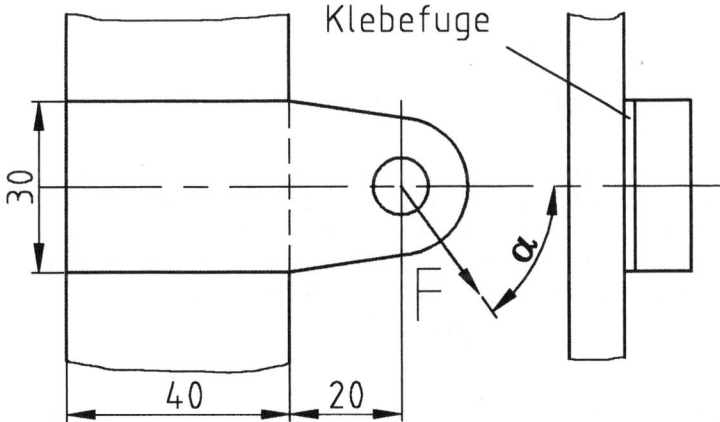

a) Wie groß kann die Kraft F werden, wenn sie unter dem Winkel $\alpha = 0°$ angreift?

b) Wie groß kann die Kraft F werden, wenn sie unter dem Winkel $\alpha = 90°$ angreift?

A.3.17   Zementieren einer Zahnkrone

In der Zahnmedizin werden ungesunden oder beschädigten Zähne sog. Kronen aufgesetzt: Die Reste des alten Zahnes werden spanend so bearbeitet, daß ein Kegelstumpf übrigbleibt, der im Rahmen dieser Betrachtungen durch einen Zylinder nach untenstehender Skizze angenähert werden kann:

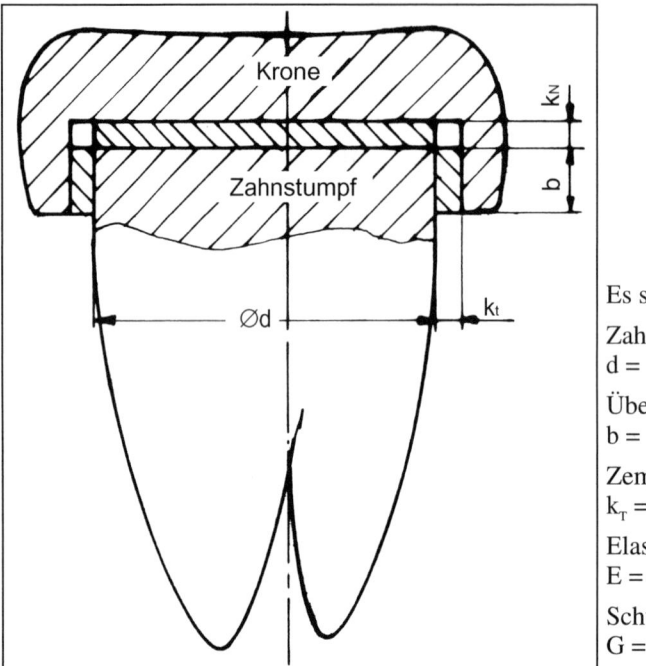

Es sind folgende Daten gegeben:

Zahnstumpfdurchmesser
$d = 11,83$ mm

Überlappungshöhe der Krone
$b = 2,13$ mm

Zementschichtdicke
$k_T = k_N = 0,15$ mm

Elastizitätsmodul des Zements
$E = 6000$ N/mm²

Schubmodul des Zements
$G = 2400$ N/mm²

Sowohl Zahnstumpf als auch Krone werden als unendlich starr gegenüber dem Zement angesehen.

Wird der Zahn zentrisch auf Druck belastet, so verteilt sich diese Druckkraft auf die Zementschicht an der Stirnfläche des Zahnstumpfes und auf die Zementschicht an der Mantelfläche des Zahnstumpfes. Diese Lastverteilung hängt von den Steifigkeiten der Zementschichten ab. Berechnen Sie deshalb zunächst die Steifigkeit der Zementschicht an der Stirnfläche c_N und die Steifigkeit der Zementschicht an der Mantelfläche c_T.

c_N [N/µm] =	c_T [N/µm] =

Es wird angenommen, daß eine Prüfperson eine zentrische Belastung von $F_{ges} = 300$ N auf den Zahn aufbringen kann. Wie teilt sich diese Gesamtkraft F_{ges} in die an der Mantelfläche übertragene Kraft F_T und die an der Stirnfläche übertragene Kraft F_N auf?

F_T [N] =	F_N [N] =

Wie groß ist dann die in der Zementschicht an der Stirnseite des Zahnstumpfes hervorgerufene Druckspannung σ und die in der Zementschicht an der Mantelfläche des Zahnstumpfes hervorgerufene Scherspannung τ?

σ [N/mm²] =	τ [N/mm²] =

4   Schrauben

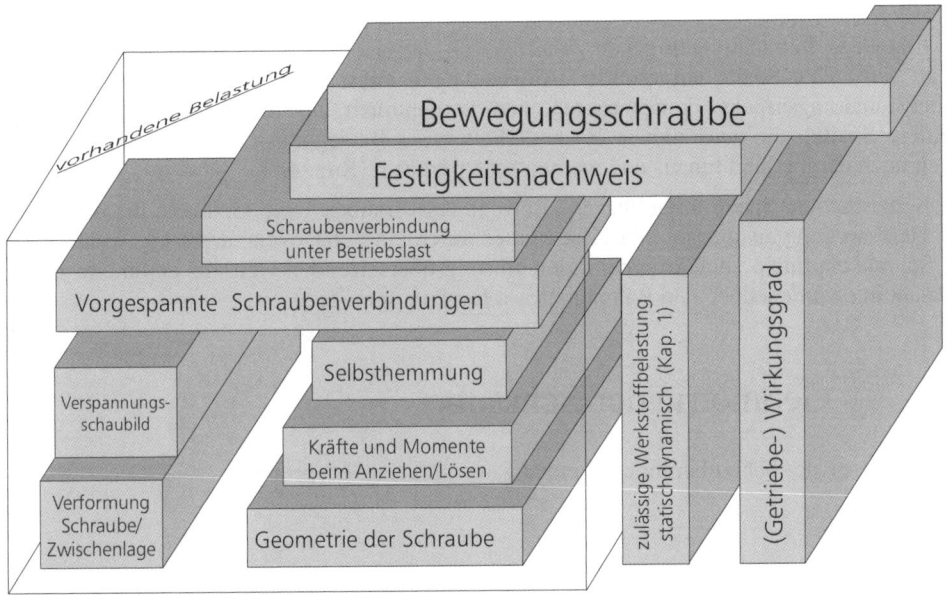

Bild 4.1: Aufbau von Kapitel 4 (s. Einleitung).

Die Schraube ist eins der am häufigsten verwendeten Maschinenelemente. Eine erste grobe Einteilung erlaubt die folgende Klassifizierung:

Schrauben ohne nennenswerte Betriebsbelastung

- Meßschrauben, Mikrometerschrauben
- Einstellschrauben
- Verschlußschrauben, Schraubdeckel, Ölablaßschrauben

Befestigungsschrauben (werden im Betrieb nicht mehr bewegt)

- Montageschrauben zum Verbinden und Befestigen
- Spannschrauben (Maueranker, Schraubstöcke, Schraubzwingen)

Bewegungsschrauben (dienen als Getriebe)

- Gewindespindeln (Hub- oder Vorschubspindeln)
- Schraubenmechanismen zum Öffnen und Schließen von Ventilen und Schiebern
- Drillbohrer, Kinderkreisel

Ungeachtet der speziellen Verwendung können für praktisch jede beliebige Schraube die folgenden beiden Aussagen getroffen werden:

Die Schraube setzt **Drehbewegung in Längsbewegung** um (oder seltener umgekehrt).

Die Schraube setzt **Drehmoment in Längskraft** um (oder seltener umgekehrt).

Die Befestigungsschraube konzentriert sich vornehmlich auf den letztgenannten Gesichtspunkt. Eine exakte Abgrenzung von Befestigungsschraube und Bewegungsschraube läßt sich nicht immer eindeutig vornehmen. Die Schraube einer Spindelpresse dient zunächst zum Aufbringen hoher Kräfte. Da unter dieser hohen Kraft aber noch Bewegungen ausgeführt werden, zählt sie zu den Bewegungsschrauben.

Die folgenden Betrachtungen gehen zunächst von der Geometrie der Schraube aus, die für die in der linken Spalte aufgeführten Anwendungen meist schon ausreicht. Die weiteren Dimensionierungsaspekte konzentrieren sich vornehmlich auf die Befestigungsschraube (mittlere Spalte), die zusätzlichen Besonderheiten der Bewegungsschraube (rechte Spalte) gehen noch darüber und hinaus und werden später ergänzt (Kap. 4.7).

Die in der rechten Spalte aufgeführten „Bewegungsschrauben" sind Getriebe, die eine Hin- und Herbewegung ausführen. Wird die Mutter durch ein Schneckenrad ersetzt, so läßt sich das Schraubenprinzip auch zu einem gleichförmig übersetzenden Getriebe erweitern. Diese Betrachtung würde jedoch den Rahmen dieses Kapitels sprengen.

4.1   Geometrie der Schraube

Die Geometrie der Schraubenlinie hat einen ganz einfachen Ursprung:

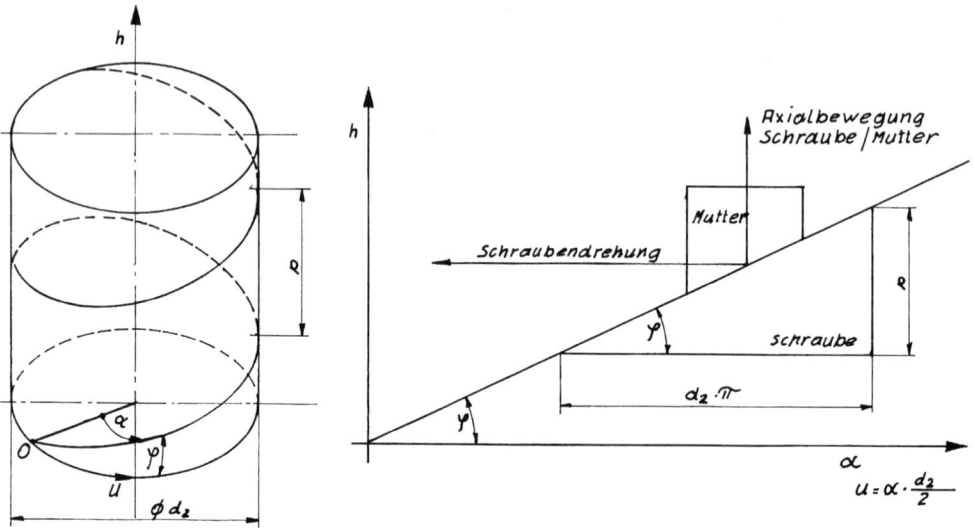

Bild 4.2: Schraubenlinie.

Die aus den Grundlagen der Statik bekannte schiefe Ebene (rechts) wird als Linie auf der Mantelfläche eines Zylinders aufgewickelt (links). Die in Schraubenachse gerichtete Koordinate h steht mit der am Umfang angetragenen Koordinate u über den Steigungswinkel φ in direktem Zusammenhang:

$$\tan \varphi = \frac{h}{u} \qquad \Rightarrow \qquad u = \frac{h}{\tan \varphi}$$

Dieser allgemeingültig formulierte Zusammenhang gilt auch für den speziellen Fall von genau einer Schraubenumdrehung:

$$\tan \varphi = \frac{p}{d_2 * \pi}$$

Dabei bedeutet p die Höhe eines Gewindeganges (oder auch „Gewindesteigung" genannt). Die Umfangskoordinate u ihrerseits ergibt sich aus der Drehung des Zylinders um den Winkel α:

$$u = \alpha * \frac{d_2}{2}$$

Durch Gleichsetzen der beiden letztgenannten Gleichungen für u wird der Zusammenhang zwischen Drehbewegung und Längsbewegung deutlich:

$$\frac{h}{\tan \varphi} = \alpha * \frac{d_2}{2} \qquad \Rightarrow \qquad h = \alpha * \frac{d_2}{2} * \tan \varphi$$

Damit die Schraube tatsächlich auch mechanisch beansprucht werden kann, darf der Kontakt zwischen Schraube und Mutter nicht nur auf einen Punkt der Schraubenlinie beschränkt bleiben, sondern es muß zur Kraftübertragung eine Fläche zur Verfügung gestellt werden:

- Der Kontakt findet entlang eines gewissen Abschnittes der Schraubenlinie statt, nämlich dort, wo Schraube und Mutter miteinander in Verbindung stehen.

- Der Kontakt zwischen Schraube und Mutter findet nicht nur auf dem sog. „Flankendurchmesser" d_2 statt, sondern erstreckt sich zwischen dem Nenndurchmesser d (außen) und dem Kerndurchmesser d_3 (innen).

Bei der Vielzahl der geometrischen Parametern ist eine Normung der Schraubenabmessungen im Sinne einer möglichst weitreichenden Austauschbarkeit dringend geboten. Die folgende Tabelle gibt beispielhaft die Schraubenabmessungen für das metrische ISO-Regelgewinde nach DIN 13 T 1 und das Trapezgewinde nach DIN 103 auszugsweise wieder:

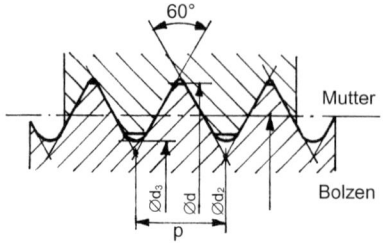

Bild 4.3: Spitzgewinde nach DIN 13 T 1.

Gewinde-nenn-durch-messer	Stei-gung	Flanken-durch-messer	Stei-gungs-winkel	Kern-durch-messer	Span-nungs-quer-schnitt	polares Wider-stands-moment bei A_s	Kernquer-schnitt	Schlüs-selweite
d [mm]	P [mm]	d_2 [mm]	φ [°]	d_3 [mm]	A_s [mm³]	W_{pol} [mm³]	A_3 [mm³]	SW [mm]
1,0	0,25	0,838	5,43	0,693	0,460	0,088	0,377	2,5
1,2	0,25	1,038	4,38	0,893	0,732	0,177	0,626	3
1,6	0,35	1,373	4,64	1,170	1,27	0,404	1,075	3,5
2,0	0,40	1,740	4,19	1,509	2,07	0,842	1,788	4
2,5	0,45	2,208	3,71	1,948	3,39	2,381	2,980	5
3,0	0,50	2,675	3,41	2,387	5,03	3,184	4,475	5,5
4,0	0,70	3,545	3,60	3,141	8,78	7,336	7,749	7
5,0	0,80	4,480	3,25	4,019	14,2	15,068	12,69	8
6,0	1,00	5,350	3,41	4,773	20,1	25,461	17,89	10
8,0	1,25	7,188	3,17	6,466	36,6	62,477	32,84	13
10	1,50	9,026	3,03	8,160	58,0	124,585	52,30	16
12	1,75	10,863	2,94	9,853	84,3	218,201	76,25	18
16	2,00	14,701	2,48	13,546	157	553,168	144,1	24
20	2,50	18,367	2,48	16,933	245	1079,60	225,2	30
24	3,00	22,051	2,48	20,319	353	1866,87	324,3	36
30	3,50	27,727	2,30	25,706	561	3744,28	519,0	46
36	4,00	33,402	2,19	31,093	817	6584,42	759,3	55
42	4,50	39,077	2,10	36,479	1121	10586,4	1045	65
48	5,00	44,752	2,04	41,866	1473	15950,1	1377	75
56	5,50	52,428	1,91	49,252	2030	25801,6	1905	85
64	6,00	60,103	1,82	56,639	2676	39050,0	2520	95

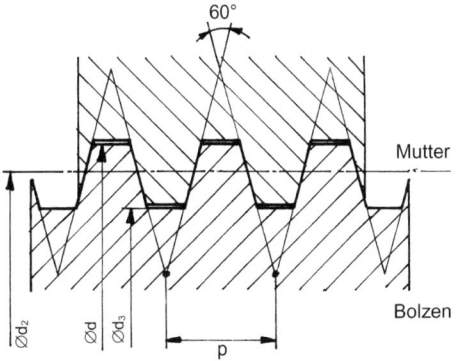

Bild 4.4: Trapezgewinde nach DIN 103.

Gewinde-bezeichnung	Flanken-durchmesser	Steigungs-winkel	Kerndurch-messer Bolzen	Kernquer-schnitt Bolzen	polares Wider-standsmoment bei A_3
$d \times P$ [mm]	$d_2 P$ [mm]	φ [°]	$d_3 P$ [mm]	$A_3 P$ [mm²]	$W_{pol} P$ [mm³]
Tr 10 × 2	9	12,52	7,5	44,18	82,83
Tr 12 × 3	10,5	15,95	8,5	56,75	120,5
Tr 16 × 4	14	15,95	11,5	103,87	298,6
Tr 20 × 4	18	12,53	15,5	188,69	731,1
Tr 24 × 5	21,5	13,09	18,5	268,80	1243,2
Tr 28 × 5	25,5	11,09	22,5	397,61	2236,5
Tr 32 × 6	29	11,69	25	490,87	3067,9
Tr 36 × 3	34,5	4,97	32,5	973,14	6740,3
Tr 36 × 6	33	10,30	29	660,52	4788,7
Tr 36 × 10	31	17,88	25	490,87	3067,9
Tr 40 × 7	36,5	10,86	32	804,25	6433,9
Tr 44 × 7	40,5	9,81	36	1017,88	9160,8
Tr 48 × 8	44	10,30	39	1194,59	11647,2
Tr 52 × 8	48	9,46	43	1452,20	15611,1
Tr 60 × 9	55,5	9,27	50	1963,50	24543,6
Tr 70 × 10	65	8,75	59	2733,97	40326,0
Tr 80 × 10	75	7,59	69	3739,28	64502,5
Tr 90 × 12	84	8,13	77	4656,63	89640,0
Tr 100 × 12	94	7,28	87	5944,68	129296,7
Tr 140 × 14	133	6,01	124	12076,28	374364,7

Der oben erwähnte Flankendurchmesser d_2 ist an der Schraube konstruktiv gar nicht vorhanden, sondern er wird nur formuliert, um auf diesem „mittleren Durchmesser" die Bewegungsverhältnisse besonders einfach darstellen zu können und Kräftewirkungen darauf beziehen zu können (s.u.). Tatsächlich ergibt er sich als arithmetischer Mittelwert zwischen d_3 und d:

$$d_2 = \frac{d_3 + d}{2}$$

4.2 Kräfte und Momente beim Anziehen der Schraube

4.2.1 Modellvorstellung reibungsfrei

Die Analogie zur schiefen Ebene macht eine Analyse der an der Schraube wirkenden Kräfte und Momente besonders anschaulich. In einer ersten modellhaften Betrachtung wird ein Schraubenbolzen mit einem „Rechteck"-Gewinde ($\beta = 0°$) angenommen, in dessen Nut eine ortsfeste, aber drehbar gelagerte Rolle eingreift. Durch diese Modellvorstellung reduzieren sich alle an der Schraube wirkenden Kräfte auf den Kontaktpunkt zwischen Rolle und Bolzengewinde, der zur Drehachse der Schraube den Abstand $d_2/2$ aufweist. Durch diese Modellvorstellung werden Reibeinflüsse zunächst ausgeschlossen. Im folgenden Schema werden die Kräfte so betrachtet, wie sie auf die Schraube wirken.

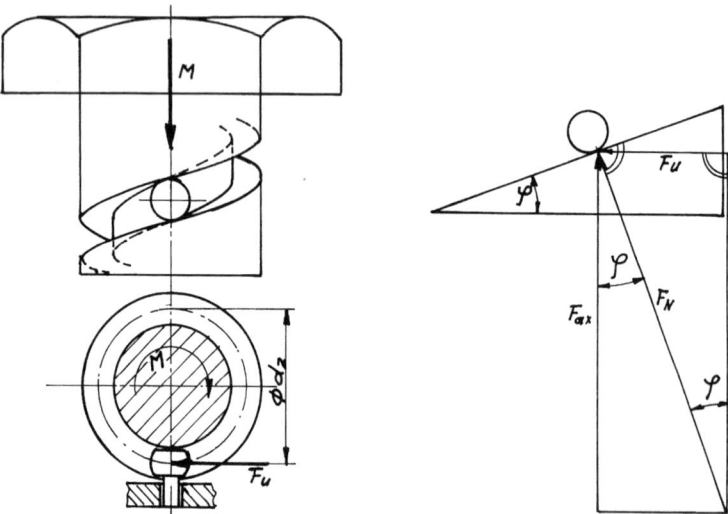

Bild 4.5: Kräfte und Momente im reibungsfreien Rechteckgewinde.

Das in die Schraube eingeleitete Moment M macht sich zunächst an der Rolle als Umfangskraft F_u bemerkbar:

$$M = F_u * \frac{d_2}{2} \quad \Rightarrow \quad F_u = \frac{2 * M}{d_2}$$

An der Kontaktstelle zwischen Rolle und Gewindegang kann eine Kraft nur als Normalkraft
F_N übertragen werden. Die Umfangskraft F_u ist also nur eine Komponente der dort wirkenden
Kräfte. Weiterhin wirkt die Schraubenlängskraft F_{ax}. Beide Komponenten ergeben in ihrer
Vektorsumme die Normalkraft F_N. Der aus der Geometriebetrachtung gewonnene Gewindesteigungswinkel φ tritt auch in diesem Krafteck auf:

$$\tan \varphi = \frac{F_u}{F_{ax}} \quad \Rightarrow \quad F_u = F_{ax} * \tan \varphi$$

Damit gewinnt man für diesen Modellfall einen direkten Zusammenhang zwischen Axialkraft und Moment:

$$M = F_{ax} * \tan \varphi * \frac{d_2}{2}$$

4.2.2   Gewindereibung

Entgegen der obigen Modellvorstellung wird jedoch am Gewinde einer realen Schraube
Reibung wirksam, die in diese Überlegung mit einbezogen werden muß. Ähnlich wie bei der
Betrachtung der Ringfeder wird dieser Reibeinfluß durch den Reibwinkel $\rho = \arctan \mu$ berücksichtigt. Auch bei der Schraube ergibt sich ein Zusammenwirken von „schiefer Ebene"
und Reibeinfluß, was sich an der schematischen Gegenüberstellung in Bild 4.6 übersichtlich
diskutieren läßt. Als Ausgangspunkt dient der in der Mitte skizzierte reibungsfreie Fall. Dabei werden die Kräfte so angetragen, wie sie auf die Mutter wirken.

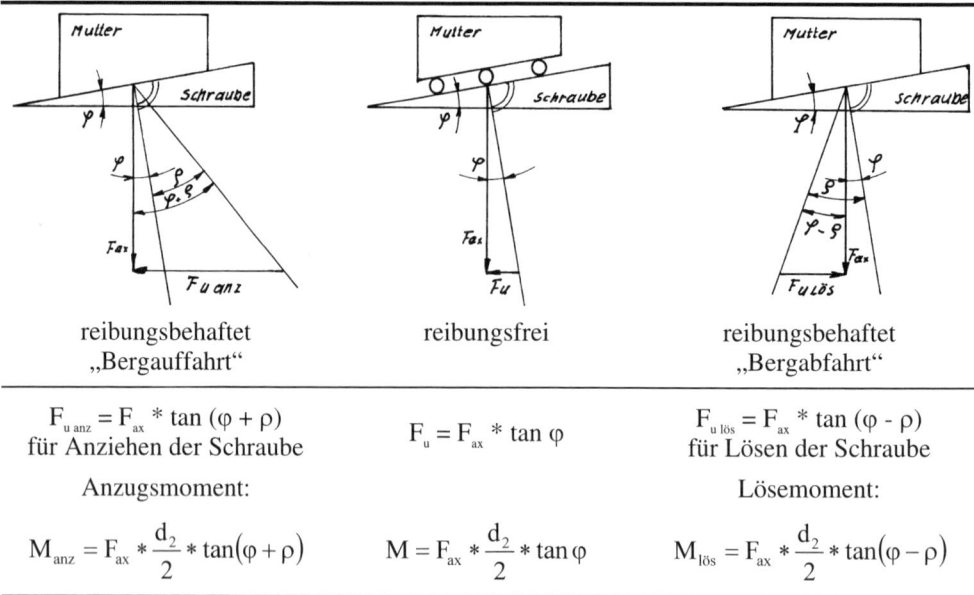

reibungsbehaftet "Bergauffahrt"	reibungsfrei	reibungsbehaftet "Bergabfahrt"
$F_{u\,anz} = F_{ax} * \tan(\varphi + \rho)$ für Anziehen der Schraube	$F_u = F_{ax} * \tan\varphi$	$F_{u\,l\ddot{o}s} = F_{ax} * \tan(\varphi - \rho)$ für Lösen der Schraube
Anzugsmoment:		Lösemoment:
$M_{anz} = F_{ax} * \dfrac{d_2}{2} * \tan(\varphi + \rho)$	$M = F_{ax} * \dfrac{d_2}{2} * \tan\varphi$	$M_{l\ddot{o}s} = F_{ax} * \dfrac{d_2}{2} * \tan(\varphi - \rho)$

Bild 4.6: Kräfte und Momente am reibungsbehafteten Rechteckgewinde.

In den reibungsbehafteten Fällen wirkt die Kraftresultierende nicht auf der Flächennormalen, sondern ist ihr gegenüber um den Reibwinkel ρ geneigt. Der Reibwinkel ρ wird von dieser Normalen aus in die Richtung aufgetragen, die der Schraubenbewegung entgegengesetzt gerichtet ist. Für die Kräftewirkung vergrößert sich beim Anziehen der Schraube der Steigungswinkel der schiefen Ebene um ρ („Bergauffahrt"), beim Lösen der Schraube verkleinert er sich um ρ („Bergabfahrt"). Diese Verkleinerung muß zumindest bei Befestigungsschrauben dazu führen, daß die „Bergabfahrt" nicht selbsttätig in Gang kommt, sondern nur durch eine talwärts gerichtete Umfangskraft eingeleitet werden kann, schließlich soll sich die Schraube nicht unbeabsichtigt lösen. Entsprechend verhalten sich die Umfangskräfte F_u: Beim Anziehen (Bergauffahrt) wird F_{uanz} entsprechend größer (Gegenkathete zu $\varphi + \rho$), beim Lösen (Berabfahrt) wird $F_{ulös}$ entsprechend kleiner und nimmt einen negativen Wert an (Gegenkathete zu $\varphi - \rho$). Diese Erweiterung muß auch bei der Formulierung des Momentes einbezogen werden.

Die Reibzahl μ, aus der der Reibwinkel $\rho = \arctan\mu$ ermittelt wird, ist vom Werkstoff, von der Werkstoffoberfläche, von der Gewindefertigung und vom Schmierungszustand abhängig. Die VDI-Richtlinien VDI 2230 (s. untenstehende Tabelle) geben einen tabellarischen Überblick. In diesem Zusammenhang interessiert zunächst nur die obere Tabellenhälfte (Gewindereibung), die zweite Tabellenhälfte (Kopfreibung) wird weiter unten noch aufgegriffen werden.

Zahlenwerte für Gewindereibung (oben) und Kopfreibung (unten) nach VDI 2230.

μ_G — Gewinde / Außengewinde (Schraube): Werkstoff Stahl

Spaltengruppen (Oberfläche → Gewindefertigung → Schmierung):
- schwarzvergütet oder phosphatiert, gewalzt: trocken | geölt | MoS₂*
- schwarzvergütet oder phosphatiert, geschnitten: geölt
- galvanisch verzinkt (Zn6), geschnitten oder gewalzt: trocken | geölt
- galvanisch cadmiert (Cd6), geschnitten oder gewalzt: trocken | geölt
- Klebstoff: trocken

Innengewinde (Mutter): Werkstoff / Oberfläche / Fertigung / Schmierung	trocken	geölt	MoS₂*	geölt	trocken	geölt	trocken	geölt	trocken
Stahl / blank / geschnitten / trocken	0,12 bis 0,18	0,10 bis 0,16	0,08 bis 0,12	0,10 bis 0,16	–	0,10 bis 0,18	–	0,08 bis 0,14	0,16 bis 0,25
Stahl / galvanisch cadmiert verzinkt / geschnitten / trocken	0,10 bis 0,16	–	–	–	0,12 bis 0,20	0,10 bis 0,18	–	–	0,14 bis 0,25
Stahl / galvanisch cadmiert verzinkt / geschnitten / trocken	0,08 bis 0,14	–	–	–	–	–	0,12 bis 0,16	0,12 bis 0,14	–
GG/GTS / blank / geschnitten / trocken	–	0,10 bis 0,18	–	0,10 bis 0,18	–	0,10 bis 0,18	–	0,08 bis 0,16	–
AlMg / blank / geschnitten / trocken	–	0,08 bis 0,20	–	–	–	–	–	–	–

μ_K — Auflagefläche / Schraubenkopf: Werkstoff Stahl

Spaltengruppen (Oberfläche → Fertigung → Schmierung):
- schwarz oder phosphatiert, gepreßt: trocken | geölt | MoS₂*
- schwarz oder phosphatiert, gedreht: geölt | MoS₂
- schwarz oder phosphatiert, geschliffen: geölt
- galvanisch verzinkt (Zn6), gepreßt: trocken | geölt
- galvanisch cadmiert (Cd6), gepreßt: trocken | geölt

Gegenlage (Auflagefläche): Werkstoff / Oberfläche / Fertigung / Schmierung	trocken	geölt	MoS₂*	geölt	MoS₂	geölt	trocken	geölt	trocken	geölt
Stahl / blank / ge-schliffen / trocken	–	0,16 bis 0,22	–	0,10 bis 0,18	–	0,16 bis 0,22	0,10 bis 0,18	–	0,08 bis 0,16	–
Stahl / galvanisch cadmiert verzinkt / spanend bearbeitet / trocken	0,12 bis 0,18	0,10 bis 0,18	0,08 bis 0,12	0,10 bis 0,18	0,08 bis 0,12	0,10 bis 0,18 (spanning)			0,08 bis 0,16	0,08 bis 0,14
Stahl / galvanisch cadmiert verzinkt / spanend bearbeitet / trocken	0,10 bis 0,16 (spanning)		–	0,10 bis 0,16	–	0,10 bis 0,18	0,16 bis 0,20	0,10 bis 0,18	–	–
GG/GTS / blank / ge-schliffen / trocken	0,08 bis 0,16 (spanning)						–	–	0,12 bis 0,20	0,12 bis 0,14
GG/GTS / blank / ge-schliffen / trocken	–	0,10 bis 0,18	–	–	–	0,10 bis 0,18 (spanning)			0,08 bis 0,16	–
GG/GTS / blank / spanend bearbeitet / trocken	–	0,14 bis 0,20	–	0,10 bis 0,18	–	0,14 bis 0,22	0,10 bis 0,18	0,10 bis 0,16	0,08 bis 0,16	–
AlMg / blank / spanend bearbeitet / trocken	0,08 bis 0,20 (spanning)						–	–	–	–

* Molybdändisulfid

Der Reibwinkel ρ kann mit diesem Zahlenwert jedoch nur für das eingangs angenommene Rechteckgewinde angesetzt werden. Wie die folgende Skizze verdeutlicht, läßt sich das Kräftegleichgewicht in Axialrichtung modellhaft dadurch verdeutlichen, daß für die Reaktion auf jeder Seite eine Reaktionskraft F_{ax} / 2 angesetzt wird.

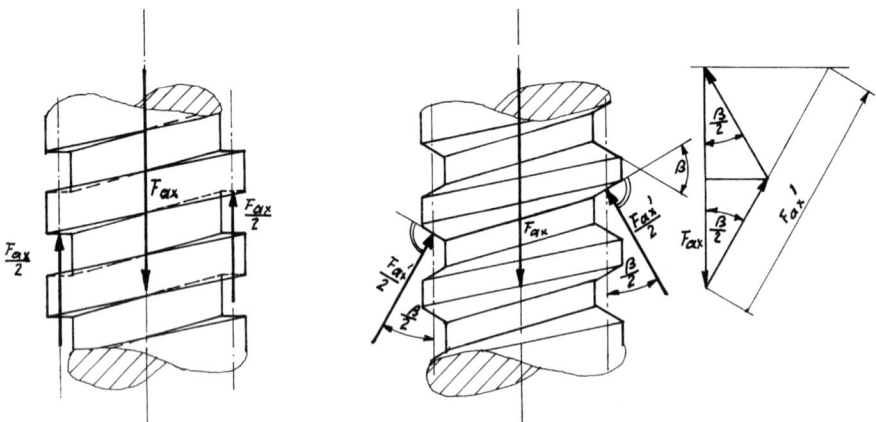

Bild 4.7: Reibzahl μ'.

Ist die pressungsübertragende Fläche der Gewindeflanken um den Winkel β/2 (Bildmitte) aus der Radialebene herausgeschwenkt, so ändert sich die Reibwirkung: Die als Normalkraft an den Gewindeflanken wirksamen Kräfte sind ebenfalls um den Winkel β/2. An dem dabei entstehenden Krafteck (rechtes Bilddrittel) läßt sich formulieren:

$$\cos\frac{\beta}{2} = \frac{F_{ax}}{F'_{ax}} \qquad \Rightarrow \qquad F'_{ax} = \frac{F_{ax}}{\cos\frac{\beta}{2}}$$

Die reibungverursachende Normalkraft auf die Gewindeflanken F_{ax} wird also um den Faktor 1 / cos (β/2) vergrößert. Den gleichen Sachverhalt kann man dadurch zum Ausdruck bringen, daß der Reibwert μ in gleicher Weise zum effektiven Reibwert μ' vergrößert wird:

$$\mu' = \frac{\mu}{\cos\frac{\beta}{2}} \qquad \Rightarrow \qquad \rho' = \arctan\mu' = \arctan\frac{\mu}{\cos\frac{\beta}{2}}$$

Wird in der oben zitierten Gleichung anstelle des Reibwinkels ρ der Winkel ρ' eingeführt, so ergibt sich das im Gewinde wirksame Moment M_{Gew} zu:

$$M_{Gewanz} = F_{ax} * \frac{d_2}{2} * \tan(\varphi + \rho') \qquad bzw. \qquad M_{Gewlös} = F_{ax} * \frac{d_2}{2} * \tan(\varphi - \rho')$$

4.2.3   Kopfreibung

Der Schraubenkopf oder die Mutter wird gegen Ende des Anziehvorganges und zu Beginn des Lösevorganges mit der Kraft F_{ax} gegen die Unterlage gedrückt, wobei ein weiteres Reibmoment M_{KA} überwunden werden muß.

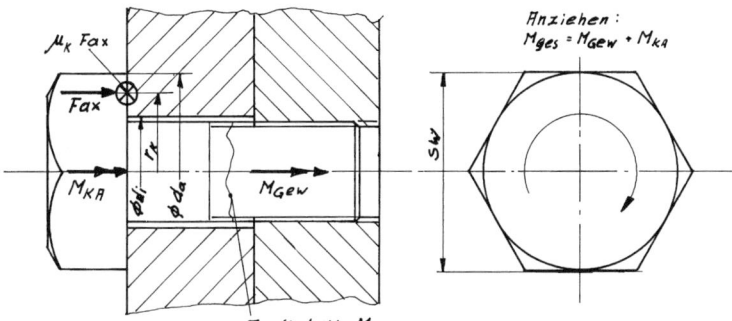

Bild 4.8: Kopfreibung.

Auf der Kreisringfläche (d_i innen, d_a außen) kommt es zu einer Flächenpressung, die hier auf eine Kraftwirkung am wirksamen Radius r_K reduziert werden kann. Das dadurch entstehende Reibmoment kann formuliert werden als

$$M_{KA} = \mu_K * F_{ax} * r_K \qquad \text{mit} \qquad r_K \approx \frac{d_a + d_i}{4}$$

Der konstruktiv nicht vorhandene Hebelarm r_K errechnet sich als Mittelwert von einem inneren Radius r_i und einem äußeren Radius r_a. Bei Normschrauben mit metrischem Gewinde ist $d_a = s_w$ (Schlüsselweite). Das gesamte Schraubenanzugsmoment ergibt sich also zu

$$M_{ges} = M_{Gew} + M_{KA}$$

$$M_{ges} = F_{ax} * \frac{d_2}{2} * \tan(\varphi \pm \rho') + F_{ax} * \mu_K * r_K = F_{ax} * \left[\frac{d_2}{2} * \tan(\varphi \pm \rho') + \mu_K * r_K\right]$$

Für die Berechnung von Schraubverbindung empfiehlt sich meist die erstgenannte Formulierung. Sie ist zwar etwas umständlicher, differenziert aber genau nach dem „Gewindeanteil" M_{Gew}, der den Schraubenschaft tatsächlich mechanisch belastet und deshalb bei der Festigkeitsberechnung (s.u.) angesetzt werden muß. Das Kopfreibungsmoment M_{KA} muß zwar auch mit dem Schraubschlüssel beim Anziehen der Schraube aufgebracht werden, belastet aber den Schraubenschaft selber nicht, da es bereits abgeleitet wird, bevor es den Schraubenschaft überhaupt erst erreicht.

4.2.4   Selbsthemmung

Eine Befestigungsschraube soll sich nicht von alleine lösen können. Diese Bedingung ist in jedem Fall dann erfüllt, wenn das Gewindemoment zum Lösen der Schraubverbindung in umgekehrter Richtung aufgebracht werden muß, das oben formulierte Gesamtmoment an der Schraube also negativ ist.

$$M_{Gewlös} = F_{ax} * \frac{d_2}{2} * \tan(\varphi - \rho') \leq 0$$

Daraus folgt aber unmittelbar die Forderung, daß der Steigungswinkel des Gewindeganges φ kleiner sein muß als der Reibwinkel ρ bzw. ρ':

$$\varphi < \rho \quad \text{bzw.} \quad \varphi < \rho' \quad \text{Selbsthemmungsbedingung}$$

Bei Befestigungsschrauben mit einem Steigungswinkel φ in einem Bereich von etwa 3° liegt Selbsthemmung vor, wenn der Reibwert $\mu' = \tan \rho' > 0{,}044$ ist. Dieser Reibwert ist nach der obigen Tabelle für alle denkbaren Schmierzustände und Oberflächenbeschaffenheiten normgerechter Befestigungsschrauben gegeben.

In kritischen Fällen ist das Gesamtmoment in Ansatz zu bringen, da natürlich auch die Kopfreibung die Schraube am Lösen hindert:

$$M_{geslös} = F_{ax} * \left[\frac{d_2}{2} * \tan(\varphi - \rho') - \mu_K * r_K \right] \leq 0$$

$$\frac{d_2}{2} * \tan(\varphi - \rho') \leq \mu_K * r_K$$

$$\varphi \leq \arctan \frac{2 * \mu_K * r_K}{d_2} + \rho'$$

Bei normalen Konstruktions- und Schmierungsbedingungen sind das Gewindemoment M_{Gew} und das Kopfreibungsmoment M_{KA} etwa von gleicher Größenordnung. Zur anschaulichen Betrachtung dieses Sachverhaltes wird eine Schraube nach untenstehender Skizze mit einer Zwischenlage fest verschraubt.

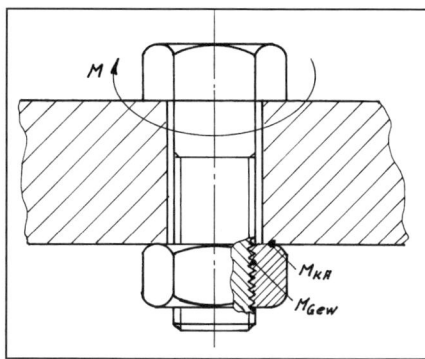

wenn die Verbindung im Gewinde rutscht, dann ist $M_{KA} > M_{Gew}$

wenn die Verbindung an der Kopfauflage rutscht, dann ist $M_{KA} < M_{Gew}$

Bild 4.9: Vergleich Gewindemoment – Kopfreibungmoment.

Soll diese bereits montierte Schraubverbindung noch fester angezogen oder gelöst werden, ohne das jeweils andere Ende der Schraubverbindung getrennt festzuhalten, so können die folgenden Fälle unterschieden werden:

	wenn sich beim weiteren Anziehen ...	wenn sich in der Anfangsphase des Lösevorganges ...
... das gegenüberliegende Teil mitdreht, dann	$\Rightarrow M_{Gew} > M_{KA}$ $\Rightarrow \dfrac{d_2}{2} * \tan(\varphi + \rho') \geq \mu_K * r_K$	$\Rightarrow M_{Gew} > M_{KA}$ $\Rightarrow \dfrac{d_2}{2} * \tan(\varphi - \rho') \geq \mu_K * r_K$
... das gegenüberliegende Teil nicht mitdreht, dann	$\Rightarrow M_{Gew} < M_{KA}$ $\Rightarrow \dfrac{d_2}{2} * \tan(\varphi + \rho') \leq \mu_K * r_K$	$\Rightarrow M_{Gew} < M_{KA}$ $\Rightarrow \dfrac{d_2}{2} * \tan(\varphi - \rho') \leq \mu_K * r_K$

Durch diesen simplen Versuch ohne jede Messung gewinnt man zwei Aussagen, die dabei helfen können, den Zahlenwert des Kopfreibungsmomentes in grober Näherung zu ermitteln. Dies ist besonders dann sehr hilfreich, wenn die Einzelfaktoren des Kopfreibungsmoment r_K und μ_K nur schlecht einzugrenzen sind.

4.3   Festigkeitsnachweis von Schraubverbindungen

Die Festigkeitsberechnung einer Schraube vollzieht sich prinzipiell wie in Kapitel 1 (Grundlagen der Bauteildimensionierung) erläutert: Die auf Grund der Belastungen vorliegenden tatsächlichen Spannungen werden berechnet und gegenüber werkstoffkundlich zulässigen Spannungen abgeschätzt.

4.3.1   Vorliegende Spannungen

Die Belastung einer jeden Schraube ist in den allermeisten Fällen mehrachsig:

- Die Schraubenlängskraft belastet die Schraube mit einer Zugspannung.
- Das Moment belastet die Schraube mit Torsionsschubspannung.

Abgesehen von Ausnahmefällen muß also stets eine Vergleichsspannung σ_v gebildet werden. Darüber hinausgehende Belastungen, insbesondere Querkraftschub und Biegung, sollen durch konstruktive Maßnahmen ausgeschlossen werden (s.u.).

Im Falle einer **Bewegungsschraube** läßt sich häufig eine direkte Proportionalität zwischen Schraubenmoment (Torsionsschub) und Schraubenlängskraft (Zug-/Druckspannung) herstellen:

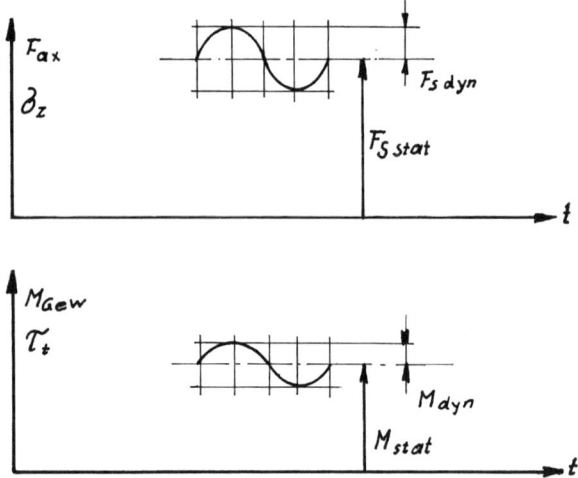

Bild 4.10: Belastungsverlauf Bewegungsschraube.

Im allgemeinen Fall ist das in die Schraube eingeleitete Moment nicht konstant, sondern weist einen dynamischen Anteil auf. Gegebenenfalls sind hier noch weitere Unterscheidungen notwendig, die sich aber nicht verallgemeinern lassen.

Bei **Befestigungsschrauben** stellt sich dieser Sachverhalt komplexer dar:

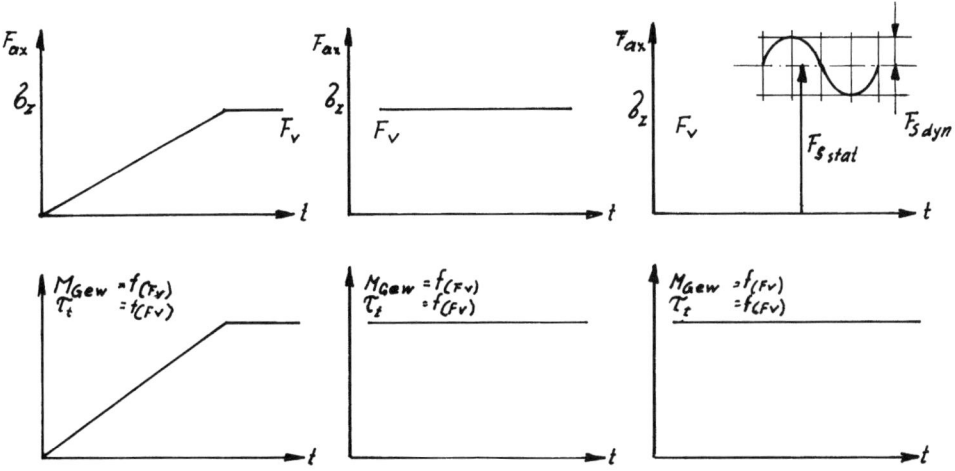

Bild 4.11: Belastungsverlauf Befestigungsschraube.

Beim Anziehen der Schraube wird durch die axial gerichtete Vorspannkraft F_v eine Normalspannung σ_z und durch das dazu erforderliche Torsionsmoment M_{Gew} ein Torsionsschub τ_t aufgebracht. Beide Lastanteile können als quasistatisch angesehen werden. Selbst wenn die Schraube mit einem Schlagschrauber (also dynamisch) angezogen wird, ist diese Belastung einmalig und beeinträchtigt deshalb die Dauerfestigkeit nicht.

Wirkt die nach dem Anziehen der Schraube eingeleitete Betriebskraft quer zur Schraubenachse, so muß diese Betriebskraft durch Reibung an der Trennfuge aufgenommen werden. Dabei bleibt sowohl der durch die Vorspannung hervorgerufene Lastzustand als auch der Torsionsschub in der Schraube gegenüber dem Vorspannungszustand unverändert. Weitere Erläuterungen s. 4.5.1

Wirkt hingegen die Betriebskraft längs zur Schraubenachse, so überlagert sich die Schraubenbetriebskraft der durch die Vorspannung aufgebrachten Vorspannkraft F_v, wobei es i.a. zu einer zeitlich nicht konstanten Schraubenlängskraft kommt. In diesem Fall wird nach statischer Schraubenkraft F_{Sstat} und dynamischer Schraubenkraft F_{Sdyn} unterschieden. Der in der Schraube vorliegende Torsionsschub ändert sich aber gegenüber dem Vorspannungszustand nicht. Weitere Erläuterungen s. 4.5.2

In jedem Fall muß bei der Festigkeitsberechnung geklärt werden, welcher Schraubendurchmesser für die Berechnung der Spannung maßgebend ist. Durch die Konstruktionsdaten des Gewindes ist der Nenndurchmesser d und der Kerndurchmesser d_3 gegeben.

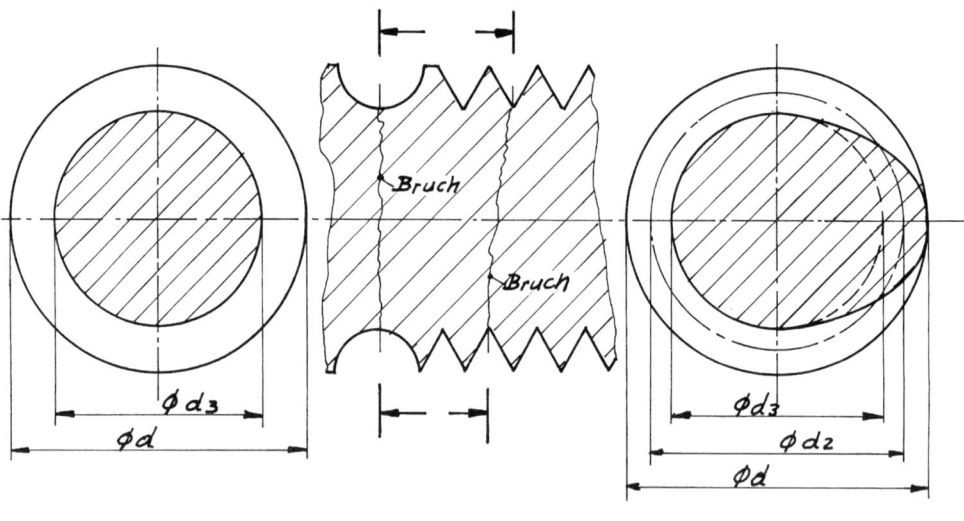

mit Freidrehung	ohne Freidrehung
Wird bei der Herstellung der Schraube ein Freistich bis zum Gewindegrund vorgesehen, so ist der Kerndurchmesser d_3 für die Festigkeitsberechnung maßgebend:	Fehlt jedoch dieser Freistich (z.B. beim „Rollen" der Gewindegänge, wie es bei der Massenfertigung von Befestigungsschrauben üblich ist), so entsteht als Bruchfläche der hier skizzierte „Spannungsquerschnitt" A_S, der etwas mehr Flächeninhalt zu bieten hat als die Kernfläche A_3.

Links:
$$A = A_3$$
$$A = \frac{\pi}{4} * d_3{}^2$$

Rechts:
$$A = A_S$$
$$A_S \approx \frac{1}{2} * \frac{\pi}{4} * d_3{}^2 + \frac{1}{2} * \frac{\pi}{4} \left(\frac{d_3 + d}{2} \right)^2$$
$$A_S = \frac{1}{2} * \frac{\pi}{4} * d_3{}^2 + \frac{1}{2} * \frac{\pi}{4} * d_2{}^2$$
$$A_S = \frac{\pi}{4} * d_S{}^2 \ \text{mit} \ d_S = \frac{d_2 + d_3}{2}$$

Links:
$$W_{pol} = \frac{\pi * d_3{}^3}{16}$$

Rechts:
$$W_{pol} = \frac{\pi * d_S{}^3}{16}$$

Bild 4.12: Spannungsdurchmesser der Schraube.

Dadurch gewinnt man formal den Spannungsdurchmesser d_S, der so wie der Flankendurchmesser konstruktiv nicht vorhanden ist. Der Spannungsdurchmesser d_S und der Spannungsquerschnitt A_S werden häufig auch in den Normtabellen (z.B. S. 298-299) aufgeführt. Aus diesem Spannungsdurchmesser ergibt sich auch das für die Torsionspannungsberechnung maßgebliche polare Widerstandsmoment W_{pol}.

4.3.2   Zulässige Spannungen

Das folgende Bild zeigt beispielhaft das Dauerfestigkeitsschaubild für die häufig verwendeten schlußvergüteten und gerollten Schrauben:

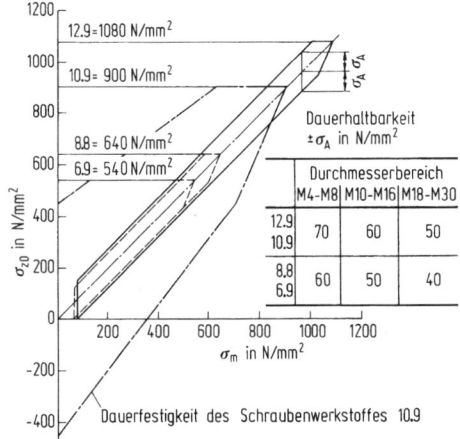

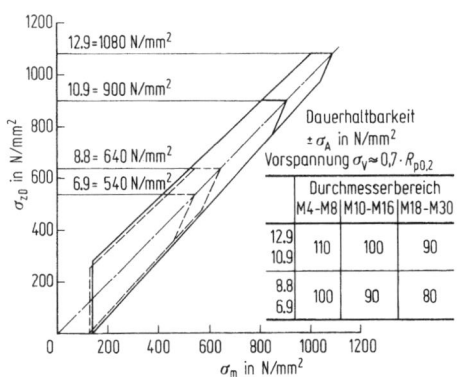

Bild 4.13: Dauerfestigkeitsschaubild für schlußvergütete Schrauben mit geschnittenem Gewinde, gepaart mit normalen Druckmuttern (aus Dubbel 1981).

Bild 4.14: Dauerfestigkeitsschaubild für Schrauben, deren Gewinde durch Rollen nach dem Vergüten hergestellt ist, gepaart mit normalen Druckmuttern Druckmuttern (aus Dubbel 1981).

Wegen der Gewindekerbe sind Schrauben besonders dynamikempfindlich, wobei die zulässige Ausschlagsspannung σ_A je nach Fertigungsverfahren nahezu unabhängig von der statischen Beanspruchung ist. Aus diesem Grunde vereinfacht sich der zweidimensionale Festigkeitsnachweis mit Hilfe des Dauerfestigkeitsschaubildes in diesem Fall auf getrennte Festigkeitsnachweise für statische und dynamische Belastung.

- **Statisch zulässige Spannung**: Der Wert für $\sigma_{0,2}$ wird durch die sog. Festigkeitsklasse oder Schraubengüte ausgedrückt. Die Kennzeichnung „Schraubengüte 12.9" beispielsweise besagt, daß die Schraube bis an eine Obergrenze von 1200 N/mm² * 0,9 = 1080 N/mm² belastet werden darf. Die Schraubengüte 10.9 darf demnach bis 900 N/mm² belastet werden, die Schraubengüte 8.8. bis 640 N/mm² usw.. Es sind die Festigkeitsklassen 3.6, 4.6, 4.8, 5.6, 5.8, 6.8, 8.8, 9.8, 10.9 und 12.9 im Gebrauch.

- **Dynamisch zulässige Spannung**: Beim Wert für die dynamisch zulässige Spannung σ_A muß wegen der fertigungstechnisch bedingten Kerbempfindlichkeit nach dem Herstellungsverfahren unterschieden werden: Schlußvergütete Gewinde werden geschnitten und sind deshalb besonders kerbempfindlich. Bei gerollten Gewinden bleibt die Werkstofffaser weitgehend erhalten, so daß die Schraube höher belastet werden kann. Bei der Verwendung anderer Schrauben müssen entsprechende Werkstoffkenndaten herangezogen werden.

4.3.3   Sicherheitsnachweis

Der Sicherheitsnachweis einer Schraube vollzieht sich also getrennt nach statischem und dynamischem Anteil. Er läßt sich für eine Befestigungsschraube ohne Gewindefreistich durch folgendes Schema wiedergeben:

	statisch	dynamisch
Belastung Zugkraft	F_{Sstat}	F_{Sdyn}
Belastung Gewindemoment	$M_{Gew} = F_{Sstat} * \dfrac{d_2}{2} * \tan(\varphi + \rho')$ Anzugsmoment ohne Kopfreibung	–
Zugspannung	$\sigma_{Zstat} = \dfrac{F_{Sstat}}{A_S}$	$\sigma_{Zdyn} = \dfrac{F_{Sdyn}}{A_S}$
Torsionsspannung	$\tau_t = \dfrac{M_{Gew}}{W_{pol}}$	–
Vergleichsspannung	$\sigma_{Vstat} = \sqrt{\sigma_{Zstat}{}^2 + 3 * \tau_t{}^2}$	–
Festigkeitsnachweis	$\sigma_{Vstat} \leq \sigma_{0,2}$? oder $S_{stat} = \dfrac{\sigma_{0,2}}{\sigma_{Vstat}} \geq 1$?	$\sigma_{Zdyn} \leq \sigma_A$? oder $S_{dyn} = \dfrac{\sigma_A}{\sigma_{tZdyn}} \geq 1$?

Die Werte für F_{Sstat} und F_{Sdyn} werden so ermittelt, wie es weiter unten anhand des Verspannungsschaubildes hergeleitet wird. Das den Gewindeschaft belastende Moment M_{Gew} ist das Anzugsmoment M_{ges} abzüglich des Kopfreibungsmomentes M_{KA}. Ein dynamisches Torsionsmoment ist bei Befestigungsschrauben in aller Regel nicht vorhanden, tritt aber möglicherweise bei Bewegungsschrauben auf (s.o.).

4.3.4   Flächenpressung im Gewinde

Die von der Schraube aufzunehmende Axialkraft belastet nicht nur den Schraubenschaft, sondern muß auch als Flächenpressung an den Flanken des Gewindes übertragen werden. Bei deren genauerer Analyse ergeben sich einige systembedingte Unterschiede zwischen dem Anwendungsfall als Befestigungs- und dem als Bewegungsschraube:

4.3.4.1   Flächenpressung Bewegungsschraube

Bei Bewegungsschrauben kann häufig davon ausgegangen werden, daß sich die zu übertragende Kraft etwa gleichmäßig auf der gesamten Kontaktfläche zwischen Schraube und Mutter als Flächenpressung verteilt, was zu folgendem Ansatz führt:

$$p_{Gew} = \frac{F_{ax}}{\pi * d_2 * H * \dfrac{m}{P}} \leq p_{zul}$$

Dabei bezeichnet H die radiale Erstreckung des Kontaktes zwischen Gewindebolzen und Mutter (Tragtiefe), m steht für die Mutternhöhe und P für die Höhe des Gewindeganges („Gewindesteigung"). Der Quotient m/P gibt also die Gesamtzahl der Gewindegänge der Mutter wieder. Mit H $\approx$ P / 2 als „Tragtiefe" für ein normgerechtes Trapezgewinde ergibt sich:

$$p_{Gew} = \frac{2 * F_{ax}}{\pi * d_2 * m} \leq p_{zul}$$

Die folgende Tabelle gibt Richtwerte für einige typische Materialpaarungen an:

Spindel	Mutter	p_{zul} [N/mm²]
Stahl	Bronze	5 – 10
Stahl	Grauguß	2 – 7
Stahl	Stahl	7,5 - 10

4.3.4.2 Flächenpressung Befestigungsschraube

Bei Befestigungsschrauben ist die Flächenpressung sehr viel höher und durch die dabei erzwungenen teilweise plastischen Deformationen sehr ungleichmässig und deshalb nicht so ohne weiteres zu erfassen. Die folgende Modellvorstellung soll diesen Sachverhalt verdeutlichen:

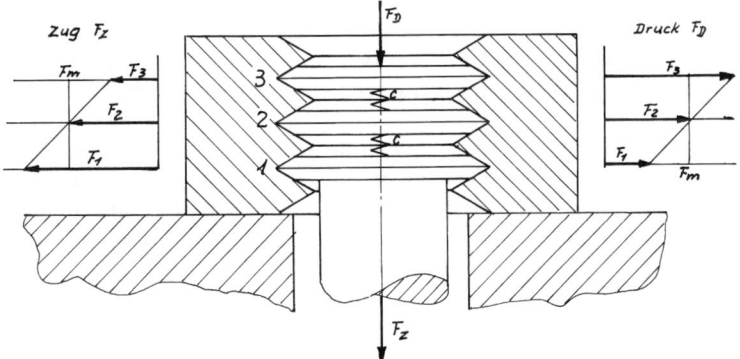

Bild 4.15: Ungleichmäßigkeit der Lastverteilung auf die Gewindegänge.

Der Gewindebolzen ist aufgrund seiner Abmessungen deutlich nachgiebiger als die Mutter. Aus diesem Grund wird in der obigen Modellvorstellung die Mutter als unendlich steif angenommen, während zwischen den einzelnen Gewindegängen des Schraubenschaftes formal die Steifigkeiten c eingeführt werden. Bei der Längskraftbelastung der Schraubenverbindung hat das folgende Konsequenzen:

- Wird die Schraube von unten einer Zugbelastung F_Z ausgesetzt, so werden diese Steifigkeiten gedehnt. Aus diesem Grunde weichen nach oben hin die Gewindegänge der Belastung aus. Dadurch müssen die unteren Gewindegänge anteilig mehr Last übernehmen, während oben die anteilige Last geringer wird.

- Wird die Schraube hingegen von oben mit einer Druckbelastung F_D beaufschlagt, so werden die Steifigkeiten gestaucht. In diesem Fall kommt es oben zu einer Lastüberhöhung, während unten eine Entlastung stattfindet.

Versucht man, diesen Zusammenhang zahlenmäßig zu erfassen, so ergibt sich beispielhaft folgendes Bild:

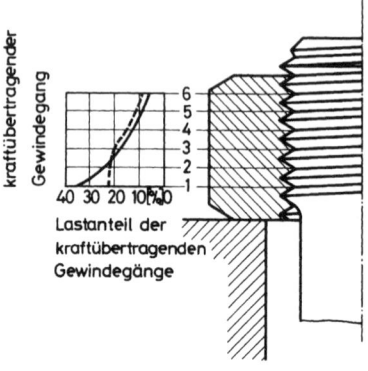 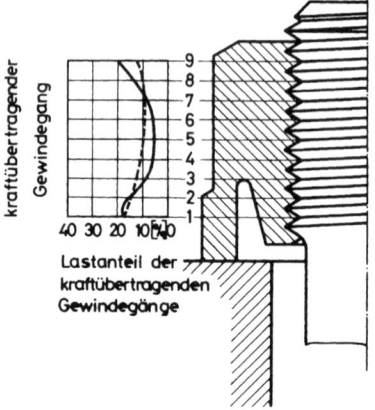

Bild 4.16: Flächenpressungsverteilung Normmutter (aus Schraubenvademecum 1991).
Im dargestellten Fall wird beispielhaft etwa ein Drittel der Gesamtbelastung im ersten Gewindegang übertragen (durchgezogenen Linie). Bei hoher Zugbelastung kommt es im ersten Gewindegang zu Fließvorgängen, wodurch sich die Lastverteilung dann zwangsläufig wieder ausgleichen muß (gestrichelte Linie).

Bild 4.17: Flächenpressungsverteilung Zugmutter (aus Schraubenvademecum 1991).
Um dennoch eine etwas gleichmässigere Lastverteilung zu erzielen, kann in kritischen Fällen eine sog. Zugmutter eingesetzt werden, die den Kraftfluß gezielt auf die hinteren Gewindegänge leitet (durchgezogene Linie). Auch hier tritt bei hohem Lastniveau eine Vergleichmässigung der Lastverteilung durch Fließvorgänge ein (gestrichelte Linie).

Das folgende Bild zeigt einige weitere Konstruktionsvarianten, die eine Vergleichmässigung der Lastverteilung anstreben:

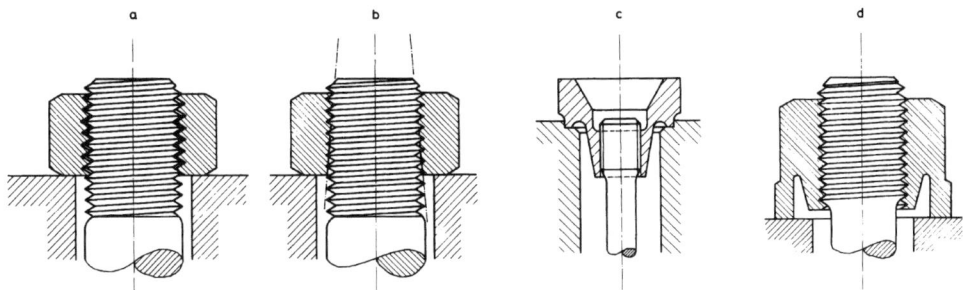

a) Muttergewinde steigt geringfügig stärker als Bolzengewinde

b) Zurücksetzen der ersten Gewindegänge des Mutterngewindes

c) Zugmutter im Schraubloch versenkt

d) Vorstehende Zugmutter

Bild 4.18: Mutternbauformen zum Ausgleich der Pressung im Gewinde.

Wird die Schraube in eine Zwischenlage mit geringer Festigkeit eingeschraubt (z.B. Guß, Aluminium oder sogar Holz) oder ist wegen häufiger Einschraub- und Lösevorgänge eine Gewindebeschädigung zu befürchten, dann können auch sog. Einsatzbuchsen oder Gewindeeinsätze verwendet werden:

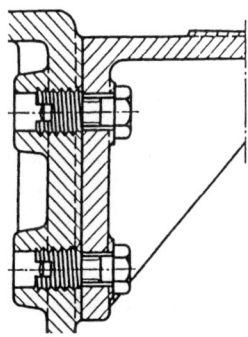

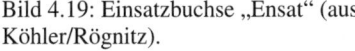

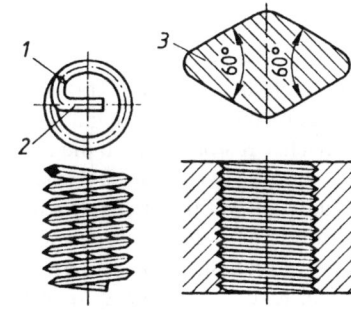

Bild 4.19: Einsatzbuchse „Ensat" (aus Köhler/Rögnitz).

Bild 4.20: Gewindeeinsatz „Heli Coil" (aus Köhler/Rögnitz).

4.4   Vorspannen von Schraubverbindungen

Die durch das Anziehen der Schraube bedingte Vorspannung führt zu einer Belastung der Schraube, auch wenn noch keine Betriebskraft vorliegt. Befestigungsschrauben werden stets, Bewegungsschrauben werden manchmal vorgespannt.

4.4.1   Vorspannung und Verformung

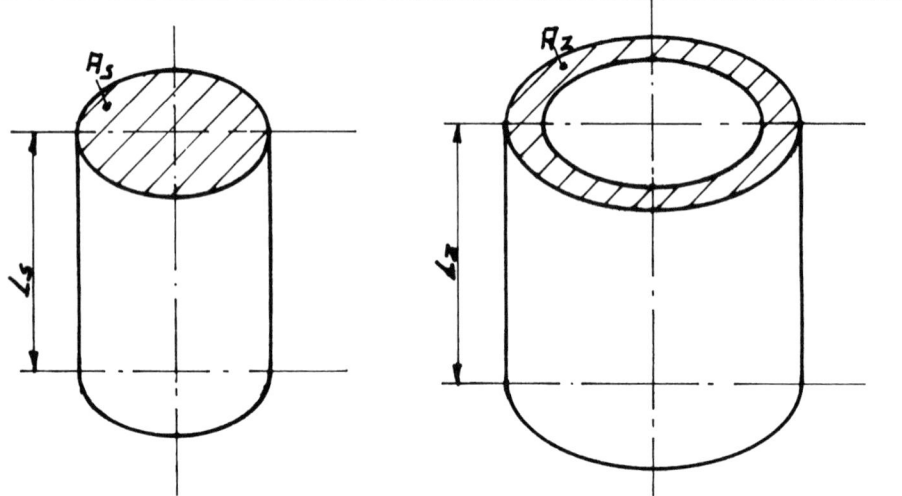

Die Schraube wird durch die beim Anziehen aufgebrachte Längskraft als elastischer Körper deformiert, sie verhält sich wie eine (sehr steife) Zugfeder. Wird die Schraube näherungsweise als zylindrischen Körper aufgefaßt, so läßt sich deren Steifigkeit c_S als Zugfeder formulieren:

Die Kraft, die aufgrund dieser Vorspannung die Schraube dehnt, wirkt aber gleichermaßen auf die Teile, die durch die Schraube verspannt werden („Zwischenlage"). Diese Zwischenlage verhält sich ebenfalls wie ein elastischer, sehr steifer Körper, der durch die Schraubenkraft gestaucht wird. Um eine erste Betrachtung zu erleichtern, wird diese Zwischenlage zunächst als einfache zylindrische Hülse angenommen, so daß sich deren Steifigkeit ebenfalls leicht berechnen läßt.

$$c_S = E_S * \frac{A_S}{L_S}$$

$$c_Z = E_Z * \frac{A_Z}{L_Z}$$

bzw. $$\delta_S = \frac{1}{c_S} = \frac{L_S}{E_S * A_S}$$

bzw. $$\delta_Z = \frac{1}{c_Z} = \frac{L_Z}{E_Z * A_Z}$$

Bild 4.21: Steifigkeit von Schraube und Zwischenlage.

Ähnlich wie bei Federn kann das Verformungsverhalten auch durch die Angabe der „Nachgiebigkeit" δ (Kehrwert der Steifigkeit) beschrieben werden.

Das folgende Bild zeigt die vorgespannte Kombination Schraube - Zwischenlage links in der technischen Ausführung und rechts als modellhaften Ersatz. Die Schraubensteifigkeit wird dabei zur Federsteifigkeit c_s, die Steifigkeit der Zwischenlage durch zwei parallelgeschaltete Federn mit den Steifigkeiten $c_z/2$ symbolisiert. Das Vorspannen der Schraube mit der Kraft F_V wird durch Ziehen an der Feder mit der Schraubensteifigkeit c_s versinnbildlicht, als Reaktion darauf verteilt sich die Vorspannkraft je zur Hälfte als $F_V/2$ auf je eine Zwischenlagensteifigkeit $c_z/2$

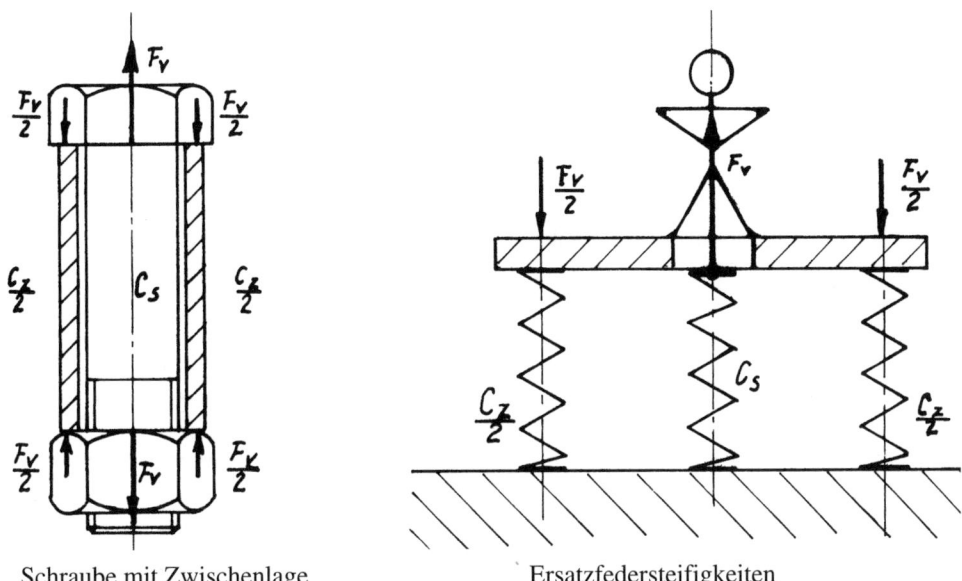

Schraube mit Zwischenlage   Ersatzfedersteifigkeiten

Bild 4.22: Vorspannen von Schraube und Zwischenlage.

Das Zusammenspiel der an Schraube und Zwischenlage wirkenden Kräfte und Verformungen läßt sich mit Hilfe der Steifigkeitskennlinien beschreiben:

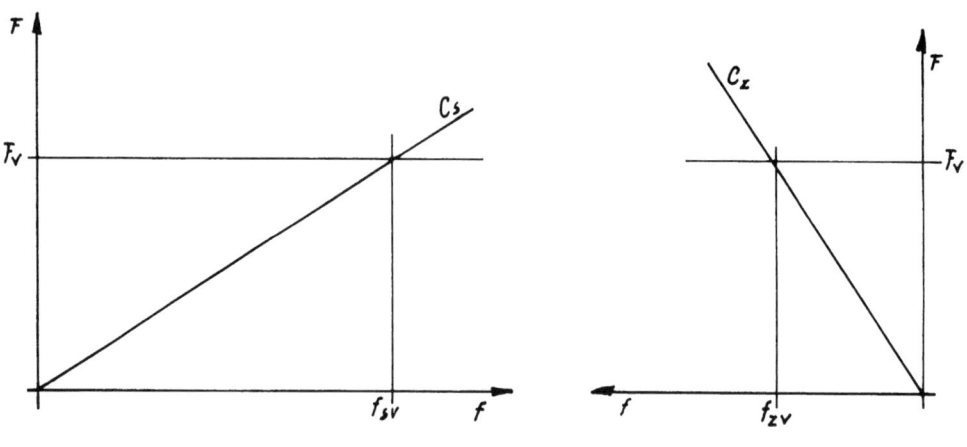

Federkennlinie der Schraube	Federkennlinie der Zwischenlage
Bei einer Vorspannkraft F_v wird die Schraube um den Betrag f_{sv} gelängt.	Bei der gleichen Vorspannkraft F_v wird die Zwischenlage ebenfalls entlang ihrer Federkennlinie um f_{zv} deformiert, aber da es sich hier um eine Stauchung handelt, wird diese Verformung in negativer Richtung aufgetragen.

Bild 4.23: Federkennlinie von Schraube und Zwischenlage.

Unter der Voraussetzung, daß für beide Diagramme die gleichen Maßstäbe für Kraft und Verformung verwendet werden, lassen sich diese beiden Steifigkeitskennlinien zu einem einzigen Schaubild zusammenfügen, welches man „Verspannungsdiagramm" nennt.

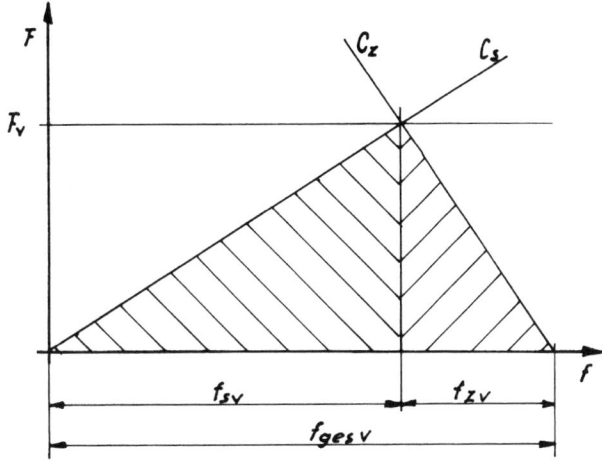

Bild 4.24: Verspannungsdiagramm.

Die Verformung $f_{gesV} = f_{SV} + f_{ZV}$ ist genau der Weg, der durch das Andrehen der Schraube zwischen der ersten, festen Anlage der Kontaktflächen und dem endgültigen Montagezustand in das System eingeleitet werden muß. Dabei entspricht f_{gesV} der Schraubenlängskoordinate h des Abschnittes „Geometrie der Schraube". Damit läßt sich auch der Winkel α berechnen, um den Schraube und Mutter gegeneinander verdreht werden müssen, um den Vorspannweg f_{gesV} zu verwirklichen:

$$f_{gesV} = \alpha * \frac{d_2}{2} * \tan\varphi \qquad \Rightarrow \qquad \alpha = \frac{f_{gesV}}{\frac{d_2}{2} * \tan\varphi} \qquad \alpha \text{ in Bogenmaß!}$$

Durch geometrische Betrachtungen im Verspannungsschaubild läßt sich nun auch eine Beziehung zwischen Vorspannweg f_{gesV} und Vorspannkraft F_V herstellen:

$$c_S = \frac{F_V}{f_{SV}} \qquad \Rightarrow \qquad f_{SV} = \frac{F_V}{c_S}$$

$$c_Z = \frac{F_V}{f_{ZV}} \qquad \Rightarrow \qquad f_{SV} = \frac{F_V}{c_S}$$

$$f_{gesV} = f_{SV} + f_{ZV} = \frac{F_V}{c_S} + \frac{F_V}{c_Z} = F_V * \left(\frac{1}{c_S} + \frac{1}{c_Z} \right)$$

Der zur Erzielung einer geforderten Vorspannkraft erforderliche Verdrehwinkel beträgt also:

$$\alpha = \frac{\dfrac{1}{c_S} + \dfrac{1}{c_Z}}{\dfrac{d_2}{2} \tan \varphi} * F_V \qquad\qquad \alpha \text{ in Bogenmaß!}$$

Durch eine Steigerung der Vorspannkraft von F_v auf $F_v{}'$ wird die zuvor um f_{sv} gedehnte Schraube nunmehr auf $f_{sv}{}'$ gelängt, während sich die Stauchung der Zwischenlage von f_{zv} auf $f_{zv}{}'$ erhöht. Dies kann im Diagramm durch eine Parallelverschiebung der Steifigkeitskennlinie der Zwischenlage dargestellt werden:

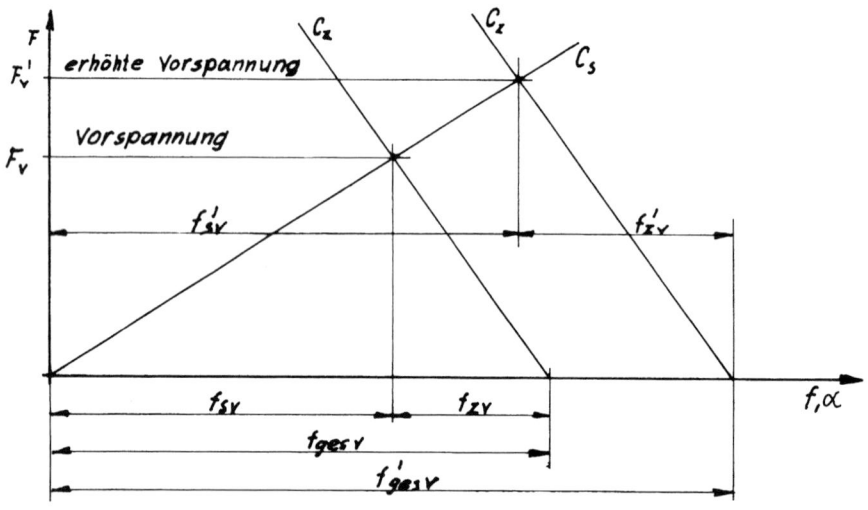

Bild 4.25: Verspannungsdiagramm, Variation der Vorspannkraft.

Bei dieser Vorspannungserhöhung muß die Schraube weiter angezogen werden: Der durch weiteres Drehen der Schraube eingebrachte Vorspannungsweg wird von f_{gesV} auf $f_{gesV}{}'$ erhöht.

Aufgabe 4.1 (Seite 356)

4.4.2   Setzen der Schraube

Der Kraftfluß einer vorgespannten Schraubverbindung geht über mehrere Trennfugen hinweg. An diesen Trennfugen liegen nicht etwa geometrisch ideale, sondern technisch reale Oberflächen mit einer fertigungsbedingten Rauheit aufeinander. Das folgende Bild zeigt beispielhaft eine Schraubverbindung, die in diesem Fall vier Trennfugen (einschließlich der Trennfuge im Gewindegang) aufweist.

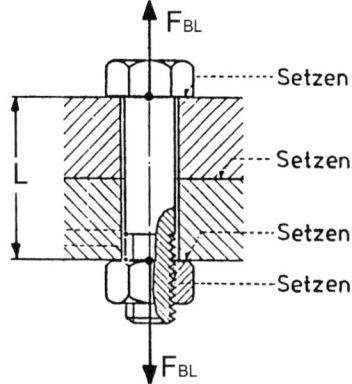

Bild 4.26: Schraubverbindung mit 4 Trennfugen
(aus Peeken).

Diese Rauhigkeiten werden durch die an der Trennfuge wirkenden Kräfte teilweise plastisch um den Weg Δf_v verformt und eingeebnet, wodurch es zum „Setzen" der Schraube kommt. Dadurch verringert sich der ursprünglich aufgebrachte Vorspannweg f_v um den Setzbetrag Δf_v, was wiederum einen Verlust der ursprünglich aufgebrachten Vorspannkraft F_v um ΔF_v zur Folge hat. Dieser Sachverhalt stellt sich im Verspannungsschaubild durch eine Parallelverschiebung der Steifigkeitskennlinien um Δf_v dar:

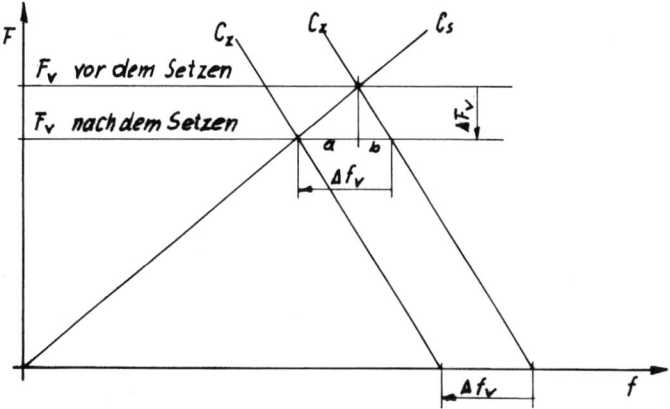

Bild 4.27: Vorspannungsverlust durch Setzen der Schraubverbindung.

Aus dem Verspannungsschaubild läßt sich ablesen:

$$c_S = \frac{\Delta F_V}{a} \qquad \Rightarrow \qquad a = \frac{\Delta F_V}{c_S}$$

und $\quad c_Z = \dfrac{\Delta F_V}{b} \qquad \Rightarrow \qquad b = \dfrac{\Delta F_V}{c_Z}$

$$\Delta f_v = a + b \;=\; \dfrac{\Delta F_V}{c_S} + \dfrac{\Delta F_V}{c_Z} = \Delta F_V * \left(\dfrac{1}{c_S} + \dfrac{1}{c_Z} \right)$$

$$\Delta F_V = \dfrac{\Delta f_v}{\dfrac{1}{c_S} + \dfrac{1}{c_Z}}$$

Der Setzbetrag einer Schraubverbindung hängt im wesentlichen von der Anzahl und von der Oberflächenbeschaffenheit der Trennfugen ab. Für Schrauben und Zwischenlagen aus Stahl läßt er sich nach der folgenden Tabelle abschätzen:

Setzbeträge für St/St.

Betriebsanspruchung	Setzbetrag im Gewinde	Setzbetrag bei feinbearbeiteter Oberfläche	Setzbetrag bei geschlichteter Oberfläche
längs	5 µm	2 µm	4 µm
quer oder kombiniert längs/quer	5 µm	4 µm	8 µm

Der Setzbetrag wird gering gehalten durch

- geringe Rauheiten in den Kontaktflächen
- geringe Anzahl der Trennfugen, d.h. Unterlegscheiben (und erst recht einen Stapel von Unterlegscheiben) möglichst vermeiden
- Flächenpressung an den Trennfugen möglichst unterhalb der Streckgrenze halten, so daß keine plastische Verformung der Rauheiten eintreten kann

Die Auswirkungen des Setzens können gemildert werden durch

- hohe Vorspannung, so daß auch nach dem Setzen noch genügend Vorspannkraft zur Verfügung steht
- geringe Steifigkeit der gesamten Schraubverbindung, so daß der Setzbetrag durch Nach-federn der Schraubverbindung aufgenommen werden kann.

Ein nachträglicher Ausgleich des Setzbetrages ist durch Nachziehen der Schrauben nach einiger Betriebszeit möglich. Um diesen Vorgang abzukürzen, kann die Schraubverbindung nach der Montage mit Überlast vorbelastet und dann sofort nachgezogen werden.

4.4.3   Thermische Einflüsse

Das Verspannungsschaubild gilt für jedes beliebige Temperaturniveau der Bauteile unter der Voraussetzung, daß alle an der Verbindung beteiligten Bauteile die gleiche Temperatur aufweisen. Zusätzliche Betrachtungen werden nötig, wenn innerhalb der Schraubverbindung (möglicherweise nur kurzfristige) Temperaturgradienten auftreten. In diesem Fall wird dem System aufgrund von Wärmedehnung ein Federweg aufgezwungen, der zu zusätzlichen Verformungen und damit zu zusätzlichen Belastungen führt. Grundsätzlich gelten dabei ähnliche Überlegungen wie im vorangegangenen Abschnitt (Setzen der Schraubverbindung) mit dem Unterschied, daß der Vorspannweg nicht verringert, sondern vergrößert wird, wodurch die Schraube in ihrer Festigkeit gefährdet werden kann. Diese Problematik soll an folgendem Beispiel diskutiert werden:

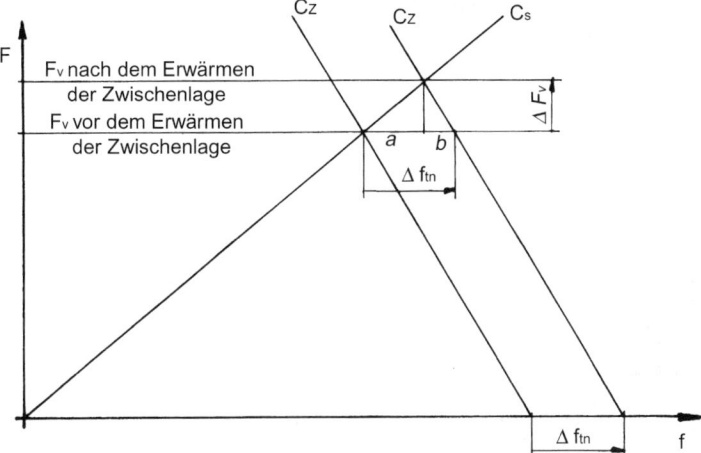

Bild 4.28: Vorspannungserhöhung durch Erwärmung der Zwischenlage.

Die Schraubverbindung wird erwärmt, wobei im modellhaften Extremfall davon ausgegangen werden muß, daß sich die Zwischenlage erwärmt, während die Schraube selber noch ihr ursprüngliches Temperaturniveau beibehält. Durch Wärmeausdehnung der Zwischenlage wird der Vorspannungsweg um Δf_{th} vergrößert, wodurch in der oben dargestellten Weise sich die Vorspannkraft um ΔF_v vergrößert. Für die rechnerische Beschreibung dieses Sachverhaltes kann der gleiche Ansatz mit den gleichen Formelzeichen verwendet werden wie im vorangegangenen Abschnitt.

Aufgabe 4.2 (Seite 357)

4.5 Betriebskraftbelastung der Schraube

Nach der Montage wird die angezogene Schraube mit einer Längskraft F_V belastet, obwohl noch keine äußere Belastung in die Schraubverbindung eingeleitet wird. Eine zusätzlich wirkende Betriebskraft F_B kann grundsätzlich in jeder beliebigen Richtung auftreten. Die nachfolgenden Betrachtungen konzentrieren sich jedoch auf zwei Modellfälle, die sich so miteinander kombinieren lassen, daß damit alle praktischen Bedürfnisse erfaßt werden können:

- Wenn die Betriebskraft F_B senkrecht zur Schraubenachse angreift, so liegt eine **querkraftbeanspruchte Schraubverbindung** vor. Eine solche Betriebskraft wird im weiteren Verlauf dieser Ausführungen mit F_{BQ} bezeichnet.

- Greift die Betriebskraft F_B hingegen in Richtung der Schraubenachse an, so handelt es sich um eine **längskraftbeanspruchte Schraubverbindung.** Die dabei wirkende Betriebskraft wird mit F_{BL} indiziert.

4.5.1 Querkraftbeanspruchte Schraubverbindungen

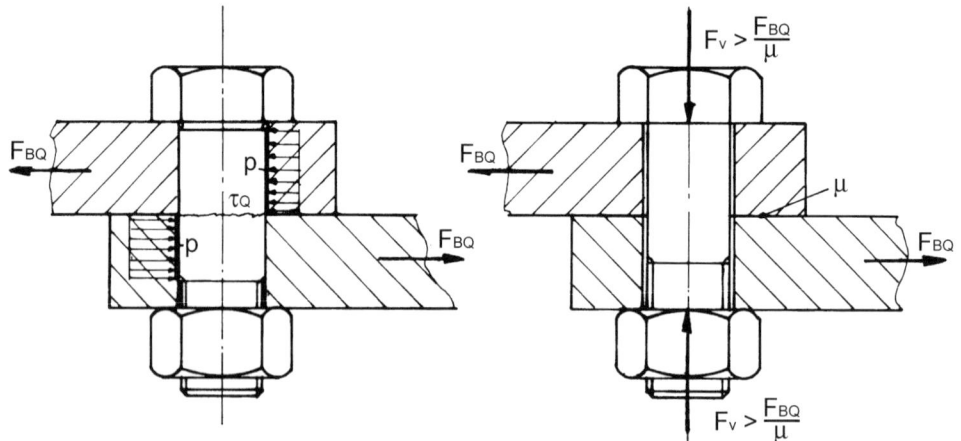

Schraubverbindung mit Paßschraube   Schraubverbindung mit normaler Schraube
bei Querkraftbelastung   bei Querkraftbelastung

Bild 4.29: Querkraftbelastete Schraubverbindungen.

Eine Schraube selber kann die von außen in die Verbindung eingeleitete Querkraft nur dann tatsächlich als Querkraft im Schraubenschaft aufnehmen, wenn sie konstruktiv dazu besonders ausgebildet ist. Ähnlich wie bei einer kaltgeschlagenen Nietverbindung muß die Querkraft als Schubspannung und Lochleibungsdruck übertragen werden können.

$$\tau_{Qtats} \leq \tau_{Qzul} \quad \text{und} \quad p_{tats} \leq p_{zul}$$

Dazu darf der Schaft der Schraube im kraftübertragenden Bereich kein Gewinde aufweisen und muß an der Wand der Bohrung fest anliegen. Dies führt zur Konstruktion der sog. Paßschraube. Eine normale Schraube wäre zur Aufnahme von Querkraftschub aufgrund des Gewindes sehr kerbempfindlich und ein Pressungsübertragung an der Mantelfläche des Gewindes ist kaum möglich, da nur die Gewindespitzen als pressungsübertragende Fläche zur Verfügung stünden. In diesem Fall muß die Schraube soweit vorgespannt werden, daß die als Querkraft eingeleitete Betriebskraft durch die Reibung der verspannten Teile untereinander übertragen werden kann:

$$F_V \geq \frac{F_{BQ}}{\mu}$$

Die Schraube selber wird also nur mit der einmal aufgebrachten Vorspannkraft F_V, nicht aber mit der aktuellen Betriebskraft F_{BQ} belastet.Das folgende Bild zeigt zwei Beispiele, bei denen die Paßschraube vorteilhaft angewendet wird:

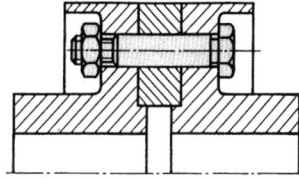

Bild 4.30: Kupplungsscheibe mit Paßschraube (aus Köhler/Rögnitz). Zwei gegenüberliegende Flansche einer nichtschaltbaren Kupplung werden über einen Zwischenring zueinander zentriert, die Paßschrauben ermöglichen die Übertragung von Torsionsmoment.

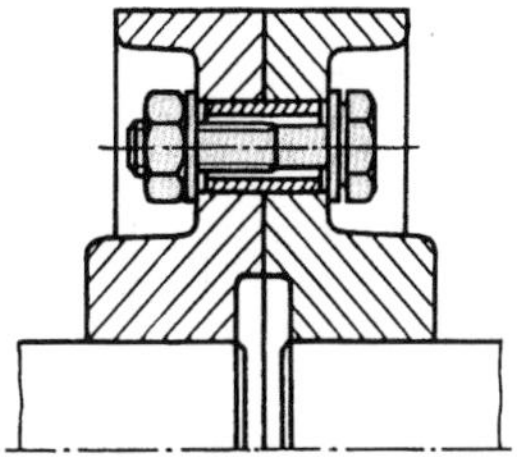

Bild 4.31: Kupplungsscheibe mit Scherbuchse (aus Köhler/Rögnitz). Die Querkräfte können auch durch eine Scherbuchse aufgenommen, die auf Scherung und Lochleibungsdruck dimensioniert wird. In diesem Fall liegt die Schraube nicht im Hauptkraftfluß.

Paßschrauben werden jedoch wegen der folgenden Nachteile nur in Ausnahmefällen verwendet:

- Die Schraube selber ist wegen der eng tolerierten Außenmantelfläche des Schaftes teuer.

- Die Montage der Schraube ist sehr aufwendig. Wenn die Schraubverbindung aus nur einer einzigen Schraube besteht, so müssen die Bohrungen aufgerieben werden. Besteht die Verbindung aus mehreren Schrauben, so besteht zusätzlich das Problem, daß sich die Bohrlöcher der zu verbindenden Teile genau gegenüberstehen müssen, die Lage der Bohrlöcher untereinander muß also genau toleriert werden. Diese Forderung wird häufig dadurch erfüllt, daß die beiden Bauteile in Montagelage gemeinsam gebohrt und aufgerieben werden.

Aufgabe 4.3 (Seite 358) und Aufgabe 4.4 (Seite359)

4.5.2   Längskraftbeanspruchte Schraubverbindungen

Fällt die Wirkungslinie der Betriebskraft mit der Schraubenachse zusammen, so wird deren
Betrachtung deutlich komplexer. Die Betriebskraft F_{BL} darf nicht etwa zu der Vorspannkraft
F_V addiert werden, sondern die Schraubenbelastung ergibt sich erst aus einer Betrachtung des
Verformungsverhaltens der gesamten Schraubverbindung als Wechselwirkung zwischen
Schraube und Zwischenlage.

4.5.2.1   Statische Betriebskraft

Als einführendes Beispiel werde zunächst einmal ein unter Druck stehender Kessel angenommen, dessen Deckel durch eine Vielzahl von Schrauben befestigt ist. Eine einzelne
Schraube dieser Verbindung ist in untenstehendem Schema links angedeutet. Es sei angenommen, daß die durch den Kesselüberdruck hervorgerufene Betriebskraft F_{BL} an der gleichen Stelle angreift wie die Vorspannkraft F_V.

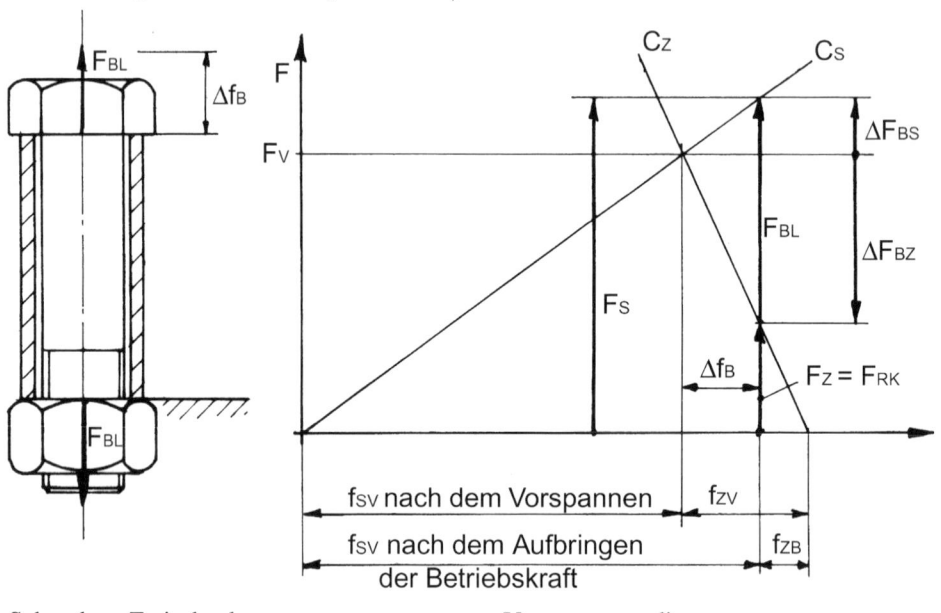

Schraube – Zwischenlage   Verspannungsdiagramm

Bild 4.32: Verspannungsdiagramm mit statischer Zugbetriebskraft.

Die durch die Betriebskraft F_{BL} verursachte Zusatzbelastung der Schraube ist nicht direkt zu
ermitteln. Es kann aber leicht erkannt werden, daß die Betriebskraft F_{BL} an der bereits vorgespannten Schraubverbindung eine zusätzliche Verformung Δf_B hervorruft. Der Betriebspunkt
am Schnittpunkt von c_s und c_z verschiebt sich durch die Aufbringung der Betriebskraft und
der dadurch verursachten Verformung um Δf_B. Schraube und Zwischenlage erfahren dabei
die folgende Veränderungen der auf sie wirkenden Kräfte:

	Verformung	Kraft
Schraube	Die durch die Montage bereits um f_{SV} gelängte Schraube wird zusätzlich um Δf_B auf f_{SB} gedehnt, was im Verspannungsschaubild eine Verlagerung des Betriebspunktes um Δf_B nach rechts bedeutet: $$f_{SB} = f_{SV} + \Delta f_B$$	Die Schraubenbelastung wandert dabei auf der c_S-Linie nach rechts oben, die die Schraube belastende Kraft wird dadurch um ΔF_{BS} größer. Die Schraubenbelastung ergibt sich schließlich zu F_S: $$F_S = F_V + \Delta F_{BS}$$
Zwischenlage	Die Zwischenlage wird ebenfalls um den gleichen Betrag Δf_B gelängt, der Betriebspunkt wird also ebenfalls um diesen Betrag nach rechts verlagert. Da die Zwischenlage aber zuvor durch die Vorspannung um f_{ZV} gestaucht worden war, bedeutet die Längung um Δf_B eine teilweise Reduzierung der ursprünglich aufgebrachten Stauchung auf nunmehr f_{ZB}. $$f_{ZB} = f_{ZV} - \Delta f_B$$	Die Belastung der Zwischenlage verlagert sich auf der c_Z-Linie nach rechts unten. Die die Zwischenlage belastende Kraft wird dadurch um ΔF_{BZ} reduziert. Die Belastung der Zwischenlage ergibt sich schließlich zu F_{BZ}: $$F_Z = F_V - \Delta FB_Z$$

In dem um Δf_B verschobenen Betriebszustand muß auch das Gleichgewicht der Kräfte gelten: Aus diesem Grunde bildet sich zwischen den dadurch entstehenden Betriebspunkten für Schraube und Zwischenlage nun die Betriebskraft F_{BL} in der dargestellten Weise ab. Normalerweise wird Δf_B zunächst nicht bekannt sein, sondern es wird vielmehr die Betriebskraft F_{BL} gegeben sein. Dazu wird die Betriebskraft maßstäblich so zwischen die c_S-Linie und die c_Z-Linie plaziert, daß sich der Fußpunkt des Kraftvektors auf der Steifigkeitskennlinie der Zwischenlage befindet und die Spitze des Vektors gerade die Steifigkeitskennlinie der Schraube erreicht.

Unterhalb von F_{BL} bleibt noch die **Restklemmkraft** $F_Z = F_{RK}$ übrig, mit der die Zwischenlage noch belastet wird. Bei steigender Betriebskraft F_{BL} wird die Restklemmkraft F_{RK} immer kleiner. Aus Gründen der Sicherheit der Schraubverbindung darf diese Restklemmkraft jedoch nicht verschwinden bzw. darf einen gewissen Betrag nicht unterschreiten, da andernfalls ein Klaffen der Fugen oder eine Undichtigkeit der Schraubverbindung auftritt.

Wird die Betriebskraft als Druckkraft aufgebracht (z.B. Unterdruck im Kessel), so kann die gleiche Betrachtung angestellt werden mit dem einzigen Unterschied, daß die betriebskraftbedingte Verformung Δf_B in die umgekehrte Richtung aufgetragen werden muß:

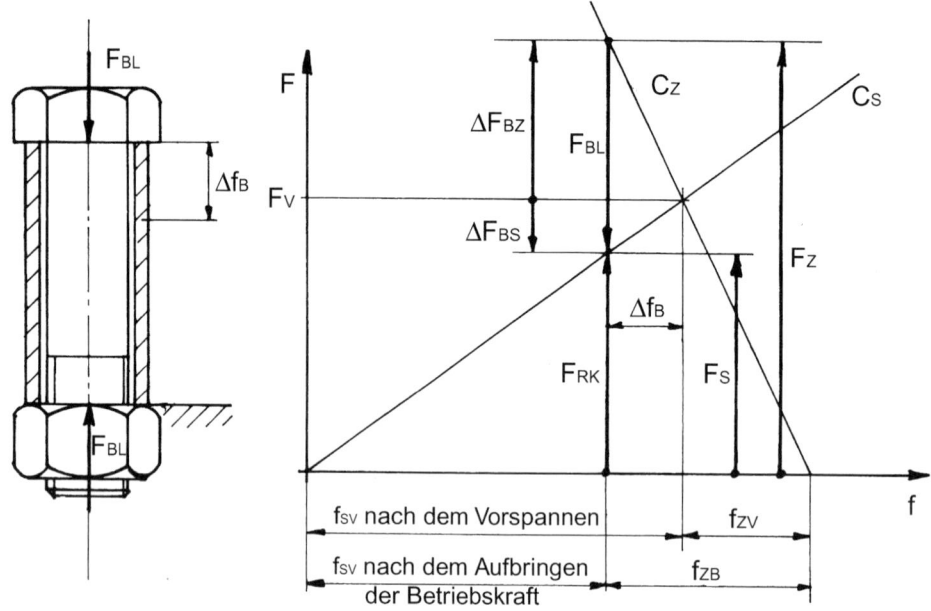

Schraube mit Zwischenlage   Verspannungsdiagramm

Bild 4.33: Verspannungsdiagramm mit statischer Druckbetriebskraft.

Die Restklemmkraft F_{RK} bildet sich auch in diesem Fall unterhalb der Betriebskraft F_{BL} ab und ist in diesem Fall genauso groß wie F_S. Zur Sicherstellung der Klemmwirkung darf F_S einen geforderten Mindestbetrag nicht unterschreiten. Die vorstehenden Überlegungen lassen sich auch rechnerisch erfassen, wobei auch hier die Gleichungen einfach als geometrische Beziehungen aus dem Verspannungsschaubild entnommen werden:

$$c_S = \frac{\Delta F_{BS}}{\Delta f_B} \qquad\qquad \text{und} \qquad\qquad c_Z = \frac{\Delta F_{BZ}}{\Delta f_B}$$

Beide Gleichungen lassen sich nach Δf_B auflösen und dann gleichsetzen:

$$\Delta F_{BZ} * c_S = \Delta F_{BS} * c_Z$$

Weiterhin gilt:

$$F_{BL} = \Delta F_{BS} + \Delta F_{BZ}$$

In den voranstehenden beiden Gleichungen sind zwei Unbekannte enthalten. Um die Frage nach der kritischen maximalen Schraubenbelastung zu klären, wird ΔF_{BS} gesucht. Es kann formuliert werden:

$$\Delta F_{BZ} = F_{BL} - \Delta F_{BS}$$

Daraus folgt:

$$(F_{BL} - \Delta F_{BS}) * c_S = \Delta F_{BS} * c_Z$$

Damit gilt für die **Zusatzbelastung der Schraube** (Steigerung der Last gegenüber dem Vorspannungszustand):

$$\Delta F_{BS} = F_{BL} * \frac{c_S}{c_Z + c_S}$$

Das Steifigkeitsverhältnis $c_S / (c_S + c_Z)$ wird auch als Verspannungsfaktor Φ bezeichnet:

$$\Phi = \frac{c_S}{c_Z + c_S} \qquad \Rightarrow \qquad \Delta F_{BS} = F_{BL} * \Phi$$

Analog dazu läßt sich für die Belastungsänderung **der Zwischenlage** (Reduzierung der Last gegenüber dem Vorspannungszustand) formulieren:

$$\Delta F_{BZ} = F_{BL} * \frac{c_Z}{c_Z + c_S}$$

Daraus ergibt sich unter Verwendung des Verspannungsfaktors Φ:

$$\Delta F_{BZ} = F_{BL} * (1 - \Phi)$$

Aufgabe 4.5 (Seite360) bis Aufgabe 4.7 (Seite 361)

4.5.2.2 Dynamische Betriebskraft

In Erweiterung der vorangegangenen Betrachtung tritt die Betriebskraft F_{BL} jedoch nicht nur statisch, sondern im allgemeinen Fall als dynamische Betriebskraft auf. Der zunächst einfachste Fall liegt dann vor, wenn die Betriebskraft zwischen den Werten Null und F_{BL} pendelt, also schwellend aufgebracht wird. Dieser Lastzustand läßt sich im mittleren Drittel des folgenden Schemas darstellen:

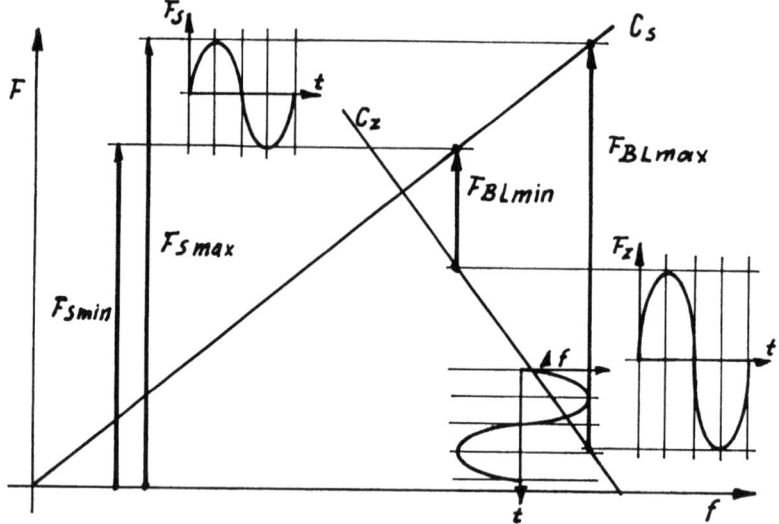

Betriebskraft im Zugbereich

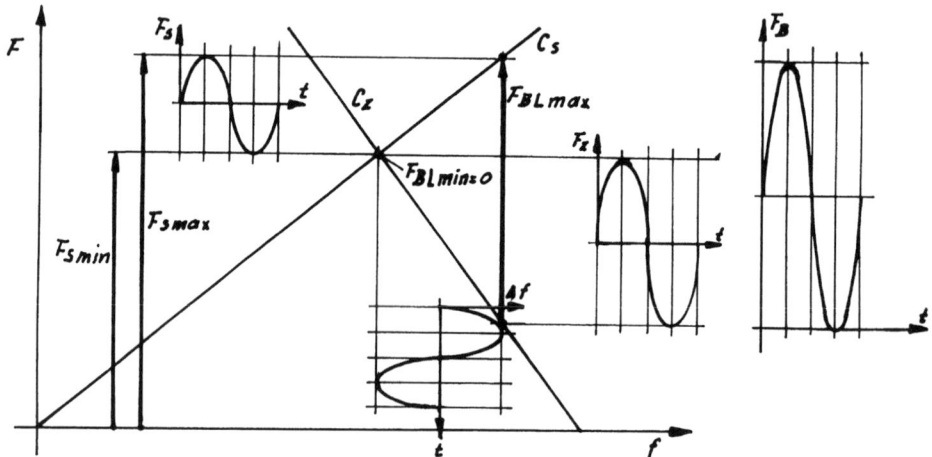

Betriebskraft im Zugschwellbereich

Bild 4.34: Verspannungsdiagramm mit dynamischer Betriebskraft.

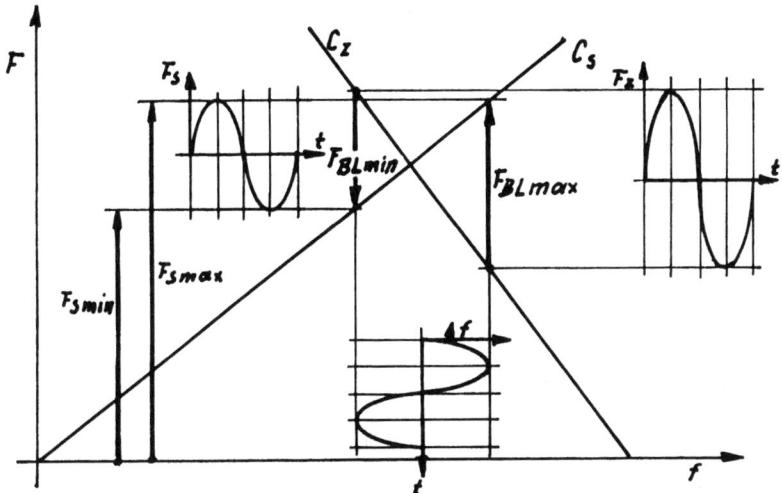

Betriebskraft im Zug-/Druckbereich

Bild 4.34: Verspannungsdiagramm mit dynamischer Betriebskraft (Fortsetzung).

Sowohl die Schraube als auch die Zwischenlage werden dynamisch beansprucht. Dieser Sachverhalt läßt sich durch eine zusätzlich in das Diagramm eingefügte Zeitachse veranschaulichen. Der zusätzlich rechts im Diagramm eingefügte Betriebskraftverlauf zeigt an, wie sich die Dynamik des Betriebskraftverlaufs auf die Schraubendynamik und die Zwischenlagendynamik verteilt. Die Verformungsdynamik ist als $\Delta f_{(t)}$ darstellbar.

Pendelt die Betriebskraft zwischen einem Minimalwert F_{BLmin} und einem Maximalwert F_{BLmax}, so ist die Betrachtung nach dem oberen Bilddrittel zutreffend. Wird die minimale Betriebskraft zu einer Druckkraft, also negativ, so ergibt sich das Verspannungsschaubild im unteren Bilddrittel.

Damit läßt sich auch die tatsächlich auf die Schraube wirkende Kraft durch die Angabe der maximalen Schraubenkraft F_{Smax} und der minimalen Schraubenkraft F_{Smin} charakterisieren. Für die Festigkeitsberechnung der Schraube ist jedoch ein Differenzierung nach statischem und dynamischem Anteil erforderlich. Die Umrechnung ist jedoch leicht zu bewerkstelligen:

$$F_{Sstat} = \frac{F_{Smax} + F_{Smin}}{2} = \frac{F_V + \Delta F_{BSmax} + F_V + \Delta F_{BSmin}}{2}$$

$$F_{Sstat} = F_V + \frac{F_{BLmax} + F_{BLmin}}{2} * \frac{c_S}{c_S + c_Z} = F_V + \frac{F_{BLmax} + F_{BLmin}}{2} * \Phi$$

und

$$F_{Sdyn} = \frac{F_{Smax} - F_{Smin}}{2} = \frac{F_V + \Delta F_{BSmax} - F_V - \Delta F_{BLmin}}{2}$$

$$F_{Sdyn} = \frac{F_{BLmax} - F_{BLmin}}{2} * \frac{c_S}{c_S + c_Z} = \frac{F_{Bmax} - F_{Bmin}}{2} * \Phi$$

Aus dieser Gegenüberstellung wird auch ersichtlich, daß die Höhe der Vorspannkraft F_v ohne Einfluß auf die kritische dynamische Belastung der Schraube ist. Mit der Variation des Verspannungsfaktors Φ hingegen läßt sich bei vorgegebenem Betriebskraftverlauf die Belastung der Schraube entscheidend beeinflussen, was auf eine gezielte Dimensionierung der beteiligten Steifigkeiten hinausläuft (s. folgender Abschnitt). Die gleiche Überlegung gilt in ähnlicher Weise auch für die Zwischenlage. Da aber die Schraube in ihrer Festigkeit kritischer belastet wird, konzentriert sich die Festigkeitsbetrachtung meist auf die Schraube.

Aufgabe 4.8 (Seite 362)

4.5.3   Zusammenspiel der Steifigkeiten

Wie bereits in den vorangegangenen Abschnitten bereits deutlich wurde, ist die Aufteilung der Betriebskraft F_{BL} auf die Schraubenmehrbelastung ΔF_{BS} und die Veränderung der Zwischenlagenbelastung ΔF_{BZ} von den Steifigkeiten der Schraube c_S und der Zwischenlage c_Z bzw. vom Verspannungsfaktor Φ abhängig. In vielen Fällen werden diese Steifigkeiten gezielt beeinflußt, um dadurch vor allen Dingen die dynamische Schraubenbelastung zu reduzieren. Dies läßt sich am Beispiel einer schwellenden Betriebskraft besonders deutlich demonstrieren:

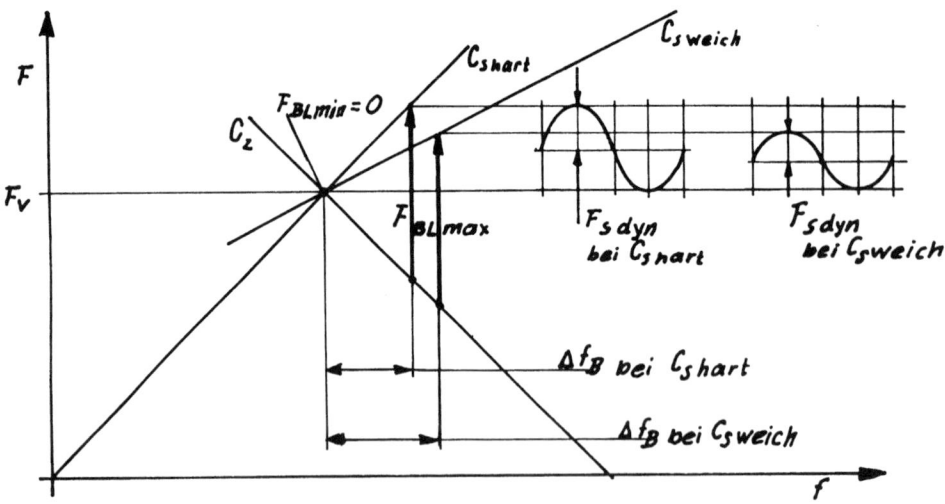

Bild 4.35: Einfluß der Schraubensteifigkeit auf die Schraubenkraft.

Die durch die schwellende Betriebskraft F_{BL} (von 0 bis F_{BLmax}) hervorgerufene dynamische Belastung der Schraube kann verringert werden, wenn die Schraubensteifigkeit vermindert wird, die Schraube also nachgiebiger gestaltet wird. Wie das folgende Bild zeigt, kann das gleiche Ziel auch mit einer Steigerung der Zwischenlagensteifigkeit erreicht werden:

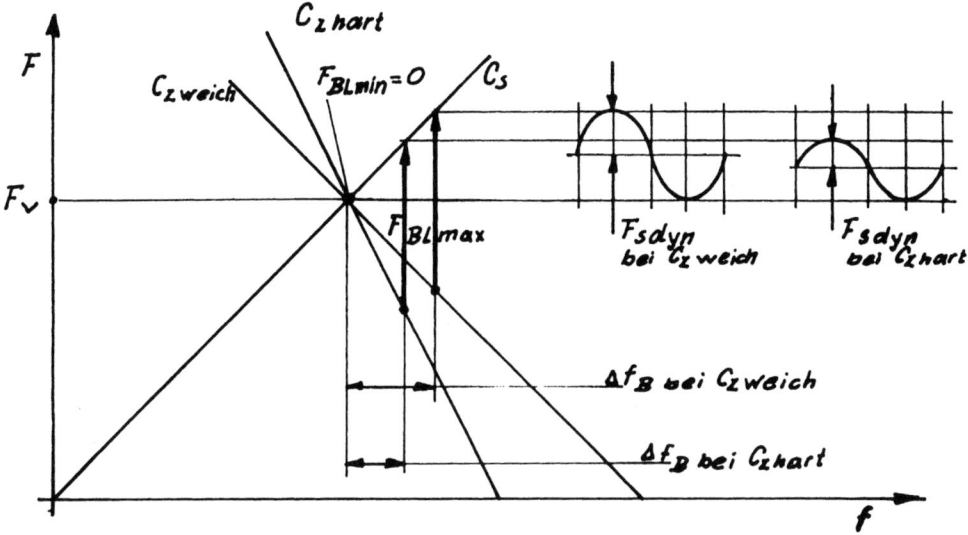

Bild 4.36: Einfluß der Zwischenlagensteifigkeit auf die Schraubenkraft.

Dieser Feststellung kommt eine überragende Bedeutung zu, weil die **Schraube** wegen ihrer hohen Kerbwirkung im Gewindes **besonders dynamikempfindlich** ist.

4.5.3.1   Schraubensteifigkeit

In der Eingangsdiskussion wurde die Schraubensteifigkeit in erster Näherung durch die Gleichung $c_s = E_s * A / L_s$ beschrieben. Zur Ermittlung der Querschnittsfläche A wurde zunächst einmal vereinfachend vorausgesetzt, daß die Schraube einen über ihrer ganzen Länge einheitlichen Durchmesser aufweist. Tatsächlich setzt sich die freitragende Schraubenlänge aber aus dem Schaftanteil mit dem Nenndurchmesser d und dem Gewindeanteil mit dem Durchmesser d_s zusammen. Schaftanteil und Gewindeanteil müßten also bei differenzierter Betrachtung einzeln berechnet und dann als Reihenschaltung zusammengefaßt werden.

Die nachfolgenden Ausführungen beschreiben die wichtigsten konstruktiven Möglichkeiten, auf die Schraubensteifigkeit Einfluß zu nehmen.

Die Schraubensteifigkeit kann einfach durch eine Erhöhung der **Schraubenlänge** reduziert werden.

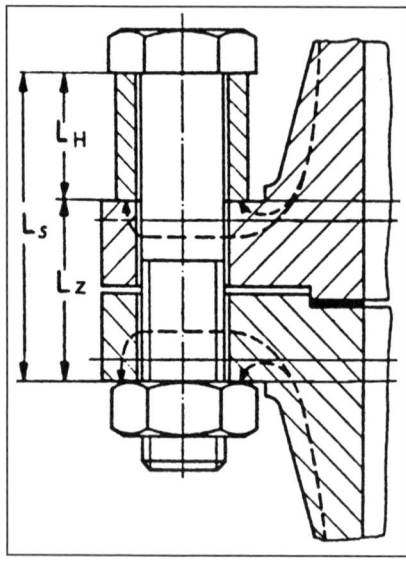

Um die dadurch länger werdende Schraube konstruktiv unterbringen zu können, wird in vielen Fällen eine **Hülse** verwendet. Die Hülse selber weist eine eigene Steifigkeit $c_{Hülse}$ auf, die mit der Schraubesteifigkeit c_S in Reihe geschaltet ist. Die Gesamtsteifigkeit der Schraube c_{Sges} wird also durch das Vorhandensein der Hülse zusätzlich herabgesetzt. Die Gesamtschraubensteifigkeit c_{Sges} berechnet zu

$$\frac{1}{c_{Sges}} = \frac{1}{c_S} + \frac{1}{c_{Hülse}}$$

bzw. $\delta_{Sges} = \delta_S + \delta_{Hülse}$

Bild 4.37: Schraube mit Hülse.

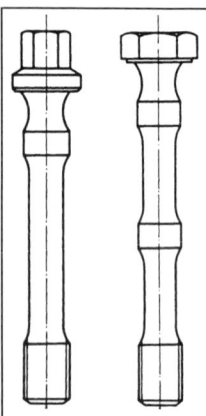

Weiterhin kann auf die Steifigkeit der Schraube über ihre **Querschnittsfläche** Einfluß genommen werden: Eine Verringerung der Querschnittsfläche setzt die Schraubensteifigkeit linear herab. Dabei muß allerdings beachtet werden, daß damit auch die Fläche reduziert wird, die die Schraubenlängskraft als Spannung aufnehmen kann. Deshalb wird der Schraubendurchmesser vorzugsweise an festigkeitsmäßig unbedenklichen Stellen reduziert („Die Kette ist nur so stark wie ihr schwächstes Glied“: Überdimensionierte Kettenglieder können also ohne Gefährdung der Festigkeit abgespeckt werden). Der Schraubenschaft ist im Gegensatz zum kerbbeeinflußten Gewindeteil nicht in seiner Festigkeit gefährdet und kann deshalb im Durchmesser verringert werden. Diese Vorgehensweise führt zur Konstruktion der sog. **Dehnschraube**.

Bild 4.38: Dehnschrauben.

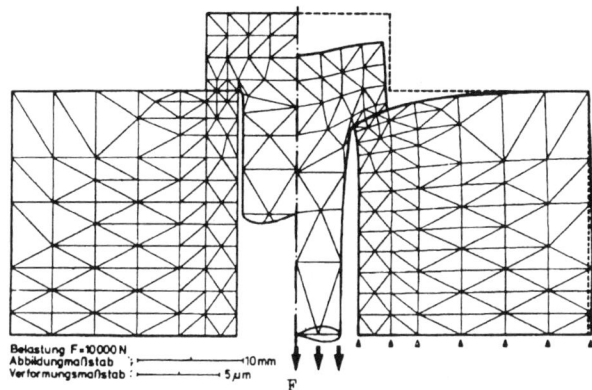

Bild 4.39: Federung des
Schraubenkopfs (aus Peeken I).

Wie das Bild 4.39 als Ergebnis einer Finite-Element-Berechnung beispielhaft demonstriert, federt sowohl der **Kopf** als auch die **Mutter** nach. Dieser Einfluß wird berücksichtigt durch eine rechnerische Vergrößerung der konstruktiv vorhandenen Schraubenschaftlänge. Sowohl für die Mutter als auch für den Schraubenkopf wird die Schraubenschaftlänge rechnerisch um je 0,5 * d vergrößert. Weiterhin werden Schraubenkonstruktionen angewendet, deren Kopf gezielt nachgiebig ausgebildet ist, um die Gesamtsteifigkeit zu reduzieren. Diese Konstruktionen sind besonders bei kurzen Klemmlängen, die selber nur geringe Nachgiebigkeiten aufweisen, vorteilhaft einsetzbar. Das folgende Bild zeigt einige Ausführungsformen (b-e) im Vergleich zur Normalausführung a:

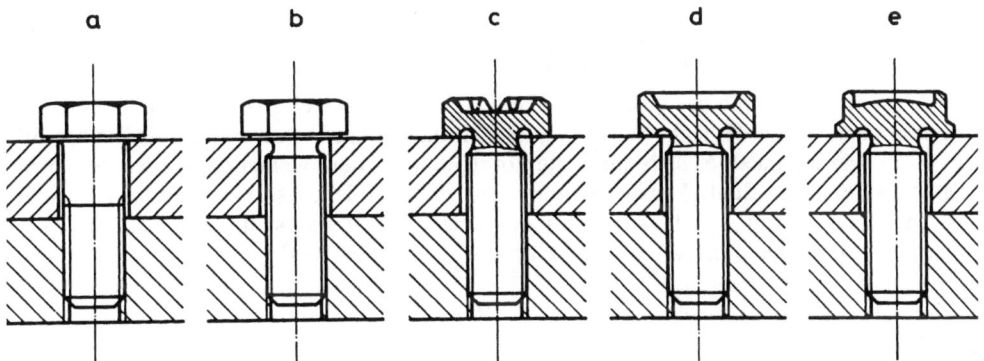

Bild 4.40: Nachgiebige Schraubenkopfkonstruktionen (aus Schraubenvademecum 1991)

Anhand der Gegenüberstellung des folgenden Bildes sollen nochmals einige wichtige Einflüsse demonstriert werden:

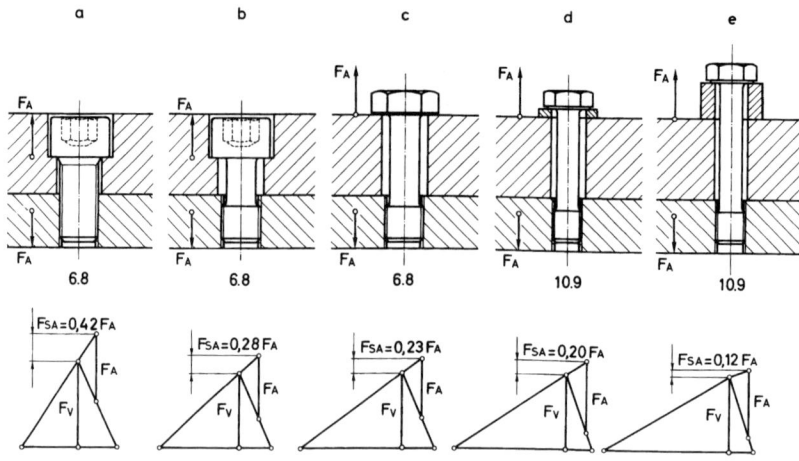

a)

Bild 4.41: Schrauben mit reduzierter Steifigkeit (aus Schraubenvademecum 1991).
a)   Bezugsfall für die nachfolgende Parametervariation
b)   Schraubenschaft im Sinne einer Dehnschraube verjüngt, dadurch nachgiebigere („weichere")
     Schraube
c)   Anstatt Innensechskantschraube Sechskantschraube mit längerem Schraubenschaft; dadurch zu-
     sätzliche Reduktion der Schraubensteifigkeit
d)   Unterlegscheibe (kurze Hülse) reduziert die Schraubensteifigkeit (Vorsicht: Setzen!)
e)   Mit zunehmender Höhe der Unterlegscheibe bzw. deren Ausbildung als Hülse wird der unter d.
     genannte Effekt noch verstärkt

4.5.3.2   Zwischenlagensteifigkeit

Die Zwischenlage wurde bezüglich ihrer Steifigkeit bisher modellhaft als zylindrische Hülse
angenommen, was in der technischen Praxis allerdings nur selten der Fall ist (Fall a des Bildes 4.42). Meist handelt es sich um plattenförmige, mehr oder weniger ausgedehnte Körper
(Fall b und c), deren Steifigkeitsberechnung sehr viel komplexer ist. Um dennoch den einfachen Ansatz $c_Z = E_Z * A_{ers} / L_Z$ ausnutzen zu können, behilft man sich damit, daß für dessen
Querschnittsfläche eine fiktive „Ersatz"-Fläche A_{ers} formuliert wird:

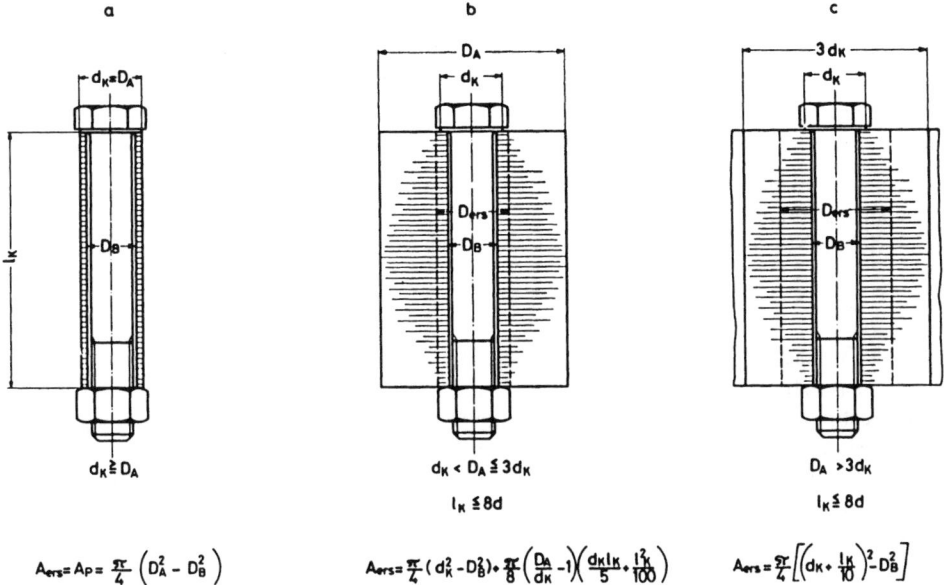

$$A_{ers}=A_P= \frac{\pi}{4}\left(D_A^2 - D_B^2\right)$$

$$A_{ers}= \frac{\pi}{4}\left(d_K^2 - D_B^2\right) + \frac{\pi}{8}\left(\frac{D_A}{d_K} -1\right)\left(\frac{d_K l_K}{5} + \frac{l_K^2}{100}\right)$$

$$A_{ers}= \frac{\pi}{4}\left[\left(d_K + \frac{l_K}{10}\right)^2 - D_B^2\right]$$

Bild 4.42: Ersatzfläche für Zwischenlage.

4.5.3.3   Krafteinleitung innerhalb verspannter Teile

Die bisherigen Betrachtungen beziehen sich auf den Fall, daß die Betriebskraft F_{BL} an den Auflageflächen von Kopf und Mutter, also an der gleichen Stelle wie die Vorspannkraft F_V eingeleitet wird. Dieser Fall wird im Bild 4.43 nochmals aufgegriffen.

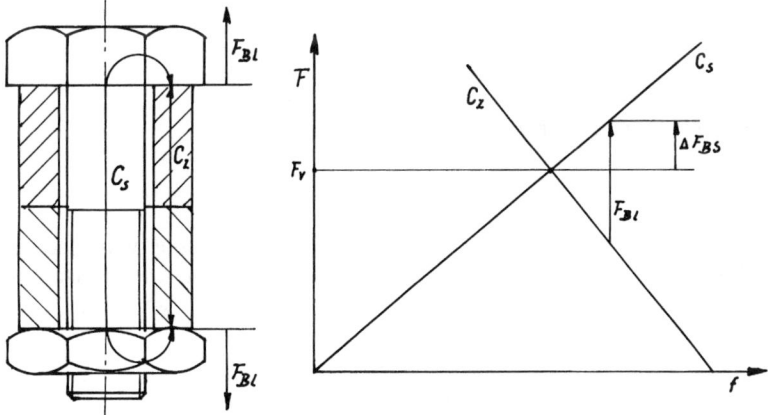

Bild 4.43: Betriebskrafteinleitung an der Kopfauflage.

Wird die Betriebskraft jedoch in einer Ebene eingeleitet, die weiter innen anzunehmen ist, so ändern sich auch die Steifigkeiten, die die Betriebskraft dann vorfindet (Bild 4.44):

- Die Zwischenlagensteifigkeit c_Z' bezieht sich nur noch auf den zwischen den beiden Krafteinleitungsebenen verbleibenden Teil der Zwischenlage (n * L), wird also härter als die ursprüngliche Steifigkeit c_Z.

- Der nach außen liegende Anteil der Zwischenlage wirkt dann wie eine Hülse und muß deshalb in Hintereinanderschaltung der Schraube zugerechnet werden. Dadurch entsteht eine Schraubensteifigkeit c_S', die weicher ist als die ursprüngliche Schraubensteifigkeit c_S.

Durch die Verlagerung der Krafteinleitungsebene nach innen wird demzufolge auch die Schraubenzusatzbelastung ΔF_{BS} kleiner, was besonders bei dynamischem Betriebskraftverlauf der Festigkeit der Schraube sehr zugute kommt. Hinsichtlich der Schraubenvorspannung bleiben die ursprünglichen Steifigkeiten c_S und c_Z erhalten, weil sich die diesbezügliche Krafteinleitungsebene tatsächlich an Kopf- und Mutterauflage befindet, bezüglich der Betriebskraft müssen jedoch die Steifigkeiten c_S' und c_Z' angesetzt werden, woraus sich die jeweils „abknickenden" Steifigkeitskennlinien ergeben. Je mehr sich die Einleitungsebenen der Betriebskräfte nach innen verlagern, desto geringer wird die der Schraube zugewiesene Steifigkeit c_S' und desto höher wird die der Zwischenlage zuzurechnende Steifigkeit c_Z'. Die Nachgiebigkeit der Zwischenlage wird dann auf den Faktor n reduziert, der bei Krafteinleitung am Kopf höchstens 1 werden kann:

$$\frac{1}{c_Z'} = n * \frac{1}{c_Z}$$

Die Nachgiebigkeit der Schraube hingegen setzt sich dann zusammen aus der bereits vorher vorhandenen Schraubennachgiebigkeit und dem oben abgezogenen Anteil der Zwischenlagennachgiebigkeit:

$$\frac{1}{c_S'} = \frac{1}{c_S} + \frac{1-n}{c_Z}$$

Das Verspannungsverhältnis Φ wird dann zu Φ':

$$\Phi' = n * \Phi$$

Die durch die Betriebskraft verursachte dynamische Belastung der Schraube wird dadurch kleiner. Ist die Krafteinleitungsebene nicht genau bekannt, so bleibt man mit n = 1 also stets auf der sicheren Seite (deshalb die ursprüngliche Annahme, daß die Betriebskraft am Schraubenkopf eingeleitet wird).

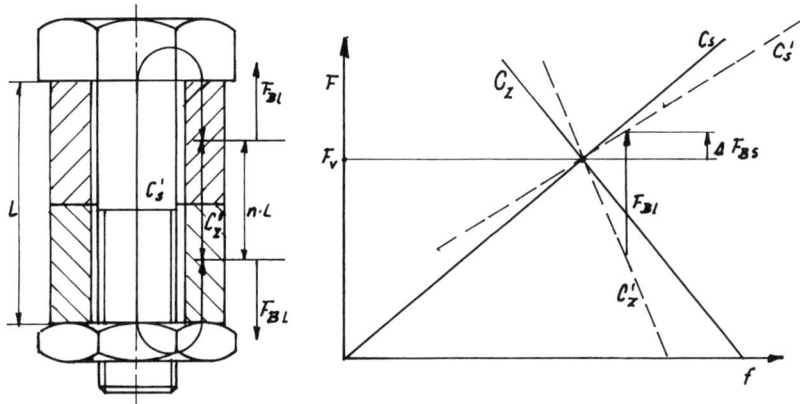

Bild 4.44: Betriebskrafteinleitung innerhalb der verspannten Teile.

Für den theoretischen Grenzfall, daß die Betriebskraft F_B genau in der Teilungsebene angreift, trifft die Darstellung Bild 4.45 zu: Sämtliche Steifigkeiten formieren sich in Hintereinanderschaltung zur Schraubensteifigkeit c_S', die Zwischenlagensteifigkeit c_Z' wird unendlich, entartet also zu einer senkrechten Geraden. Dieser Zustand ist insofern erstrebenswert, als dadurch die von außen eingebrachte Betriebskraft F_{BL} keinerlei Zusatzkraft in der Schraube hervorruft: $\Delta F_{BS} = 0$!

Um bei der rechnerischen Erfassung der Steifigkeiten keinen Anteil außer Acht zu lassen, ist es zuweilen hilfreich, den gesamten Verspannungsfluß zu skizzieren (Bild 4.42) und ihn dann an der Einleitungsstelle der Betriebskraft aufzutrennen.

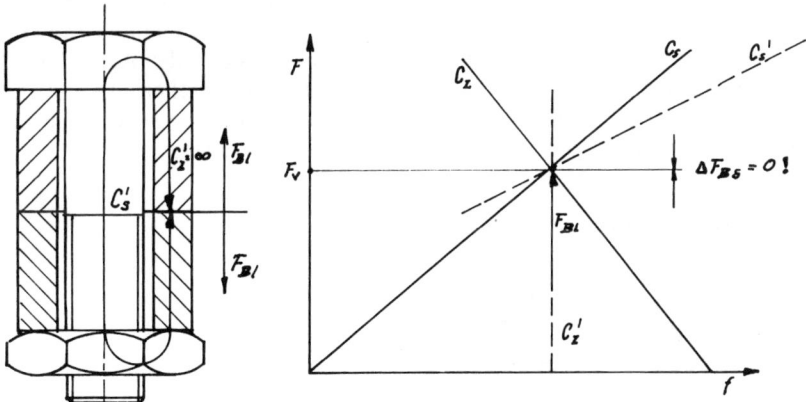

Bild 4.45: Betriebskrafteinleitung in der Trennfuge.

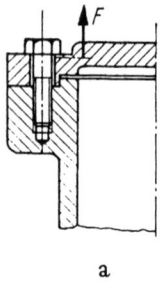
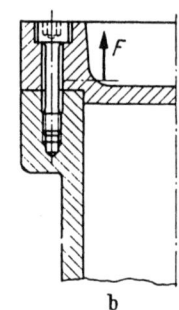

a

b

Bild 4.46: Konstruktionsbeispiel Betriebskrafteinleitung innerhalb verspannter Teile (aus Niemann).

Bild 4.46 zeigt ein Beispiel, wie durch konstruktive Maßnahmen die Krafteinleitungsebene zur Teilungsebene hin verlagert wird:

a)   Verbesserungsbedürftige Wechselfestigkeit: Kurze Schraube hoher Steifigkeit; Betriebskraft greift am Schraubenkopf an

b)   Verbesserte Ausführung: Dehnschraube und Verlagerung des Angriffspunktes der Betriebskraft in die Nähe der Teilfuge

Aufgabe 4.9 (Seite 363) bis Aufgabe 4.18 (Seite 373)

4.6 Gestaltung von Befestigungsschraubverbindungen

Das Normenwerk liefert eine umfassenden Darstellung über die vielfältigen Bauformen von Schrauben. Weiterhin geben die Fachliteratur und die Firmenschriften vielfältige Hinweise für die konstruktive Gestaltung von Schraubverbindungen. Die nachstehenden Anmerkungen konzentrieren sich vielmehr darauf, einige zusätzliche Aussagen zu machen, die mit dem Kraftübertragungsverhalten von Befestigungsschrauben in Zusammenhang stehen. Sie stellen damit eine übergreifende Ergänzung zu den voranstehenden Ausführungen dar.

4.6.1 Schraubentypen

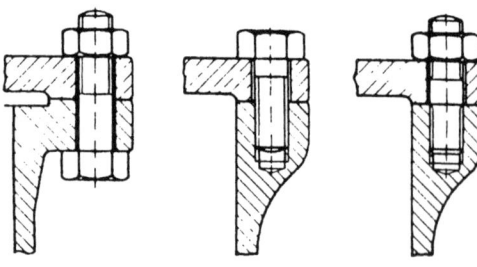

Bild 4.47: Schraubentypen (aus Peeken).

Zur Gestaltung von Verbindungen mit üblichen Befestigungsschrauben stehen die Ausführungen als Durchsteck-, Stift- und Kopfschraube zur Verfügung (siehe Bild 4.47). Die Durchsteckschraube setzt eine Zugänglichkeit von beiden Seiten voraus.

4.6.2 Schraubensicherungen

Im Zusammenhang mit der Einführung des Verspannungsschaubildes wurde die Forderung erhoben, daß die in jedem Augenblick eines Lastspieles vorhandene Restklemmkraft und die Erfüllung der Selbsthemmungsbedingung $\varphi \leq \rho'$ ein unbeabsichtigtes Lösen der Schraubverbindung verhindert. Wenn weiterhin die Schraube selber hoch vorgespannt ist, so können auch Setzbeträge durch Nachfedern der Schraube aufgenommen und damit unschädlich gemacht werden. Alle Maßnahmen zur Erhöhung der Schraubenvorspannung sind gleichzeitig Maßnahmen zur Erhöhung der Sicherheit der Schraubverbindung. Insofern sind zusätzliche Losdrehsicherungen nicht erforderlich bzw. unwirksam.

Eine Losdrehsicherung ist nur dann sinnvoll, wenn die bescheidene Festigkeit des Schraubenwerkstoffes (Schraubengüte unterhalb 8.8) keine hohen Vorspannkräfte zuläßt. Diese Sicherung kann stoffschlüssig (lakieren, verkleben oder anschweißen), kraftschlüssig (Kontermutter, selbstsichernde Mutter, Federring, Zahnscheiben) oder formschlüssig (Körnerschlag, Kegelstift, Split, Sicherungsblech) sein. Die Tabelle auf der folgenden Seite gibt einen Überblick über die besonderen Eigenschaften von gebräuchlichen Schraubensicherungen.

4.6.3 Unterlegscheiben

Unterlegscheiben gefährden durch eine zusätzliche Trennfuge und den damit verbundenen Setzbetrag den Vorspannungszustand. Sie sollen nur dann verwendet werden, wenn

- die Zwischenlage an der Kontaktfläche zur Schraube oder Mutter keine hohe Flächenpressung zuläßt. Dies kann dann der Fall sein, wenn z.B. Holz- oder Kunststoffzwischenlagen verschraubt werden.

- die Oberfläche der verschraubten Zwischenlage nicht beschädigt werden darf. Dies ist vor allen Dingen dann der Fall, wenn die Schraubverbindung häufig gelöst und dann wieder angezogen wird.

- das Loch in der Zwischenlage ein Langloch ist. Die Unterlegscheibe dient dann dazu, die Krafteinleitung in den Schraubenkopf bzw. in die Mutter zu vergleichmäßigen, und verhindert eine Deformation des Langlochs beim Anziehvorgang.

Eigenschaften von Schraubensicherungen (aus Schraubenvademecum 1991).

Element bzw. Methode	Beispiel	Wirksamkeit	Wiederverwendbarkeit	Montagekosten [%]¹)
Mitverspannt, federnd	Federring DIN 127, 128, 7980 Federscheibe DIN 137 Zahnscheibe DIN 6797 Fächerscheibe DIN 6798	unwirksam ab Festigkeitsklasse 8.8	entfällt	125 ÷ 130
Formschlüssig	Scheibe mit Außennase DIN 432 einseitig aufgebogen zweiseitig aufgebogen	unwirksam über Festigkeitsklasse 8.8	keine	280 ÷ 300 340 ÷ 360
	Kronenmutter DIN 935, 937, 979 Schraube mit Bohrung Bohren nach dem Verspannen	unwirksam über Festigkeitsklasse 8.8 aber undefinierte Vorspannkraft, sonst Verliersicherung	ja, mit neuem Splint	350 ÷ 370 540 ÷ 550
	Drahtsicherung	unwirksam über Festigkeitsklasse 8.8 sonst Verliersicherung	ja, mit neuem Draht	380 ÷ 420
	Wendelförmiger Gewindeeinsatz	Losdrehsicherung	ja	330 ÷ 340
Kraftschlüssig	Muttern mit Polyamidstopfen³)	unwirksam	entfällt	120 ÷ 130
	Muttern mit Klemmteil DIN 980 / 982 / 985 / 986 / 6924 / 6925 Schraube mit Kunststoffbeschichtung im Gewinde	Verliersicherung	ja	120 ÷ 130
	DIN 982 / 985 / 986 / 6924	Verliersicherung	ja	120 ÷ 140
	Kontermutter	unwirksam, Losdrehen möglich	entfällt	180 ÷ 200
	Sicherungsmutter DIN 7967	unwirksam, Losdrehen möglich	entfällt	135 ÷ 145
	Gewindefurchende Schrauben	Verliersicherung	ja	100
Sperrend	Schraube / Mutter mit Verzahnung	Losdrehsicherung; Ausnahme: gehärtete Oberfläche	ja	100
	Schraube / Mutter mit Rippen	Losdrehsicherung bis 60HRC	ja	100
Chemisch	Mikroverkapselter Klebstoff	Losdrehsicherung³)	ja, 3mal	120 ÷ 140
	Flüssigklebstoff	Losdrehsicherung³)	nein	160 ÷ 170²)
	Silikonpaste im Gewinde	Verliersicherung³)	ja	200 ÷ 210

¹) Die Montagekosten sind bezogen auf: Einbau einer ungesicherten Schraube = 100%. Handmontage mit Drehmomentschlüssel.
²) Das erforderliche Entfetten wurde nicht mitbewertet, da dieser Arbeitsgang für ganze Lose zusammengefaßt werden kann.
³) Temperaturabhängigkeit beachten!

4.6.4   Torsionsfreies Anziehen

Werden Schrauben hoch beansprucht oder unterliegen sie besonderen Sicherheitsanforderungen, so wird häufig das torsionsfreie Anziehen praktiziert, um die daraus resultierenden Schubbelastungen von der Schraube fernzuhalten. Das Bild 4.48 zeigt zunächst drei Varianten, die dieses Ziel durch mechanische Hilfsmittel zu erreichen versuchen:

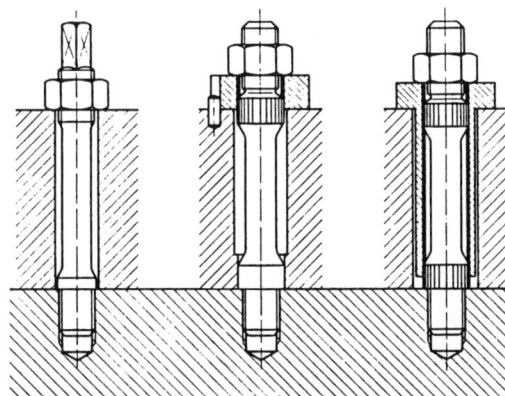

Bild 4.48: Torsionsfreies Anziehen mechanisch (aus Schraubenvademecum. 1991).

- Im linken Fall endet der Schraubenschaft oben in einem Vierkant, an den ein zweiter Schraubschlüssel angesetzt werden kann. Während des Anziehens wird dort mit dem Gewindereibmoment „gegengehalten". Diese Methode ist relativ unzuverlässig, da eine exakte gleichzeitige Kontrolle zweier unterschiedlicher Momente nicht ganz unproblematisch ist.

- Im mittleren Fall wird das Gewindemoment über eine Kerbverzahnung an eine Zwischenhüle abgeleitet, die sich ihrerseits über einen Stift formschlüssig an der Umgebungskonstruktion abstützt. Der Abschnitt des Gewindebolzens unterhalb der Kerbverzahnung bleibt damit torsionsmomentenfrei.

- Im rechten Beispiel wird die Torsionsbelastung über zwei Kerbverzahnungen gezielt in eine Hülse eingeleitet, die den nunmehr torsionsfreien Schraubenschaft umgibt.

Es besteht weiterhin die Möglichkeit, eine Schraube mit thermischen Hilfsmitteln torsionsfrei anzuziehen: Die Schraube wird zunächst auf eine definierte Temperatur erwärmt und anschließend ohne Torsionsbelastung montiert. Beim anschließenden Abkühlen baut sich aufgrund der rückläufigen Wärmedehnung ein definierter Vorspannungszustand ohne Torsionsbelastung auf. Damit hat das thermische Anziehen viele Gemeinsamkeiten mit dem Warmnieten.

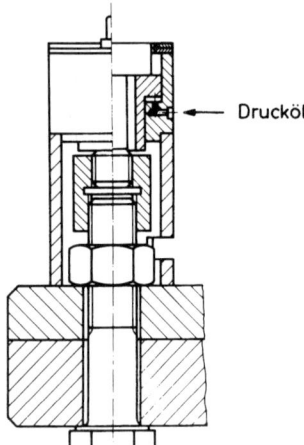

Bild 4.49: Torsionsfreies Anziehen hydraulisch (aus Schraubenvademecum 1991).

Das Bild 4.49 gibt eine Vorrichtung wieder, mit der Schrauben hydraulisch vorgespannt
werden können: Nachdem die Schraube ohne nennenswertes Moment vorläufig montiert
worden ist, wird die Vorrichtung über das überstehende Ende des Schraubenbolzens gestülpt.
Das freie Schraubenende wird von einer Differentialmutter erfaßt und mit einem Hydraulik-
system wird die gewünschte Vorspannkraft eingeleitet. Die Mutter der Schraubverbindung
kann dann ohne Moment beigedreht werden. Nach dem Ablassen des Öldrucks kann die
Vorrichtung dann wieder demontiert werden.

4.7 Besonderheiten der Bewegungsschraube

Die bisherigen Erläuterungen konzentrierten sich auf die Schraube als Befestigungsschraube.
Kennzeichnendes Merkmal für eine Befestigungsschraube ist das Umsetzen von Drehmoment in Axialkraft. Bei einer Bewegungsschraube wird jedoch zusätzlich unter Last noch
eine Bewegung ausgeführt. Dabei können grundsätzlich die beiden folgenden Fälle unterschieden werden:

- **Drehbewegung in Längsbewegung:** Diese Kinematik wird im Maschinenbau häufig
  genutzt, wenn ausgehend von einer motorischen Rotation (z.B. Elektromotor) eine lang-
  same Längsbewegung erzeugt werden soll. Viele Stell- und Positionierbewegungen werden auf diese Art und Weise verwirklicht. Bewegungsschrauben werden auch dann bevorzugt eingesetzt, wenn Bewegungen unter hoher Last auszuführen sind (Spindelpresse,
  Wagenheber).

- **Längsbewegung in Drehbewegung:** Diese Variante kommt nur relativ selten vor. Eins
  der wenigen allgemein bekannten Beispiele ist der Drillbohrer: Die Auf- und Abbewe-
  gung der Mutter bewirkt eine hin- und hergehende Drehbewegung. Beim Kinderkreisel
  wird durch das Herunterdrücken der Gewindespindel der mit der Mutter verbundene
  scheibenförmige Kreiselkörper in Drehung versetzt.

Die Bewegungsschraube unterliegt dabei den gleichen Wirkungen von Kräften und Momenten wie die Befestigungsschraube, es besteht kein prinzipieller Unterschied. Es versteht sich von selbst, daß auch bei Bewegungsschrauben ein Kopfreibungsmoment auftritt, welches jedoch nicht so allgemeingültig formuliert werden kann wie bei Befestigungsschrauben, sondern von der konkreten konstruktiven Umgebung abhängt und entsprechend in Ansatz gebracht werden muß. Weiterhin kann bei Bewegungsschrauben auch ein dynamisches Torsionsmoment auftreten. Die bei Befestigungsschrauben vorgestellten Ansätze erfordern also u.U. noch gewisse Modifikationen. Darüber hinaus ist es bei Bewegungsschrauben zuweilen angebracht, noch einige zusätzliche Überlegungen anzustellen:

4.7.1   Schraubenwirkungsgrad

Da die Bewegungsschraube unter dem Aspekt des Getriebes gesehen werden muß, wird in vielen Fällen ein möglichst **hoher Wirkungsgrad** angestrebt, die Betrachtung des Wirkungsgrades ist also in diesem Fall von besonderer Bedeutung. Ganz allgemein versteht man unter Wirkungsgrad η den Quotienten aus Nutzen und Aufwand. In dem hier vorliegenden Fall ist es angebracht, den Wirkungsgrad als das Verhältnis von Nutzarbeit zu aufgewendeter Arbeit auszudrücken.

$$\text{Wirkungsgrad } \eta = \frac{\text{Nutzen}}{\text{Aufwand}} \qquad \text{hier:} \qquad \eta = \frac{\text{Nutzarbeit}}{\text{aufgewendete Arbeit}} = \frac{W_{nutz}}{W_{aufw}}$$

Weiterhin wird hier die Formulierung der Arbeit W als Produkt aus Kraft F und Weg s benutzt:

$$W = F * s$$

Es wird betrachtet, welche Arbeit aufgewendet werden muß bzw. welche genutzt werden kann, wenn sich die Schraube unter Einwirkung von Axialbelastung und Moment um genau eine Umdrehung bewegt. Wie im Falle der Befestigungsschraube werden die Kraftwirkungen mit Hilfe der Modellvorstellung der schiefen Ebene veranschaulicht, wobei hier aus später noch zu diskutierenden Gründen der Fall $\varphi > \rho'$ betrachtet wird.

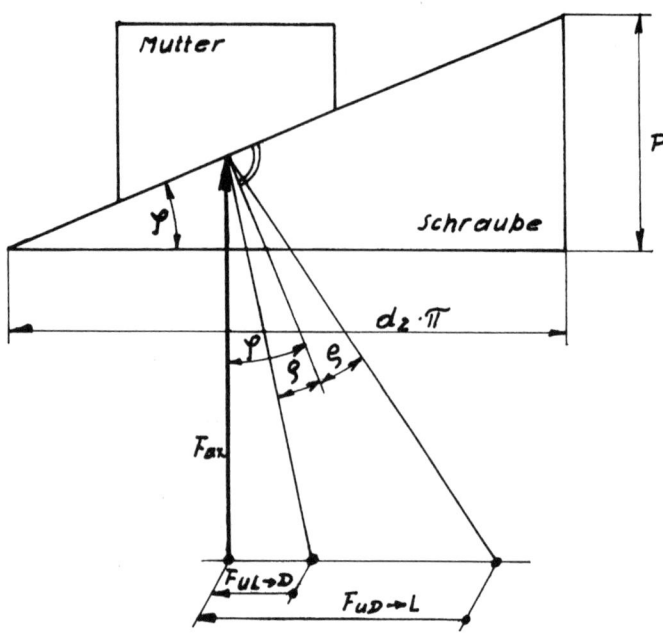

Bild 4.50: Kräfte im Gewinde
der Bewegungsschraube.

Bei der Formulierung dieses Wirkungsgrades muß nach der bereits oben vorgenommenen Differenzierung unterschieden werden.

Drehbewegung in Längsbewegung

Wirkungsgrad η_{DL}: Der Nutzen bei einer Schraubenumdrehung besteht darin, daß die Axialkraft F_{ax} um eine Schraubensteigung p verschoben wird:

$$W_{nutz} = F_{ax} * p$$

Der dafür zu leistende Aufwand erfordert, daß die Umfangskraft F_u um eine Umdrehung auf dem Umfang verschoben werden muß:

$$W_{aufw} = F_u * d_2 * \pi$$

Längsbewegung in Drehbewegung

Wirkungsgrad η_{LD}: Der Nutzen bei einer Schraubenumdrehung besteht darin, daß die Umfangskraft F_u um eine Umdrehung auf dem Umfang verschoben wird:

$$W_{nutz} = F_u * d_2 * \pi$$

Der dafür zu leistende Aufwand erfordert, daß die Axialkraft F_{ax} um eine Schraubensteigung p verschoben werden muß:

$$W_{aufw} = F_{ax} * p$$

Nutzen und Aufwand stehen sich also bei dieser Betrachtung diametral gegenüber. Der Wirkungsgrad kann also zunächst einmal formuliert werden zu:

$$\eta_{DL} = \frac{F_{ax}}{F_u} * \frac{p}{d_2 * \pi} \qquad\qquad \eta_{LD} = \frac{F_u}{F_{ax}} * \frac{d_2 * \pi}{p}$$

Dabei gibt der erste Quotient jeweils das Verhältnis der Kräfte und der zweite Quotient das Verhältnis der Wege wieder. Die dabei auftretenden Kräfte orientieren sich an der Art des Bewegungsablaufes:

Die Umsetzung von Drehbewegung in Längsbewegung entspricht der „Bergauffahrt" auf der schiefen Ebene. Unter Berücksichtigung der Reibung formuliert sich folgendes Kraftverhältnis:

$$\tan(\varphi + \rho') = \frac{F_u}{F_{ax}}$$

Die Umsetzung von Längsbewegung nach Drehbewegung entspricht der „Bergabfahrt" auf der schiefen Ebene. Unter Berücksichtigung der Reibung formuliert sich folgendes Kraftverhältnis:

$$\tan(\varphi - \rho') = \frac{F_u}{F_{ax}}$$

Weiterhin stehen p und d_2 in beiden Fällen in dem bekannten geometrischen Zusammenhang:

$$\tan \varphi = \frac{p}{d_2 * \pi} \quad\Rightarrow\quad p = d_2 * \pi * \tan\varphi$$

Damit kann der Wirkungsgrad abschließend formuliert werden zu:

$$\eta_{DL} = \frac{1}{\tan(\varphi + \rho')} * \frac{d_2 * \pi * \tan \varphi}{d_2 * \pi} \qquad \eta_{LD} = \frac{\tan(\varphi - \rho')}{1} * \frac{d_2 * \pi}{d_2 * \pi * \tan \varphi}$$

$$\eta_{DL} = \frac{\tan \varphi}{\tan(\varphi + \rho')} \qquad\qquad \eta_{LD} = \frac{\tan(\varphi - \rho')}{\tan \varphi}$$

Die Frage der Selbsthemmung und die des Wirkungsgrades sind miteinander verknüpft. Setzt man in einer ersten groben Betrachtung für kleine Winkel $\tan\varphi \approx \varphi$ (trifft eigentlich nur für Befestigungsschrauben zu), so ergibt sich die folgende Gegenüberstellung:

Selbsthemmung, aber $0 < \eta < 0{,}5$	wenn $\varphi < \rho'$	nicht möglich, würde klemmen $(\eta < 0)$
keine Selbsthemmung, aber $0{,}5 < \eta < 1$	wenn $\varphi > \rho'$	möglich $0 < \eta < 1$

In vielen Fällen ist auch bei der Bewegungsschraube eine Selbsthemmung erwünscht, wenn die Axialbewegung sich nicht selbsttätig in Gang setzen darf. Dies ist beispielsweise bei einem Wagenheber der Fall: Wenn die Last angehoben ist, dann soll sie zunächst angehoben bleiben, auch wenn das Schraubenmoment nicht mehr wirksam ist. In diesem Fall muß wie bei einer Befestigungschraube die Selbsthemmungsbedingung $\varphi < \rho'$ erfüllt sein. Dabei muß aber gleichzeitig ein etwas schlechterer Wirkungsgrad (kleiner als 50%) in Kauf genommen werden. Andererseits muß $\eta > 0$ erfüllt sein, was auf die Forderung $\varphi + \rho' < 90°$ hinausläuft.

$$\varphi < 90° - \rho'$$

Eine Umsetzung von Translation nach Rotation kommt nur dann zustande, wenn $0 < \eta < 1$, wenn also der Wirkungsgrad einen positiven Zahlenwert annimmt. Dies ist aber nur dann der Fall, wenn $\varphi > \rho'$ ist, wenn also **keine** Selbsthemmung vorliegt.

Von besonderer Wichtigkeit ist der Wirkungsgrad bei der Umsetzung von Drehbewegung in Längsbewegung η_{DL}. Das folgende Diagramm verdeutlicht die entscheidenden Parameter φ und ρ' auf diesen Wirkungsgrad und erlaubt somit eine differenzierte Betrachtung:

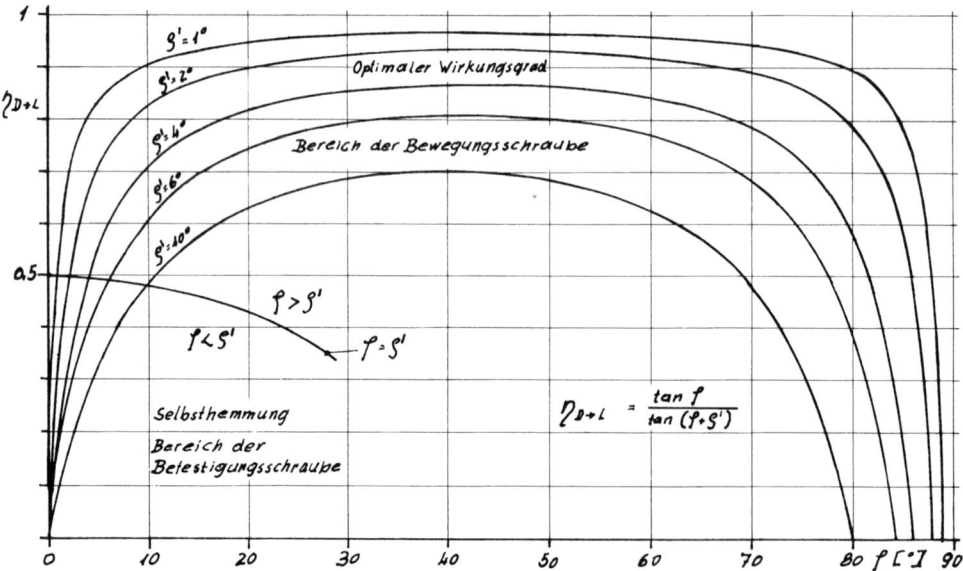

Bild 4.51: Schraubenwirkungsgrad η_{DL}.

4.7.2   Minimierung der Gewindereibung

Zur Minimierung der Gewindereibung und damit zur Optimierung des Schraubenwirkungsgrades lassen sich folgende Maßnahmen ergreifen:

4.7.2.1   Optimaler Gewindesteigungswinkel

Die Befestigungsschraube einerseits und die Bewegungsschraube andererseits unterscheiden sich durch die folgenden Forderungen:

- Für Befestigungsschrauben ist das Kriterium der Selbsthemmung vorranging, was auf eine Forderung nach möglichst kleinem Steigungswinkel φ und ausreichender Reibung ρ' hinausläuft. Aus diesem Grunde weisen Befestigungsschrauben eingängiges Gewinde auf und die Materialpaarung ist meist Stahl/Stahl.

- Bei Bewegungsschrauben steht die Forderung nach hohem Wirkungsgrad im Vordergrund. Ein optimaler Wirkungsgrad liegt dann vor, wenn der Gewindesteigungswinkel φ etwa 45° beträgt und der Reibwinkel ρ' besonders klein ist.

Die vorangegangene Diskussion betrifft nur den Wirkungsgrad im Gewinde. Da aber auch bei der Bewegungsschraube in irgendeiner Form Kopfreibung auftritt, muß bei der Betrachtung des Gesamtgetriebes auch dieser Anteil mitberücksichtigt werden.

Der Gewindesteigungswinkel ist natürlich vor allen Dingen eine Frage des Übersetzungsverhältnisses, welches mit dieser Bewegungsschraube erzielt werden soll. Wird jedoch im Sinne des optimaler Wirkungsgrades ein Gewindesteigungswinkel φ etwa 45° angestrebt, so ergeben sich automatisch mehrgängige Gewinde, die sich durch eine entsprechende Mehrfachanordnung von schiefen Ebenen veranschaulichen lassen. Dabei entspricht eine Schraubenumdrehung genau einer Axialbewegung um den Betrag der Gewindehöhe P_h. Der gesamte Verschiebeweg in Axialrichtung w resultiert dann aus dem Produkt von Gewindehöhe h und der Anzahl der Umdrehungen u:

$$w = u * P_h$$

$$P_h = n\,P$$

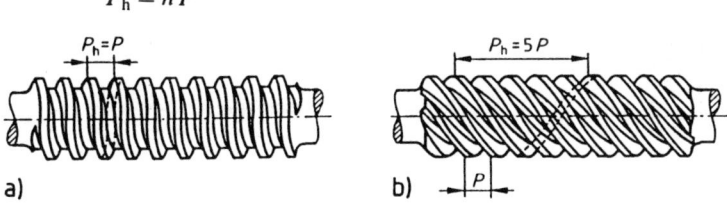

Bild 4.52: Eingängiges (a) und mehrgängiges Gewinde (b).

In diesem Fall formuliert sich die Steigung zu

$$P_h = n * P$$

4.7.2.2   Optimierung der Materialpaarung

Um der Forderung nach möglichst geringer Reibung im Gewinde zu genügen, werden Bewegungsschrauben meist nicht mit der Materialpaarung Stahl-Stahl ausgestattet, sondern einer der beiden Reibpartner in der Regel die Mutter wird aus Bronze oder einem anderen reibwertmindernden Material gefertigt.

4.7.2.3   Optimierung des Flankenwinkels

Bekanntlich wird die Effizienz der Reibzahl aber auch von der Geometrie der Gewindeflanke beeinflußt:

$$\rho' = \arctan \frac{\mu}{\cos \frac{\beta}{2}} \qquad\qquad \text{(siehe Seite 304)}$$

(Je größer der Flankenwinkel β, desto größer der effektive Reibwinkel ρ'). Während bei der Befestigungsschraube ein großer Flankenwinkel die angestrebte hohe Reibung begünstigt, ist im Gegensatz dazu bei Bewegungsschrauben die Reibung unerwünscht, so daß meist ein Trapezgewinde mit geringerem Flankenwinkel verwendet wird.

4.7.2.4   Optimierung des Reibzustandes

Zur weiteren Reduzierung wird vielfach die Gleitreibung im Gewinde ersetzt durch rollende Reibung, was zur Konstruktionsvariante der **Kugelrollspindel** oder der **Rollengewindespindel** führt.

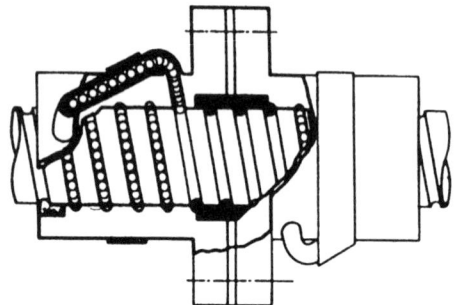

Bild 4.53: Kugelumlaufspindel.

Bei Drehbewegung der Spindel vollziehen die im Gewindegang zwischen Spindel und Mutter angeordneten Kugeln eine entsprechende Abwälzbewegung, die die Gleitreibung durch Rollreibung ersetzt. Da sich die Kugeln während dieser Abwälzbewegung im Gewindegang in Umfangsrichtung fortbewegen, verlassen sie am Mutterende den Gewindegang und werden dort von einem Überlaufkanal aufgenommen und an den Mutteranfang zurückbefördert. Die hier schematisch gezeigte Anordnung ist für den Werkzeug- und Präzisionsmaschinenbau typisch: Die Mutter wird zweifach hintereinander angeordnet. Die zwischen den beiden Flanschen befindliche Paßscheibe wird gezielt soweit abgeschliffen, daß die Kugeln der einen Mutter sich gegenüber den Kugeln in der anderen Mutter leicht „verklemmen". Dadurch wird das in einer einzelnen Mutter vorhandene Axialspiel herausgespannt, so daß die Doppelanordnung dann kein Spiel mehr hat.

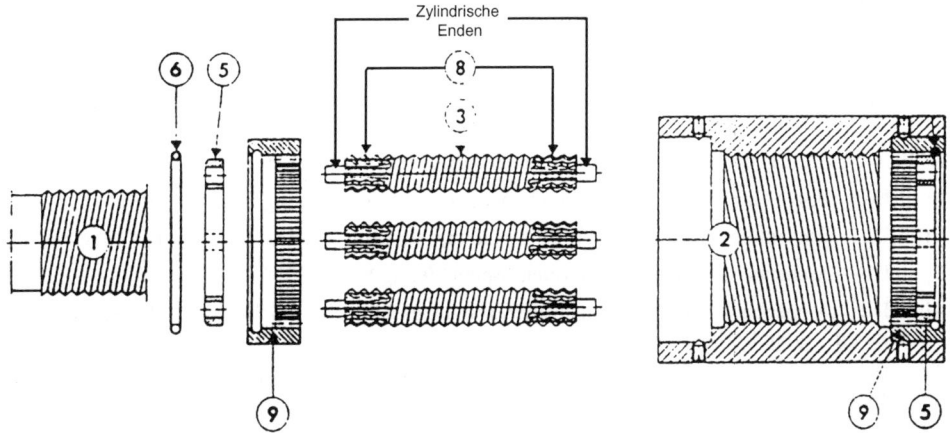

Bild 4.54: Gewinderollspindel „Transroll" (aus Bozet).

Zwischen Spindel 1 und Mutter 2 sind drehbare Rotationskörper 3 angeordnet. Die Teile 1-3 greifen so ineinander, daß bei Drehung zwischen Spindel und Mutter eine Längsbewegung erzwungen wird. Damit die drei Rotationskörper 3 untereinander stets auf gleichem Abstand bleiben, sind ihre zylindrischen Enden in einer stirnseitig angeordneten Scheibe 5 gelagert. Die Drehbewegung wird durch Eingreifen der als Verzahnung ausgebildeten Abschnitte 8 in eine entsprechende Innenverzahnung von Teil 9 synchronisiert.

Aufgabe 4.19 (Seite 373) bis Aufgabe 4.21 (Seite 375)

4.8   Anhang

4.8.1   Literatur

[1]   AD-Merkblatt W7: Schrauben und Muttern aus feritischen Stählen

[2]   AD-Merkblatt B7: Berechnung von Druckbehälterschrauben

[3]   Agatnonovic, P.: Beitrag zur Berechnung von Schraubenverbindungen; Draht-Welt 58 (1972), H.2

[4]   Bauer, C. O.: Sicherung von Schraubenverbindungen aus nichtrostenden Stählen; Z. Werkstoffe und Korrosion 1970, S. 463-473

[5]   Bauer, C. O.: Verhalten von Schrauben- und Mutterverbindungen aus nichtrostenden Stählen unter schwindenden Lasten; Z. Konstruktion 24 (1972), H.7

[6]   Blume, D.: Einfluß von Gewindeherstellung und -profil auf die Dauerhaltbarkeit von Schrauben

[7]   Blume, D.; Strelow, D.: Gestaltung und Anwendung von Dehnschrauben; Verbindungstechnik H. 1 und 2, 1969; Maschinenmarkt 82 (1976), 22, S. 350-353

[8]   Blume, D.: Wann müssen Schraubenverbindungen gesichert werden? Verbindungstechnik (1969), H. 4

[9]   Blume, D.; Esser, J.: Mikroverkapselter Klebstoff als Schraubensicherung; Verbindungstechnik 5 (1973), H.5 und 6

[10]   Boenik, U.: Untersuchungen an Schraubenverbindungen; Dissertation Universität Berlin 1966

[11]   Bossard, H.: Handbuch der Verschraubungstechnik; Expert-Verlag Grafenau 1982

[12]   DIN-Taschenbuch 10: Mechanische Verbindungselemente – Schrauben; Beuth-Verlag Berlin

[13]   DIN-Taschenbuch 45: Gewindenormen; Beuth-Verlag Berlin 1988

[14]   DIN-Taschenbuch 140: Mechanische Verbindungselemente – Schrauben, Muttern, Zubehör; Beuth-Verlag Berlin 1986

[15]   Illgner, K. H.; Blume, D.: Schraubenvademecum; Firmenschrift von Bauer & Schaurte Karcher GmbH

[16]   Illgner, K. H.; Beelich, K. H.: Einfluß überlagerter Biegung auf die Haltbarkeit von Schraubenverbindungen; Z. Konstruktion 18 (1966), S. 117-124

[17]   Illgner, K. H.: Das Verspannungs-Schaubild von Schraubenverbindungen; Draht-Welt 53 (1967), S. 43-49

[18]   Junker, G.: Flächenpressung unter Schraubenköpfen; Z. Maschinenmarkt (1961) Nr. 38, S. 29

[19]   Junker, G.; Blume, D.; Leusch, F.: Neue Wege einer systematischen Schraubenberechnung; Michael Triltsch Verlag 1965, Düsseldorf

[20]   Junker, G.; Boys, I.P.: Moderne Steuerungsmethoden für das motorische Anziehen von Schraubenverbindungen; VDI-Bericht 220 (1974), S. 87-98

[21]   Junker, G.; Strehlow, D.: Untersuchungen über die Mechanik des selbsttätigen Lösens und die zweckmäßige Sicherung von Schraubenverbindungen; Z. Drahtwelt (1966), H. 3

[22]   Junker, G.; Strehlow, D.: Reibung – Störfaktor bei der Schraubenmontage; Verbindungstechnik 6 (1974), S. 25-36

[23]   Junker, G.; Meyer, G.: Neuere Betrachtungen über die Haltbarkeit von dynamisch belasteten Schraubenverbindungen; Draht-Welt 53 (1967) H. 7

[24]   Junker, G.: Reihenuntersuchungen über das Anziehen von Schraubenverbindungen mit motorischen Schraubern; Draht-Welt 56 (1970), H. 3

[25]   Klein, H.-Ch.: Hochwertige Schraubenverbindungen, einige Gestaltungsprinzipien und Neuentwicklungen; Konstruktion 11 (1959), S. 201-212 und 259-264

[26]   Kübler, K.-H.; Mages, W.J.: Handbuch der hochfesten Schrauben; Verlag Girardet Essen 1986

[27]   Paland, E. G.: Die Sicherheit der Schraube-Mutter-Verbindung bei dynamischer Axialbeanspruchung; Konstruktion 19 (1967), H. 12

[28]   VDI-Richtlinie 2230: Systematische Berechnung hochbeanspruchter Schraubenverbindungen
       VDI-Verlag Düsseldorf 1986

[29]   Weber, H.: Untersuchungen über die Schraubenbeanspruchungen bei exzentrischer Belastung; Konstruktion 23 (1971), H. 4

[30] Weber, H.: Die Ermüdungsfestigkeit von Schrauben bei kombinierter Zug- und Biegebeanspruchung; Konstruktion 23 (1971), S. 401-404

[31] Wiegand, H.; Flemming, G.: Hochtemperaturverhalten von Schraubenverbindungen; VDI-Z 16 (1971), S. 1239-1244

[32] Wiegand, H.; Kloos, K.H.; Thomala, W.: Schraubenverbindungen; 4. Auflage, Springer-Verlag Berlin 1988

[33] Wiegand, H.; Illgner, K. H.: Berechnung und Gestaltung von Schraubenverbindungen; Konstruktionsbuch 5, Springer-Verlag 1962

[34] Wiegand, H.; Illgner, K. H.; Junker, G.: Neuere Erkenntnisse und Untersuchungen über die Dauerhaltbarkeit von Schraubenverbindungen; Konstruktion 13 (1961), S. 461-467

[35] Wiegand, H.; Illgner, K. H.; Beelich, K. H.: Über die Verminderung der Vorspannung von Schraubenverbindungen durch Setzvorgänge; Werkstatt und Betrieb 98 (1965), S. 823-827

[36] Wiegand, H.; Illgner, K. H.; Beelich, K. H.: Einfluß der Federkonstanten und der Anzugsbedingungen auf die Vorspannung von Schraubenverbindungen; Konstruktion 20 (1968), S. 130-137

[37] Wiegand, H.; Illgner, K. H.; Beelich, K. H.: Die Dauerhaltbarkeit von Gewindeverbindungen mit ISO-Profil in Abhängigkeit von der Einschraubtiefe; Konstruktion 16 (1964), S. 485-490

[38] Wiegand, H.; Strigens, P.: Die Haltbarkeit von Schraubenverbindungen mit Feingewinden bei wechselnder Beanspruchung; Industrie-Anzeiger 92 (1970), S. 2139-2144

4.8.2   Normen

[39] DIN 13 T1: Metrisches ISO-Gewinde; Regelgewinde von 1 mm bis 68 mm Gewindenenndurchmesser

[40] DIN 13 T2: Metrisches ISO-Gewinde; Feingewinde mit Steigungen 0,2-0,25-0,35 mm von 1 mm bis 50 mm Gewindenenndurchmesser

[41] DIN 76 T1: Gewindeausläufe, Gewindefreistiche für metrische ISO-Gewinde nach DIN 13

[42] DIN 84: Zylinderschrauben mit Schlitz; Produktklasse A

[43] DIN 93: Scheiben mit Lappen

[44] DIN 103: Metrische ISO-Trapezgewinde

[45] DIN 125: Scheiben; Ausführung mittel, vorzugsweise für Sechskantschrauben und -muttern

[46] DIN 126: Scheiben; Ausführung grob, vorzugsweise für Sechskantschrauben und -muttern

[47] DIN 127: Federringe, aufgebogen oder glatt, mit rechteckigem Querschnitt

[48] DIN 128: Federringe, gewölbt oder gewellt

[49] DIN 137: Federscheiben, gewölbt oder gewellt

[50] DIN 202: Gewinde; Übersicht

[51] DIN ISO 228 T1: Rohrgewinde für nicht im Gewinde dichtende Verbindungen

[52] DIN ISO 273: Mechanische Verbindungselemente: Durchgangslöcher für Schrauben

[53] DIN 405 T1: Rundgewinde

[54] DIN 417: Gewindestift mit Schlitz und Zapfen

[55] DIN 432: Scheiben mit Außennase (Sicherungsblech mit Nase)

[56] DIN 433: Scheiben, vorzugsweise für Zylinderschrauben

[57]   DIN 435: Scheiben, vierkant, für I-Träger

[58]   DIN 478: Vierkantschrauben mit Bund

[59]   DIN 479: Vierkantschrauben mit Kernansatz

[60]   DIN 480: Vierkantschrauben mit Bund und Ansatzkuppe

[61]   DIN 513 T1: Metrisches Sägezahngewinde

[62]   DIN 551: Gewindestift mit Schlitz und Kegelkuppe

[63]   DIN 553: Gewindestift mit Schlitz und Spitze

[64]   DIN 561: Sechskantschraube mit Zapfen und kleinem Sechskant

[65]   DIN 564: Sechskantschraube mit Ansatzspitze und kleinem Sechskant

[66]   DIN 609: Sechskant-Paßschrauben mit langem Gewindezapfen

[67]   DIN 653: Rändelschrauben, niedrige Form

[68]   DIN 835: Stiftschrauben; Einschraubende ≈ 2d

[69]   DIN 912: Zylinderschrauben mit Innensechskant; ISO 4762 modifiziert

[70]   DIN 913: Gewindestift mit Innensechskant und Kegelkuppe; ISO 4026 modifiziert

[71]   DIN 931 T1: Sechskantschrauben mit Schaft; Gewinde M1,6 mit M 39, Produktklassen A und
        B

[72]   DIN 931 T2: Sechskantschrauben mit Schaft; Gewinde M42 mit M 160x6, Produktklasse B

[73]   DIN 933: Sechskantschrauben mit Gewinde bis Kopf; Gewinde M1,6 mit M 52, Produktklas-
        sen A und B

[74]   DIN 934: Sechskantmuttern; Metrisches Regel- und Feingewinde; Produktklassen A und B

[75]   DIN 935 T1: Kronenmuttern; Metrisches Regel- und Feingewinde; Produktklassen A und B

[76]   DIN 936: Flache Sechskantmuttern; Gewinde M8 bis M52 und M8x1 bis M52x3; Produktklas-
        sen A und B

[77]   DIN 937: Kronenmuttern; niedrige Form

[78]   DIN 938 bis DIN 940: Stiftschrauben

[89]   DIN 962: Schrauben und Muttern; Bezeichnungsangaben; Formen und Ausführungen

[80]   DIN 971: Sechskantmuttern

[81]   DIN 985: Sechskantmutter mit Klemmteil; mit nicht metallischem Einsatz; niedrige Form

[82]   DIN 1804: Nutmuttern; Metrisches ISO-Feingewinde

[83]   DIN 1816: Kreuzlochmuttern; Metrisches ISO-Feingewinde

[84]   DIN 2244: Gewinde; Begriffe

[85]   DIN 2509: Schraubenbolzen

[86]   DIN 2510: Schraubverbindungen mit Dehnschaft

[87]   DIN 2781: Sägegewinde 45°; eingängig; für hydraulische Pressen

[88]   DIN 2999 T1: Witworth-Rohrgewinde für Gewinderohre und Fittings; Zylindrisches Innenge-
        winde und kegeliges Außengewinde

[89]   DIN 3858: Witworth-Rohrgewinde für Rohrverschraubungen; Zylindrisches Innengewinde und
        kegeliges Außengewinde

[90]   DIN ISO 6410: Technische Zeichnungen; Darstellung von Gewinden

[91]   DIN 6797: Zahnscheiben

[92]   DIN 6798: Fächerscheiben

[93]   DIN 6900: Kombischrauben

[94]   DIN 6912: Zylinderschrauben mit Innensechskant; niedriger Kopf mit Schlüsselführung

[95]   DIN 6914: Sechskantschrauben mit großen Schlüsselweiten; für HV-Verbindungen in Stahl-konstruktionen

[96]   DIN 6915: Sechskantmuttern mit großer Schlüsselweite für Verbindungen mit HV-Schrauben in Stahlkonstruktionen

[97]   DIN 7967: Sicherungsmuttern

[98]   DIN 7968: Sechskant-Paßschrauben; ohne Muttern, mit Sechskantmutter, für Stahlkonstruktionen

[99]   DIN 7990: Sechskantschrauben mit Sechskantmuttern für Stahlkonstruktionen

[100]   DIN 17240: Warmfeste und hochwarmfeste Werkstoffe für Schrauben und Muttern

[101]   DIN 20400: Rundgewinde mit großer Tragtiefe

[102]   DIN 20401 T1: Sägengewinde mit Steigung 0,8 mm bis 2 mm

[103]   DIN 40430: Stahlpanzerrohr-Gewinde

4.9   Aufgaben: Schrauben

Befestigungsschrauben

Vorspannen von Schraubverbindungen

A.4.1   Winkelgesteuertes Anziehen

Es ist eine Stahlschraube M10 mit der freien Klemmlänge L = 65 mm gegeben. Die Steifigkeit der Zwischenlage ist doppelt so groß wie die der Schraube. Der Reibwert im Gewinde beträgt μ_{Gew} = 0,12. Es kann weiterhin angenommen werden, daß das Kopfreibungsmoment genau so groß ist wie das Gewindemoment beim Anziehen. Das Gewinde erstreckt sich bis zum Kopf der Schraube. Zur Bearbeitung dieser Aufgabe ist die Skizzierung des Verspannungsschaubildes hilfreich. Zur Dokumentierung der Ergebnisse benutzen Sie bitte das untenstehende Schema.

a) Berechnen Sie die Steifigkeit von Schraube und Zwischenlage.

b) Die Schraube wird mit einem Gesamtmoment von 32 Nm angezogen. Wie groß ist die Vorspannkraft F_v?

c) Um welchen Betrag f_s wird die Schraube gelängt und um welchen Betrag f_z wird die Zwischenlage gestaucht?

d) Um welchen Winkel α muß die Schraube beim Festziehen zwischen der ersten festen Berührung der Kontaktflächen und dem endgültigen Montagezustand verdreht werden?

e) Welches Gesamtmoment muß aufgewendet werden, um die Schraubverbindung zu lösen?

a.	c_s [N/µm]	
	c_z [N/µm]	
b.	F_v[N]	
c.	f_s[µm]	
	f_z[µm]	
d.	α[°]	
e.	$M_{lös}$[Nm]	

A.4.2 Verschraubung stromführender Leiterbahnen

Stromführende Leiterbahnen für Starkstromanlagen werden als Kupferschienen mit rechteckigem Querschnitt ausgeführt. Diese Leiterbahnen werden untereinander mit DIN-Schrauben M12 verbunden.

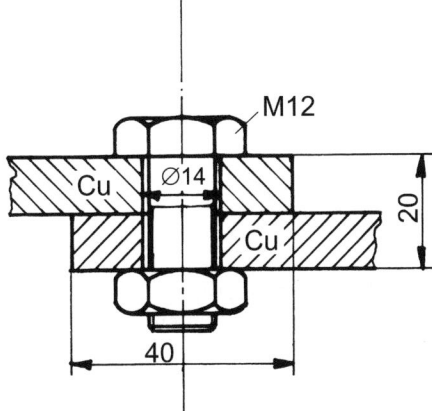

Es sind folgende weitere Daten gegeben:

Reibwert im Gewinde und an der Kopfauflage: $\mu = 0{,}12$

Elastizitätsmodul von Kupfer: $E_{Cu} = 1{,}1 * 10^5$ N/mm²

thermischer Ausdehnungskoeffizient von Kupfer: $\alpha_{Cu} = 16 * 10^{-6}$ 1/K

thermischer Ausdehnungskoeffizient von Stahl: $\alpha_{St} = 11 * 10^{-6}$ 1/K

Es kann vereinfachend angenommen werden, daß die Zwischenlage eine durch das Anziehen der Schraube deformierte Querschnittsfläche aufweist, die so groß ist wie die 1,2-fache Querschnittsfläche der Schraube. Zur Dokumentierung der Lösungen benutzen Sie bitte untenstehendes Schema.

a) Sowohl die Schraube als auch die Zwischenlage sind der Raumtemperatur von 20 °C ausgesetzt. Die Schraube wird mit einem Gesamtmoment von 60 Nm angezogen. Wie hoch ist dann die Vergleichsspannung in der Schraube?

b) Anschließend wird die Verbindung durch einen Kurzschlußstrom belastet. Es wird zunächst angenommen, daß sich dadurch nur die Kupferschiene auf 140 °C erwärmt, während die Schraube selber noch die Ursprungstemperatur beibehält. Wie hoch ist dann die Vergleichsspannung in der Schraube?

c) Es kann angenommen werden, daß nach einer gewissen Zeit sowohl die Schraube als auch die Kupferschiene auf 140 °C erwärmt sind. Wie hoch ist dann die Vergleichsspannung in der Schraube?

	Aufgabenteil a	Aufgabenteil b	Aufgabenteil c
Zwischenlage	20 °C	140 °C	140 °C
Schraube	20 °C	20 °C	140 °C
σ_z [N/mm²] =			
τ_t [N/mm²] =			
σ_v [N/mm²] =			

Querkraftbeanspruchte Schraubverbindungen

A.4.3   Wellenflansch

Zwei Wellenenden werden mit einer einfachen, nicht schaltbaren Kupplung untereinander verbunden. Zu diesem Zweck werden die beiden Wellenenden in der unten dargestellten Weise mit Flanschen versehen, die untereinander verschraubt werden.

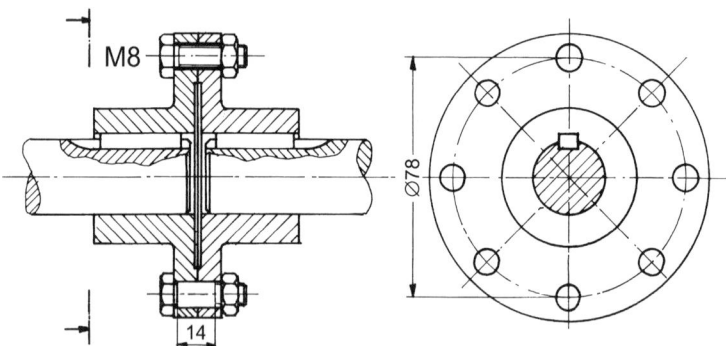

Mit dieser Kupplung wird eine Leistung von 18 kW bei einer Drehzahl von 1460 min^{-1} und einer Sicherheit S = 2 übertragen.

a) In einer ersten Ausführung wird die Kupplung mit acht Paßschrauben ausgestattet (untere Bildhälfte), deren Schaftdurchmesser 8 mm beträgt. Wie groß ist dann der Lochleibungsdruck σ_L und Querkraftschub τ_Q?

Lochleibungsdruck σ_L [N/mm²]	
Querkraftschub τ_Q [N/mm²]	

b) In einer zweiten Ausführung wird die Kupplung mit normalen metrischen Schrauben M8 ausgestattet (obere Bildhälfte). An den Flanschflächen liegt eine Reibzahl von $\mu = 0{,}1$ und im Gewinde ein Reibwert von $\mu_{Gew} = 0{,}15$ vor. Mit welcher Vorspannkraft F_v muß jede einzelne der acht Schrauben angezogen werden? Wie groß ist das Schraubenanzugsmoment M_{anz}, wenn angenommen werden kann, daß das Kopfreibungsmoment so groß ist wie das Gewindemoment? Welche Zugspannung σ_Z, welcher Torsionsschub τ_t und welche Vergleichsspannung σ_V liegt dann in der Schraube vor?

Vorspannkraft F_V [N]	
Gewindemoment M_{Gew} [Nm]	
Kopfreibungsmoment M_{KA} [Nm]	
Schraubenanzugsmoment M_{anz} [Nm]	
Zugspannung σ_Z [N/mm²]	
Torsionsschub τ_t [N/mm²]	
Vergleichsspannung σ_V [N/mm²]	

A.4.4 Schraubbefestigung Kranlaufrad

Ein Kranlaufrad ist in der unten skizzierten Weise reibschlüssig mit 5 Schrauben M14 auf einer Radnabe befestigt, wobei sicherheitshalber ein Reibwert $\mu = 0,06$ angenommen wird.

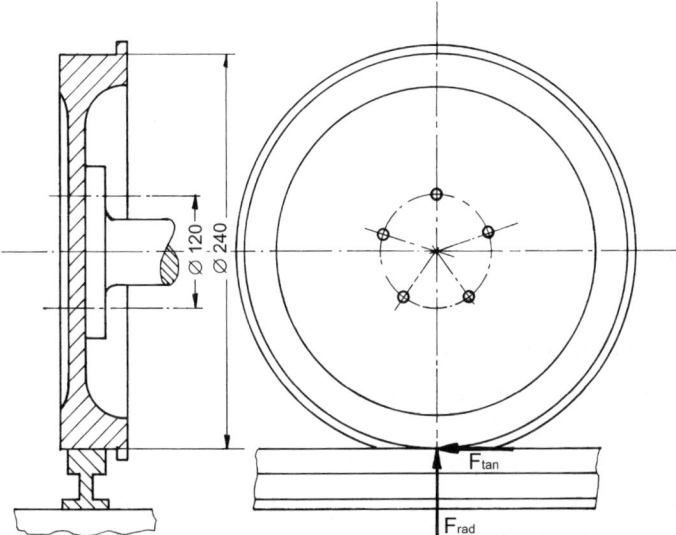

Die Kranlaufkatze hat ein Gewicht von 0,5 t und hebt eine maximale Last von 4 t. Diese Last verteilt sich gleichmäßig auf alle vier Räder. Die Beschleunigungs- bzw. Bremswirkung verteilt sich auf nur zwei Räder und wird durch den Reibwert von $\mu = 0,15$ zwischen Rad und Schiene begrenzt. Am Schraubenkopf wird ein Hebelarm von $r_K = 8$ mm wirksam. Sowohl im Gewinde als auch an der Kopfauflage wird ein Reibwert $\mu = 0,12$ angenommen.

Benutzen Sie zur Dokumentierung das untenstehende Schema.

a) Berechnen Sie zunächst die Kraft F_{rad}, die radial am Rad angreift, und die Kraft F_{tan}, die am Radumfang wirksam wird.

F_{rad} [N] =	F_{tan} [N] =

b) Berechnen Sie die Querkraft F_{BQ}, die eine einzelne Schraubenverbindung maximal belastet.

> F_{BQ} [N] =

c) Welche Vorspannkraft F_V muß in den Schrauben wirksam werden, damit sowohl Radlast als auch Bremsmoment sicher übertragen werden können?

> F_V [N] =

d) Mit welchem Moment M_{anz} müssen die Schrauben angezogen werden.

> M_{anz} [Nm] =

e) Wie groß ist die Vergleichsspannung σ_V in der Schraube?

> σ_V [N/mm²] =

f) Kennzeichnen Sie durch Ankreuzen die Schraubengüte, die erforderlich ist, um die Festigkeit der Verbindung sicherzustellen?

> 3.6 - 4.6 - 4.8 - 5.6 - 5.8 - 6.8 - 8.8 - 10.9 - 12.9

Längskraftbeanspruchte Schraubverbindungen

Statische Betriebskraft

A.4.5   Betriebskraft im Verspannungsschaubild

Eine Schraubverbindung steht unter der Vorspannkraft F_V = 60 kN. Dabei wird die Schraube um f_s = 60 μm gelängt und die Zwischenlage um f_z = 20 μm gestaucht.

a) Zeichnen Sie ein maßstäbliches Verspannungsschaubild!

b) Die auf Zug wirkende Betriebskraft F_{BL} beträgt 40 kN. Tragen Sie diese Kraft ein und ermitteln Sie zeichnerisch die dann vorliegende Belastung der Schraube F_{Smax} sowie die in der Trennfuge der Zwischenlage wirkende Restklemmkraft F_{RK}!

c) Welche zusätzliche Verformung Δf_{BS} wird durch die Betriebskraft F_{BL} in die Schraube eingeleitet?

d) Ermitteln Sie die unter b) und c) geforderten Werte rechnerisch!

A.4.6   Druckbehälter statisch belastet

Ein Behälter steht unter einem statischen Überdruck von 12 bar. Ein kreisrundes Einstiegsloch mit 600 mm Durchmesser wird mit einer Platte verschlossen, die mit insgesamt 24 Schrauben M12 der Schraubengüte 10.9 befestigt wird. Die Schraubensteifigkeit sei genau halb so groß wie die Steifigkeit der Zwischenlage. Die Restdichtkraft muß aus Sicherheitsgründen doppelt so hoch sein wie die Betriebskraft.

a) Skizzieren Sie das dazugehörige Verspannungsschaubild und bezeichnen Sie die Betriebskraft F_{BL}, die Restdichtkraft F_{RK}, die maximale Schraubenkraft F_{Smax} sowie die Vorspannkraft F_V!

b) Berechnen Sie alle diese Kräfte!

c) Wie groß ist das Schraubenanzugsmoment M_{anz}, wenn der wirksame Radius der Kopfauflage $r_K = 6$ mm und der Reibwert im Gewinde und an der Kopfauflage zu $\mu = 0{,}15$ angenommen werden kann?

d) Wie groß ist die Vergleichsspannung in der Schraube? Ist die Festigkeit der Schraube ausreichend?

A.4.7   Rohrleitungsflansch

Eine Rohrleitung mit einem Innendurchmesser von 200 mm steht unter einem statischen Druck von 50 bar. Die einzelnen Rohre werden an ihren Flanschenden mit Schrauben M8 der Schraubengüte 10.9 miteinander verbunden. Es kann angenommen werden, daß die Steifigkeit der Zwischenlage 1,6-fach so groß ist wie die Schraubensteifigkeit. Die Restdichtkraft F_{RK} soll so groß sein wie die Betriebskraft F_{BL}. Es kann weiterhin angenommen werden, daß das Anzugsmoment 1,8-fach so groß ist wie das Gewindemoment. Im Gewinde liegt ein Reibwert von $\mu_{Gew} = 0{,}15$ vor.

a) Berechnen Sie zunächst die von der gesamten Flanschverbindung aufzunehmende Betriebskraft F_{BLges}, die gesamte Restklemmkraft F_{RKges}, die gesamte maximale Schraubenkraft $F_{Smaxges}$ und die gesamte Vorspannkraft F_{Vges}.

b) Wie viele Schrauben i sind mindestens erforderlich?

c) Mit welchem Moment M_{an} müssen die Schrauben angezogen werden?

F_{Blges}	[N]	
F_{Rkges}	[N]	
$F_{Smaxges}$	[N]	
F_{Vges}	[N]	
i	[-]	
M_{an}	[Nm]	

Dynamische Betriebskraft

A.4.8   Druckbehälter dynamisch belastet

Ein Druckbehälter wird mit einem Deckel verschlossen, dessen Innendurchmesser d = 500 mm beträgt. Der Behälter steht unter einem dynamisch pulsierenden Überdruck zwischen p_u = 5 bar und p_o = 8 bar. Er ist mit 20 Schrauben M10 befestigt. Die Steifigkeit der Zwischenlage ist 1,5-fach so groß wie die der Schraube. Die Schraubverbindung soll so vorgespannt werden, daß die Restdichtkraft so groß ist wie die maximale Betriebskraft. Der Reibwert kann einheitlich mit μ = 0,12 angenommen werden.

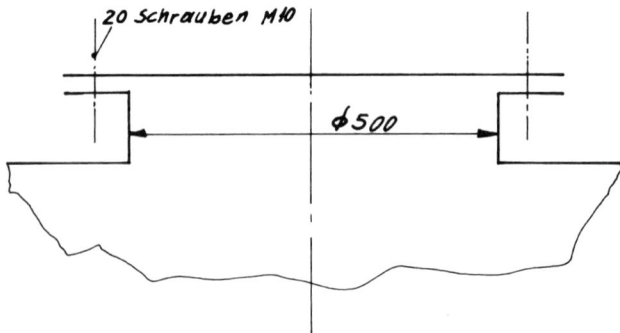

a) Wie groß ist die auf die einzelne Schraube wirkende maximale Betriebskraft F_{BLmax}, die minimale Betriebskraft F_{BLmin} und die Restklemmkraft F_{RK}?

b) Stellen Sie den Betriebszustand qualitativ im Verspannungsschaubild dar!

c) Wie groß ist die Vorspannkraft F_V?

d) Wie groß ist die maximale Kraft auf die Schraube F_{Smax} und die minimale Kraft auf die Schraube F_{Smin}?

e) Wie groß ist die statische Vergleichsspannung σ_{Vstat} und die dynamische Vergleichsspannung σ_{Vdyn} in der Schraube?

Zusammenspiel der Steifigkeiten

A.4.9   Einteiliger Hydraulikkolben

Untenstehend ist ein einteiliger Hydraulikkolben skizziert, der mit einer zentral angeordneten Schraube M20 auf einer Kolbenstange befestigt ist.

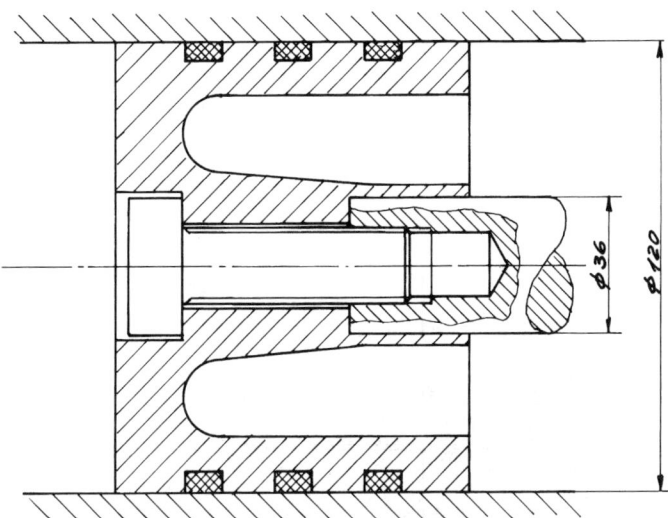

Der wechselseitig von rechts und links wirkende Öldruck beträgt $p_{Öl} = 40$ bar. Die Restklemmkraft der Schraube soll 12 kN betragen. Die Steifigkeit der Zwischenlage ist 1,8-fach so groß wie die Schraubensteifigkeit. Treffen Sie für die Krafteinleitungsebene eine sinnvolle Annahme. Im Gewinde kann ein Reibwert $\mu = 0,12$ angenommen werden.

a) Berechnen Sie die Betriebskraft F_{B1} für den Fall, daß der Druck von links wirkt und F_{B2} für den von rechts wirkenden Druck!

F_{B1} [N] =	F_{B2} [N] =

b) Stellen Sie die Lastzustände qualitativ in einem Verspannungsdiagramm dar!

c) Wie groß ist die Vorspannkraft F_V?

F_V [N] =

d) Wie groß ist die maximale Schraubenkraft F_{Smax} und die minimale Schraubenkraft F_{Smin}?

F_{Smax} [N] =	F_{Smin} [N] =

e) Wie groß ist das Anzugsmoment M_{anz}? Es kann angenommen werden, daß das Reibmoment M_{KR} an der Kopfauflage 0,8-fach so groß ist wie das Gewindemoment M_{gew}.

M_{anz} [Nm] =

f) Ist die Schraube betriebsfest, wenn die Schraubengüte 10.9 gewählt wird und die Schraube schlußvergütet ist?

g) Ist die Schraube betriebsfest, wenn die Schraubengüte 10.9 gewählt wird und die Schraube gerollt ist?

A.4.10   Pufferbefestigungsschraube

Ein Eisenbahnpuffer wird mit 4 Schrauben M30 mit der Schraubengüte 8.8 an der Pufferbohle befestigt. Der Gewindereibwert kann zu $\mu_{Gew} = 0{,}125$ angenommen werden, der Reibwert an der Kopfauflage beträgt $\mu_{KR} = 0{,}15$. Der Konstruktionswerkstoff der Zwischenlage ist Stahl.

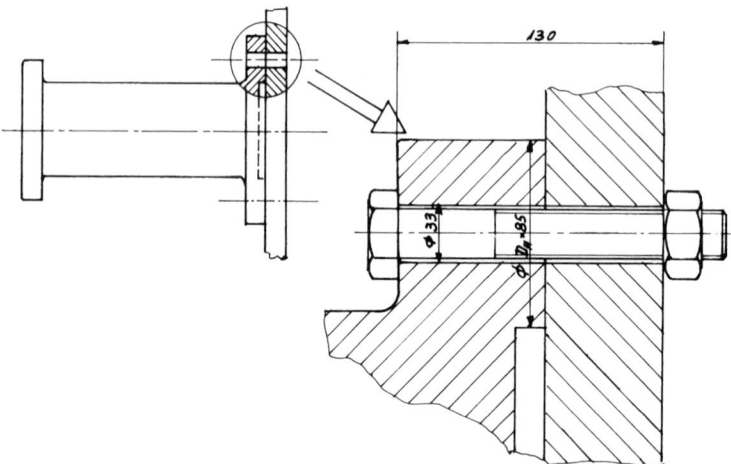

Der Puffer wird mit einer maximalen Kraft $F_{Pu} = 350$ kN belastet.

a) Skizzieren Sie qualitativ in einem Verspannungsdiagramm die Betriebskraft F_{BL}, die maximale Schraubenkraft F_{Smax}, die minimale Schraubenkraft F_{Smin}, die Vorspannkraft F_V und die Restklemmkraft F_{RK}!

b) Wie groß muß die Vorspannkraft F_V sein, wenn im Augenblick der Belastung an jeder Schraube eine Restklemmkraft von 140 kN wirksam werden soll?

c) Wie groß ist das Schraubenanzugsmoment?

d) Ist die Festigkeit der Schraube ausreichend dimensioniert, wenn angenommen werden soll, daß die Belastung dynamisch zwischen dem Minimalwert und Maximalwert variiert?

Krafteinleitung innerhalb verspannter Teile

A.4.11   Titanhülse

Eine obere Platte aus Aluminium und eine untere aus Stahl werden mit einer Stahlschraube M12 miteinander verbunden. Am Schraubenkopf wird in der dargestellten Weise eine Titanhülse eingefügt.

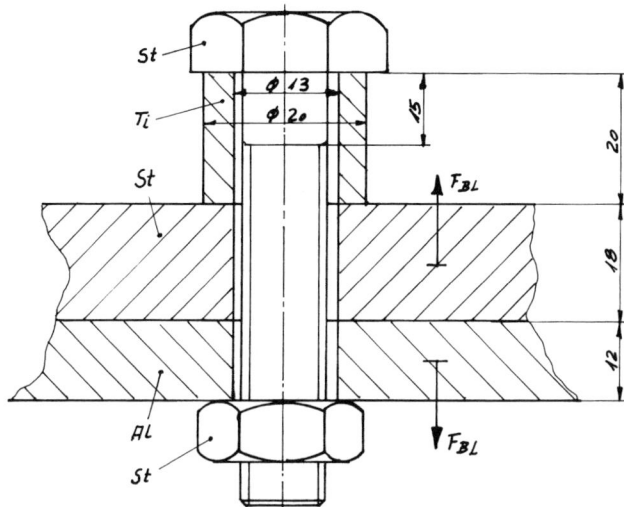

a) Berechnen Sie die Steifigkeit der Schraube differenziert nach Schaftlänge und Gewindelänge und berücksichtigen Sie die Nachgiebigkeiten von Mutter und Kopf!

b) Berechnen Sie die Steifigkeit der Titanhülse (E_{Titan} = 115.000 N/mm²)!

c) Berechnen Sie die Steifigkeiten der Platten (E_{Alu} = 71.500 N/mm², A_{ers} = 300 mm²)!

d) Die Betriebskraft wird in der Mitte der jeweiligen Platte eingeleitet. Berechnen Sie für diesen Betriebsfall das Kraftverhältnis Φ!

e) Sowohl im Gewinde als auch an der Kopfauflage kann der Reibwert 0,1 angenommen werden. Nach der Montage wird die Mutter nachgezogen, ohne daß der Schraubenkopf festgehalten wird. Dreht sich der Schraubenkopf mit?

f) Die Schraube wird nun durch Drehung der Mutter wieder gelöst, ohne daß der Schraubenkopf festgehalten wird. Dreht sich der Schraubenkopf in der ersten Losdrehphase mit?

A.4.12   Setzen und Krafteinleitung innerhalb verspannter Teile

Gegeben sei eine Schraubverbindung mit δ_s = 2 * 10⁻⁶ mm/N und Φ = 0,35.

a) Wie groß ist c_s und c_z?

b) Die Schraube setzt sich nach der Montage um Δf_s = 25 µm. Welcher Vorspannungsverlust ΔF_V ist damit verbunden?

c) Wie hoch muß die Montagevorspannkraft F_{VM} sein, wenn nach dem Setzen eine Vorspannkraft F_V = 80 kN vorhanden sein soll?

d) Die Betriebskraft F_B = 60 kN wird innerhalb der verspannten Teile eingeleitet, wobei n = 0,6 ist. Ermitteln Sie für diesen Fall die maximale Schraubenkraft F_{Smax} und die Restklemmkraft F_{RK}!

A.4.13   Zweiteiliger Hydraulikkolben

Der dargestellte Kolben wird abwechselnd von links mit einem Druck p_1 = 63,7 bar und von rechts mit einem Druck p_2 = 56 bar beaufschlagt. Er ist mit einer Schraube M16 auf einer Kolbenstange befestigt.

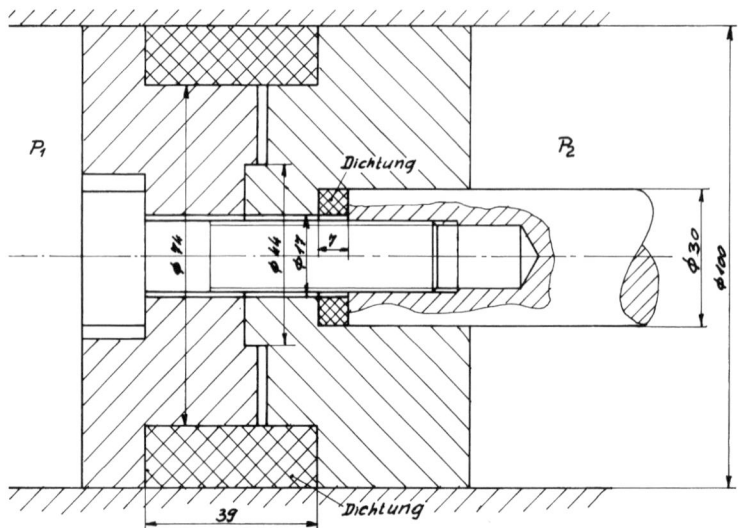

Der Kolben ist zweigeteilt, um eine Dichtung montieren zu können, die den Kolben gegenüber der Zylinderwand abdichtet. Diese Dichtung ist allerdings so weich, daß sie bei der Steifigkeitsbetrachtung nicht berücksichtigt zu werden braucht. Die Dichtung zwischen Kolben und Kolbenstange muß allerdings beim Zusammenspiel der Steifigkeiten berücksichtigt werden. Für die Krafteinleitungsebenen sind sinnvolle Annahmen zu treffen.

Die Elastizitätsmoduln weisen folgende Zahlenwerte auf:

Schraube: $E_{Schraube}$ = 210 000 N/mm²

Dichtung: $E_{Dichtung}$ = 4560 N/mm²

Kolben: E_{Kolben} = 80 000 N/mm²

a) Berechnen Sie die Steifigkeit von Schraube, Kolben und Dichtung!

$c_{Schraube}$ [N/µm] =	c_{Kolben} [N/µm] =	$c_{Dichtung}$ [N/µm] =

b) Die Schraube wird mit der Vorspannkraft F_{VM} = 50 kN montiert und setzt sich anschließend um 25 µm. Skizzieren Sie in einem Verspannungsdiagramm den Vorspannungszustand vor und nach dem Setzen! Wie groß ist der Vorspannungsverlust ΔF_V und wie groß ist die Vorspannkraft F_V nach dem Setzen?

ΔF_V [N] =	F_V [N] =

c) Treffen Sie sinnvolle Annahmen für die Krafteinleitungsebenen bei der Belastung durch die Drücke p_1 und p_2. Berechnen Sie die Steifigkeiten, die bei Belastung durch p_1 und p_2 als Schraube und Zwischenlage wirksam werden.

	Schraubensteifigkeit [N/µm]	Zwischenlagensteifigkeit [N/µm]
Belastung durch p_1		
Belastung durch p_2		

d) Stellen Sie zweckmäßigerweise in einem weiteren Verspannungsdiagramm qualitativ die Schraubenbelastung durch die beiden wirkenden Drücke dar.

e) Berechnen Sie die maximale Schraubenkraft F_{Smax}, die minimale Schraubenkraft F_{Smin} sowie die Restklemmkraft F_{RK}!

F_{Smax} [N] =	F_{Smin} [N] =	F_{RK} [N] =

f) Berechnen Sie die mittlere Schraubenkraft F_{Sstat} und die Schraubenausschlagskraft F_{Sdyn}!

F_{Sstat} [N] =	F_{Sdyn} [N] =

g) Die zwischen Kolben und Kolbenstange befindliche Dichtung wird entfernt und zwischen Schraubenkopf und Kolben montiert. Geben Sie durch Ankreuzen an, ob und ggf. wie sich die dynamische Schraubenbelastung ändert.

wird kleiner O	bleibt gleich O	wird größer O

Quer- und längskraftbeanspruchte Schraubverbindungen

A.4.14   Angeschraubte Wandhalterung

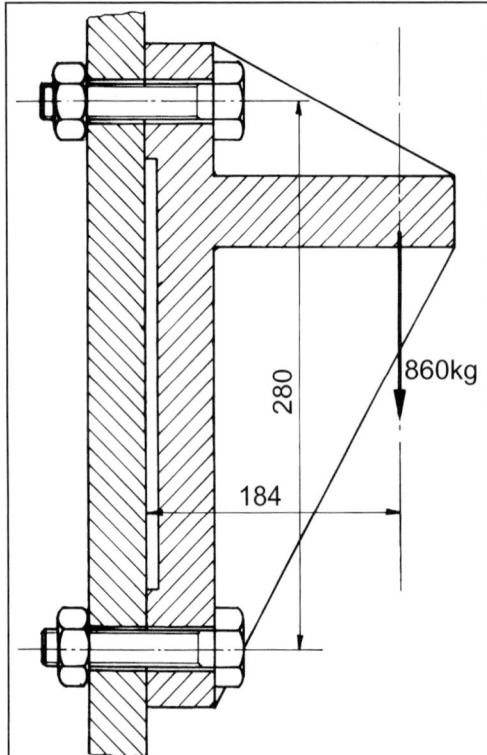

Die nebenstehende Halterung wird mit zwei Schrauben an einer senkrechten Wand befestigt und mit einer Masse von 860 kg belastet. Zwischen Halterung und Wand besteht ein Reibschluß mit $\mu = 0,1$. Es kann angenommen werden, daß die Zwischenlage der Verschraubung doppelt so steif ist wie die Schraube selber.

Berechnen Sie die Querkraftbelastung der Schraubverbindung F_{BQ}, die Längskraftbelastung F_{BL} und ermitteln Sie, mit welcher Kraft F_V die beiden Schrauben mindestens vorgespannt werden müssen, damit der Reibschluß zwischen Halterung und Wand sichergestellt ist. Bedienen Sie sich zur Dokumentierung Ihrer Ergebnisse des untenstehenden Schemas.

	Schraube 1	Schraube 2
F_{BQ} [N]		
F_{BL} [N]		
F_V [N]		

A.4.15   Angeflanschte Unwucht

Mit der unten skizzierte Flanschverbindung werden zwei Wellenenden reibschlüssig zusammengefügt, die mit 1500 min^{-1} rotieren, wobei die links als Kugel angedeutete Masse eine Unwuchtwirkung hervorruft, die die Schrauben belastet. Die Reibzahl zwischen den Flanschen kann mit $\mu = 0,1$ angenommen werden. Entsprechend den rechts angedeuteten Skizzen kann die Konstruktion mit 2, 4 oder 6 Schrauben bestückt werden. Es kann angenommen werden, daß die Steifigkeit der Zwischenlage doppelt so groß ist wie die Schraubensteifigkeit.

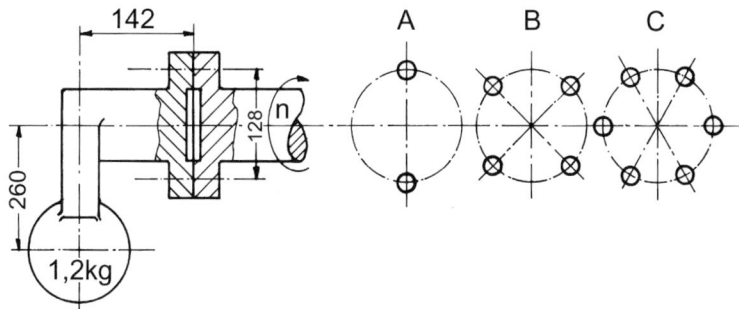

Bei allen Betrachtungen kann der Einfluß der Erdbeschleunigung vernachlässigt werden. Benutzen Sie zur Dokumentierung der Ergebnisse das untenstehende Schema.

a) Wie groß sind die Betriebskräfte F_{BL} und F_{BQ} der Schraubenverbindung?

b) Ermitteln Sie die Restklemmkraft F_{RK}, die an der Schraubverbindung auf jeden Fall noch vorliegen muß.

c) Mit welcher Kraft F_V müssen die Schrauben vorgespannt werden?

d) Wie hoch ist die maximale Schraubenbelastung F_{Smax}?

	Variante A	Variante B	Variante C
F_{BL} [N]			
F_{BQ} [N]			
F_{RK} [N]			
F_V [N]			
F_{Smax} [N]			

A.4.16   Laufrad Fördertechnik

Gegeben ist das nachfolgend vereinfacht dargestellte Laufrad aus der Fördertechnik.

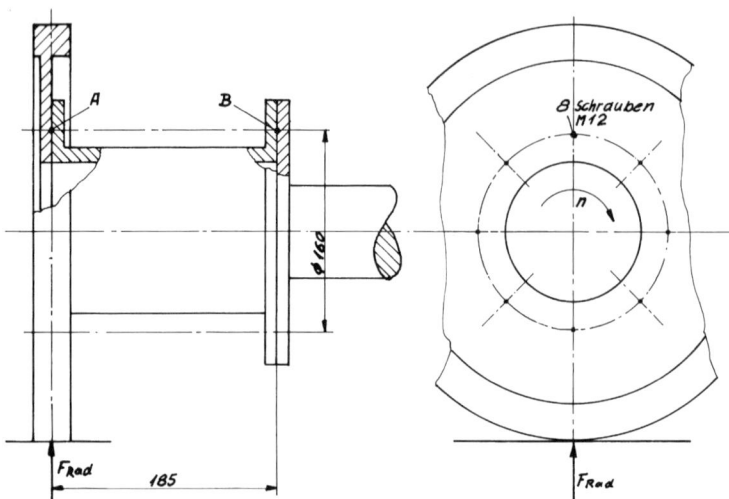

Das Rad wird mittig mit einer radial gerichteten Kraft F_{Rad} = 22 kN belastet. Das scheibenförmige Rad wird mit 8 Schrauben M12 bei A an ein rohrförmiges Zwischenstück an-
geflanscht und dann wiederum mit weiteren Schrauben M12 bei B an der scheibenförmigen
Stirnseite einer Achse befestigt. Beide Flanschverbindungen werden reibschlüssig ausgeführt. Es können folgende Annahmen getroffen werden:

* Sowohl an der Flanschverbindung als auch im Gewinde und an der Kopfauflage liegt ein
  Reibwert von μ = 0,12 vor.

* Die Steifigkeit der Zwischenlage ist jeweils doppelt so groß wie die Schraubensteifigkeit.

* Das Schraubenanzugsmoment ist 1,8-fach so groß wie das Gewindemoment.

Es ist sowohl das erforderliche Anzugsmoment der Schrauben M_{ges} als auch deren mechanische Belastung (σ_{Vstat} und σ_{Vstat}) gesucht. Füllen Sie dazu bitte das folgende Lösungsschema
vollständig aus. Legen Sie dabei die Reihenfolge des Berechnungsganges selber fest.

	Stelle A	Stelle B
Betriebskraft quer F_{BQ} [N]		
Betriebskraft längs F_{BL} [N]		
Vorspannkraft F_V [N]		
maximale Schraubenkraft F_{Smax} [N]		
minimale Schraubenkraft F_{Smin} [N]		
Restklemmkraft F_{RK} [N]		
statische Schraubenkraft F_{Sstat} [N]		
dynamische Schraubenkraft F_{Sdyn} [N]		
Gewindemoment M_{Gew} [Nm]		
Kopfreibmoment M_{KR} [Nm]		
Anzugsmoment M_{ges} [Nm]		
statische Zugspannung σ_{Zstat} [N/mm²]		
dynamische Zugspannung σ_{Zdyn} [N/mm²]		
statische Torsionsspannung τ_{tstat} [N/mm²]		
dynamische Torsionsspannung τ_{tdyn} [N/mm²]		
statische Vergleichsspannung σ_{Vstat} [N/mm²]		
dynamische Vergleichsspannung σ_{Vdyn} [N/mm²]		
erforderliche Festigkeitsklasse	3.6 4.6 4.8 5.6 5.8 6.8 8.8 9.8 10.9 12.9	3.6 4.6 4.8 5.6 5.8 6.8 8.8 9.8 10.9 12.9

Geben Sie in der abschließenden Zeile die minimal erforderliche Festigkeitsklasse durch Ankreuzen an, wobei Schrauben verwendet werden, deren Gewinde nach dem Rollen durch Vergüten hergestellt wurde.

A.4.17   Flanschverbindung Kettenrad

Das unten dargestellte Umlenkrad eines Kettentriebes wird mittels 6 Schrauben zwischen zwei Wellenflanschen verschraubt. In der Kettenebene wird durch den Kettenzug eine Kraft von F_{Kette} = 1200 N eingeleitet, ohne daß an der Achse ein Moment abgenommen wird.

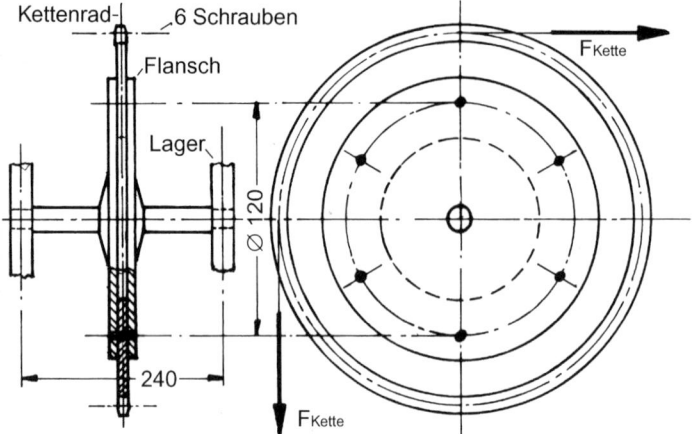

Die Schraubensteifigkeit ist halb so groß wie die Zwischenlagensteifigkeit. Zwischen Kettenblatt und Flansch kann ein Reibwert μ = 0,08 ausgenutzt werden.

Benutzen Sie zur Dokumentierung Ihrer Ergebnisse untenstehendes Schema.

a) Wie groß ist die Querkraftbelastung einer jeden einzelnen Schraubverbindung F_{BQ}?

b) Wie groß ist die Längskraftbelastung einer jeden einzelnen Schraubverbindung F_{BL}?

c) Welche Restklemmkraft F_{RK} muß an jeder einzelnen Schraube wirksam werden, damit die Querkraftbelastung der Schraubverbindung reibschlüssig übertragen werden kann?

d) Skizzieren Sie diesen Belastungsfall qualitativ in einem Verspannungsschaubild.

e) Wie groß ist die Vorspannkraft F_V, die an jeder einzelnen Schraube aufgebracht werden muß?

f) Wie groß ist die statische Schraubenbelastung F_{Sstat} und die dynamische Schraubenbelastung F_{Sdyn}?

F_{BQ}	[N]		F_{BL}	[N]	
F_{RK}	[N]		F_V	[N]	
F_{Sstat}	[N]		F_{Sdyn}	[N]	

A.4.18 Lagerbock

Ein aus Stahlblech gebogener Lagerbock wird mit zwei Schrauben an der Decke befestigt. Zwischen Lagerbock und Decke liegt ein Reibwert $\mu = 0{,}1$ vor. Die Steifigkeit der Zwischenlage ist doppelt so groß wie die Steifigkeit der Schraube.

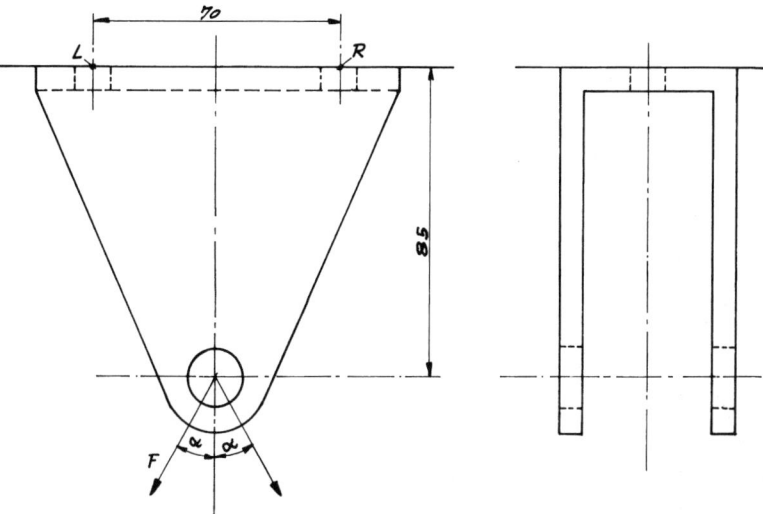

Die am Auge des Lagerbocks durch einen Bolzen eingeleitete Radialkraft F beträgt 20 kN und pendelt im Winkel von $\alpha = \pm 30°$.

a) Wie groß ist die minimale und die maximale Betriebskraft auf eine einzelne Schraube in Längsrichtung F_{BL}?

b) Stellen Sie den Lastzustand qualitativ im Verspannungsschaubild dar!

c) Mit welcher Kraft F_V müssen die Schrauben vorgespannt werden, damit die in den Lagerbock eingeleitete Kraft in allen Stellungen reibschlüssig übertragen werden kann?

d) Wie groß ist die statische und dynamische Kraft in der Schraube?

Bewegungsschrauben

A.4.19 Selbsthemmung und Wirkungsgrad

Mit einer Bewegungsschraube soll eine Last angehoben werden. Der Reibwert im Gewinde ist 0,1, die Kopfreibung ist zu vernachlässigen. Der Flankendurchmesser des nicht normgerechten Gewindes ist 44 mm. Das Gewinde hat einen Flankenwinkel von 40°.

a) Wie groß darf die Gewindesteigung P (in mm) höchstens sein, wenn die Last nicht unbeabsichtigt absinken darf?

b) Aus Sicherheitsgründen wird dieses Maß halbiert und anschließend abgerundet. Wie groß ist in diesem Fall der Wirkungsgrad η der Bewegungsschraube für das Anheben der Last?

A.4.20   Spindelwagenheber

Der unten schematisch abgebildete Spindelwagenheber ist mit einem Trapezgewinde Tr 20 × 4 nach DIN 103 ausgestattet (Flankendurchmesser 18 mm, Kerndurchmesser 15,5 mm, Gewindesteigung P = 4 mm, Flankenwinkel β = 30°).

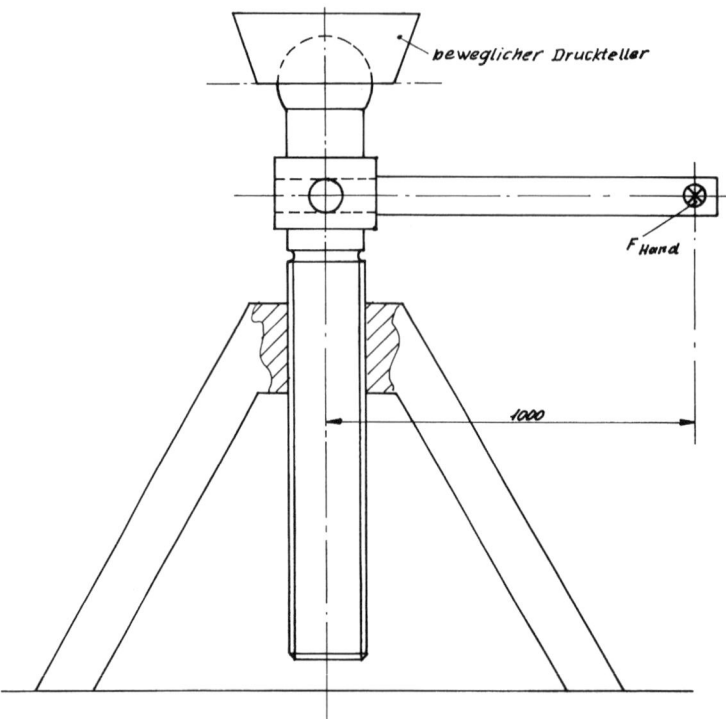

Der Reibwert im Gewinde kann mit μ = 0,1 angenommen werden. Die an der kugeligen Kopfauflage entstehende Reibmoment beträgt das 0,4-fache des Gewindemomentes. Die Werkstoffdruckfestigkeit des Gewindebolzens beträgt 400 N/mm². Aus fertigungstechnischen Gründen wird am Ende des Gewindes ein Freistich bis auf den Kerndurchmesser angebracht.

a) Welche maximale Last kann angehoben werden, wenn die Spindel bis an ihre Festigkeitsgrenze beansprucht wird?

b) Welche Handkraft F_{Hand} ist erforderlich, wenn diese Last angehoben werden soll?

c) Liegt Selbsthemmung vor?

d) Wie groß ist der Wirkungsgrad des Gewindes beim Heben der Last?

e) Wie groß ist der Gesamtwirkungsgrad?

f) In einer Ausbaustufe soll der Spindelwagenheber motorisch betrieben werden. Welche Antriebsleistung muß installiert werden, wenn die maximale Last in einer Minute auf eine Höhe von 2,2 m angehoben werden soll?

A.4.21   Scherenwagenheber

Gegeben sei der unten skizzierte Wagenheber: Mit der rechts dargestellten Handkurbel (Hebelarm 200 mm) wird eine Spindel mit dem Gewinde M14 gedreht. Auf der rechten Seite ist die Gewindespindel mit einer sie umgebenden Mutter im Eingriff. Auf der linken Seite weist die Spindel kein Gewinde auf, sondern ist drehbar in einer Buchse gelagert. Ein tellerförmiger Aufsatz am linken Spindelende sichert die axiale Lage bezüglich dieser Buchse. Sowohl an der Mutter rechts als auch an der Buchse links sind Stützen drehbar angelenkt. Diese Stützen sind in Bildmitte wiederum drehbar miteinander verbunden, wobei die rechte Stütze bis nach unten links fortgeführt wird, wo sie an einer Bodenplatte gelenkig abgestützt ist.

In der dargestellten Lage ergibt die Spindel mit den beiden angelenkten Stützen in der oberen Bildhälfte ein rechtwinkliges, gleichseitiges Dreieck. Durch Kurbeldrehung wird die obere Seite dieses Dreiecks verkürzt und der zunächst rechte Winkel in Bildmitte verkleinert sich. Dadurch wird die Last von 1,5 t angehoben. Der Einfachheit halber beschränken sich die nachfolgenden Betrachtungen allerdings auf die skizzierte Stellung des Wagenhebers.

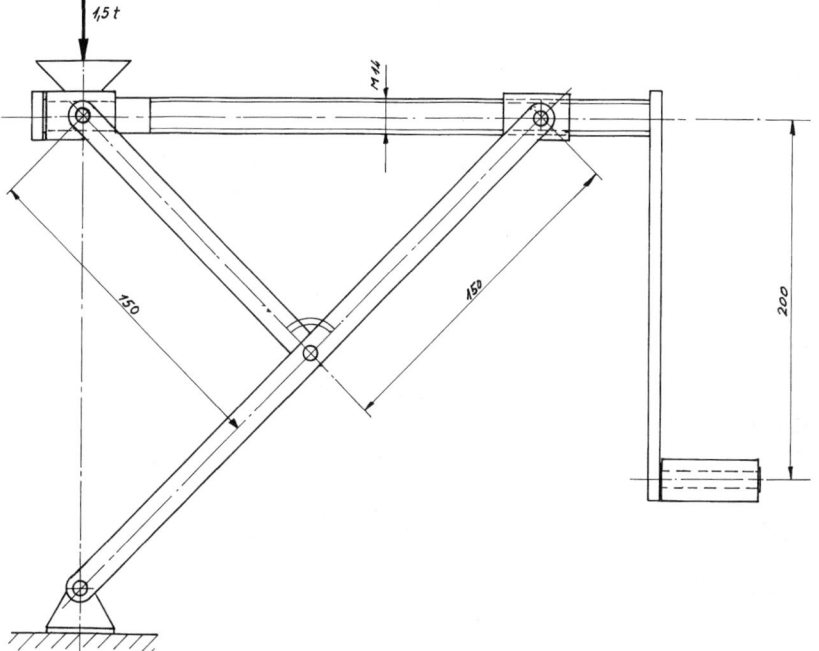

a) Wie groß ist die in der Spindel wirkende Zugkraft?

b) Mit welcher Handkraft muß die Kurbel betätigt werden, wenn das Gesamtmoment der Spindel 1,2-fach so groß ist wie das Gewindemoment? Der Reibwert im Gewinde μ_{Gew} kann mit 0,15 angenommen werden.

c) Skizzieren Sie qualitativ den Zug- und Torsionsspannungsverlauf über die Spindellänge!

d) Wie groß ist die Vergleichsspannung in der Spindel? Nehmen Sie sicherheitshalber an, daß die Zugspannung und die maximale Torsionsspannung gleichzeitig auf die Spindel einwirken.

Index